"十三五"江苏省高等学校重点教材

（编号：2016-1-014）

嵌入式系统

原理及应用

（第3版）

马维华◎编著

北京邮电大学出版社
www.buptpress.com

内 容 简 介

本书从嵌入式系统的概念、特点、发展、应用、处理器分类及组成等基础知识出发,逐步深入到嵌入式硬件体系结构内部,然后从指令系统到嵌入式系统程序设计,从嵌入式最小系统、数字输入输出系统、定时计数器组件、模拟输入输出系统到互连通信接口,再到嵌入式操作系统及其移植,最后以典型应用为实例,从需求分析、体系结构设计、最小系统设计、交互通道设计、嵌入式硬件综合、嵌入式软件设计到系统调试全过程介绍典型嵌入式应用系统的设计方法,全面系统地介绍了嵌入式系统应用开发和设计,有利于高校嵌入式系统相关课程的学习与教学。

本书结构合理、内容详实、理论联系实际,每章后面都有一定量的习题。本书可作为高等院校计算机、物联网、信息安全、电类、自动化以及机电一体化等专业本科生"嵌入式系统""嵌入式系统体系结构""嵌入式系统原理及应用"及"嵌入式系统设计与开发"等课程的教材和参考书,也可作为希望了解和掌握嵌入式系统应用和开发的人员的工具书。

图书在版编目(CIP)数据

嵌入式系统原理及应用 / 马维华编著 . -- 3 版 . -- 北京:北京邮电大学出版社,2017.3(2024.7重印)
ISBN 978-7-5635-4566-7

Ⅰ. ①嵌… Ⅱ. ①马… Ⅲ.①微型计算机－系统设计－高等学校－教材 Ⅳ. ①TP360.21

中国版本图书馆 CIP 数据核字(2017)第 007181 号

书　　　　名:	嵌入式系统原理及应用(第 3 版)
著作责任者:	马维华　编著
责 任 编 辑:	刘春棠
出 版 发 行:	北京邮电大学出版社
社　　　址:	北京市海淀区西土城路 10 号　(邮编:100876)
发 行 部:	电话:010-62282185　传真:010-62283578
E-mail:	publish@bupt.edu.cn
经　　　销:	各地新华书店
印　　　刷:	保定市中画美凯印刷有限公司
开　　　本:	787 mm×1 092 mm　1/16
印　　　张:	23.25
字　　　数:	596 千字
版　　　次:	2017 年 3 月第 3 版　2024 年 7 月第 6 次印刷

ISBN 978-7-5635-4566-7　　　　　　　　　　　　　　　　　　定　价:46.00 元

前　言

近年来,嵌入式系统的应用越来越广泛,越来越受到人们的重视,其发展速度令人振奋,受重视程度也日益增长,越来越多的用人单位急需嵌入式开发相关人才。为适应这一需求,许多高校开设了嵌入式系统相关课程。市面上嵌入式系统方面的书籍鱼龙混杂,也不乏经典之作,但普遍存在重工程开发、轻原理阐述的现象,这固然对于工程设计人员是有益的,但作为高校教材使用就不太适宜。

鉴于此,在借鉴国内外有关嵌入式系统相关资料的基础上,结合作者科研项目的有益经验及多年教学实践,通过一段时间摸索之后,从典型专用计算机系统的角度,组织编写了《嵌入式系统原理与应用》这本书。本书第 1 版于 2006 年 9 月正式出版,已经多次印刷和修订,并于2009 年被评为江苏省精品教材。经过几年的使用,发现了书中的许多问题和不足,另外嵌入式技术的发展也要求教材不断更新,因此有必要从结构上进行合理调整,补充相关内容,使教材更加适应教学要求,由此成为第 2 版追求的目标。本书第 2 版于 2010 年 2 月面市,并于2016 年 12 月被评为"十三五"江苏省高等学校重点教材。

新版教材除了内容更新之外,又在体系结构上作了较大调整。除了部分更新内容外,保留了第 1 章的基本架构;把原来的第 2 章和第 5 章合并为第 2 章嵌入式处理器;原来的第 6 章是以典型 ARM7 为背景介绍片上硬件组件的原理及应用的,第 3 版改为以目前流行且先进的ARM Corex-M3 为背景,并将片上基本组件分门别类,分离并提炼出最小系统、数字输入输出系统、定时计数器组件、模拟输入输出系统、互连通信接口等章节;嵌入式操作系统一章除概述常用 RTOS 外,重点放在 μC/OS-Ⅱ上;最后以作者亲自设计开发的嵌入式阀门控制系统为例,按照系统工程设计的要求详细介绍嵌入式系统的设计过程。

"嵌入式系统原理及应用"课程要解决阐述原理与具体应用的关系,原理部分讲清公共的原理,并不区分具体处理器芯片型号,因为不同处理器构建的嵌入式应用系统其片上外设或片外外设的工作原理是相同的,如 GPIO(通用 I/O 端口)、定时计数器、中断控制器、ADC、DAC、PWM、UART、I²C、SPI 等外围接口组件原理相同,不同的只是具体应用时的指令、地址映射以及操作方式而已。本教材的主要特色如下。

(1)突出个性:以内核为主线,介绍嵌入式处理器

本教材以内核为主线,以发展的眼光展开嵌入式处理器原理及结构的介绍,使学生对不同内核的嵌入式处理器的结构及性能有基本的了解,便于以后应用时选择。

(2)兼顾共性

以片内硬件组件(片上外设)为线索,不限于指定内核,介绍嵌入式处理器通用的功能部件,并对其分门别类进行介绍。

不同内核的嵌入式处理器芯片片上硬件组件原理相同,在介绍这部分资源时不指定内核和芯片,按照共性的知识介绍,以后再去接触新处理器时只需对地址关系以及寄存器结构和名称了解即可应用。在落实到具体应用时方涉及具体处理器。

（3）理论与实践的有机结合

教材对作者多年嵌入式相关项目开发所积累的大量实际案例进行筛选，融入自主设计的嵌入式系统实验开发板，并以此为例展开具体应用的介绍，每个模块都可以直接使用，全部通过实验验证。

（4）教材内容选取合理且具先进性和可操作性

选定 32 位 ARM Cortex-M3 为核心的硬件平台作为教材落脚点来介绍嵌入式系统原理及应用，通过硬件组件的分类、原理介绍，结合实际应用实例，具有先进性；由于所有模块均通过自主设计的嵌入式系统实验开发板验证通过，故而具有很强的可操作性。

本书系统性强，结构合理，在讲解具体内容时，特别注重实用性，尽量列举实例，有些程序段和接口电路可直接用于实际系统中。在叙述上力求深入浅出，通俗易懂。

本书共分 10 章，第 1 章嵌入式系统概论，介绍嵌入式系统的基本知识，并概述嵌入式系统设计方法；第 2 章嵌入式处理器，介绍嵌入式处理器主要内核、ARM 体系结构等 ARM 处理器内核相关知识以及典型 ARM 处理器芯片；第 3 章嵌入式系统程序设计，介绍 ARM 指令系统、ARM 汇编语言程序设计、CMSIS、Boot Loader、启动文件以及嵌入式 C 语言程序设计（包括固件库函数使用等）等；第 4 章嵌入式最小系统，介绍最小系统的组成及设计；第 5 章数字输入输出系统，介绍 GPIO、逻辑电平及其转换、数字输入/输出接口扩展以及人机交互接口；第 6 章定时计数器组件，介绍片上各种跟定时有关的组件，如通用定时器 TIMx（含 PWM）、系统定时器 SysTick、看门狗定时器 WDT、实时钟定时器 RTC 等；第 7 章模拟输入输出系统，介绍模拟输入输出系统的组成、传感器及变送器、信号调整电路、ADC、DAC 以及应用实例；第 8 章互连通信接口，介绍常用通信接口或总线，如 USART/I²C/SPI/USB/CAN/Ethernet 等有线接口，还介绍了常用无线通信模块；第 9 章嵌入式操作系统及其移植，介绍常用嵌入式实时操作系统 RTOS、典型 μC/OS-Ⅱ 及其移植和应用；第 10 章嵌入式应用系统设计实例，以作者自行设计开发的基于 STM32F107VCT7 核心的嵌入式阀门控制系统为例，介绍嵌入式系统的设计。

本书由南京航空航天大学马维华教授编著，谭白磊、孙萍、魏金文、马远等在收集资料、实验验证、资料整理、图表录入及修改等方面做了大量工作。

在编写过程中得到学校教务处、教材科、学院领导以及北京邮电大学出版社的大力支持。在此向他们表示衷心感谢！特别要感谢在第 2 版中付出辛勤劳动的白延敏副教授。

由于嵌入式技术发展飞速，新技术不断涌现，加上作者水平有限，时间仓促，书中难免有疏漏和错误之处，恳请同行专家和读者提出批评意见。

编著于南航西苑
2017 年 1 月

目　　录

1

第1章 嵌入式系统概论

1.1 嵌入式系统概述

1.1.1 嵌入式系统的概念

通常,计算机连同一些常规的外设是作为独立的系统而存在的,并非为某一方面的专门应用而存在的。例如,一台 PC 就是一个计算机系统,整个系统存在的目的就是为人们提供一台可编程、会计算、能处理数据的机器。可以用它作为科学计算的工具,也可以用它作为企业管理的工具。兼顾科学计算、事务处理和过程控制等方面应用的,具有通用的硬件和系统软件资源的计算机系统称为通用计算机系统,简称通用计算机,以 PC 为典型代表。而有些计算机是作为某个专用系统中的一个部件而存在的,例如机顶盒、POS 机、飞机黑匣子、汽车导航仪、智能手环、智能手机、智能机器人等。像这样嵌入到专用系统中的计算机,称之为嵌入式计算机。所谓将计算机嵌入到系统中,一般并不是指直接把一台通用计算机原封不动地安装到目标系统中,也不只是简单地把原有的机壳拆掉并安装到机壳中,而是指为目标系统量身定制的计算机,再把它有机地植入、融入目标系统。

1. 嵌入式系统的定义

嵌入式系统(Embedded System)是嵌入式计算机系统的简称,有以下几种定义。

(1) IEEE(国际电气和电子工程师协会)的定义

"Devices used to control, monitor or assist the operation of equipment, machinery or plants"即为控制、监视或辅助设备、机器或者工厂运作的装置。它通常执行特定功能,以微处理器与周边构成核心,严格要求时序与稳定度,全自动操作循环。

(2) 国内公认的较全面的定义

嵌入式系统是以应用为中心,以计算机技术为基础,软件硬件可裁剪,适应应用系统对功能、可靠性、成本、体积、功耗严格要求的专用计算机系统。

(3) 简单定义

嵌入式系统是嵌入到对象体系中的专用计算机系统。

上述定义中比较全面准确并广泛被业界接收的是第二种,比较简捷的是第三种,而第一种定义则侧重控制领域的嵌入式设备。

2. 嵌入式系统的三个要素

嵌入性、专用性与计算机系统是嵌入式系统的三个基本要素。

嵌入式系统是把计算机直接嵌入到应用系统中,它融合了计算机软/硬件技术、通信技术和微电子技术,是集成电路发展过程中的一个标志性的成果。

3. 嵌入式技术

嵌入式技术是将计算机作为一个信息处理部件,嵌入到应用系统中的一种技术,它将软件固化集成到硬件系统中，将硬件系统与软件系统一体化。因此，可以说嵌入式技术是嵌入式系统设计技术和应用的一门综合技术。

4. 嵌入式产品或嵌入式设备

嵌入式产品或嵌入式设备是指应用嵌入式技术，内含嵌入式系统的产品或设备。嵌入式产品或设备强调内部有嵌入式系统的产品或设备。例如，内含微控制器的家用电器、仪器仪表、工控单元、机器人、手机、PDA 等，都是嵌入式设备或称为嵌入式产品。

5. 嵌入式

嵌入式是嵌入式系统、嵌入式技术以及嵌入式产品的简称，只是为了简单方便而得名。

6. 嵌入式产业

基于嵌入式系统的应用和开发，并形成嵌入式产品的产业称为嵌入式产业。目前国内已有许多省开始着手嵌入式产业的规划和实施。

嵌入式技术的快速发展不仅使其成为当今计算机技术和电子技术的一个重要分支，同时也使计算机的分类从以前的巨型机/大型机/小型机/微型机变为通用计算机/嵌入式计算机。可以预言，嵌入式系统将成为后 PC 时代的主宰。

7. 嵌入式系统开发工具

嵌入式系统开发工具是指可以用于嵌入式系统开发的工具，主要指嵌入式软件开发工具。软件开发工具一般具有集成开发环境，可以在集成开发环境下进行编辑、编译、链接、下载程序、运行和调试等各项嵌入式软件开发工作。

8. 嵌入式系统开发平台

可以进行嵌入式系统开发的软硬件套件称为嵌入式系统开发平台，包括含嵌入式处理器的硬件开发板、嵌入式操作系统和一套软件开发工具。借助于开发平台，开发人员就可以集中精力于编写、调试和固化应用程序，而不必把心思浪费在应用程序如何使用开发板上的各种硬件设施上。

1.1.2 嵌入式系统的特点

由于嵌入式系统是一种特殊形式的专用计算机系统，因此同计算机系统一样，嵌入式系统由硬件和软件构成。与以 PC 为代表的通用计算机系统比较，嵌入式系统是由定义中的三个基本要素衍生出来的，不同的嵌入式系统其特点会有所差异，其主要特点概括如下。

1. 嵌入式系统是专用的计算机系统

嵌入式系统的软、硬件均是面向特定应用对象和任务设计的，具有很强的专用性。主要目的是控制，需要由嵌入式系统提供的功能以及面对的应用和过程都是预知的，相对固定的，而不像通用计算机那样有很大的随意性。嵌入式系统的软、硬件可裁剪性使得嵌入式系统具有满足对象要求的最小软、硬件配置。

2. 嵌入式系统对环境的要求

由于是嵌入到对象系统中，因此必须满足对象系统的环境要求，如物理环境（集成度高、体积小）、电气环境（可靠性高）、成本低（价廉）、功耗低（能耗少）等高性价比要求。这是嵌入式系统的嵌入性所要求的。另外，能满足对温度、湿度、压力等自然环境的要求，民用和工业级以及军用对自然环境的要求差别很大。

3. 嵌入式系统必须是能满足对象系统控制要求的计算机系统

嵌入式系统必须配置有与对象系统相适应的接口电路，如 A/D 接口、D/A 接口、PWM 接口、LCD 接口、SPI 接口、I²C 接口、CAN、USB 以及 Ethernet 等诸多外围接口。

4. 嵌入式系统是集计算机技术与各行业于一体的集成系统

嵌入式系统是将先进的计算机技术、半导体技术和电子技术与各个行业的具体应用相结合后的产物。这一点就决定了它必然是一个技术密集、资金密集、高度分散、不断创新的知识集成系统。

5. 嵌入式系统具有较长的生命周期

嵌入式系统和实际应用有机地结合在一起,它的更新换代也是和实际产品一同进行的,因此基于嵌入式系统的产品一旦进入市场,具有较长的生命周期。

6. 嵌入式系统的软件固化在非易失性存储器中

为了提高执行速度和系统可靠性,嵌入式系统中的软件一般都固化到 EPROM、E²PROM 或 Flash 等非易失性存储器中,而不是像通用计算机系统那样存储于磁盘等载体中。

7. 嵌入式系统的实时性要求

许多嵌入式系统都有实时性要求,需要有对外部事件迅速做出反应的能力。

8. 嵌入式系统需专用开发环境和开发工具进行设计

嵌入式系统本身不具备自主开发能力,即使设计完成以后用户通常也不能对其中的程序功能进行修改,必须有一套开发工具和相应的开发环境,如 ADS、IAR、MDK-ARM 等集成开发环境。

1.1.3 嵌入式系统的发展

20 世纪 60 年代末期,随着微电子技术的发展,嵌入式计算机开始逐步兴起。随着计算机技术、通信技术、电子技术一体化进程不断加剧,目前嵌入式技术已成为广大技术人员的研究热点。

1. 嵌入式系统发展的四个阶段

(1) 8 位/16 位单片机为核心的初级嵌入式系统

第一阶段是以 8 位/16 位单片机为核心的初级嵌入式系统,典型的单片机是 Intel 的 8051 系列,具有与监测、伺服、指示设备相配合的功能。其应用于专业性很强的工业控制系统中,通常不含操作系统,软件采用汇编语言编程对系统进行控制。该阶段的嵌入式系统处于低级阶段,主要特点是系统结构和功能单一,处理效率不高,存储容量较小,用户接口简单或没有用户接口,但使用简单,成本低。

(2) 以 32 位嵌入式微控制器为基础的中级嵌入式系统

第二阶段是以 32 位嵌入式微控制器为基础,以无操作系统或简单嵌入式操作系统为核心的嵌入式系统。其主要特点是以 ARM 微控制器为典型代表,种类多,系统效率高,成本低;简单嵌入式操作系统具有兼容性、扩展性,但用户界面简单。

(3) 以嵌入式操作系统为标志的中高级嵌入式系统

第三阶段是 ARM 处理器仍然为主流嵌入式处理器,以嵌入式操作系统为标志的嵌入式系统。其主要特点是嵌入式系统能运行于各种不同嵌入式处理器上,兼容性好;操作系统内核小、效率高,并且可任意裁剪;具有文件和目录管理、多任务功能,支持网络、具有图形窗口以及良好的用户界面;具有大量的应用程序接口,嵌入式应用软件丰富。

(4) 以 Internet 为标志的高级嵌入式系统

第四阶段是以 Internet 为标志的嵌入式系统。以往的嵌入式系统还多孤立于 Internet,

随着网络应用的不断深入，随着信息家电的发展，嵌入式系统的应用必将与 Internet 有机结合在一起，成为嵌入式系统发展的未来。使用的典型处理器为 ARM 处理器。

需要说明的是，根据应用领域和应用场合的不同，这四个阶段的嵌入式系统都在应用当中，主要选择依据是性价比。有些场合只用单片机就够了，如电动自行车控制器等独立控制的应用场合，就没有必要采用嵌入式操作系统为核心的嵌入式系统，更不需要以 Internet 为标志的嵌入式系统。

2. 嵌入式系统的发展趋势

（1）联网成为必然趋势

为适应嵌入式分布处理结构和应用上网需求，面向未来的嵌入式系统要求配备标准的一种或多种网络通信接口。针对外部联网要求，嵌入式设备必须配有通信接口，相应需要 TCP/IP 协议簇软件支持；由于家用电器相互关联（如防盗报警、灯光能源控制、影视设备和信息终端交换信息）及实验现场仪器的协调工作等要求，新一代嵌入式设备还需具备 IEEE1394、USB、CAN、Bluetooth 或 IrDA 通信接口，同时也需要提供相应的通信组网协议软件和物理层驱动软件。

（2）支持小型电子设备实现小尺寸、微功耗和低成本

为满足这种特性，要求嵌入式产品设计者相应降低处理器的性能，限制内存容量和复用接口芯片。这就相应提高了对嵌入式软件设计技术的要求。例如，选用最佳的编程模型和不断改进算法，优化编译器性能。

（3）提供精巧的多媒体人机界面

人们与信息终端交互要求以 GUI 屏幕为中心的多媒体界面。手写文字输入、语音拨号上网、收发电子邮件以及彩色图形、图像已取得初步成效。要求嵌入式系统能提供精巧的多媒体人机界面。

1.1.4 嵌入式系统的应用

嵌入式系统具有非常广阔的应用领域，是现代计算机技术改造传统产业、提升许多领域技术水平的有力工具。主要应用领域包括产品智能化（智能仪表、智能和信息家电）、工业自动化（测控装置、数控机床、过程控制、数据采集与处理）、办公自动化（通用计算机中的智能接口）、电网安全与电网设备检测、商业应用（电子秤、POS 机、条码识别机）、安全防范（防火、防盗、防泄漏等报警系统）、网络通信（路由器、网关、手机、PDA 等，无线传感器网络）、汽车电子与航空航天（汽车防盗报警器、汽车和飞行器黑匣子、导航仪以及飞行控制器等）以及军事等各个领域，如图 1.1 所示。

嵌入式系统在很多产业中得到了广泛的应用并逐步改变着这些产业，神舟飞船和长征系列火箭系统中就有很多嵌入式系统，导弹的制导系统也有嵌入式系统，高档汽车中也有多达几十个嵌入式系统。

在日常生活中，人们使用着各种嵌入式系统，但未必知道它们。事实上，几乎所有带有一点"智能"的家电（全自动洗衣机、电脑电饭煲等）都是嵌入式系统应用的例子。嵌入式系统广泛的适应能力和多样性使得视听、工作场所甚至健身设备中到处都有嵌入式系统的影子。因此，可以说嵌入式系统无处不在。

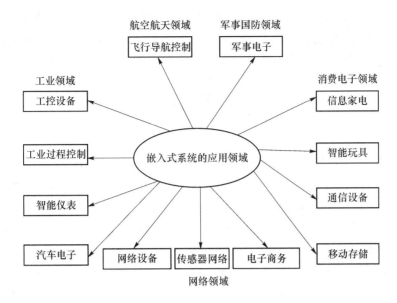

图 1.1　嵌入式系统的应用领域

1.1.5　嵌入式系统的学习方法

既然嵌入式系统的应用如此广泛,对于计算机、电子信息、自动化以及机电一体化等专业的学生以及需要掌握嵌入式技术的人员,学习嵌入式系统及其开发应用是非常重要的。

那么究竟如何学习嵌入式系统及其开发应用呢？嵌入式技术基础是关键。

技术基础决定了一个人学习知识、掌握技能的能力。嵌入式技术融合不同应用系统技术、嵌入式处理器技术、系统芯片 SoC 设计制造技术、应用电子技术和嵌入式操作系统及应用软件技术,具有极高的系统集成性,可以满足不断增长的信息处理技术对嵌入式系统设计的要求。

因此学习嵌入式系统首先是基础知识的学习,主要是相关的基本硬件知识,如嵌入式处理器及接口电路(Flash/SRAM/SDRAM/Cache、UART、Timer、GPIO、Watchdog、USB、I²C、RTC、Ethernet……)等硬件知识,至少掌握一种嵌入式处理器的体系结构;至少了解一种操作系统(中断、优先级、任务间通信、同步……)。对于应用编程,要掌握 C、C++及汇编语言程序设计(至少会 C),对处理器的体系结构、组织结构、指令系统、编程模式,对应用编程要有一定的了解。在此基础上必须在实际工程实践中掌握一定的实际项目开发技能。

其次对于嵌入式系统的学习,必须要有一个较好的嵌入式系统开发平台和开发环境。功能全面的开发平台一方面为学习提供了良好的开发环境,另一方面开发平台本身就是典型的实际应用系统。一般开发平台上商家已经提供了一些基础例程和典型实际应用例程,这些例程对于初学者和进行实际工程应用也是非常有参考价值的,初学者可以从典型范例入手,先调通示例,再做自己的应用程序。

嵌入式系统的学习必须对基本内容有深入的了解。在处理器指令系统、应用编程学习的基础上,重要的是加强外围功能接口应用的学习,主要包括最小系统、人机交互接口、通信互联接口、数字输入输出接口、模拟输入输出接口等知识。

嵌入式操作系统也是嵌入式系统学习重要的一部分,在有嵌入式操作系统的环境下,可以方便地进行各种设备驱动应用程序开发。

因此，本教材就是本着学好嵌入式系统及其应用为目的来组织教学内容的，下面的章节将从嵌入式系统所涉及的基础知识讲起，从硬件到软件逐步深入，从内部结构到外围接口，从指令系统到程序设计，直到嵌入式系统的设计。

1.2 嵌入式处理器

1.2.1 嵌入式处理器的分类

嵌入式处理器主要有四类：嵌入式微处理器（Embedded Microprocessor Unit，EMPU）、嵌入式微控制器（Embedded Microcontroller Unit，EMCU）、嵌入式数字信号处理器（Embedded Digital Signal Processor，EDSP）以及片上系统（System on a Chip，SoC）。

1. 嵌入式微处理器

嵌入式微处理器是由 PC 中的微处理器演变而来的，与通用 PC 微处理器不同的是，它只保留了与嵌入式应用紧密相关的功能硬件。典型的 EMPU 有 Power PC、MIPS、MC68000、i386EX、AMD K6 2E 以及 ARM 等，其中 ARM 是应用最广、最具代表性的嵌入式微处理器。

2. 嵌入式微控制器

嵌入式微控制器主要是面向控制领域的嵌入式处理器，其内部集成了 ROM/EPROM/Flash、RAM、总线、总线逻辑、定时器、看门狗、I/O 接口、RTC、I^2C、SPI 等各种必要的功能部件。嵌入式微控制器简称微控制器（MCU）。早期的 8 位/16 位单片机以及现在的 32 位 ARM Cortex-M 系列均属于 MCU。

3. 嵌入式数字信号处理器

嵌入式数字信号处理器（DSP）是专门用于信号处理的微处理器，在系统结构和指令算法方面经过特殊设计，因而具有很高的编译效率和指令执行速度。DSP 芯片的内部采用程序和数据分开的哈佛结构，具有专门的硬件乘法器，广泛采用流水线操作，提供特殊的 DSP 指令，可以用来快速地实现各种数字信号处理算法。

4. 嵌入式片上系统

SoC 是追求产品系统最大包容的集成器件，是目前嵌入式应用领域的热门话题之一。SoC 最大的特点是成功实现了软硬件无缝结合，直接在处理器片内嵌入操作系统的代码模块。SoC 具有极高的综合性，在一个硅片内部运用 VHDL 等硬件描述语言，实现一个复杂的系统。用户不需要像传统系统设计那样，绘制庞大复杂的电路板，一点点地连接焊制，只需要使用精确的语言，综合时序设计直接在器件库中调用各种通用处理器的标准，通过仿真之后就可以直接交付芯片厂商进行生产。

由于绝大部分系统构件都是在系统内部，整个系统就特别简洁，不仅减小了系统的体积和功耗，而且提高了系统的可靠性，提高了设计生产效率。

1.2.2 ARM 嵌入式处理器简介

英国 ARM（Advanced RISC Machines）Limited 公司成立于 1990 年，ARM 是公司的名称，但作为嵌入式处理器的杰出代表，ARM 已成为嵌入式处理器的代名词了。目前，ARM 架构处理器已在高性能、低功耗、低成本应用领域中占据领先地位。

ARM 公司是嵌入式 RISC 处理器的知识产权 IP 供应商。它为 ARM 架构处理器提供了

ARM 处理器内核（如 ARM7、ARM9、ARM11 以及 ARM Cortex-A、Cortex-M 和 Cortex-R 等）。由各半导体公司（ARM 公司合作伙伴）在上述的处理器内核基础上进行片上再设计，嵌入各种外围和处理部件，形成各种 EMPU、EMCU 或 SoC。

ARM 公司把 ARM 处理器分为经典 ARM 处理器、ARM Cortex 嵌入式处理器、ARM Cortex 实时嵌入式处理器、ARM Cortex 应用处理器以及专家处理器五大类，如图 1.2 所示。

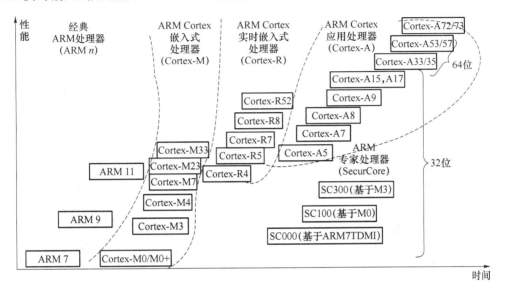

图 1.2　ARM 处理器内核应用分类

经典 ARM 处理器包括传统的 ARM7、ARM9 和 ARM11 等，这些 ARM 内核在 ARM 公司主页上找不到了，已经全面转向基于 ARM Cortex 内核的处理器，这是 ARM 的发展方向。因此本书不再以经典 ARM（如 ARM7 和 ARM9 等）内核为主线，而是以流行的 ARM Cortex 系列最为常用的 ARM Cortex-M（如 M0 或 M3、M4）为例介绍嵌入式系统的应用。

1.3　嵌入式系统的组成

嵌入式系统既然是一种专用的计算机应用系统，当然应该包括嵌入式系统的硬件和软件两大部分，由于嵌入式系统是一个应用系统，因此还有应用中的执行机构，用于实现对其他设备的控制、监视或管理等功能。典型的嵌入式系统如图 1.3 所示。

1.3.1　嵌入式系统的硬件

从实际应用角度来看，典型的嵌入式硬件系统如图 1.4 所示。嵌入式系统硬件包括嵌入式最小系统（嵌入式处理器、存储模块、复位模块、电源模块以及调试接口）、输入通道（数字输入、模拟输入）、输出通道（数字输出、模拟输出）、人机交互通道（键盘、显示器）以及通信互连通道（各种通信接口）。

嵌入式最小系统是指能够让嵌入式系统运行的最简硬件系统。嵌入式系统作为专用计算机系统，从计算机系统的角度看，嵌入式系统也是由嵌入式硬件和嵌入式软件构成的。由于嵌入式系统是嵌入到对象体系中的专用计算机系统，因此嵌入式系统的硬件由嵌入式处理器（含内置存储器）、输入/输出接口、外部设备以及被测控对象及人机交互接口等构成，如图 1.4 所

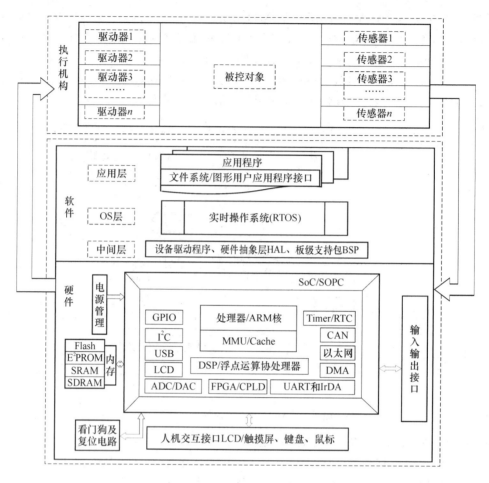

图 1.3　典型嵌入式系统的组成

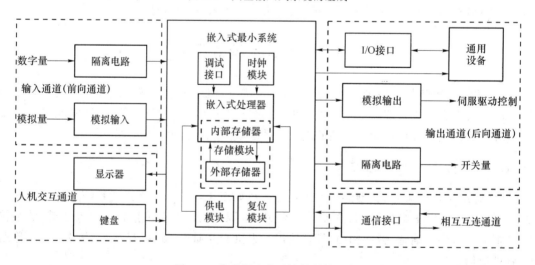

图 1.4　典型嵌入式系统的硬件组成

示。通常在嵌入式处理器内部集成了 Flash 程序存储器和 SRAM 数据存储器（也有集成 EE-PROM 数据存储器），如果内部存储器不够用，可以通过扩展存储器接口来外扩存储器。嵌入式处理器包括嵌入式处理器内核、内部存储器以及内置硬件组件。嵌入式计算机包括嵌入式处理器、存储器和输入输出接口。

不同应用场合选择不同的嵌入式处理器,不同嵌入式处理器内置硬件组件有所不同,内置外设的接口也有差异,因此嵌入式系统的硬件要根据实际应用选择或裁剪,以最少成本满足应用系统的要求。

1.3.2　嵌入式系统的软件

嵌入式系统的软件包括设备驱动层、嵌入式操作系统(如果需要嵌入式操作系统的话)、应用程序接口(API)层以及实际用户应用程序层。对于简单的嵌入式系统,可以没有嵌入式操作系统,仅存在设备驱动程序和应用程序。

下面简单介绍一下嵌入式系统的软件层次结构。嵌入式软件层次分为设备驱动及板级支持包、RTOS、协议栈和应用程序。

1. 驱动层程序

任何外部设备都需要相应的驱动程序支持,它为上层软件提供了设备的操作接口。因此驱动层程序是嵌入式系统中不可缺少的重要组成部分。

驱动层程序包括硬件抽象层(Hardware Abstraction Layer,HAL)、板级支持包(Board Support Package,BSP)以及设备驱动程序。

(1) HAL

HAL 是位于操作系统内核与硬件电路之间的接口层,其目的就是将硬件抽象化。即可以通过程序来控制处理器、I/O 接口以及存储器等所有硬件操作。这样使系统的设备驱动程序与硬件设备无关,提高了系统的可移植性。

HAL 包括相关硬件的初始化、数据的输入/输出、硬件设备的配置等操作。

(2) BSP

BSP 是介于硬件和嵌入式操作系统中驱动层程序之间的一层,主要是实现对嵌入式操作系统的支持,为上层的驱动程序提供访问硬件设备寄存器的函数包,使之能够更好地运行于硬件。不同的嵌入式操作系统对应的 BSP 不同。对于不用嵌入式操作系统的嵌入式系统,应用程序可以直接使用 BSP 提供的函数来操作硬件,BSP 由芯片厂商提供。

BSP 实现的功能主要有两个:一是系统启动时对硬件初始化;二是为驱动程序提供访问硬件的手段,Boot Loader 属于此类。

(3) 设备驱动程序

系统安装的硬件设备必须经过驱动才能被使用,设备的驱动程序为上层软件提供调用的操作接口。上层软件只需调用驱动程序提供的接口,而不必关心设备内部的具体操作就可以控制硬件设备。

驱动程序除了实现基本的功能函数外(初始化、中断响应、发送、接收等),还具备完善的错误处理函数。

需要说明的是,对于简单系统,仅需要 BSP 就可以进行嵌入式软件设计,因为 BSP 提供了对所有硬件的驱动,也不需要抽象层软件。

2. 嵌入式操作系统

嵌入式操作系统在复杂的嵌入式系统中起着非常重要的作用,有了嵌入式操作系统,进程管理、进程间的通信、内存管理、文件管理、驱动程序、网络协议等均可以方便地实现。

常用的嵌入式操作系统有 VxWorks、pSOS、Palm OS、Linux、μCLinux、Windows CE、

Windows XP Embedded 以及 μC/OS-Ⅱ、FreeRTOS、Android、iOS 等。鉴于易学易用且使用的广泛性，本书重点介绍的 RTOS 为 μC/OS-Ⅱ。

1.4　嵌入式操作系统

1.4.1　嵌入式操作系统及其特点

嵌入式操作系统是基于嵌入式系统的操作系统，是嵌入式应用软件的开发平台，对于复杂嵌入式系统，通常需要嵌入式操作系统，用户的应用程序都是建立在嵌入式操作系统之上的。嵌入式操作系统是嵌入式系统的灵魂，有了嵌入式操作系统，嵌入式系统的开发效率大大提高，系统开发的总工作量大大减少，嵌入式软件的可移植性也大大提高了。为了满足嵌入式系统的要求，嵌入式操作系统必须包括操作系统的一些最基本的功能，用户可以通过 API 函数来使用操作系统。

嵌入式操作系统通常包括与硬件相关的底层驱动软件、系统内核、设备驱动接口、通信协议、图形界面、标准化浏览器等。

嵌入式操作系统通常应用在实时环境下，因此嵌入式系统的实时性要求嵌入式操作系统也应该具有实时性，因此出现了嵌入式实时操作系统（Real Time Operating System，RTOS）。

嵌入式操作系统具有编码体积小、面向应用、实时性强、可移植性好、可靠性高以及专用性强等特点。

1.4.2　典型嵌入式操作系统

下面简单介绍几种嵌入式操作系统。

1. VxWorks

VxWorks 操作系统是美国 WindRiver 公司于 1983 年设计开发的一种实时操作系统。VxWorks 拥有良好的持续发展能力、高性能内核以及友好的用户开发环境，在实时操作系统领域内占据一席之地。它以其良好的可靠性和卓越的实时性被广泛地应用在通信、军事、航空、航天等高精尖技术及实时性要求极高的领域中，如卫星通信、军事演习、导弹制导、飞机导航等。VxWorks 是目前嵌入式系统领域中使用比较广泛、市场占有率很高的系统。它支持多种处理器，如 x86、i960、Sun Sparc、Motorola MC68000、MIPS RX000、Power PC、ARM 等。大多数的 VxWorks API 是专用的。但 VxWorks 价格昂贵。

2. pSOS

pSOS 是 ISI 公司研发的产品。该公司成立于 1980 年，产品在其成立后不久即被推出，是世界上最早的实时操作系统之一，也是最早进入中国市场的实时操作系统。该公司于 2000 年2 月 16 日与 WindRiver 公司合并。

pSOS 是一个模块化、高性能、完全可扩展的实时操作系统，专为嵌入式微处理器设计，提供了一个完全多任务环境，在定制的或是商业的硬件上提供高性能和高可靠性。它包含单处理器支持模块（pSOS＋）、多处理器支持模块（pSOS＋m）、文件管理器模块（pHILE）、TCP/IP通信包（pNA）、流式通信模块（OpEN）、图形界面、Java 和 HTTP 等。开发者可以利用它来实现从简单的单个独立设备到复杂的、网络化的多处理器系统。

3. Palm OS

3COM 公司的 Palm OS 在掌上电脑和 PDA 市场上占有很大的市场份额。它有开放的操作系统应用程序接口,开发商可以根据需要自行开发所需的应用程序。目前共有数千个应用程序可以运行在 Palm Pilot 上。其中大部分应用程序均为其他厂商和个人所开发,使 Palm Pilot 的功能不断增多。在开发环境方面,可以在 Windows 和 Macintosh 下安装 Palm Pilot Desktop。Palm Pilot 可以与流行的 PC 平台上的应用程序进行数据交换。

4. Windows CE

Microsoft Windows CE 是从整体上为有限资源平台设计的多线程、完整优先权、多任务操作系统。其模块化设计允许它对从掌上电脑到专用工业控制器的用户电子设备进行定制。操作系统的基本内核至少需要 200 KB 的 ROM。

5. 嵌入式 Linux

随着 Linux 的迅速发展,嵌入式 Linux 现在已经有许多的版本,包括强实时的嵌入式 Linux(如新墨西哥工学院的 RT-Linux 和堪萨斯大学的 KURT-Linux 等)和一般的嵌入式 Linux 版本(如 µCLinux 和 PocketLinux 等)。其中,RT-Linux 通过把通常的 Linux 任务优先级设为最低,而所有的实时任务的优先级都高于它,以达到既兼容通常的 Linux 任务又保证强实时性能的目的。另一种常用的嵌入式 Linux 是 µCLinux,它是针对没有 MMU(Memory Management Unit,存储器管理单元)的处理器而设计的。它不能使用处理器的虚拟内存管理技术,对内存的访问是直接的,所有程序中访问的地址都是实际的物理地址。它专为嵌入式系统做了许多小型化的工作。

6. µC/OS

µC/OS-II 是一个可裁剪、源代码开放、结构小巧、抢先式的实时嵌入式操作系统,主要面向中小型嵌入式系统,广泛应用于工业控制领域,具有执行效率高、占用空间小、可移植性强、实时性能好和可扩展性强等优点。支持多达 64 个任务,大部分嵌入式微控制器都支持 µC/OS-II,目前有 µC/OS-III。

7. FreeRTOS

FreeRTOS 是一个小型 RTOS,能较好地完成对任务、时间、信号量的管理,还包括内存管理、消息队列、协程等功能。因为要占用一定内存,FreeRTOS 也是为数不多的能运行在小 RAM 微控制器上的实时操作系统,并且免费、开源,这是它最大的优势。

相对 µC/OS-II 等商业操作系统,FreeRTOS 操作系统是完全免费的 RTOS,具有源码公开、可移植、可裁减、调度策略灵活的特点,可以方便地移植到各种微控制器上运行。不同于 µC/OS-II,FreeRTOS 对系统任务的数量没有限制,既支持优先级调度算法,也支持轮换调度算法,因此 FreeRTOS 采用双向链表而不是采用查任务就绪表的方法来进行任务调度。FreeRTOS 是目前应用率非常高的 RTOS。

8. Android

Android 是一种基于 Linux 的自由及开放源代码的操作系统,主要使用于移动设备,如智能手机和平板电脑,由 Google 公司和开放手机联盟领导及开发。Android 操作系统最初由 Andy Rubin 开发,主要支持手机。

1.5 嵌入式系统的设计方法

1.5.1 嵌入式系统设计概述

嵌入式系统设计有别于桌面软件设计的一个显著特点是,它需要一个交叉编译和调试环境，即源代码的编译工作在宿主机 Host 上进行，程序编译好后，需要下载到目标机 Client 上运行。宿主机和目标机通过串口、并口、网口或 USB 口建立起通信连接，并传输调试命令和数据。由于宿主机和目标机往往运行着不同的操作系统，嵌入式微处理器的体系结构也彼此不同，这就提高了嵌入式系统设计的复杂性。

嵌入式系统设计的基本原则是"物尽其用"，即在整个嵌入式系统的设计开发过程中，始终贯穿"物尽其用"的原则。与通用计算机相比，嵌入式系统的硬件和软件都必须高效率地设计，量体裁衣、去除冗余，以最小成本实现更高的性能，同时尽可能采用高效率的设计算法，以提高系统的整体性能。

需要从体系结构的角度来了解嵌入式系统。尽管绝大多数嵌入式系统是用户针对特定应用而定制的，但它们一般都是由下面几个模块组成的：一是嵌入式处理器；二是用以保存固件的 Flash ROM；三是用以存储数据的 SRAM；四是外部设备，如连接嵌入式处理器的开关、按钮、传感器、模/数转换器、控制器、LCD、LED 及显示器的 I/O 端口以及通信接口等。

嵌入式系统设计通常根据硬软件的任务，分成以下几个步骤或设计阶段。嵌入式系统设计所面临的问题主要表现在以下几个方面。

1. 嵌入式微处理器及操作系统的选择

嵌入式处理器可谓多种多样，品种繁多，包括了 X86、MIPS、PPC、ARM 等，而且都在一定领域应用很广，即使选择 ARM，也有多种不同厂家生产的不同类型的 ARM 处理器。在嵌入式系统上运行的操作系统也有不少，如 VxWorks、Linux、μC/OS-Ⅱ、Windows CE 以及 FreeR-TOS 等，不同处理器支持不同的嵌入式操作系统。

2. 开发工具的选择

目前用于嵌入式系统设计的开发工具种类繁多，不仅各个厂家各有各自的开发工具，在开发的不同阶段也会使用不同的开发工具。如在目标板开发初期，需要硬件仿真器来调试硬件系统和基本的驱动程序，在调试应用程序阶段可以使用交互式的开发环境进行软件调试，在测试阶段需要专门的测试工具软件进行功能和性能的测试，在生产阶段需要固化程序及出厂检测等。一般每一种工具都要从不同的供应商处购买，都需要单独去学习和掌握。

3. 对目标系统的观察与控制

由于嵌入式硬件系统千差万别，软件模块和系统资源也多种多样，要使系统正常工作，必须对目标系统具有完全的观察和控制能力，例如硬件的各种寄存器、内存空间，操作系统的信号量、消息队列、任务、堆栈等。

1.5.2　嵌入式系统的设计步骤

嵌入式系统设计一般有五个阶段，如图 1.5 所示。设计步骤包括需求分析，体系结构设计，硬件设计、软件设计、执行机构设计，系统集成和系统测试。各个阶段往往要求不断的修改，直至完成最终设计目标。

1. 嵌入式系统需求分析

嵌入式系统的系统需求分析就是确定设计任务和设计目标，并提炼出设计规格说明书，作为正式设计指导和验收的标准。系统的需求一般分功能性需求和非功能性需求两方面。功能性需求是系统的基本功能，如输入输出信号、操作方式等；非功能性需求包括系统性能、成本、功耗、体积、重量以及环境等因素。

2. 嵌入式体系结构设计

嵌入式系统体系结构设计的任务是描述系统如何实现所述的功能和非功能需求，包括对硬件、软件和执行装置的功能划分以及系统的软件、硬件选型等。一个好的嵌入式体系结构是嵌入式系统设计成功与否的关键。

体系结构设计并不是具体讲系统怎么实现,只说明系统做些什么,系统有哪些方面的功能要求。体系结构是系统整体结构的一个规划和描述。

3. 嵌入式硬软件及执行机构设计

基于嵌入式体系结构,对系统的硬件、软件和执行机构进行详细设计。为了缩短产品开发周期,设计往往是并行即同时进行的。硬件设计就是确定嵌入式处理器型号、外围接口及外部设备,绘制相应的硬件系统的电路原理图和印制板图。

在整个嵌入式系统硬软件设计过程中,嵌入式系统设计的工作大部分都集中在软件设计上,面向对象技术、软件组件技术、模块化设计技术是现代软件工程经常采用的方法。硬软件协同设计方法是目前较好的嵌入式系统设计方法。

执行机构设计的主要任务是选型,选择合适的执行机构,配置相应的驱动器以及传感器、放大器、信号变换电路等,并考虑与嵌入式硬件的连接方式。

4. 嵌入式系统集成

系统集成就是把系统的软件、硬件和执行装置集成在一起,进行调试,发现并改进单元设计过程中的错误。

5. 嵌入式系统测试

嵌入式系统测试的任务就是对设计好的系统进行全面测试,看其是否满足规格说明书中给定的功能要求。针对系统不同的复杂程度,目前有一些常用的系统设计方法,如瀑布设计方法、自顶向下的设计方法、自下向上的设计方法、螺旋设计方法、逐步细化设计方法和并行设计方法等,根据设计对象复杂程度的不同,可以灵活地选择不同的系统设计方法。

应该指出的是,上面几个步骤不能严格区分,有些步骤是并行的,相互交叉、相互渗透的。在设计过程中也存在测试过程,包括静态的测试和动态的测试等。

1.5.3 嵌入式系统的传统设计方法

对于不需要嵌入式操作系统的简单嵌入式系统,通常按照如图1.6所示的流程进行设计。

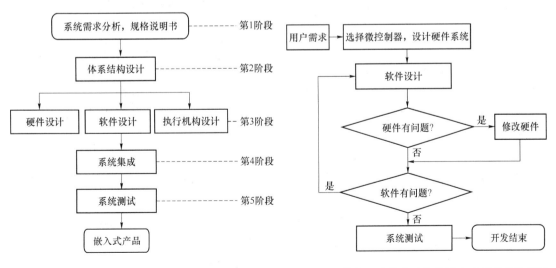

图 1.5 嵌入式系统设计的一般流程　　　图 1.6 不带嵌入式操作系统的嵌入式系统设计流程

基于嵌入式操作系统的嵌入式系统,整个系统的开发过程将改为如图1.7所示的设计流程。

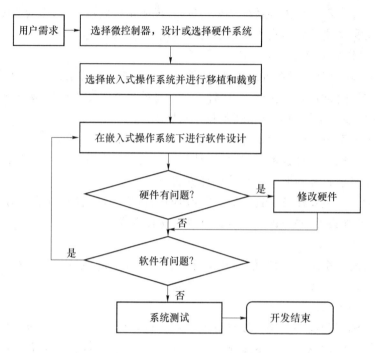

图 1.7　基于嵌入式操作系统的嵌入式系统设计开发流程

选定或自行设计硬件系统之后就是要选择满足要求的嵌入式操作系统,嵌入式操作系统屏蔽掉了底层硬件的很多复杂信息,使得开发者通过操作系统提供的 API 函数可以完成大部分工作,从而大大地简化了开发过程,提高了系统的稳定性。

传统的嵌入式系统设计方法可以简单归纳为如图1.8所示,硬件和软件分为两个独立的部分,由硬件设计人员和软件设计人员按照拟定的设计流程分别完成。其过程可描述如下:

(1) 需求分析。

(2) 软硬件分别设计、开发、调试、测试。

(3) 系统集成:软硬件集成。

(4) 集成测试。

(5) 若系统正确,则结束;否则继续进行。

(6) 若出现错误,需要对软、硬件分别验证和修改。

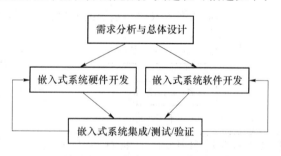

图 1.8　传统嵌入式系统设计方法

(7) 返回(3),继续进行集成测试。

传统方法虽然也可改进硬件、软件性能,但由于这种改进是各自独立进行的,不一定能使系统综合性能达到最佳。

综上所述,基于嵌入式操作系统的嵌入式系统的设计开发是把开发者从反复进行硬件平台的设计过程中解放出来,从而可以把主要的精力放在编写特定的应用程序上。这个过程更类似于在系统机(如 PC)上的某个操作系统下开发应用程序。

1.5.4　嵌入式系统的硬、软件协同设计技术

上述传统的嵌入式系统设计开发方法只能改善硬、软件各自的性能,而有限的设计空间不可能对系统做出较好的性能综合优化。一般来说,每一个应用系统都存在一个适合于该系统的硬、软件功能的最佳组合,如何从应用系统需求出发,依据一定的指导原则和分配算法对硬、软件功能进行分析及合理的划分,从而使系统的整体性能、运行时间、能量耗损、存储能量达到最佳状态,已成为硬、软件协同设计的重要研究内容之一。

应用系统的多样性和复杂性使硬、软件的功能划分、资源调度与分配、系统优化、系统综合、模拟仿真存在许多需要研究解决的问题,因而使国际上这个领域的研究日益活跃。系统协同设计与传统设计相比有两个显著的特点:①描述硬件和软件使用统一的表示形式。②硬件、软件划分可以选择多种方案,直到满足要求。

在传统设计方法中,虽然在系统设计的初始阶段考虑了软、硬件的接口问题,但由于软、硬件分别开发,各自部分的修改和缺陷很容易导致系统集成出现错误。由于设计方法的限制,这些错误不但难于定位,而且对它们的修改往往会涉及整个软件结构或硬件配置的改动。显然,这是任何设计者都不愿意看到的,但有时又是不可避免的。

为避免上述问题,一种新的开发方法应运而生,即软、硬件协同设计方法。一个典型的硬、软件协同设计过程如图1.9所示。

首先,应用独立于任何硬件和软件的功能性规格方法对系统进行描述,采用的方法包括有限态自动机(FSM)、统一化的规格语言(CSP、VHDL)或其他基于图形的表示工具,其作用是对硬、软件统一表示,便于功能的划分和综合。

然后,在此基础上对硬、软件进行划分,即对硬件、软件的功能模块进行分配。然而,这种

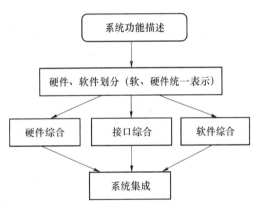

图1.9　嵌入式系统的硬、软件协同设计方法

功能分配不是随意的,它是从系统功能要求和限制条件出发,依据算法进行的。完成硬、软件功能划分之后,需要对划分结果做出评估。方法之一是性能评估,之二是对硬、软件综合之后的系统依据指令级评估硬、软件模块,以上过程不断重复,直到系统获得一个满意的硬、软件实现为止。

硬、软件协同设计过程可归纳为:①需求分析;②硬、软件协同设计;③硬、软件实现;④硬、软件协同测试和验证。

这种方法的特点是在协同设计(Co-design)、协同测试(Co-test)和协同验证(Co-verification)上,充分考虑了硬、软件的关系,并在设计的每个层次上给以测试验证,能尽早发现和解决问题,避免灾难性错误的出现,提高了系统开发效率,降低了开发成本。

需要说明的是,对于许多应用场合的嵌入式系统,并不排除传统的嵌入式系统设计方法,因为这种方法无论是开发经验还是开发工具都已深入人心,不能一味只追求硬、软件协同设计。

1.6 嵌入式系统的软件设计

1.6.1 嵌入式系统的软件设计过程

嵌入式系统的软件设计过程如图 1.10 所示。整个软件设计分四个阶段,第一阶段是编辑,即用文本编辑器或集成环境中的编辑器编写源程序(汇编语言或 C/C++);第二阶段是编译,对每一个源文件进行汇编或编译成一个目标文件;第三阶段是链接与重定位,将所有产生的目标文件链接成一个目标文件,即可重定位程序进行重定位,把物理存储器 RAM 地址指定给可重定位程序,下载到 RAM 中进行调试修改,如果文件太大而 RAM 太小,则必须下载到 Flash 调试;第四阶段就是在 RAM 调试好后,产生一个可以在嵌入系统上的可执行二进制映像文件,并将此文件下载到目标系统的 Flash 程序存储器中,复位运行。

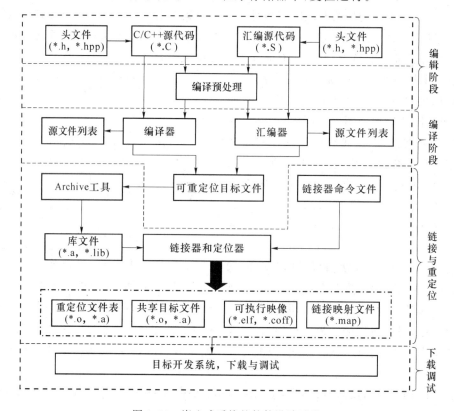

图 1.10 嵌入式系统的软件设计过程

交叉编译或交叉汇编输出目标文件,这个文件的结构通常是按照标准格式定义的,如通用对象文件格式(COFF)和扩展的链接器格式(ELF)。

定位器把可重定位程序转换到可执行的二进制映像文件。在有些工具如 GUN 中,定位器的功能是在链接器中实现的。

在 PC 主机上生成的可执行二进制映像文件需下载至目标机才能运行。目标机的调试则需要 PC 通过在线仿真器 ICE 或常驻在目标上的调试监控器来实现。而基于 ARM 的处理器已嵌入了 ICE 功能,可以通过 JTAG 或 SWD 接口直接进行调试,省去了昂贵的在线仿真机,也可以下载 Boot Loader 程序来实现对目标机的调试。

1.6.2 嵌入式操作系统的选择

在嵌入式系统的前期设计过程中,必须决定是否需要 RTOS,如果需要,要决定所采用的嵌入式操作系统的类型。下面简单介绍四种通用体系的嵌入式操作系统和需要考虑的因素。

1. 非标准的操作系统

很多嵌入式操作系统都是非标准的操作系统。针对某些应用领域,尤其是使用带有非常有限资源的微控制器来说,选用的嵌入式操作系统就是非标准的操作系统。操作系统中最基本的操作是建立一个能够处理关键实时事件的中断服务程序(ISR)的简单后台循环程序。基于这种非标准操作系统的嵌入式系统实质上是微控制器应用系统。

然而,当项目增大后,很多问题就随之产生。后台循环所需要的响应时间取决于最大循环次数所用的时间。当循环次数增多时,所需要的时间就会增多。此时有用的方法就是将这些后台循环分成很多小部分,但这可能导致产生更复杂的系统而难于调试和维护。如果系统中有多个开发者,这一情况会变得更加恶化。

2. 没有优先级别的操作系统

一个简单的、没有优先级别的操作系统可以在一个大型后台循环中增添一些规则。这一方法对于中等大小的工程最为合适。

一个没有优先级别的操作系统可以将程序中的后台工作转化为可以预先处理的工作,而不需要将原来的程序分割成多个块。一个不存在优先级别的系统一般相对比较容易执行、调试,并且在设计过程中不存在很多如资源共享的复杂操作。

这一系统的主要不足之处是设计者必须时刻保护决定将处理器转交给其他任务的时间。如果转交时间延迟,即使只有一次,也会对整个操作系统的响应导致崩溃。

3. 具备优先级别的操作系统

一个完整的具备优先级别的操作系统可以处理包含多个相互竞争的任务和多个软件开发者。具备优先级别的操作系统在外部事件(比如中断等)和操作系统调用之间转换任务。根据它们之间相对的优先级别和分配的时间周期进行安排,这就可以从决定转换任务的时间之中解放出来,同时也减少了任务之间的相互冲突。

这一特性带来了很多外在的复杂性。在优先级别系统中的任务转换会使调试带来更多的困难,而且需要任务之间相互通信的外部机制。

然而,这一外部机制带来了新的问题,比如任务之间的死锁冒险。设计人员必须学会使用新的技术和规则来处理这些问题,否则将会导致不可靠的代码。

目前这类 RTOS 以 $\mu C/OS$-II 以及 FreeRTOS 为典型代表。

4. 更改的桌面型操作系统

更改的桌面型操作系统,比如 Windows CE、Linux 等都是一些流行的嵌入式操作系统,特别是基于用户界面的系统。因为它们功能特别完整,并且提供了一个熟悉的开发环境。

然而,这些系统却通常会出现资源危机,运行的控制器的性能也非常受限制,从而不能满足执行特定环境下的实时性能限制。

嵌入式操作系统的特点与标准桌面型环境有很多不相同的地方,所以开发一个嵌入式产品并不是简单地遵循开发一个标准的桌面程序的方法那么直接。

在选择操作系统中,还必须考虑硬件对操作系统的支持,如有的硬件不支持 MMU,就不能选择诸如 Windows CE 及 Linux 等操作系统,而选用不带存储管理的 $\mu CLinux$ 操作系统。

1.6.3 嵌入式软件开发工具链的构建

嵌入式产品的软件开发需要几个阶段，包括为目标板配置和构建基本嵌入式操作系统，调试应用程序、库、内核及设备驱动程序/内核模块，定型前最终方案的优化、测试和验证。

1. 开发工具的选择

在整个设计过程中，开发工具的选择是一个关键所在。

许多针对嵌入式系统的开发工具都不兼容非 X86 平台，而且也没有很好地实现归档备案或集成。在其他开发环境下，组件间的高度集成并没有完全兑现。因此，要想完全从这些众多的软件组件开始创建一个完整的跨平台开发环境，将需要大量的调研、实施、培训和维护方面的工作。

2. 开发工具的制作

在进行嵌入式系统开发之前，首先要建立一个交叉编译环境，包括针对硬件平台所用处理器的编译器、汇编器、连接器，相应的库工具，目标文件分析/管理工具，符号查看器等。硬件厂商及相关提供商一般都会提供这些工具，也可以从互联网上找到开源的工具集。

交叉编译器运行在某一种处理器上，也可以编译另一种处理器的指令。建立一个交叉编译工具链是一个相当复杂的过程，它包括下载源代码、修补补丁、配置、编译、设置头文件、安装等很多工作。

一般有两种方式：一种是可用的编译好的交叉编译工具链；另一种是获得各种开发工具的源代码，然后自己编译它，以生成可用的工具。

3. 嵌入式操作系统的裁减与移植

一个最小的嵌入式系统仅需如下基本组成部分：一个用作引导的可用工具（Boot Loader），一个具备内存管理、进程管理和定时器服务的嵌入式操作系统微内核以及一个初始进程。

为了使上面的最小嵌入式操作系统具有一定实用性，还需要加上其他组件：硬件的驱动程序和一个或几个应用进程以提供必要的应用。

确定好内核和所需组件之后，进入实质性的工作阶段。首先需要安排内存地址，如SDRAM 的内存地址、Flash 的内存地址等，这需要与实际应用和硬件状况相结合来考虑，要根据硬件的限制以及实际应用的需要对内存地址进行合理的安排，同时要注意内存地址的安排要具有一定的伸缩性，以便于将来需要改动时所做的变动达到最小。一般来说，嵌入式操作系统的内存地址安排体现在连接脚本当中。

接着进入编写启动代码和机器相关代码阶段。各种不同目标系统，甚至相同目标系统的启动代码和机器相关代码也是不相同的。启动代码一般需要完成硬件初始化、装载内核及安装根文件系统以及开始内核执行的工作，不同目标平台的启动代码一般可通过参考已有的启动代码和相关嵌入式处理器手册进行编写。

启动代码和机器相关代码编程完成并可以启动系统后，下一步可以开始驱动程序的编写。编写驱动程序需要对相关的硬件有一定了解，同时需要遵循不同的嵌入式操作系统下驱动程序的一些规则进行，编写完一个驱动程序后，写一个相应的测试程序以便随时进行测试。

除了以上提到的这些步骤外，进行实际开发时，很多时候还要进行库、GUI 和系统程序的移植。这是因为嵌入式操作系统中所用的库一般不能直接使用标准库，而需要进行精简，虽然已有些精简的 C 库使用，但还是需要经常对其进行修改。系统程序中有些是应用时所必需的,有些则是进行调试时所需要的,初始时则需要一些通用的系统程序。

4. 应用程序的编写、编译和烧录

编写嵌入式应用程序与编写 PC 应用程序很相似,都是在 PC 上完成源代码的编辑、编译。所不同的是使用的编译器、连接器等开发工具链是针对嵌入式系统的,如 ARM、MIPS 体系结构。编译后生成的可执行文件镜像需要使用硬件工具,如 JTAG、SWD、UART、USB,烧写到嵌入式应用系统板上的 RAM 或 Flash ROM 中执行。文件烧写的方法有以下几种。

(1)使用编程器

在芯片焊接之前,先通过编程器将代码烧写到 Flash 存储器中,再将 Flash 芯片焊接到目标板上。使用编程器进行编程特别适合于 DIP 封装的芯片编程。如果是其他类型的封装,则要使用相应的适配器。这种方法的缺点是需要手工进行待编程芯片的插入、锁定等工作,容易造成芯片方向错误、引脚错位等,导致编程效率降低。

(2)使用板上编程器编程

这种方法是在板上所有芯片包括 Flash 芯片已经焊装完毕之后,再对可编程芯片进行编程。通过专用电缆将电路板与外部通用计算机连接,由计算机的应用程序进行板上可编程芯片的代码或数据写入,芯片擦除、编程所需要的电压、控制信号、地址数据和相关命令都由板外的编程控制器提供。

使用板上编程器进行板上编程时,需要关断目标板上 CPU 的电源或将其外部接口信号设置为高阻状态,以免与编程时的地址、数据和控制信号发生冲突。这种方法的缺点是需要在电路板上设计编程用的接口、隔离等辅助电路,在编程时通过跳线或 FET 开关进行编程与正常工作的状态转换。这样会增加电路板芯片的数量,造成产品成本的增加。

(3)在电路编程

在电路编程(In Circuit Programming,ICP)是一种串行编程方式,其通过一根时钟线与一根数据线串行传输编程指令及数据。ICP 是指直接利用系统中带有 JTAG 或 SWD 接口的器件,执行对系统中程序存储器的擦除和编程操作。目前,嵌入式微处理器均带有 JTAG 或 SWD 接口,系统程序存储器的数据总线、地址总线和控制信号直接接在微处理器上。编程时,通常使用 PC USB 通过专用电缆及协议转换器将系统电路板与 PC 联系起来,在 PC 上运行相关 ICP 下载程序,将编程数据及控制信号传送到 JTAG 或 SWD 接口的芯片,再利用相应指令从微处理器的引脚按照 Flash 芯片的编程时序输出到 Flash 存储器。

ICP 方式在应用中有以下优点:①在产品发货前,可以随时装载最新版软件程序;②在开发过程中,不需将芯片从系统板上取下,即可实现重新编程;③不占用程序存储空间(ISP 需要占用一定空间驻留 ISP 服务程序);④不受串口的影响。

(4)在系统编程

在系统编程(In System Programming,ISP)一般通用做法是内部的存储器可以由上位机的软件通过串口来进行改写。对于嵌入式处理器而言,可以通过 UART、I^2C、SPI 或 USB 等串行方式的接口来接收上位机传来的数据并写入存储器中。但一般嵌入式处理器内部要有 Boot Loader 程序方可以 ISP 编程。通常在嵌入式处理器内部都有一个容量能够容纳 Boot Loader 程序的 ROM 区域,有的是出厂时已经把 Boot Loader 程序固化好的,有的则需要通过 ICP 方式先将指定的 Boot Loader 程序写入 ROM,方可进行 ISP 编程。

这种编程方法优点是系统板上不需要增加其他与编程有关的附属电路,减小了电路板的尺寸,同时避免了对微小封装芯片的手工处理,特别适用于电路板尺寸有严格限制的手持设备。缺点是编程速度慢,对于代码长度小的编程比较适合。

5. 应用程序的调试

调试是开发过程中必不可少的环节,通用的桌面操作系统与嵌入式操作系统在调试环境上存在明显的差别。前者调试器与被调试的程序往往是运行在同一台机器、相同的操作系统上的两个进程,调试器进程通过操作系统专门提供的调用接口控制、访问被调试进程。后者(又称为远程调试)为了向系统开发者提供灵活、方便的调试界面,调试器还是运行于通用桌面操作系统的应用程序,被调试的程序则运行于基于特定硬件平台的嵌入式操作系统(目标操作系统)。

这就带来以下问题:调试器与被调试程序如何通信? 被调试程序产生异常如何及时通知调试器? 调试器如何控制、访问被调试程序? 调试器如何识别有关被调试程序的多任务信息并控制某一特定任务? 调试器如何处理某些与目标硬件平台相关的信息(如目标平台的寄存器信息、机器代码的反汇编等)? 这里介绍两种远程调试的方案来解决这些问题。

(1) 插桩调试法

第一种方案是在目标操作系统和调试器内分别加入某些功能模块,二者互通信息来进行调试。上述问题可通过以下途径解决。

① 调试器与被调试程序的通信

调试器与目标操作系统通过指定通信端口(串口、网卡、并口、USB接口)遵循远程调试协议进行通信。

② 被调试程序产生异常及时通知调试器

目标操作系统的所有异常处理最终都要转向通信模块,告知调试器当前的异常号;调试器据此向用户显示被调试程序产生了哪一类异常。

③ 调试器控制、访问被调试程序

调试器的这类请求实际上都将转换成对被调试程序的地址空间或目标平台某些寄存器的访问,目标操作系统接收到这样的请求可以直接处理。对于没有虚拟存储概念的简单嵌入式操作系统而言,完成这些任务十分容易。

④ 调试器识别有关被调试程序的多任务信息并控制某一特定任务

由目标操作系统提供相关接口。目标系统根据调试器发送的关于多任务的请求,调用该接口提供相应信息或针对某一特定任务进行控制,并返回信息给调试器。

⑤ 调试器处理与目标硬件平台相关的信息

第②条所述调试器应能根据异常号识别目标平台产生异常的类型也属于这一范畴,这类工作完全可以由调试器独立完成。

应用程序要在入口处调用这个设置断点的函数以产生异常,异常处理程序调用调试端口通信模块,等待主机上的调试器发送信息。双方建立连接后调试器便等待用户发出调试命令,目标系统等待调试器根据用户命令生成的指令。

综上所述,这一方案需要目标操作系统提供支持远程调试协议的通信模块(包括简单的设备驱动)和多任务调试接口,并改写异常处理的有关部分。另外,目标操作系统还需要定义一个设置断点的函数,因为有的硬件平台提供能产生特定调试陷阱异常的断点指令以支持调试

（如 X86 的 INT 3），而另一些机器没有类似的指令，就用任意一条不能被解释执行的非法（保留）指令代替。目标操作系统添加的这些模块统称为"插桩"。

这一方案的实质是用软件接管目标系统的全部异常处理及部分中断处理，在其中插入调试端口通信模块，与主机的调试器交互。它只能在目标操作系统初始化，特别是调试通信端口初始化完成后才起作用，所以一般只用于调试运行于目标操作系统之上的应用程序，而不宜用来调试目标操作系统，特别是无法调试目标操作系统的启动过程。由于它必然要占用目标平台的某个通信端口，该端口的通信程序就无法调试了。最关键的是它必须改动目标操作系统。

（2）片上调试法

片上调试（On Chip Debugging，OCD）是在处理器内部嵌入额外的控制模块，当满足了一定的触发条件时进入某种特殊状态。在该状态下，被调试程序停止运行，主机的调试器可以通过处理器外部特设的通信接口访问各种资源（寄存器、存储器等）并执行指令。为了实现主机通信端口与目标板调试通信接口各引脚信号的匹配，二者往往通过一块简单的信号转换电路板连接。内嵌的控制模块以基于微码的监控器或纯硬件资源的形式存在，包括一些提供给用户的接口（如断点寄存器等）。

与插桩方式的缺点相比，OCD 不占用目标平台的通信端口，无须修改目标操作系统，能调试目标操作系统的启动过程，大大方便了系统开发者。随之而来的缺点是软件工作量的增加：调试器端除了对目标操作系统多任务的识别、控制等外，还要针对使用同一芯片的不同开发板编写各类 ROM、RAM 的初始化程序。

1.7　嵌入式系统开发与调试工具

嵌入式系统设计必须有相应的各种可用的工具。就像任何一个行当一样，好的工具有助于快捷而圆满地完成任务。在嵌入式系统设计的不同阶段，要用到不同的工具。

1.7.1　嵌入式系统硬件开发与调试工具

嵌入式开发的首选工具是仿真器，一般植于嵌入式微处理器和总线之间的电路中，用于监视和控制所有信号的输入和输出，以及嵌入式微处理器的内部工作情况和软件的执行状态。因为它是异体，可能会引起不稳定。但是仿真器可在总线级别上给出一个系统正在发生情况的清晰的描绘，为解决硬件故障提供强有力的工具，大大缩短了开发周期。

以往的工程项目常依赖于仿真器，用于整个开发过程。但是，一旦初始化提供了对串口的良好支持，多数的调试可以脱离仿真器而用其他方法进行。目前，嵌入式系统的启动代码已经能够快速获得串口工作。这意味着没有仿真器，也能够方便地进行工作。省去仿真器，从而降低了开发成本。一旦串口开始工作，便能用于支持各种专业开发工具。

基于 ARM 的仿真器由 ARM 厂家提供的有 Multi-ARM 等，可以仿真各种基于 ARM 的不同厂家的嵌入式微处理器。常用的开发工具有以下几种。

1. 内部电路仿真器（In-Circuit Emulator，ICE）

ICE 是常用的仿真器，是用来仿真处理器核心的设备，它可以在不干扰处理器正常运行的情况下，实时地检测 CPU 的内部工作情况。

ICE 一般都有一个比较特殊的处理器，称为外合（bond-out）处理器。这是一种被打开了封装的处理器,并且通过特殊的连接,可以访问到处理器的内部信号,而这些信号在处理器被封装时是无法看到的。当和工作站上强大的调试软件联合使用时,ICE 就能提供最全面的调试功能。

但 ICE 同样有一些缺点:价格昂贵、不能全速工作。同样,并不是所有的处理器都可以作为外合处理器的,从另一个角度说,这些外合处理器也不大可能及时地被新推出的处理器所更换。

2. ROM 监控器(ROM Monitor)

ROM 监控器是一小程序,驻留在嵌入式系统的 ROM 中,通过串口或网络的连接和运行在工作站上的调试软件通信。这是一种便宜的方式,当然也是最低端的技术。

它除了要求一个通信端口和少量的内存空间外,不需要其他任何专门的硬件,提供了下载代码、运行控制、断点、单步步进以及观察、修改寄存器和内存的功能。

因为 ROM 监控器是操作软件的一部分,只有当应用程序运行时,它才会工作。如果需要检查 CPU 和应用程序的状态,必须停下应用程序,再次进入 ROM 监控器。

3. 在线调试(OCD)或在线仿真(OCE)

特殊的硅基材料和定制的 CPU 管脚的串行连接,在这种特殊的 CPU 芯片上使用 OCD,才能发挥出 OCD 的特点。用低端适配器就可以把 OCD 端口和主工作站以及前端调试软件连接起来。从 OCD 的基本形式来看,它的特点和单一的 ROM 监测器是一致的,但不像后者需要专门的程序以及额外的通信端口。

4. 串行口

许多嵌入式系统都具有一个 RS-232 串行口,它允许将调试信息传送到 PC 工作站上标准的串口上。通过串行口可以很方便地发送有用的调试信息。

5. 发光二极管

一个简单的 LED 状态显示能够极为有效地帮助调试。除了看到 LED 在代码某个点处开始发光或者闪烁所带来的提示之外,还可以使用长、短闪烁来表示大量的错误和状态报告。虽然看似非常简单,LED 发光二极管在嵌入式系统中,用来指示运行过程的功能不可小视。

6. 示波器

示波器是调试工具中测试外部特性功能最强大的一种仪器,而且它不仅仅只用于调试硬件。示波器又分为模拟示波器和数字示波器两种,其中数字示波器性能优越但价格较高,动辄上万,而模拟示波器上千的价格可以接受。但数字示波器可以存储以及捕获脉冲的功能是模拟示波器所无法比拟的。通过示波器能够看到程序对外部端口和外设的访问,并能够监测软件的活动。

7. 逻辑分析仪

逻辑分析仪是分析硬件的有力工具,一般拥有多条输入通道、一定容量的缓存,还拥有多个波形窗口、时序微分指针测量、波形和方案保护/修复等功能。对于总线时序分析非常有效,但一般价格较高。

1.7.2　嵌入式系统软件开发工具

根据功能不同,ARM 应用软件的开发工具分别有编译软件、汇编软件、链接软件、调试软件、嵌入式实时操作系统、函数库、评估板、JTAG 仿真器和在线仿真器等。当选用 ARM 处理器开发嵌入式系统时,选择合适的开发工具可以加快开发的速度,节省开发成本。一般情况下,一套含有编辑软件、编译软件、汇编软件、链接软件、调试软件、工程管理及函数库的集成开发环境(IDE)是必不可少的。至于嵌入式实时操作系统和评估板等其他开发工具,则可以根据应用软件规模和开发计划来选用。

使用集成开发环境开发基于 ARM 的应用软件,包括编辑、编译、汇编、链接等工作全部都在 PC 上即可完成。调试工作需要配合其他模块或产品才能完成。目前常用的开发工具有 ADS、IAR、RealView 等集成开发环境。许多软件开发工具可独立于硬件而进行软件仿真调试。

1. ARM ADS

ARM ADS 是 ARM 公司推出的 ARM 集成开发工具,用来取代先前的 ARM SDT,它是一种快速而节省成本的完整软件开发解决方案。

ARM ADS 起源于 ARM SDT。它对 SDT 的模块进行了增强,并替换了一些 SDT 的组成部分,用户可以感受到的最大的变化是:ADS 使用 CodeWarrior IDE 集成开发环境代替了 SDT 的 APM,使用 AXD 替换了 ADW。现成集成开发环境的一些基本特性在 ADS 中才得以体现,如源文件编辑器语法高亮和窗口驻留等功能。

ADS 的最终版本为 ADS1.2,支持 ARM10 之前的所有 ARM 处理器,不支持 Cortex 等新型 ARM 处理器。它支持软件调试以及 JTAG 硬件仿真调试,支持汇编、C、C++源程序,具有编译效率高、系统库功能强的特点,是目前使用最广的 ARM 集成开发工具。

ADS1.2 由代码生成工具、集成开发环境、调试器、指令模拟器、ARM 开发包和 ARM 应用软件 6 个部分组成。各自功能如表 1.1 所示。

表 1.1 ADS1.2 主要组件及其功能

ADS1.2 组件名称	基本功能描述	使用方式
代码生成器	ARM 汇编器、ARMC/C++编译器,Thumb 的 C/C++编码器、ARM 链接器	通过 Code Warrior IDE 调用
集成开发环境	Code Warrior IDE	工程管理、编译链接
调试器	AXD、armsd	仿真调试
指令模拟器	ARMulator	通过 AXD 调用
ARM 开发包	提供底层例程、实用程序	实用程序通过 Code Warrior IDE 调用
ARM 应用库	C/C++函数库等	由用户程序调用

2. GNU

随着 Linux 操作系统和 GNU 开发工具的普及,针对不同处理器的开放源代码开发工具也给用户提供了一个廉价的选择,对于嵌入式 Linux 开发者,可以选用 GNU 开发工具链。

运行于 Linux 操作系统下的自由软件 GNU gcc 编译器不仅可以编译 Linux 操作系统下运行的应用程序、编译 Linux 本身,还可以作交叉编译,编译运行于其他 CPU 上的程序。可以作交叉编译的 CPU(或 DSP)涵盖了几乎所有知名厂商的产品。用于嵌入式应用的、众所周知的 CPU 包括 Intel 的 i386、Intel960、AMD29K、ARM、M32、MIPS、M68K、ColdFire、Power-PC、68HC11/12、TI 的 TMS320 等。

GNU gcc 编译器是一套完整的交叉 C 编译器,包括 C 交叉编译器 gcc、交叉汇编工具 as、反汇编工具 objdump、连接工具 ld 以及调试工具 gdb。可以用批处理文件 makefile 将这些工具组合成方便的命令行形式。

3. IAR Embedded Workbench

IAR Embeded Workbench for ARM(IAR EWARM)是由瑞典 IAR Systmes 公司推出的为 ARM 处理器开发的集成开发环境，它主要由工程管理器、功能强大的编辑器、高度优化的 IAR ARM C/C++编译器、IAR ARM 汇编器、通用的 IAR XLINK 连接器、IAR XAR 和 XLIB 库管理器以及 IAR C-SPY 调试器等模块组成。与其他 ARM 开发环境相比，IAR EWARM 具有入门容易、使用方便和代码紧凑等特点。

IAR EWARM 推出的 5.30 版本支持 ARM7、ARM7E、ARM9、ARM9E、ARM10E、ARM11、SecurCore、Cortex-M3 和 XScale 等 ARM 内核。为了方便用户学习评估，IAR 提供了一个限制 32K 代码的免费试用版本。软件可到其官方网站 www.iar.com/ewarm 下载使用。

4. MDK-ARM

MDK-ARM 是 ARM 公司新推出的嵌入式微控制器软件开发工具。它集成了业界领先的 μVision IDE 开发平台和编译工具 RVCT，良好的性能使它成为 ARM 开发工具中的佼佼者。

（1）编译链接工具 RVCT

① RVCT 是代码编译链接工具

编译器是开发工具的灵魂。RVCT 编译器是 ARM 公司多年以来积累的成果，它提供了多种优化级别，帮助开发人员完成代码密度与代码执行速度上的不同层次优化，是业界高效的 ARM 编译器。

RVCT 具有两个优化代码的大方向，即代码性能和代码密度，四个逐次递进的优化级别，即-00、-01、-02、-03。此外，RVCT 还支持很多有用的编译选项，如-no_inline（取消所有代码的内嵌函数）、-split_ldm（限制 LDM/STM 指令的最大操作寄存器数目）等。

相对于 ADS1.2 编译器等，MDK-ARM 新增了-03 编译选项，它可以最大限度地发挥 RVCT 编译器的优势，将代码译成最佳。-03 有以下三个优点：

- 自动对代码进行高阶标量优化，能够根据代码特点、针对循环、指针等进行高阶优化。
- 把尽可能多的函数编译为内嵌函数。
- 自动应用多文件联合优化功能。

② 嵌入式应用的微型 C 函数库

为进一步提高应用程序代码密度，RVCT 中集成了新型的 MicroLIB C 函数库，它是 C 函数 ISO 标准实时库的一个子集，可以将库函数的代码尺寸降低到最小，以满足微控制器在嵌入式领域中的应用需求。

③ 丢弃冗余代码功能

RVCT 链接器支持 Linker Feedback 功能，在链接过程中会产生一个 Linker Feedback 文件，该文件记录了整个系统中的所有冗余函数信息，RVCT 编译器会根据 Linker Feedback 文件将所有冗余函数单独编译，以便再次链接时丢弃。

（2）μVision IDE 平台

μVision IDE 平台是 KEIL 公司（现为 ARM 的子公司）开发的微控制器开发平台，在全球已有超过 10 万的正式用户。μVision IDE 平台可以支持 51、166、251 及 ARM 等近 2 000 款微控制器应用开发。MDK-ARM 集成了 μVision IDE 开发工具和 RVCT 编译工具。

（3）自动生成启动代码

MDK-ARM 提供了启动代码生成向导，在建立新工程时，MDK 向导会根据客户需求添加针对相关微控制器的汇编启动代码。这项功能将大大简化用户手写汇编启动代码的难度。

MDK 生成启动代码之后，用户可以手工编辑，修改某些参数以更加符合系统要求，例如 PLL 时钟配置、各种模式下的堆栈指针等。同时 MDK 提供简单易用的 GUI 窗口，用来配置启动代码中的参数。

（4）仿真与性能分析工具

当前多数基于 ARM 的开发工具都有仿真功能，但是大多仅仅局限于对 ARM 内核指令集的仿真。MDK 的系统仿真工具支持外部信号与 I/O、快速指令集仿真、中断仿真、片上外设（ADC、DAC、EBI、Timers、UART、CAN、I²C 等）仿真等功能。与此同时，在软件仿真的基础上，MDK 的性能分析工具方便用户得到性能分析数据，进行软件优化。

① 外设仿真

MDK-ARM 仿真器可以模拟包括 ARM 内核与片上外设工作过程在内的整个目标硬件，同时仿真器还可以支持对外部中断、外部 I/O 信号等外部信号源的仿真。设计者可以在完全脱离硬件的情况下开始软件的开发调试，通过软件仿真器观察程序的执行结果。此外，MDK 提供开放的 AGSI 接口，支持用户添加自行设计的外设仿真。

② 逻辑分析仪

μVision 逻辑分析仪可以将指定变量或 VTREGs 值的变化以图形方式表示出来。

③ 代码覆盖率

代码覆盖率对话框提供了程序各个模块函数执行情况的统计，在 Current Module（当前模块）下拉列表框中列出了程序所有的模块，在下面窗口中显示了相应模块中指令的执行情况，即每个函数的指令执行百分比，而且已执行了的部分均以绿色标出。

④ 执行剖析器与性能分析仪

执行剖析器可以记录执行全部程序代码所需的时间，用 Call（显示执行次数）和 Time（显示执行时间）两种方式显示。

性能分析仪用于记录和显示程序的执行时间。它可以记录整个程序代码的时间统计信息。

除了上述 MDK 特有的调试功能外，MDK-ARM 也包括调试功能，如断点设置、反汇编、串行显示、观察窗口等。

（5）RTX 实时内核

针对复杂的嵌入式应用，MDK 内部集成了由 ARM 开发的实时操作系统（RTOS）内核 RTX，它可以帮助用户解决多时序安排、任务调度、定时等工作。值得一提的是，RTX 可以无缝集成到 MDK 工具中，是一款需要授权的、无版税的 RTOS。RTX 程序采用标准 C 语言编写，由 RVCT 编译器进行编译。

（6）支持 Cortex M 系列 ARM 处理器

Cortex M 系列是 ARM 公司继 ARM11 后推出的新的系列架构，面向 MCU 用户的内核，Cortex M 系列包括 Cortex M0、Cortex M3、Cortex M4 和 Cortex M7。MDK-ARM 是目前 ARM 开发工具中少数能支持 Cortex M 系列的集成开发环境。

（7）掌握 MDK-ARM 的四个步骤

① 选择芯片型号与目标硬件

相对于一般的 ARM 开发工具来说，MDK-ARM 对开发调试的支持不仅限于 ARM 内核级,更是可以达到芯片级的支持。在开发前用户可以根据需求选定数量超过 200 多款芯片的具体型号。

② 配置硬件和编写应用代码

成功选择合适的芯片并新建工程之后,用户可以在"Manage Project Items"对话框中编辑工程的框架,包括增删 Groups 和 Files 等,并且有更多选项可供选用。

③ 软件调试和仿真

应用系统在硬件开发平台上调试之前,用户可以通过软件仿真器进行仿真调试。

④ Flash 固化与硬件调试

ULINK-2 是 MDK-ARM 的硬件调试单元。它采用即插即用的 USB 接口与宿主机连接,支持多达 30 种以上的 Flash 烧写算法,Flash 烧写速度最高可达 20 KB/s。同时,ULINK-2 以 80 KB/s 的速度下载代码到 RAM 中,并支持断点、单步执行、寄存器与存储器资源查看等功能。

MDK-ARM 以其良好的性能深受欧美客户的喜爱。ARM 公司结合本地市场的具体情况,与英蓓特公司合作,给中国版 MDK-ARM 制定了合理优惠的定价,使中国版 MDK 成为目前国内市场上性价比较高的 ARM 开发工具之一。中国版 MDK 专门针对国内开发工程师而量身定做,既保留了 MDK 国际版的性能,又提供了本地化的价格,并且提高评估版本。MDK-ARM 已成为嵌入式微控制器为核心的嵌入式系统的首选集成开发环境。本书的例子不加说明均是在 MDK-ARM 环境下实现的。

习　题　一

1-1　简述嵌入式系统、嵌入式技术及嵌入式产品。

1-2　说明嵌入式系统的三要素及主要特点。

1-3　简述嵌入式系统发展的几个阶段及各自的特点。

1-4　简述嵌入式系统的应用领域,并举出身边的嵌入式系统的例子。

1-5　简述嵌入式处理器的分类及各自的主要特点。

1-6　写出 EMPU、EMCU、EDSP 以及 SoC 的全称,并解释其含义。

1-7　简述典型嵌入式系统的硬件和软件组成。

1-8　简单分析几种嵌入式操作系统的主要特点,包括嵌入式 Linux、Windows CE、μC/OS-Ⅱ和 VxWorks。

1-9　嵌入式系统设计的基本原则是什么? 如何体会这一原则?

1-10　简述嵌入式系统设计的一般步骤。

1-11　简述软硬件协同设计的过程。

1-12　简述嵌入式软件的设计过程。

1-13　嵌入操作系统的选择需要考虑哪些因素?

1-14　嵌入式系统的开发需要哪些硬软件开发与调试工具?

第2章 嵌入式处理器

按照指令集嵌入式处理器可分为 CISC 结构和 RISC 结构,按照存储器的访问形式又可分为冯·诺依曼结构和哈佛结构。CISC 和 RISC 是处理器设计的两种结构形式,而冯·诺依曼结构和哈佛结构则强调访问存储器的设计原则。一个处理器可以是 CISC 的冯·诺依曼结构,也可以是 RISC 的冯·诺依曼结构或 RISC 的哈佛结构。冯·诺依曼结构的处理器使用同一个存储器,即程序和数据共用同一个存储器;而哈佛结构则是程序和数据采用独立的总线来访问程序存储器和数据存储器。当今嵌入式处理器以 RISC 及哈佛结构为主流。

本章将先概述当今流行的嵌入式处理器内核的基本情况,进而以 ARM 核为例介绍嵌入式处理器的相关知识及典型嵌入式处理器。

2.1 嵌入式处理器内核

处理器内核是一个设计技术,并不是一个芯片,内核的设计一般追求高速度、低功耗、易于集成。

现代嵌入式领域的处理器体系结构大都采用 RISC 指令集的内核。尽管都毫不例外地采用 RISC 结构,但各自有各自的优势和应用领域。目前世界上有四大流派的嵌入式处理器内核生产厂家及嵌入式处理器内核:美国的 MIPS 公司(www.mips.com)的 MIPS 处理器内核、美国的 IBM(www.ibm.com)与 Apple(www.apple.com)和 Motorola(www.motorola.com)联合开发的 PowerPC、Motorola 公司独立开发的 68K/COLDFIRE、英国的 ARM 公司(原来为 Acorn RISC Machine Ltd,后来称 Advanced RISC Machine Ltd)(www.arm.com)的 ARM(Advanced RISC Machine)处理器内核等。

MIPS 技术公司是一家设计制造高性能、高档次及嵌入式 32 位和 64 位处理器的厂商,在 RISC 处理器方面占有重要地位。MIPS 公司设计 RISC 处理器始于 20 世纪 80 年代初,1986 年推出 R2000 处理器,1988 年推出 R3000 处理器,1991 年推出第一款 64 位商用微处理器 R4000。1994 年推出 R8000,1996 年推出 R10000,1997 年推出 R12000 等型号。随后,MIPS 公司的战略发生变化,把重点放在嵌入式系统。1999 年,MIPS 公司发布 MIPS32 和 MIPS64 架构标准,为未来 MIPS 处理器的开发奠定了基础。新的架构集成了所有原来的 MIPS 指令集,并且增加了许多更强大的功能。MIPS 公司陆续开发了高性能、低功耗的 32 位处理器内核(core)MIPS32 4Kc 与高性能 64 位处理器内核 MIPS64 5Kc。2000 年,MIPS 公司发布了针对 MIPS32 4Kc 的版本以及 64 位 MIPS64 20Kc 处理器内核。MIPS 核具有高速、64 位和多核集成的特点。

PowerPC 核在高速与低功耗之间作了妥协,并集成极其丰富的外围电路接口,PowerPC 内核被 Motorola 用于嵌入式领域,至今已经开发成在通信领域用得最广泛的处理器内核。该内核被摩托罗拉公司设计到 SoC 芯片之中形成了一个巨大的嵌入式处理器家族。中兴通信、华为等在其通信产品中大量采用 Motorola 的 PowerPC 家族的系列嵌入式处理器。MPC860 和 MPC8260 是其最经典的两款 PowerPC 内核的嵌入式处理器。

68 K/COLDFIRE 核是被业界应用较广的嵌入式处理器内核，目前还在不断更新换代。68 K 内核是最早在嵌入式领域广泛应用的内核。COLDFIRE 继承了 68 K 的特点并继续兼容它。COLDFIRE 内核上集成了 DSP 模块、CAN 总线模块以及一般嵌入式处理器所集成的外设模块，从而形成了一系列的嵌入式处理器，在工业控制、机器人研究、家电控制等领域被广泛采用。

ARM 核具有低功耗的特点，ARM 内核的设计技术被授权给数百家的半导体厂商，做成不同的 SoC 芯片。ARM 核在当今最活跃的无线局域网、3G、手机终端、手持设备、有线网络通信设备等嵌入式应用领域中得到广泛应用。

Intel 公司从 StrongARM 到 Xscale 处理器家族，都是立足于 ARM 核并增加了多媒体指令特性，进一步降低功耗，提高速度。

Motorola 公司在其手持设备处理器方面从 68K 内核改成了 ARM 内核，从此手持设备领域成了 ARM 核的天下。

ARM 处理器核由于其卓越的性能和显著的优点，已成为高性能、低功耗、低成本嵌入式处理器的代名词，得到众多处理器厂家和整机厂家的大力支持。

ARM 处理器具有功耗低、性价比高、代码密度高三大显著特点。

ARM 仅是内核设计厂家，并不生产具体应用领域的 ARM 芯片，ARM 芯片都是通过授权给半导体厂家生产的。被授权的世界知名企业包括：Atmel、Broadcom、Cirrus Logic、Freescale(于 2004 从摩托罗拉公司分出来)、富士通、Intel、IBM、英飞凌科技、任天堂、恩智浦半导体、台湾新唐科技、OKI 电气工业、三星电子、Sharp、STMicroelectronics、德州仪器和 VLSI 等，这些公司均拥有各个不同形式的 ARM 授权。

本章将以 ARM 处理器为例，介绍嵌入式微处理器的体系结构。

2.2　ARM 体系结构

ARM 处理器采用 RISC 体系结构设计，在 ARM Cortex-A70 系列之前，均为固定长度的 32 位指令格式，所有 ARM 指令都使用 4 位的条件编码来决定指令是否执行，以解决指令执行的条件判断。从 ARM7 开始采用 32 位地址空间(此前为 26 位地址)，ARM7 采用 3 级流水线结构，采用冯·诺依曼体系结构(程序存储器与数据存储器统一编址)。ARM9 采用 5 级流水线，采用哈佛体系结构(程序存储器与数据存储器分开独立编址)，ARM10 采用 6 级流水线，ARM11 采用 8 级流水线，ARM Cortex-A8 采用 2 条 13 级流水线。

ARM 体系结构自诞生以来，已经发生了很大的变化，至今已定义了 8 种不同版本，不同 ARM 内核采用的结构版本不完全相同，如表 2.1 所示。

表 2.1　ARM 体系结构

ARM 内核名称	体系结构
ARM1	ARMv1
ARM2	ARMv2
ARM2As、ARM3	ARMv2a

ARM 内核名称		体系结构
ARM6、ARM600、ARM610、ARM7、ARM700、ARM710		ARMv3
Strong ARM、ARM8、ARM810		ARMv4
ARM7TDMI、ARM710T、ARM720T、ARM740T、ARM9TDMI、ARM920T、ARM940T		ARMv4T
ARM9E-S		ARMv5
ARM10TDM1、ARM1020E、XScale		ARMv5TE
ARM11、ARM1156T2-S、ARM1156T2F-S、ARM1176JZ-S		ARMv6
Cortex-M	Cortex-M0、Cortex-M0＋、Cortex-M1	ARMv6-M
	Cortex-M3、Cortex-M4	ARMv7-M
Cortex-R 系列,如 Cortex-R4、-R5、R7		ARMv7-R
Cortex-A 系列,如 Cortex-A5、-A7、-A8、-A9、-A15		ARMv7-A
Cortex A50 系列,如 Cortex-A53、-A57		ARMv8-A

ARMv1～ARMv7 为 32 位架构,而 2012 年年底推出的 ARMv8v 如 Cortex-A50 系列为 64 位架构,支持 64 位数据操作和 64 位物理地址。

以下不加说明,ARM 处理器均指 32 位架构,不包括 Cortex-A50 系列的 64 位架构。

由于 ARM 采用 RISC 体系结构设计,因此其结构上的技术特征大多是 RISC 的技术特征,结合 ARM 自身特点,ARM 具有的技术特征如下。

1. 单周期操作

ARM 指令系统中的指令只需要执行简单和基本的操作,因此其执行过程在一个机器周期内完成。

2. 采用加载/存储指令结构

由于存储器访问指令的执行时间长(通过总线对外部访问),因此只采用了加载和存储两种指令对存储器进行读和写的操作,面向运算部件的操作都经过加载指令和存储指令,从存储器取出后预先存放到寄存器对内,以加快执行速度。

3. 固定的 32 位长度指令

指令格式固定为 32 位长度,Thumb 指令代码 16 位,这样使指令译码结构简单,效率提高。

4. 地址指令格式

编译开销大,尽可能优化,采用三地址指令格式、较多寄存器和对称的指令格式便于生成优化代码。

5. 指令流水线技术

ARM 采用多级流水线技术,以提高指令执行的效率。

2.3　ARM 处理器的工作状态与工作模式

本节将介绍与编程相关的 ARM 处理器的工作状态与工作模式。

2.3.1 ARM 处理器的工作状态

在 ARM 的体系结构中，可以工作在三种不同的状态：一是 ARM 状态；二是 Thumb 状态及 Thumb-2 状态；三是调试状态。除支持 Thumb-2 的 ARM 的处理器外，其他所有 ARM 处理器都可以工作在 ARM 状态，具有 T 变种（ARM7TDMI 之后）的 ARM 处理器具有 Thumb 状态，采用 ARMv7 版本的新型 ARM 处理器，如 Cortex 可以工作在 Thumb-2 状态。

1. ARM 状态

ARM 状态是 ARM 处理器工作于 32 位指令的状态，即 32 位状态。所有指令均为 32 位。

2. Thumb 状态

Thumb 状态是 ARM 执行 16 位指令的状态，即 16 位状态。在 Thumb 模式下，较短的操作码有更少的功能性，而较短的操作码提供整体更佳的编码密度（即程序代码在内存中占的空间）。更短的 Thumb 操作码能更有效地使用有限的内存带宽，因而提供比 32 位程序码更佳的效能。

但在有些情况下，如异常处理时必须执行 ARM 状态下的 ARM 指令，此时如果原来工作于 Thumb 状态，必须将其切换到 ARM 状态，使之执行 ARM 指令。在程序执行的过程中，处理器可随时在这两种工作状态间进行切换，切换时并不影响处理器的工作模式和相应寄存器中的内容。

值得注意的是，ARM 处理器复位后开始执行代码时总是只处于 ARM 状态，如果需要，则可通过下面的方法切换到 Thumb 或 Thumb-2 状态。

3. Thumb-2 状态

Thumb-2 状态是 ARMv7 版本的 ARM 处理器所具有的新的状态，新的 Thumb-2 内核技术兼有 16 位及 32 位指令，实现了更高的性能、更有效的功耗及更少地占用内存，为多种嵌入式应用产品提供更高的性能、更有效的功耗和更简短的代码长度。Thumb-2 内核技术以 ARM 现有的指令集体系结构为基础，继承了对现有软件和开发工具链的完全兼容性。

新的 Thumb-2 内核技术以先进的 ARM Thumb 代码压缩技术为基础，延续了超高的代码压缩性能并可与现有的 ARM 技术方案完全兼容，同时提高了压缩代码的性能和功耗利用率。Thumb-2 是一种新的混合型指令集，兼有 16 位及 32 位指令，能更好地平衡代码密度和性能，令新的嵌入式设备具有更长的待机时间，运行功能丰富的应用软件。

Thumb-2 状态相对于 32 位编码系统的 ARM 状态，内存的使用减少了 26%～31%，降低了系统功耗；而相对于 16 位编码系统的 Thumb 状态，Thumb-2 状态通过减缓时钟速度，降低功耗，可提高 25%～38%的性能。可见，Thumb-2 内核技术具有节约设计者的研发时间，降低设计的复杂度，提供更佳设计成果的功能。

Thumb-2EE 或 ThumbEE 即 Thumb Execution Environment，称为 Jazelle RCT 技术，首见于 Cortex-A8 处理器。ThumbEE 提供从 Thumb-2 而来的一些扩充性，在所处的执行环境下，使得指令集能特别适用于执行阶段的编码产生（例如即时编译）。Thumb-2EE 是专为一些语言如 Limbo、Java、C♯、Perl 和 Python 等设计的，并让即时编译器能够输出更小的编译码却不会影响到效能。

4. 调试状态

处理器停机调试时进入调试状态。Cortex-M3 只有 Thumb-2 状态和调试状态。

5. ARM 与 Thumb 间的切换

（1）由 ARM 状态切换到 Thumb 状态

通过 BX 指令，将操作数寄存器的最低位设置为 1 即可将 ARM 状态切换到 Thumb 状态。如果 R0[0]＝1，则执行 BX R0 指令将进入 Thumb 状态。

如果 Thumb 状态进入异常处理（异常处理要在 ARM 状态下进行），则当异常返回时，将自动切换到 Thumb 状态。

（2）由 Thumb 状态切换到 ARM 状态

通过 BX 指令，将操作数寄存器的最低位设置为 0 即可将 Thumb 状态切换到 ARM 状态。如果 R0[0]＝0，则执行 BX R0 指令将进入 ARM 状态。

当处理器进行异常处理时，则从异常向量地址开始执行，将自动进入 ARM 状态。

由于 Thumb-2 具有 16 位/32 位指令功能，因此有了 Thumb-2 就无须 Thumb 了。另外，具有 Thumb-2 技术的 ARM 处理器也无须在 ARM 状态与 Thumb-2 状态之间进行切换了，因为 Thumb-2 具有 32 位指令功能。

2.3.2 ARM 处理器的工作模式

1. 经典 ARM 处理器的工作模式

经典 ARM 处理器支持 7 种工作模式，取决于当前程序状态寄存器 CPSR 的低 5 位的值，这 7 种工作模式如表 2.2 所示。

表 2.2 ARM 处理器的工作模式

工作模式	功能说明	可访问的寄存器	CPSR[M4：M0]
用户模式 User	程序正常执行工作模式	PC、R14～R0、CPSR	10000
快速中断模式 FIQ	处理高速中断，用于高速数据传输或通道处理	PC、R14_fiq～R8_fiq、R7～R0、CPSR、SPSR_fiq	10001
外部中断模式 IRQ	用于普通中断处理	PC、R14_irq～R13_irq、R12～R0、CPSR、SPSR_irq	10010
管理模式 SVC	操作系统的保护模式，处理软中断 SWI	PC、R14_svc～R13_svc、R12～R0、CPSR、SPSR_svc	10011
中止模式 ABT	处理存储器故障，实现虚拟存储器和存储器保护	PC、R14_abt～R13_abt、R12～R0、CPSR、SPSR_abt	10111
未定义指令模式 UND	处理未定义的指令陷阱，用于支持硬件协处理器仿真	PC、R14_und～R13_und、R12～R0、CPSR、SPSR_und	11011
系统模式 SYS	运行特权级的操作系统任务	PC、R14～R0、CPSR	11111

ARM 处理器工作模式可以相互转换，但是是有条件的。当处理器工作于用户模式时，除非发生异常，否则将不能改变工作模式。当发生异常时，处理器自动改变 CPSR[M4：M0]的值，进入相应的工作模式。例如，当发生 IRQ 外部中断时，CPSR[M4：M0]的值置为 10010，而自动进入外部中断模式；当处理器处于特权模式时，用指令向 CPSR[M4：M0]写入特定的值，以进入相应的工作模式。

2. ARM Cortex-M 系列嵌入式处理器的线程模式及处理模式

对于 ARM Cortex-M 系列嵌入式处理器即微控制器，其工作模式有两种，即线程模式

(Thread Mode)和处理模式(Handler Mode)。

线程模式是执行普通代码的工作模式,而处理模式是处理异常中断的工作模式。

复位时系统自动进入线程模式,异常处理结束返回后也进入线程模式,特权和用户代码能在线程模式下运行。当出现异常中断时,处理器自动进入处理模式,在处理模式下,所有代码都是特权访问的。工作模式的转换如图2.1所示。

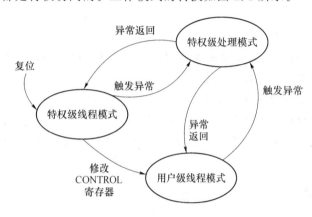

图2.1 ARM Cortex 嵌入式处理器工作模式的转换

由图2.1可知,ARM Cortex-M 系列处理器在复位时自动进入特权级的线程模式,此时如果有异常发生,将自动进入特权级的处理模式,处理完异常中断后返回特权级线程模式继续向下执行程序。用户程序可以通过修改控制寄存器CONTROL的最低位由0变1,将特权级线程模式切换到用户级线程模式。在用户级线程模式下如果发生异常中断,则自动切换到特权级处理模式,处理完异常中断,再返回原来用户级线程模式被中止的下一条指令继续执行用户程序。

Cortex-M 系列处理器有两种特权即用户级和特权级以提供对存储器的保护机制,当处理器在线程模式下运行主应用程序时,既可以使用特权级,也可以使用用户级,但在处理模式下执行中断服务程序时必须在特权级下执行,在用户模式下无权执行中断服务程序。系统复位后自动进入线程模式且具有特权级访问功能。在特权级下,程序可以访问整个存储器空间,并可以执行所有指令。

2.4 ARM 处理器寄存器组织

ARM 处理器在不同状态下寄存器组织略有区别,下面分别介绍 ARM 状态和 Thumb 状态下的寄存器组织。

2.4.1 ARM 状态下的寄存器组织

ARM 处理器共有 37 个寄存器,包括 31 个通用寄存器(含 PC)和 6 个状态寄存器。

工作于 ARM 状态下,在物理分配上,寄存器被安排成部分重叠的组,每种处理器工作模式使用不同的寄存器,不同模式下寄存器组如图2.2所示。

从图2.2中可以看出,ARM 处理器工作在不同模式时,使用的寄存器有所不同,但其共同点是:①无论何种模式,R15 均作为 PC 使用;②CPSR 为当前程序状态寄存器;③R7～R0 为公用的通用寄存器。不同之处在于高端 7 个通用寄存器和状态寄存器在不同模式下不同。

1. 通用寄存器

31 个通用寄存器中不分组的寄存器共 8 个:R0～R7; R8～R12 共 2 组计 10 个寄存器;标有 fiq 的寄存器代表快速中断模式专用,与其他模式地址重叠但寄存器内容并不冲突;R13～R14 除了用户模式和系统模式分别为 SP(Stack Pointer,堆栈指针)和 LR(Link Register,程序

模式 寄存器	用户模式	系统模式	管理模式	中止模式	未定义模式	外部中断模式	快速中断模式
通用寄存器	R0						
	R1						
	R2						
	R3						
	R4						
	R5						
	R6						
	R7						
	R8						R8_fiq
	R9						R9_fiq
	R10						R10_fiq
	R11						R11_fiq
	R12						R12_fiq
	R13(SP)	R13_svc	R13_abt	R13_und		R13_irq	R13_fiq
	R14(LP)	R14_svc	R14_abt	R14_und		R14_irq	R14_fiq
	程序计数器:R15（PC）						
状态寄存器	CPSR						
	无	SPSR_svc	SPSR_abt	SPSR_und		SPSR_irq	SPSR_fiq

图 2.2   ARM 状态下的寄存器组织

链接寄存器)之外,其他模式下均有自己独特的标记方式,是专门用于特定模式的寄存器,共 6 组计 12 个;加上作为 PC 的 R15,这样通用寄存器共 31 个。所有通用寄存器均为 32 位结构。

2. 程序状态寄存器

程序状态寄存器共 6 个,除了共用的当前程序状态寄存器 CPSR 外,还有分组的备份程序状态寄存器 SPSR(5 组共 5 个)。程序状态寄存器的格式如图 2.3 所示。

31	30	29	28	27	26 ···························· 8	7	6	5	4	3	2	1	0
N	Z	C	V	Q	状态保留	I	F	T	M4	M3	M2	M1	M0

图 2.3   程序状态寄存器的格式

其中,5 个条件码标志为 N、Z、C 和 V、Q 标志,8 个控制位为 I、F、T、M4～M0。
条件码标志含义如下:
- N 为符号标志,N=1 表示运算结果为负数,N=0 表示正数。
- Z 为全 0 标志,运算结果为 0,则 Z=1,否则 Z=0。
- C 为进借位标志,加法时有进位 C=1,否则 C=0;减法时有借位为 0,无借位为 1。
- V 为溢出标志,加减法运算结果有溢出 V=1,否则 V=0。
- Q 为增强的 DSP 运算指令是否溢出的标志,溢出时 Q=1,否则 Q=0。
控制位含义如下:
- I 为中断禁止控制位,I=1 禁止外部 IRQ 中断,I=0 允许 IRQ 中断。
- F 为禁止快速中断 FIQ 的控制位,F=1 禁止 FIQ 中断,F=0 允许 FIQ 中断。
- T 为 ARM 与 Thumb 指令切换,T=1 时执行 Thumb 指令,否则执行 ARM 指令。应注意的是,对于不具备 Thumb 指令的处理器,T=1 时表示强制下一条执行的指令产生未定义的指令中断。

- M4～M0 为模式选择位，决定处理器工作于何种模式，具体模式选择详见图 2.4 右方。

CPSR 状态寄存器可分为 4 个域：标志域 F(31：24)、状态域 S(23：16)、扩展域 X(15：8)和控制域 C(7：0)，使用单字节的传送操作可以单独访问这四个域中的任何一个，如 CPSR_C、CPSR_F，这样可以仅对这个域操作而不影响其他位。

2.4.2 Thumb/Thumb-2 状态下的寄存器组织

Thumb 状态下的寄存器组是 ARM 状态下寄存器组的子集，Thumb/Thumb-2 状态下的寄存器组如图 2.4 所示。

通用寄存器	R0	低位寄存器组（所有ARM处理器不同状态均可使用）	
	R1		
	R2		
	R3		
	R4		
	R5		
	R6		
	R7		
	R8	高位寄存器组（16位指令模式不能使用，仅提供给32位模式，如Thumb是不可见的，Thumb-2可直接使用）	
	R9		
	R10		
	R11		
	R12		
堆栈指针	R13(SP)	PSP（进程堆栈指针）	MSP（主堆栈指针）
链接寄存器	R14(LR)		
程序计数器	R15(PC)		
状态寄存器	xPSR	(APSR，EPSR，IPSR)	

图 2.4　Thumb/Thumb-2 状态下的寄存器

高位寄存器 R8～R12 在 Thumb 状态下不可见，即不能直接作为通用寄存器使用，而在 Thumb-2 下可以使用，即 R8～R12 只有在 32 位指令状态下才可当通用寄存器使用。

R13 为堆栈指针，有两个堆栈指针，一个是主堆栈指针 MSP，另一个是进程堆栈指针 PSP；R14 为链接寄存器 LR；R15 为程序计数器 PC。

程序状态寄存器 PSR 包括 APSR(应用程序状态寄存器)、IPSR(中断程序状态寄存器)以及 EPSR(执行程序状态寄存器)。

程序状态寄存器 APSR 的格式如图 2.5 所示。

Cortex-	31	30	29	28	27	26……8	7	6	5	4	3	2	1	0
M0/1	N	Z	C	V	保留位									
M3/4	N	Z	C	V	Q	保留位								

图 2.5　应用程序状态寄存器 APSR 的格式

中断程序状态寄存器 IPSR 的格式如图 2.6 所示。

Cortex-	31	~	9	8	7	6	5	4	3	2	1	0
M0/1	保留						当前异常编号(6位编码，参见第4章)					
M3/4	保留			当前异常编号(9位编码)								

图 2.6　中断程序状态寄存器 IPSR 的格式

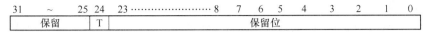

执行程序状态寄存器 EPSR 的格式如图 2.7 所示。

31	~	25	24	23 ················· 8	7	6	5	4	3	2	1	0
保留			T	保留位								

图 2.7　执行程序状态寄存器 EPSR 的格式

2.5　ARM 处理器的异常中断

在正常程序执行过程中,每执行一条 ARM 指令,PC 值加 4,每执行一条 Thumb 指令,PC 值加 2,程序按顺序正常执行。

异常(Exceptions)是由于内部或外部事件引起的请求,使处理器去作相应处理的事件。当发生异常时,系统执行完当前指令后,跳转到相应的异常处理程序入口执行异常处理,异常处理完程序返回。

2.5.1　经典 ARM 处理器的异常中断

1. 经典 ARM 的异常类型

在经典 ARM 体系结构中,异常中断用来处理软中断、未定义指令陷阱、系统复位及外部中断。共有 7 种不同类型的异常中断及其对应的向量地址,如表 2.3 所示。

表 2.3　异常类型、优先级及向量地址

异常类型	优先级别	工作模式	异常向量地址		说明
			高端	低端	
复位 RESET	1	管理模式	0xFFFF0000	0x00000000	当 RESET 复位引脚有效时进入该异常
未定义的指令 UND	6	未定义指令中止模式	0xFFFF0004	0x00000004	协处理器认为当前指令未定义时产生指令异常。可利用它模拟协处理器操作
软件中断 SWI	6	管理模式	0xFFFF0008	0x00000008	用户定义的中断指令,可用于用户模式下的程序调用特权操作
指令预取中止 PABT	5	中止模式	0xFFFF000C	0x0000000C	当预取指令地址不存在时或该地址不允许当前指令访问时执行指令产生的异常
数据访问中止 DABT	2	中止模式	0xFFFF0010	0x00000010	当数据访问指令的目标地址不存在时或该地址不允许当前指令访问时执行指令产生的异常
外部中断请求 IRQ	4	外部中断模式	0xFFFF0018	0x00000018	有外部中断时发生的异常
快速中断请求 FIQ	3	快速中断模式	0xFFFF001C	0x0000001C	有快速中断请求时发生的异常

实现异常向量的定位由 32 位地址空间的低端正常地址范围 0x00000000~0x0000001C 决定,但有些 ARM 允许高端地址 0xFFFF0000~0xFFFF001C 来定位异常向量的地址。

由表 2.3 可以看出,7 种类型的异常分成 6 级,优先级由高到低依次是:①复位异常 RESET(最高优先级);②数据访问中止异常 DABT;③快速中断异常 FIQ;④外部中断异常 IRQ;⑤指令预取中止异常 PABT;⑥软件中断异常 SWI 和未定义的指令异常(最低优先级)。

其中 SWI 和未定义指令异常（包括协处理器不存在异常）是互斥的，不可能同时发生，因此优先级是相同的，并不矛盾。

复位异常的优先级最高，因此任何情况下，只要进入复位状态，系统无条件地将 PC 指向 0x00000000 处，去执行系统第一条指令，通常此处放一条无条件的转移指令，转移到系统初始化程序处。

2. 经典 ARM 异常的中断响应过程

发生异常后，除了复位异常立即中止当前指令之外，处理器完成当前指令后才去执行异常处理程序。ARM 处理器对异常的响应过程如下。

（1）将 CPSR 的值保存到将要执行的异常中断对应的各自的 SPSR 中，以实现对处理器当前状态、中断屏蔽及各标志位的保护。

（2）设置当前状态寄存器 CPSR 的相应位。设置 CPSR 中 M4～M0 的 5 个位使进入相应工作模式，设置 I=1 禁止 IRQ 中断，如果进入复位模式或 FIQ 模式，还要设置 F=1 以禁止 FIQ 中断。

（3）将引起异常指令的下一条地址（断点地址）保存到新的异常工作模式的 R14 中，使异常处理程序执行完后能正确返回原来的程序处继续向下执行。

（4）给程序计数器 PC 强制赋值，使转入由表 2.3 所示的向量地址，以便执行相应的处理程序。

每种异常模式对应两个寄存器 R13_mode 和 R14_mode（mode 为 svc、irq、und、fiq 或 abt 之一），分别存放堆栈指针和断点地址。

3. 经典 ARM 多异常程序中返回

对于经典 ARM 处理器，复位异常发生后，由于系统自动从 0x00000000 开始重新执行程序，因此复位异常处理程序执行完无须返回。其他所有异常处理完后必须返回到原来程序处继续向下执行，为达到这一目的，需要执行以下操作。

（1）恢复原来被保护的用户寄存器。

（2）将 SPSR_mode 寄存器值复制到 CPSR 中，使得 CPSR 从相应的 SPSR 中恢复，以恢复被中断的程序工作状态。

（3）根据异常类型将 PC 值恢复成断点地址，以执行用户原来运行着的程序。

（4）清除 CPSR 中的中断禁止标志 I 和 F，开放外部中断 IRQ 和快速中断 FIQ。

应该注意的是，程序状态字及断点地址的恢复必须同时进行，如果分别进行只能顾及一方，例如如果先恢复断点地址，异常处理程序就失去对指令的控制，使 CPSR 不能恢复；如果先恢复 CPSR，则保存断点地址当前异常模式的 R14 就不能再访问了。为此，ARM 提供两种返回处理机制。

不同模式返回用的指令有所不同，下面简要介绍返回方法。

FIQ（Fast Interrupt Request）是为了支持数据传输或者通道处理而设计的。在 ARM 状态下，系统有足够的寄存器，从而可以避免对寄存器保存的需求。若将 CPSR 的 F 位置为 1，则禁止 FIQ 中断；若将 CPSR 的 F 位清零，处理器会在指令执行时检查 FIQ 的输入。注意，只有在特权模式下才能改变 F 位的状态。

可由外部通过对处理器上的 nFIQ 引脚输入低电平产生 FIQ。不管是在 ARM 状态还是在 Thumb 状态下进入 FIQ 模式，FIQ 处理程序均会执行以下指令从 FIQ 模式返回：

```
SUBS PC,R14_fiq,#4
```

该指令将寄存器 R14_fiq 的值减去 4 后复制到程序计数器 PC 中，从而实现从异常处理程序中的返回,同时将 SPSR_mode 寄存器的内容复制到当前程序状态寄存器 CPSR 中。

IRQ(Interrupt Request)属于正常的中断请求,可通过对处理器的 nIRQ 引脚输入低电平产生,IRQ 的优先级低于 FIQ,当程序执行进入 FIQ 异常时,IRQ 可能被屏蔽。若将 CPSR 的 I 位置为 1,则禁止 IRQ 中断;若将 CPSR 的 I 位清零,处理器会在指令执行完之前检查 IRQ 的输入。注意,只有在特权模式下才能改变 I 位的状态。不管是在 ARM 状态还是在 Thumb 状态下进入 IRQ 模式,IRQ 处理程序均会执行以下指令从 IRQ 模式返回:

```
SUBS PC, R14_irq, #4
```

该指令将寄存器 R14_irq 的值减去 4 后复制到程序计数器 PC 中,从而实现从异常处理程序中的返回,同时将 SPSR_mode 寄存器的内容复制到当前程序状态寄存器 CPSR 中。

ABORT(中止)异常意味着对存储器的访问失败。ARM 微处理器在存储器访问周期内检查是否发生中止异常。中止异常包括两种类型:

- 指令预取中止:发生在指令预取时。
- 数据中止:发生在数据访问时。

当指令预取访问存储器失败时,存储器系统向 ARM 处理器发出存储器中止信号,预取的指令被记为无效,但只有当处理器试图执行无效指令时,指令预取中止异常才会发生,如果指令未被执行,例如在指令流水线中发生了跳转,则预取指令中止不会发生。若数据中止发生,系统的响应与指令的类型有关。

当确定了中止的原因后,Abort 处理程序均会执行以下指令从中止模式返回,无论是在 ARM 状态还是 Thumb 状态:

```
SUBS PC, R14_abt, #4;指令预取中止
SUBS PC, R14_abt, #8;数据中止
```

以上指令恢复 PC(从 R14_abt)和 CPSR(从 SPSR_abt)的值,并重新执行中止的指令。

Software Interrupt 软件中断指令(SWI)用于进入管理模式,常用于请求执行特定的管理功能。软件中断处理程序执行以下指令从 SWI 模式返回,无论是在 ARM 状态还是 Thumb 状态:

```
MOV PC, R14_svc
```

以上指令恢复 PC(从 R14_svc)和 CPSR(从 SPSR_svc)的值,并返回到 SWI 的下一条指令。

Undefined Instruction 为未定义指令,当 ARM 处理器遇到不能处理的指令时,会产生未定义指令异常。采用这种机制,可以通过软件仿真扩展 ARM 或 Thumb 指令集。在仿真未定义指令后,处理器执行以下程序返回:

```
MOVS PC, R14_und
```

以上指令恢复 PC(从 R14_und)和 CPSR(从 SPSR_und)的值,并返回到未定义指令后的下一条指令。

2.5.2　ARM Cortex-M 微控制器的异常中断

1. ARM Cortex-M 异常状态

ARM Cortex-M 微控制器异常状态主要有:未激活(Inactive)状态、挂起(Pending)状态、激活(Active)状态、激活且挂起(Active and pending)状态。

未激活状态为没有请求,也没有被响应的异常状态;挂起状态为申请有效,但还没有被响应的异常状态;激活状态是异常的申请已被响应但处理还没有结束的异常状态;而激活且挂起状态是指申请已被响应又有新的申请有效。

2. ARM Cortex-M 异常中断种类、异常中断向量表及优先级

在 ARM 体系结构中,不同内核结构的异常种类是有区别的,而基于 ARM Cortex-M 的

异常种类有:系统复位 RESET、不可屏蔽中断 NMI、硬件故障 Hard Fault、存储器管理故障 MemManage、总线故障(预取中止或数据中止)、使用故障 Usage、SVC 指令产生的异常 SVCall、可挂起的系统服务异常 PendSV、系统滴答定时器中断 SysTick 以及外部中断 Interrupt (IRQ0～IRQ239)。与其他架构的 ARM 处理器不同的是,ARM Cortex-M 架构没有 FIQ 快速中断,因为新的 ARM Cortex-M 采用 NVIC,因此具备快速中断的方式,速度快。

它们的优先级及对应的中断向量地址如表 2.4 所示。

表 2.4 基于 Cortex-M 系列 ARM 微控制器的异常编号类型、优先级及向量地址

Cortex-	异常中断类型号 ID	中断号	异常类型	优先级别	异常向量地址	说明
M0/M1/M3/M4	0	−16	N/A	N/A	0x00000000	初始主栈指针 MSP 的值
M0/M1/M3/M4	1	−15	复位 RESET	−3(最高)	0x00000004	当 RESET 复位引脚有效时进入该异常
M0/M1/M3/M4	2	−14	NMI	−2	0x00000008	不可屏蔽中断,外部 NMI 中断引脚
M0/M1/M3/M4	3	−13	硬件故障 Hard	−1	0x0000000C	硬件故障异常向量
M3/M4	4	−12	存储管理异常	可编程	0x00000010	MPU 访问冲突及访问非法位置异常
M3/M4	5	−11	总线故障	可编程	0x00000014	总路线错误(预取中止/数据中止异常)
M3/M4	6	−10	使用故障	可编程	0x00000018	程序错误导致的异常
M0/M1/M3/M4	7～10	—	保留	N/A	N/A	N/A
M0/M1/M3/M4	11	−5	SVCall	可编程	0x0000002C	系统服务调用异常(系统 SVC 指令调用)
M3/M4	12	−4	保留	N/A		N/A
M3/M4	13	—	保留	N/A		N/A
M0/M1/M3/M4	14	−2	PendSV	可编程	0x00000038	为系统设备而设置的可挂起请求
M0/M1/M3/M4	15	−1	SysTick	可编程	0x0000003C	系统节拍定时溢出异常
M0/M1/M3/M4	16	0	IRQ0	可编程	0x00000040	片上外设中断 0
M0/M1/M3/M4	17	1	IRQ1	可编程	0x00000044	片上外设中断 1
M0/M1/M3/M4	⋮	⋮	⋮	⋮	⋮	⋮
M0/M1	47	31	IRQ31	可编程	0x000000BC	片上外设中断 31
M3/M4	255	239	IRQ239	可编程	0x000003FC	片上外设中断 239

典型的 STM32F10x 系列 M3 微控制器的中断向量表如表 2.5 所示,紧接着表 2.4 的 M3 内核向量表中的 IRQ0～IRQ239。

表 2.5 STM32F10x 系列 M3 微控制器片上外设中断向量表

中断类型号	中断号	IRQn	中断源标识	中断向量地址	片上外设中断源含义
16	0	IRQ0	WWDG	0x00000040	看门狗定时器中断
17	1	IRQ1	PVD	0x00000044	可编程电压检测器中断
18	2	IRQ2	TAMPER	0x00000048	侵入检测中断
19	3	IRQ3	RTC	0x0000004C	实时钟 RTC 中断
20	4	IRQ4	FLASH	0x00000050	Flash 中断

续 表

中断类型号	中断号	IRQn	中断源标识	中断向量地址	片上外设中断源含义
21	5	IRQ5	RCC	0x00000054	时钟控制器中断
22	6	IRQ6	EXTI0	0x00000058	外部中断 0
23	7	IRQ7	EXTI1	0x0000005C	外部中断 1
24	8	IRQ8	EXTI2	0x00000060	外部中断 2
25	9	IRQ9	EXTI3	0x00000064	外部中断 3
26	10	IRQ10	EXTI4	0x00000068	外部中断 4
27	11	IRQ11	DMA1_Channel1	0x0000006C	DMA1 通道 1 中断
28	12	IRQ12	DMA1_Channel2	0x00000070	DMA1 通道 2 中断
29	13	IRQ13	DMA1_Channel3	0x00000074	DMA1 通道 3 中断
30	14	IRQ14	DMA1_Channel4	0x00000078	DMA1 通道 4 中断
31	15	IRQ15	DMA1_Channel5	0x0000007C	DMA1 通道 5 中断
32	16	IRQ16	DMA1_Channel6	0x00000080	DMA1 通道 6 中断
33	17	IRQ17	DMA1_Channel7	0x00000084	DMA1 通道 7 中断
34	18	IRQ18	ADC1_2	0x00000088	ADC1 和 ADC2 中断
35	19	IRQ19	CAN1_TX	0x0000008C	CAN1 发送中断
36	20	IRQ20	CAN1_RX0	0x00000090	CAN1 接收 0 中断
37	21	IRQ21	CAN1_RX1	0x00000094	CAN1 接收 1 中断
38	22	IRQ22	CAN1_SCE	0x00000098	CAN1_SCE 中断
39	23	IRQ23	EXTI9_5	0x0000009C	EXIT 线[9:5]中断
40	24	IRQ24	TIM1_BRK	0x000000A0	TIM1 刹车中断
41	25	IRQ25	TIM1_UP	0x000000A4	TIM1 更新中断
42	26	IRQ26	TIM1_TRG_COM	0x000000A8	TIM1 触发和通信中断
43	27	IRQ27	TIM1_CC	0x000000AC	TIM1 捕获中断
44	28	IRQ28	TIM2	0x000000B0	TIM2 全局中断
45	29	IRQ29	TIM3	0x000000B4	TIM3 全局中断
46	30	IRQ30	TIM4	0x000000B8	TIM4 全局中断
47	31	IRQ31	I2C1_EV	0x000000BC	I^2C1 事件中断
48	32	IRQ32	I2C1_ER	0x000000C0	I^2C1 错误中断
49	33	IRQ33	I2C2_EV	0x000000C4	I^2C2 事件中断
50	34	IRQ34	I2C2_ER	0x000000C8	I^2C2 错误中断
51	35	IRQ35	SPI1	0x000000CC	SPI1 全局中断
52	36	IRQ36	SPI2	0x000000D0	SPI2 全局中断
53	37	IRQ37	USART1	0x000000D4	USART1 全局中断
54	38	IRQ38	USART2	0x000000D8	USART2 全局中断
55	39	IRQ39	USART3	0x000000DC	USART3 全局中断
56	40	IRQ40	EXTI15_10	0x000000E0	EXITI[15:9]中断

中断类型号	中断号	IRQn	中断源标识	中断向量地址	片上外设中断源含义
57	41	IRQ41	RTCAlarm	0x000000E4	RTC 报警中断
58	42	IRQ42	OTG_FS_WKUP	0x000000E8	USB OTG 唤醒中断
59～65	43～49	保留	0;Reserved	0x000000EC～ 0x00000104	保留
66	50	IRQ50	TIM5	0x00000108	TIM5 全局中断
67	51	IRQ51	SPI3	0x0000010C	SPI3
68	52	IRQ52	UART4	0x00000110	UART4 全局中断
69	53	IRQ53	UART5	0x00000114	UART4 全局中断
70	54	IRQ54	TIM6	0x00000118	TIM6 全局中断
71	55	IRQ55	TIM7	0x0000011C	TIM7 全局中断
72	56	IRQ56	DMA2_Channel1	0x00000120	DMA2 通道 1 中断
73	57	IRQ57	DMA2_Channel2	0x00000124	DMA2 通道 2 中断
74	58	IRQ58	DMA2_Channel3	0x00000128	DMA2 通道 3 中断
75	59	IRQ59	DMA2_Channel4	0x0000012C	DMA2 通道 4 中断
76	60	IRQ60	DMA2_Channel5	0x00000130	DMA2 通道 5 中断
77	61	IRQ61	ETH	0x00000134	以太网全局中断
78	62	IRQ62	ETH_WKUP	0x00000138	以太网唤醒中断
79	63	IRQ63	CAN2_TX	0x0000013C	CAN2 发送中断
80	64	IRQ64	CAN2_RX0	0x00000140	CAN2 接收 0 中断
81	65	IRQ65	CAN2_RX1	0x00000144	CAN2 接收中断
82	66	IRQ66	CAN2_SCE	0x00000148	CAN2_SCE 中断
83	67	IRQ67	OTG_FS	0x0000014C	USB OTG 全局中断

ARM Cortex-M 系列处理器最多可处理 256 个异常中断,其中系统内部异常中断的类型编号从 0 开始开始编号,内部异常编号 0～15,外部中断编号 16～255,即中断类型号从 0 开始到 255。由于每个异常中断向量占四个字节(直接为物理地址,无须转换),因此异常中断向量表占据内容最低端 1 KB 的地址范围 0x00000000～0x000003FF,其中 Cortex-M0/M1 外部中断仅提供了 32(IRQ0～IRQ31)个,Cortex-M3/M4 外部中断提供了 240(IRQ0～IRQ239)个。

如果以外部中断 IRQ0 为 0 开始编号,称为中断号,则内部异常就为负数编号,中断类型 ID 与中断号 IRQ 的关系为:IRQ=ID−16 或 ID=IRQ+16,因此无论已知 ID 还是已知 IRQ 均可以中断服务程序入口地址所存地址。

异常中断类型号 ID 与中断向量存放首地址 Iadd0 的关系为

$$Iadd0 = ID \times 4 \tag{2.1}$$

如类型号为 11 的系统调用指令异常其中断向量(中断服务程序入口地址)的首地址为 $11 \times 4 = 44 = 0x0000002C$。

外部中断 IRQi 中断向量地址的求法为

$$Iadd0 = (16 + i) \times 4 \tag{2.2}$$

如 TM32F10x 系列微控制器的 CAN_RX0 对应的 IRQ 号为 20,因此 IRQ20 异常中断服务程序入口地址的首地址为$(16+20)\times 4 = 144 = 0x00000090$。

复位异常的优先级最高,因此任何情况下,只要进入复位状态,系统无条件地将 PC 指向 0x00000004 处,去执行系统第一条指令,通常此处放一条无条件的转移指令,转移到系统初始化程序处。

除了不可编程的固定异常优先级的复位、不可屏蔽中断 NMI 和硬件故障外,其他异常中断的优先级别均可编程为 0~255 任何一级。

值得注意的是,当系统运行时,由于异常是随机的,随时都会发生。为保证在 ARM 处理器发生异常时不至于处于未知状态,在应用程序的设计中,首先要进行异常初始化处理,采用的方式是在异常向量表中的特定位置放置一条跳转指令,跳转到异常处理程序,当 ARM 处理器发生异常时,程序计数器 PC 会被强制设置为对应的异常向量,从而跳转到异常处理程序,当异常处理完成以后,返回到主程序继续执行。

2.5.3　ARM Cortex-M 系列微控制器的堆栈

ARM Cortex-M 系列处理器的堆栈采用递减地址方式先进后出(FILO)的操作原则,压入堆栈时地址减小(地址减 4),弹出堆栈时地址增加(地址加 4),最先压入的要最后弹出。支持两个堆栈区域,一是主堆栈,二是进程堆栈,采用两种不同的堆栈指针 MSP 和 PSP 来指示。

在线程模式下使用主堆栈或进程堆栈,在处理模式下使用主堆栈。具体使用主堆栈还是使用进程堆栈,由控制寄存器 CONTROL 中的 CONTROL[1]=SPSEL 决定,SPSEL=0 时选择主堆栈指针 MSP 作为当前堆栈指针,当 SPSEL=1 时选择进程堆栈指针 PSP 作为当前堆栈指针。

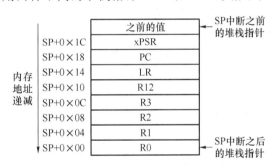

图 2.8　Cortex-M 系列处理器的堆栈

如图 2.8 所示,当有异常发生时,系统自动将 R0~R3 以及 R12、LR、PC 和 xPSR 压入堆栈,即压入堆栈的信息包括了断点地址 PC、链接寄存器 LR、状态寄存器 xPSR 和通用寄存器 R0~R3 以及 R12。

2.5.4　ARM Cortex-M 异常的中断响应与返回过程

1. 中断响应过程

中断响应过程是指从中断申请有效到转中断程序入口地址,执行中断服务程序之前这段时间。发生异常后,除了复位异常立即中止当前指令之外,其余情况都是处理器完成当前指令后才去执行异常处理程序。ARM 处理器对异常的响应过程如下。

(1) 入栈保护

由于异常或中断是随机发生的,因此在进入中断服务程序之前必须保存好断点地址以及程序状态及相关寄存器的内容,这样在返回原程序时能恢复到原来的状态,不影响原程序的执行。入栈保护就是系统自动依次将 xPSR、PC、LR、R12、R3、R2、R1 和 R0 压入堆栈,每压入一个寄存器,地址减 4,8 个寄存器入栈后,堆栈指针 SP 在原来的基础上减去 32 即 0x20。应该说明的是,如果当前正在使用的是线程堆栈,则这些寄存器全部压入由 PSP 指示的线程堆栈区;如果当前正在使用的是主堆栈,则压入 MSP 指示的主堆栈区。

（2）取中断向量求得入口地址

通过异常类型号在中断向量表中取出申请中断的中断源对应的中断向量，具体向量地址由式（2.1）决定。

（3）更新寄存器

入栈保护后以及得到中断向量之后，在执行中断服务程序之前，还需要更新一些寄存器的内容。

堆栈指针 SP 会在入栈后把堆栈指针更新到新的位置，在执行中断服务程序之前则 MSP 作为堆栈指针来访问堆栈。

更新中断服务寄存器 IPSR 的值为新响应的异常类型编号。

PC 指向中断服务程序入口地址。

LR 的值自动更新为特殊的值"EXC_RETURN"，在异常进入时由系统自动计算后装入 LR 中。

2. 从异常处理程序中返回

复位异常发生后，由于 Cortex-M 系统自动从 0x00000004 开始重新执行程序，因此复位异常处理程序执行完无须返回。其他所有异常处理完毕后必须返回到原来程序处继续向下执行，为达到这一目的，需要执行以下操作。

（1）恢复原来被保护的 8 个寄存器，先后依次从堆栈中恢复 R0、R1、R2、R3、R12、LR、PC 和 xPSR 的值。

（2）在中断服务程序结束时返回给 LR。EXC_RETURN 的值可以为：

- 如果 EXC_RETURN=0xFFFFFFF1 将返回处理模式，并使用主堆栈 MSP；
- 如果 EXC_RETURN=0xFFFFFFF9 将返回线程模式，并使用主堆栈 MSP；
- 如果 EXC_RETURN=0xFFFFFFFD 将返回处理模式，并使用线程堆栈 PSP。

由于异常中断是随机的，随时都会发生。为保证在 ARM 处理器发生异常时不至于处于未知状态，在应用程序的设计中，首先要进行异常向量的初始化处理，采用的方法是在异常向量表中的特定位置放置一条跳转指令，跳转到异常处理程序。当 ARM 处理器发生异常时，程序计数器 PC 会被强制设置为对应的异常向量，从而跳转到异常处理程序，当异常处理完成以后，返回到主程序继续执行。

2.6 ARM 的存储器格式及数据类型

ARM 体系结构将存储器看作是从 0x00000000 地址开始的以字节为单位的线性组合。每个字数据 32 位占四个字节即 4 个单元的地址空间，如从第 0 号单元到第 3 号单元放置第 1 个存储的字数据，从第 4 号单元到第 7 号单元放置第 2 个存储的字数据，依次排列。作为 32 位的处理器，ARM 体系结构所支持的最大寻址空间为 4 GB（2^{32} 字节）。

2.6.1 ARM 的两种存储字的格式

ARM 体系结构可以用两种方法存储字数据，称之为大端模式（Big-Endian）和小端模式（Little-Endian），具体说明如下。

1. 大端模式

在这种格式中，32 位字数据的高字节存储在低地址中，而字数据的低字节则存放在高地址中,这与通用计算机 PC 中存储器的信息存放格式不同,如图 2.9 所示。

高地址	31……24	23……16	15……8	7……0	地址示例
	数据字D字节1	数据字D字节2	数据字D字节3	数据字D字节4	0x0000100C
	数据字C字节1	数据字C字节2	数据字C字节3	数据字C字节4	0x00001008
	数据字B字节1	数据字B字节2	数据字B字节3	数据字B字节4	0x00001004
低地址	数据字A字节1	数据字A字节2	数据字A字节3	数据字A字节4	0x00001000

图 2.9 以大端格式存储字数据

例如一个 32 位字 0x12345678,存放在起始地址为 0x00040000,则大端格式下 0x00040000 单元存放 0x12,0x00040001 单元存放 0x34,0x00040002 单元存放 0x56,而 0x00040003 单元存放 0x78。

2. 小端模式

在这种格式中,32 位字数据的高字节存放在高地址,而低字节存放在低地址,这与通用计算机 PC 的存储器的信息存放格式相同。

小端模式与大端模式存储格式相反,在小端模式的存储格式中,低地址中存放的是字数据的低字节,高地址存放的是字数据的高字节,如图 2.10 所示。

高地址	31……24	23……16	15……8	7……0	地址示例
	数据字D字节4	数据字D字节3	数据字D字节2	数据字D字节1	0x0000100C
	数据字C字节4	数据字C字节3	数据字C字节2	数据字C字节1	0x00001008
	数据字B字节4	数据字B字节3	数据字B字节2	数据字B字节1	0x00001004
低地址	数据字A字节4	数据字A字节3	数据字A字节2	数据字A字节1	0x00001000

图 2.10 以小端模式存储字数据

例如同样是一个 32 位字 0x12345678,存放在起始地址为 0x00040000,则小端模式下 0x00040000 单元存放 0x78,0x00040001 单元存放 0x56,0x00040002 单元存放 0x34,而 0x00040003 单元存放 0x12。

对于 ARM 处理器,通常情况下,系统复位自动默认为小端模式。

2.6.2 ARM 存储器数据类型

ARM 微处理器中支持字节(8 位)、半字(16 位)、字(32 位)三种数据类型,其中,字需要 4 字节对齐(地址的低两位为 0),半字需要 2 字节对齐(地址的最低位为 0)。每一种又支持有符号数和无符号数,因此认为共有 6 种数据类型。

ARM 微处理器的指令长度可以是 32 位(在 ARM 状态下),也可以为 16 位(在 Thumb 状态下)。如果是 ARM 指令,则必须固定长度,使用 32 位指令,且必须以字为边界对齐;如果是使用 Thumb 指令,指令长度为 16 位,则必须以 2 字节为边界对齐。

必须指出的是,除了数据传送指令支持较短的字节和半字数据类型外,在 ARM 内部所有操作都是面向 32 位操作数的。当从存储器调用一个字节或半字时,根据指令对数据的操作类型,将其无符号或有符号的符号位自动扩展成 32 位,进而作为 32 位数据在内部进行处理。

另外,ARM 还支持其他类型的数据,如浮点数的数据类型等。

2.7 ARM 流水线技术

指令流水线是 RISC 结构的一切处理器共同的一个特点，ARM 处理器也不例外，但不同的 ARM 核其流水线级数不同。ARM7 采用 3 级流水线结构，采用冯·诺依曼体系结构；ARM9 采用 5 级流水线，采用哈佛体系结构（程序存储器与数据存储器分开独立编址）；而 ARM10 则采用 6 级流水线，ARM11 采用 8 级流水线，Cortex-A9 则采用 13 级流水线。

2.7.1 指令流水线处理

指令流水线(Pipeline)是 RISC 最重要的特点，在介绍指令流水线之前，先让我们来了解微处理器执行指令的过程。

假设某微处理器以 5 个步骤完成一个指令的执行过程，这些步骤如下。

第一步：取指令(Fetch)，即从内存或高速缓存器中读取指令。

第二步：译码(Decode)，即将指令翻译成更小的微指令(Micro Instructions)。

第三步：取操作数(Fetch Operands)，即从内存或高速缓存中读取执行指令所需的数据。

第四步：执行指令(Execute)。

第五步：回写(Write Back)，即将执行的结果存入内存或高速缓冲存储器或寄存器中。

整个指令执行过程如图 2.11 所示。

图 2.11　微处理器执行指令的过程

在没有设计指令流水线的微处理器中，一条指令必须要等前一条指令完成了这 5 个步骤之后，才能进入下一条指令的第 1 个步骤，如图 2.12 所示。这样，如果是执行 6 条指令，对于没有指令流水线的微处理器至少要花 $5 \times 6 = 30$ 个时间片的时间。

时间片	1	2	3	4	5	6	7	8	9	10	11	12
指令1	取指	译码	取数	执指	回写							
指令2						取指	译码	取数	执指	回写		

图 2.12　无指令流水线的微处理器执行指令的过程

然而在采用指令流水线的微处理器结构中，当指令 1 经过取指令（取指）后，进入译码阶段的同时，指令 2 便可以进入取指阶段，即采取并行处理的方式，如图 2.13 所示。

图 2.13 中，把取指令简称为取指，执行指令称为执指。在理想的状况下，设计了指令流水的微处理器其执行效率要远远高出没有采用指令流水线的微处理器。这里采用指令流水线技术在 10 个时间片内就可执行 6 条指令，这还是在没有到达建立时间时的结果。

对于 m 级指令流线的建立时间为 $m \Delta t_0$（假设 m 个时间片每个时间片时间均为 Δt_0）时，当达到建立时间之后，即把每级全部充分利用，既没有空白，也无时延，则 10 个时间片理想情况下，最多可以执行 10 条这种简单指令，即在理想情况下，每个时间片可执行一条简单指令。一个时间片并不是一个时钟周期，一个时钟周期包含若干个时间片。

因此采用指令流水线技术将大大提高微处理器的运行效率，基于 ARM 结构的微处理器也都采用指令流水线技术。

时间片	1	2	3	4	5	6	7	8	9	10
指令1	取指	译码	取数	执指	回写					
指令2		取指	译码	取数	执指	回写				
指令3		取指	译码	取数	执指	回写				
指令4			取指	译码	取数	执指	回写			
指令5				取指	译码	取数	执指	回写		
指令6					取指	译码	取数	执指	回写	

图 2.13 指令流水线的微处理器内执行指令的过程

2.7.2 不同 ARM 处理器的指令流水线

ARM7 及以前的版本采用 3 级指令流水线,即取指、译码和执行,后来发展到 5 级、6 级、7 级、8 级、13 级和 15 级不等,如表 2.6 所示。

表 2.6 不同 ARM 内核指令流水线

ARM 处理器	采用的架构	流水线级数	具体操作
ARM7、Cortex-M0	冯·诺依曼	3 级	取指、译码和执行
ARM7、Cortex-M3/M4	哈佛	3 级	取指、译码和执行
ARM9	哈佛	5 级	取指、译码、执行、缓冲和回写
ARM Cortex-M7	哈佛	6 级	取指、发射、译码、执行、存储和回写
ARM Cortex-R4	哈佛	7 级	取指令 1(分支目标缓冲器)、取指令 2、译码、寄存/移位、ALU 实现、状态执行、回写
ARM11 ARM Cortex-A5、A9	哈佛	8 级	双发射,8 级:预取指令 1、预取指令 2、译码、发射、累加 1、累加 2、累加 3 和回写
ARM Cortex-A8	哈佛	13 级	双发射,13 级
ARM Cortex-A15	哈佛	15 级	3 发射,15 级

【例 2.1】 已知某 ARM 处理器采用 1 条 5 级指令流水线,假设每 1 级所需时间 4 ns,则该 ARM 处理器要执行 100 亿条指令最快需要多少时间?

答:5 级流水线即需要 5 个时间片,而已知一个时间片(1 级)为 4 ns,因此根据流水线操作的原理可知,$5 \times 4 = 20$ ns 可以最快执行 5 条指令,1 条流水线在 1 s 之内最多可执行 $(1\,000\,000\,000 \div 20) \times 5 \times 1 = 250\,000\,000 = 2.5$ 亿条,即 1 s 最快可执行 2.5 亿条指令。100 亿条指令最快需要 $100 \div 2.5 = 40$ s。

2.8 基于 AMBA 总线的 ARM 处理器芯片

为了连接 ARM 内核与处理器芯片中的其他各种组件,ARM 公司定义了总线规范,名为 AMBA(Advanced Microcontroller Bus Architecture),即先进的微控制器总线体系结构,它是 ARM 公司公布的总线协议,是用于连接和管理片上系统中功能模块的开放标准和片上互连规范。它有助于开发带有大量控制器和外设的多处理器系统。标准规定了 ARM 处理器内核与处理器内部高带宽 RAM、DMA 以及高带宽外部存储器等快速组件的接口标准（通常称为系统总线），也规定了内核与 ARM 处理器内部外围端口及慢速设备接口组件的接口标准（通常称为外围总线）。AMBA 基于 ACE、AXI、AHB、APB 和 ATB 等规范为 SoC 模块定义了共同的框架结构，这有助于设计的重复使用。

2.8.1　AMBA 总线的发展及版本

AMBA 从 1995 年的 AMBA1.0 到至今的 AMBA5 共有五个版本，其总线性能也不断提高。AMBA 总线的发展及版本如图 2.14 所示。

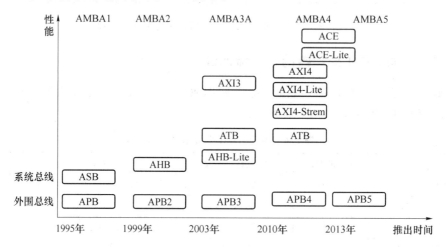

图 2.14　AMBA 总线标准的发展

AMBA 总线版本及基本性能如表 2.7 所示。

AMBA1 总线标准规定了两种类型总线即系统总线和外围总线：先进的系统总线（Advance System Bus，ASB）用于连接高性能系统模块，是第一代 AMBA 系统总线；先进的外围总线（Advance Peripheral Bus，APB）支持低性能的外围接口，主要用于连接系统的周边组件，APB 是第一代外围总线。

APB 与 ASB 之间通过桥接器（Bridge）相连，期望能减少系统总线的负载。APB 属于 AMBA 的二级总线，用于不需要高带宽接口的设备互连。所有通用外设组件均连接到 APB 总线上。

表 2.7　AMBA 总线版本及性能

AMBA 总线版本	系统总线名称	基本特点及性能	基于该总线版本的典型 ARM 处理器
AMBA1 1995 年	ASB	连接高性能系统模块，数据宽度 8、16、32 位	ARM7
AMBA2 1999 年	AHB	用于连接高性能系统组件或高带宽组件，支持多控制器和数据突发传输，数据宽度 8、16、32、64 及 128 位	ARM9/ ARM10/ ARM Cortex-M
AMBA3 2003 年	AXI ATB AHB-Lite	面向高带宽、高性能、低时延的总线，支持突发数据传输及乱序访问。AXI 单向通道，能够有效地使用寄存器分段实现更高速度的数据传输，数据宽度 8、16、32、64、128、256、512、1 024 位	ARM11、Cortex-R 以及 Cortex-A（不含 A15）

续 表

AMBA 总线版本	系统总线名称	基本特点及性能	基于该总线版本的 典型 ARM 处理器
AMBA4 2013 年	ACE ACE-Lite AXI4 AXI4-Lite AXI4-Stream	用于高带宽高性能通道的连接 （1）ACE 增加了三个新通道，用于在 ACE 主设备高速缓存和高速缓存维护硬件之间共享数据 （2）ACE-Lite 提供 I/O 或单向一致性，ACE-Lite 主设备的高速缓存一致性由 ACE 主设备维护 （3）AXI4 对 AXI3 的更新，在用于多个主接口时，可提高互连的性能和利用率。增强的功能有：突发长度最多支持 256 位，发送服务质量信号，支持多区域接口 （4）AXI4-Lite 适用于与组件中更简单的接口通信 （5）XI4-Stream 用于从主接口到辅助接口的单向数据传输，可显著降低信号路由开销	Cortex-A15
AMBA5 2015 年		支持 64 位 ARM 处理器 A50、A70 等	Cortex-A50 系列

AMBA2 标准增强了 AMBA 的性能，定义了两种高性能的总线规范 AHB 和 APB2 以及测试方法。系统总线改为先进的高性能总线（Advanced High-performance Bus，AHB），用于连接高性能系统组件或高带宽组件。

AMBA3 总线包括先进的可扩展接口（Advanced Extensible Interface，AXI）、先进的跟踪总线（Advanced Trace Bus，ATB）、AHB-Lite 及 APB3 四个总线标准。

AMBA4 在 ATB 基础上增加了 5 个接口协议：ACE（AXI Coherency Extensions，AXI 一致性扩展）、ACE-Lite、AXI4、AXI4-Lite 及 AXI4-Stream。

AMBA5 在 AMBA4 的基础上，增加了支持 64 位处理器的功能。

表 2.7 中只示出了起核心作用的系统总线的变化情况，不同版本的外围总线从 APB 到 APB5 的发展仅仅是所支持的外围硬件组件有所增加，其他没有什么变化。

2.8.2 基于 AMBA 总线的 ARM 处理器芯片

基于 AMBA 总线的典型 ARM 片上系统构成如图 2.15 所示，基于 AMBA 总线的微控制器使用系统总线和外围总线构成来连接高速系统组件和低速外围组件，高带宽高性能外围接口通常连接系统总线，类似于 X86 系统的北桥，而速度不高的外部接口连接外围总线类似于 X86 系统的南桥。

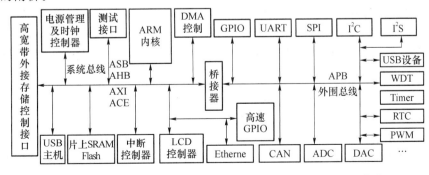

图 2.15 基于 AMBA 总线的典型 ARM 微控制器或片上系统构成

AMBA1 由 ASB＋APB 组合构成总线系统；AMBA2 由 AHP＋APB 组合构成总线系统；AMBA3 由 AHB＋ATB＋AXI＋APB 组合构成总线系统；AMBA4 由 ACE＋ATB＋AXI4（包括-Lite,-Stream)＋APB 组合构成总线系统，系统总线信号经过桥接器变换成外围总线 APB 的信号。

所有 ARM 芯片厂商均按照 AMBA 总线的规范设计自己的芯片，只是不同厂商其内部各硬件组件有差异而已。

2.9 典型嵌入式处理器

2.9.1 典型 ARM 处理器系列

典型的嵌入式处理器当属基于 ARM 的系列微处理器，生产 ARM 处理器芯片的厂家众多，每个厂商生产的 ARM 芯片型号各不相同，性能也有差异，除了 ARM10、ARM11、Cortex-A 和 Cortex-R 外，图 2.16 示出了采用 ARM 核技术不同系列的典型嵌入式处理器芯片生产厂商、采用的内核及典型 ARM 芯片。

恩智浦(NXP)半导体公司由飞利浦在 50 多年前创立。恩智浦提供半导体、系统解决方案和软件，为电视、机顶盒、智能识别应用、手机、汽车以及其他形形色色的电子设备提供更好的感知体验。它的 ARM 芯片侧重于嵌入式应用方面的微控制器，以 ARM7，ARM9 和 ARM Cortex-M0/M3 核为基础，生产了多个系列的 ARM 芯片，且应用非常广泛。后来把飞思卡尔(FreeScale)并入其旗下，因此构成了强大的 ARM 芯片生产厂商，形成了 LPC 和 K 两个大系列的 M0 到 M4 的 ARM 芯片。

TI & Luminary Micro 公司设计、推广和销售基于 ARM(R)Cortex(TM)-M3 的微控制器。该公司总部位于得克萨斯州奥斯汀，是 Cortex-M3 处理器的主要合作伙伴，推出了全球首个硅执行 Cortex-M3 处理器。Luminary Micro 推出的获奖的 Stellaris(R)系列产品，与当前 8 位和 16 位微控制器设计相同的价格提供了 32 位性能。Stellaris 混合信号微控制器具有的功能是专门针对能源、安防以及连接市场上的应用提供的，后归入 TI 公司。

三星(Samsung)公司主要生产 ARM7 和 ARM9 芯片，是最早得到应用的 ARM 处理器，广泛应用于商业用途。其典型代表有 S3C44B0、S3C2410、S3C2440 等。

爱特美尔(ATMEL)公司创建于 1984 年，总部位于美国的圣何塞，是世界上高级半导体产品设计、制造和行销的领先者。其产品涵盖了先进的微控制器、逻辑器件、Flash 存储器、混合信号器件以及 RF 集成电路。ATMEL 将高密度非易失性存储器、逻辑和模拟功能集成于单一芯片中，是新兴精英公司。它的 ARM 芯片以 ARM7 和 ARM9 为内核，侧重工业控制等应用。

意法半导体(ST) 公司的主要产品有 ARM7 的 STR7 系列和 ARM9 的 STR9 系列，Cortex-M0 的 STM32F0，Cortex-M0＋的 STM32L0，Cortex-M3 的 STM32F1、F2，Cortex-M4 的 STM32F3、F4 以及 M7 的 STM32F7 系列等，品种丰富，适用于不同场合的不同应用领域，是当今 ARM 微控制器应用非常广泛的厂商之一。

美国飞思卡尔公司是从原来 Motorola 公司处理器部分离出来的新公司，主要致力于嵌入式处理器芯片的生产和销售。其中主要 ARM 芯片以 Cortex-M0＋和 Cortex-M4 内核的芯片为主要代表，包括 Kinetis K、Kinetis L(KL0/KL1/KL2)以及 Kinetis X 三大系列。Kinetis 系

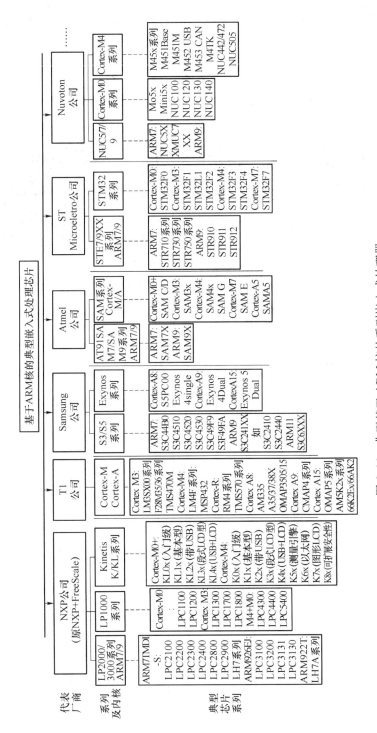

图 2.16　典型基于 ARM 核的系列嵌入式处理器

列共同的特色包括高速 12/16 位模/数转换器、12 位数/模转换器、高速模拟比较器、低功率触碰感应,可透过触碰将装置从省电状态唤醒,强大的定时器,适于多种应用,如马达控制。其于 2015 年并入 NXP 公司。

新唐科技(Nuvoton)公司是台湾一家专门从事 ARM 芯片制造的厂家,是由原来华邦电子公司(Winbond)的电子逻辑 IC 事业部分离出来的。NuMicro™是新唐科技最新一代 32 位微控制器,采用 ARM 公司发布的最小型、最低功耗、低门数、具精简指令代码特性的 Cortex-M0,M4 处理器为核心,适合广泛的微控制器应用领域。

目前使用率最高、影响比较大的主要有 NXP、ST 以及 Nuvoton(新唐科技)三家,可扫描图 2.17 所示的二维码详细了解这三家公司 ARM 芯片的情况。

(a)NXP公司 (b)ST公司 (c)新唐科技

图 2.17 典型公司 ARM 核的系列处理器对应二维码

此外,Intel 公司的 ARM 处理器主要代表有 Xscale 核的 PXA250 和 PXA270 以及其他厂商的 ARM 芯片。

2.9.2 ST 公司的 STM32F10x 系列微控制器

ST 公司的 ARM Cortex-M3 MCU 主要有 STM32F1、STM32F2 和 STM32L1 三个系列,每个系列有许多产品性能也有差异,如 Flash、SRAM 大小,封装形式,是否具有多串口等。其中 F1 为 M3 的基本型,F2 为高性能型,L1 系列为超低功耗型。

STM32 系列微控制器命名方式如图 2.18 所示。

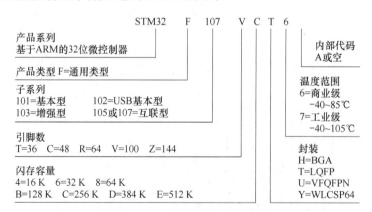

图 2.18 STM32 系列微控制器的命名方式

STM32F10x 内部结构如图 2.19 所示。

内置 Ethernet 接口的典型芯片 STM32F107/STM32F207 内部组成如图 2.20 所示。

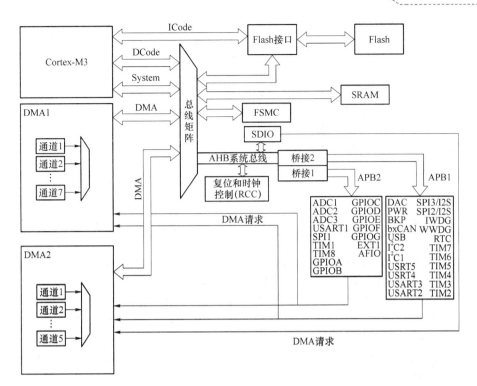

图 2.19　STM32F10x 内部结构

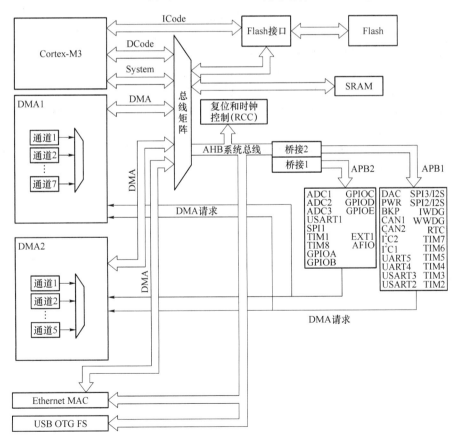

图 2.20　STM32F107RB/STM32207VC 内部结构

习　题　二

2-1　什么是 CISC 和 RISC？各自有什么特点？

2-2　冯·诺依曼结构与哈佛结构各自的特点是什么？

2-3　目前有哪些主要嵌入式内核生产厂商及典型嵌入式内核？ARM 处理器核有哪三大特点？

2-4　简述 ARM 体系结构的技术特征。

2-5　简述 Thumb、Thumb-2 及 Thumb-2EE 的主要特点。

2-6　经典 ARM 处理器有哪些工作模式？各自的含义是什么？说明模式之间的切换方法。

2-7　如何在 ARM 状态与 Thumb 状态之间进行切换？

2-8　ARM 核有多少个寄存器？什么寄存器用于存储 PC 和连接寄存器？R13 通常用来存储什么？哪种模式下可使用的通用寄存器最少？

2-9　CPSR 的哪一位反映了处理器的状态？若 CPSR＝0x00000090,分析系统的状态。

2-10　经典 ARM 有哪几个异常类型？复位后,ARM 处理器处于何种模式？何种状态？

2-11　简述经典 ARM 异常的中断响应过程及如何从异常处理程序中正确返回。

2-12　一个字的数据 0x89ABCDEF,存放在 0x0C100000～0x0C100003 区域,分别说明采用小端模式存储和大端模式存储时,上述 4 个存储单元所存的数据。

2-13　已知某 ARM 处理器采用超标量的 2 条 13 级指令流水线,假设每一级所需时间0.1 ns,则该 ARM 处理器 1 s 最快能执行多少条指令？

2-14　说明 AMBA、AHB、ASB 以及 APB 的英文全称及含义。

2-15　AMBA 总线由哪两类总线构成？各自的特点是什么？

2-16　一个 ARM 微控制器系统使用 AMBA 总线结构,说明如果配置 I²C 总线接口、SPI 总线接口、UART 接口、GPIO 端口、SRAM、RTC 接口以及 SDRAM 接口应该如何连接到总线上？

2-17　CAN 总线的定义是什么？它与其他总线相比有什么特点和优势？

2-18　一嵌入式应用系统要求采集模拟量 8 个通道,分辨率不低于 10 位,需要 UART 2 个、I²C 总线接口 2 个、SPI 接口 1 个,内部 SRAM 要求不小于 8 KB,内部 Flash 至少 32 KB,内置 Ethernet,引脚不超过 144 脚,试选择熟悉的 ARM 芯片,并说明理由。

2-19　已知基于 ARM Cortex-M 系列的 MCU-外设中断源为 IRQ8,其中断型号是多少？求其对应中断服务程序入口地址,给出计算过程。

第3章 嵌入式系统程序设计

本章以流行的 32 位 ARM 处理器(64 位 ARM 本书不加说明不涉及)为例介绍嵌入式处理器的指令集、汇编语言程序设计及嵌入式 C 程序设计相关知识。不同于通用计算机 PC 平台下的程序设计,嵌入式系统的程序设计与嵌入式硬件密切相关。按照实际应用可分为无嵌入式操作系统的程序设计和有嵌入式操作系统的程序设计。通常启动程序采用汇编语言程序设计,而具体应用程序由 C/C++语言程序设计。

3.1 ARM 指令分类及指令格式

ARM 使用标准的、固定长度的 32 位指令格式,所有 ARM 指令都使用 4 位的条件编码来决定指令是否执行,以解决指令执行的条件判断。

由于 ARM 处理器是 RISC 结构,因此 ARM 微处理器的指令集是加载/存储型的,也即指令集仅能处理寄存器中的数据,而且处理结果都要放回寄存器中,而对系统存储器或外设的访问则需要通过专门的加载/存储指令来完成。

3.1.1 ARM 指令分类

ARM 微处理器的指令集可以分为分支指令、数据处理指令、程序状态寄存器(CPSR)处理指令、加载/存储指令、协处理器指令和异常产生指令六大类,具体的指令及功能如表 3.1 所示(表中指令为基本 ARM 指令,不包括派生的 ARM 指令)。

表 3.1 ARM 指令及功能描述

助记符 (按字母为序)	指令功能描述	所属类型
ADC	带进位加法指令	数据处理类之算术运算指令
ADD	加法指令	数据处理类之算术运算指令
AND	逻辑与指令	数据处理类之逻辑运算指令
B	跳转指令	分支类指令
BIC	位清零指令	数据处理类之逻辑运算指令
BKPT	断点中断指令	异常中断类指令
BL	带返回的跳转指令	分支类指令
BLX	带返回和状态切换的跳转指令	分支类指令
BX	带状态切换的跳转指令	分支类指令
CDP	协处理器数据操作指令	协处理器类指令

助记符 （按字母为序）	指令功能描述	所属类型
CMN	比较反值指令	数据处理类之比较类指令
CMP	比较指令	数据处理类之比较类指令
EOR	异或指令	数据处理类之逻辑运算指令
LDC	存储器到协处理器的数据传送指令	加载/存储类指令
LDM	加载多个寄存器指令	加载/存储类指令
LDR	存储器到寄存器的数据传送指令	加载/存储类指令
MCR	从寄存器到协处理器寄存器的数据传送指令	协处理器类指令
MLA	乘加运算指令	数据处理类之算术运算指令
MOV	数据传送指令	数据处理类之数据传送指令
MRC	从协处理器寄存器到寄存器的数据传送指令	协处理器类指令
MRS	传送 CPSR 或 SPSR 的内容到通用寄存器指令	程序状态寄存器与通用寄存器传输类指令
MSR	传送通用寄存器到 CPSR 或 SPSR 的指令	程序状态寄存器与通用寄存器传输类指令
MUL	32 位乘法指令	数据处理类之算术运算指令
MLA	32 位乘加指令	数据处理类之算术运算指令
MVN	数据取反传送指令	数据处理类之数据传送指令
ORR	逻辑或指令	数据处理类之逻辑运算指令
RSB	逆向减法指令	数据处理类之算术运算指令
RSC	带借位的逆向减法指令	数据处理类之算术运算指令
SBC	带借位减法指令	数据处理类之算术运算指令
STC	协处理器寄存器写入存储器指令	协处理器类指令
STM	批量内存字写入指令	加载/存储类指令
STR	寄存器到存储器的数据传送指令	加载/存储类指令
SUB	减法指令	数据处理类之算术运算指令
SWI	软件中断指令	异常中断类指令
SWP	交换指令	数据处理类之交换指令
TEQ	相等测试指令	数据处理类之测试指令
TST	位测试指令	数据处理类之测试指令

3.1.2　ARM 指令格式

1. 指令一般格式

　　<opcode>{<cond>}{S}　<Rd>,<Rn>,<op2> ;

　　其中,<>中为不可省,{}可省略,opcode、cond 与 S 之间没有分隔符,S 与 Rd 之间用空格隔开。格式中具体项目的含义如表 3.2 所示。

表 3.2 指令格式说明

项目	含 义	备 注
\<opcode\>	指令的操作码	即助记符,如 MOV、ADD、B 等
{cond}	条件域,满足条件才执行指令	可不加条件即可省略条件
{S}	指令执行时是否更新 CPSR	可省略
Rd	目的寄存器	Rd 可为任意通用寄存器
Rn	第一个操作数	Rn 可为任意通用寄存器
op2	第二个操作数	可为♯imm8m、寄存器 Rm 及任意移位的寄存器
;	注释符号	后面可任意加注释

关于♯imm8m 的说明:

(1) 对于 ARM 指令集,♯imm8m 表示一个由 8 位立即数经循环右移任意偶数位次形成的 32 位操作数。

(2) 对于 Thumb 指令集,♯imm8m 表示一个由 8 位立即数经左移任意位次形成的 32 位操作数。

2. 指令的条件域

当处理器工作在 ARM 状态时,几乎所有的指令均根据 CPSR 中条件码的状态和指令的条件域有条件地执行。当指令的执行满足条件时,指令被执行,否则指令被忽略。

每一条 ARM 指令包含 4 位的条件码,位于指令的最高 4 位[31:28]。条件码共有 16 种,每种条件码可用两个字符表示,这两个字符可以添加在指令助记符的后面和指令同时使用。例如,跳转指令 B 可以加上后缀 EQ 变为 BEQ 表示"相等则跳转",即当 CPSR 中的 Z 标志置位时发生跳转。

在 16 种条件标志码中,只有 15 种可以使用,如表 3.3 所示,第 16 种(1111)为系统保留,暂时不能使用。

表 3.3 指令的条件码

条件码	助记符后缀	标 志	含 义
0000	EQ	Z 置位	相等
0001	NE	Z 清零	不相等
0010	CS	C 置位	无符号数大于或等于
0011	CC	C 清零	无符号数小于
0100	MI	N 置位	负数
0101	PL	N 清零	正数或零
0110	VS	V 置位	溢出
0111	VC	V 清零	未溢出
1000	HI	C 置位且 Z 清零	无符号数大于
1001	LS	C 清零或 Z 置位	无符号数小于或等于

条件码	助记符后缀	标　志	含　义
1010	GE	N 等于 V	带符号数大于或等于
1011	LT	N 不等于 V	带符号数小于
1100	GT	Z 清零且（N 等于 V）	带符号数大于
1101	LE	Z 置位或（N 不等于 V）	带符号数小于或等于
1110	AL	忽略	无条件执行

3.1.3　ARM 指令中的操作数符号

ARM 指令格式中,操作数有不同符号,现说明如下。

1．"♯"——立即数符号

"♯"符号表示立即数,其后是十进制数或十六进制数。

2．"0x"——十六进制符号

"0x"后面的数据(每位可以是 0～9,A～F)表示十六进制数,如 0xFFFF,表示十六进制数 FFFF,即十进制数 65535。如果操作数为十进制数,则前面除了♯外,没有其他符号,如♯65535,与 0xFFFF 是等效的。

3．"!"——更新基址寄存器符号

"!"符号表示指令在完成操作后最后的地址应该写入基址寄存器中。

4．"^"——复制 SPSR 到 CPSR 符号

"^"符号用于批量数据存储储指令中放在寄存器之后作为后缀,当其前面的寄存器不包含 PC 时,该符号表示所用的寄存器是用户模式的寄存器;当其前面的寄存器包含 PC 时,该符号指示将 SPSR 寄存器的值复制到 CPSR 寄存器中。

5．"-"——指示寄存器列表范围符号

在有些指令中,表示多个连续寄存器(寄存器列表),中间用"-",如 R0-R7 表示共 8 个寄存器:R0,R1,R2,R3,R4,R5,R6 和 R7,即含义"从…到…"。

3.1.4　ARM 指令中的移位操作符

ARM 处理器内嵌的桶形移位器(Barrel Shifter)支持数据的各种移位操作,移位操作在 ARM 指令集中不作为单独的指令使用,它只能在指令格式中作为一个字段,在汇编语言中表示为指令中的选项。例如,数据处理指令的第二个操作数为寄存器时,就可以加入移位操作选项对它进行各种移位操作。

移位操作包括如下 6 种类型:LSL(逻辑左移)、ASL(算术左移)、LSR(逻辑右移)、ASR(算术右移)、ROR(循环右移)以及 RRX(带扩展的循环右移)。

通常是对通用寄存器进行移位操作,移位操作的格式如下:

Rm,<opsh> ♯<shift>

其中,Rm 为要移位的通用寄存器,<opsh>为移位操作符,包括 LSL、ASL、LSR、ASR、ROR 及 RRX;<shift>为移位次数(0～31)。移位操作及示例如表 3.4 所示。

表 3.4 移位操作及示例说明

移位操作符 opsh	操作含义	示例	示例说明
LSL	逻辑左移	MOV R0,R1,LSL♯2	将 R1 中的内容左移 2 位送 R0 中,低位用 0 填充
ASL	算术左移	MOV R0,R2,ASL♯3	将 R2 中的内容左移 3 位送 R0 中,LSL 与 ASL 效果相同,可以互换
LSR	逻辑右移	MOV R0, R1, LSR♯2	将 R1 中的内容右移两位后传送到 R0 中,左端用 0 来填充
ASR	算术右移	MOV R0, R1,ASR♯2	将 R1 中的内容右移两位后传送到 R0 中,左端用第 31 位的值来填充
ROR	循环右移	MOV R0, R1,ROR♯2	将 R1 中的内容循环右移两位后传送到 R0 中
RRX	扩展的循环右移	MOV R0, R1,RRX♯2	将 R1 中的内容进行带扩展(C 标志)的循环右移两位后传送到 R0 中

3.2 ARM 指令的寻址方式

所谓寻址方式,就是处理器根据指令中给出的地址信息来寻找物理地址的方式。目前 ARM 指令系统支持如下 7 种常见的寻址方式。

3.2.1 立即寻址

立即寻址也叫立即数寻址,这是一种特殊的寻址方式,操作数本身就在指令中给出,只要取出指令也就取到了操作数。这个操作数被称为立即数。例如以下指令:

```
MOV R0,♯0x12
ADC R0,R0,♯100          ;R0←R0 + 100 + C
```

在以上两条指令中,第二个源操作数即为立即数,要求以"♯"为前缀,对于以十六进制表示的立即数,还要求在"♯"后加上"0x",不加 0x 表示十进制数。

3.2.2 寄存器寻址

寄存器寻址就是利用寄存器中的数值作为操作数,这种寻址方式是各类微处理器经常采用的一种方式,也是一种执行效率较高的寻址方式。例如以下指令:

```
ADD R0,R1,R2           ;R0←R1 + R2
```

该指令的执行效果是将寄存器 R1 和 R2 的内容相加,其结果存放在寄存器 R0 中。

3.2.3 寄存器间接寻址

寄存器间接寻址就是以寄存器中的值作为操作数地址,而操作数本身存放在存储器中,用于间接寻址的寄存器必须用[]括起来。例如以下指令:

```
LDR R5,[R4]            ;R5←[R4],间接寻址的寄存器是 R4
STR R1,[R2]            ;[R2]←R1,间接寻址的寄存器是 R2
```

第一条指令是将以 R4 的值为地址的存储器中的数据传送到 R5 中。

第二条指令是将 R1 的值传送到以 R2 的值为地址的存储器中。

值得注意的是，由于 ARM 对存储器只有加载和存储两种操作，因此凡是跟存储器操作有关的指令仅限于两类指令，即 LDR 和 STR，其他类指令无效。

3.2.4 基址加变址寻址

基址加变址寻址就是将寄存器（该寄存器一般称作基址寄存器）的内容与指令中给出的地址偏移量相加，从而得到一个操作数的有效地址。变址寻址方式常用于访问某基地址附近的地址单元。采用变址寻址方式的指令常见的有如下几种形式：

```
LDR R0,[R1,＃4]          ;R0←[R1＋4]
```
本指令将寄存器 R1 的内容加上 4 形成操作数的有效地址，从而取得操作数存入寄存器 R0 中。

```
STR R1,[R2,＃8]          ;[R2＋8]←R1
```
本指令将寄存器 R1 的内容存储到 R2＋8 指示的存储单元中。

```
LDR R0,[R1,＃4]!         ;R0←[R1＋4]、R1←R1＋4
```
本指令将寄存器 R1 的内容加上 4 形成操作数的有效地址，从而取得操作数存入寄存器 R0 中，然后 R1 的内容自增 4 个字节。符号"!"表示指令在完成数据传送后应该更新基址寄存器。

```
LDR R0,[R1] ,＃4         ;R0←[R1]、R1←R1＋4
```
本指令以寄存器 R1 的内容作为操作数的有效地址，从而取得操作数存入寄存器 R0 中，然后 R1 的内容自增 4 个字节。

```
LDR R0,[R1,R2]          ;R0←[R1＋R2]
```
本指令将寄存器 R1 的内容加上寄存器 R2 的内容形成操作数的有效地址，从而取得操作数存入寄存器 R0 中。

```
STR R0,[R1,R2]          ;[R1＋R2]←R0
```
本指令将寄存器 R0 的内容存储到由 R1＋R2 指示的有效地址对应的存储单元中。

3.2.5 相对寻址

与基址变址寻址方式相类似，相对寻址以程序计数器 PC 的当前值为基地址，指令中的地址标号作为偏移量，将两者相加之后得到操作数的有效地址。以下程序段完成子程序的调用和返回，跳转指令 BL 采用了相对寻址方式：

```
        BL Subroutine_A                ;跳转到子程序 Subroutine_A 处执行
        ……
Subroutine_A:
        ……
        MOV PC,LR                      ;从子程序返回
```

示例中假设 BL 指令所在地址（PC 值）为 0x2100000，Subroutine_A 对应偏移量为 0x0100，则转移到 Subroutine_A 处对应的地址为 0x2100100，此地址在汇编时自动形成。

3.2.6 堆栈寻址

堆栈是一种数据结构，按先进后出（First In Last Out，FILO）的方式工作，使用一个称作堆栈指针的专用寄存器指示当前的操作位置，堆栈指针总是指向栈顶。

当堆栈指针指向最后压入堆栈的数据时，称为满堆栈（Full Stack），而当堆栈指针指向下一个将要放入数据的空位置时，称为空堆栈（Empty Stack）。

同时，根据堆栈的生成方式，又可以分为递增堆栈（Ascending Stack）和递减堆栈（Descending Stack),当堆栈由低地址向高地址生成时,称为递增堆栈,当堆栈由高地址向低地址生成时,称为递减堆栈。这样就有四种类型的堆栈工作方式。

（1）满递增堆栈

堆栈指针指向最后压入的数据,且由低地址向高地址生成。

（2）满递减堆栈

堆栈指针指向最后压入的数据,且由高地址向低地址生成。

（3）空递增堆栈

堆栈指针指向下一个将要放入数据的空位置,且由低地址向高地址生成。

（4）空递减堆栈

堆栈指针指向下一个将要放入数据的空位置,且由高地址向低地址生成。

3.2.7　块拷贝寻址

块拷贝寻址又称多寄存器寻址,采用多寄存器寻址方式,一条指令可以完成多个寄存器值的传送。这种寻址方式可以用一条指令完成传送最多 16 个通用寄存器的值。

```
LDMIA R0,{R1,R2,R5,R9}   ;R1←[R0]
                         ;R2←[R0 + 4]
                         ;R5←[R0 + 8]
                         ;R9←[R0 + 12]
```

此类指令的后缀 IA 表示在每次执行完加载/存储操作后,R0 按字长度增加,因此指令可将连续存储单元的值传送到 R1～R4。

```
STMIA R0,{R1 - R7}       ;[R0]←R1
                         ;[R0 + 4]←R2
                         ;[R0 + 8]←R3
                         ;[R0 + 12]←R4
                         ;[R0 + 16]←R5
                         ;[R0 + 20]←R6
                         ;[R0 + 24]←R7
```

块拷贝寻址是多寄存器传送指令 LDM/STM 的寻址方式,LDM/STM 指令可以将存储器中的一个数据块加载到多个寄存器中,也可以将多个寄存器中的内容存储到存储器中。寻址操作中的寄存器可以是 R0～R15 这 16 个寄存器的子集或全集。LDM/STM 依据后缀名的不同,其寻址方式有很大区别。

3.3　ARM 指令集

本节将对 ARM 指令集共六大类指令进行详细的描述并给出相应示例。

3.3.1　数据处理指令

数据处理类指令可分为数据传送指令、算术逻辑运算指令和比较指令等。

数据传送指令用于在寄存器之间进行数据传输,也包括立即数向寄存器的传递。

算术逻辑运算指令完成常用的算术与逻辑的运算,该类指令不但将运算结果保存在目的寄存器中,同时更新 CPSR 中的相应条件标志位。

比较指令不保存运算结果,只更新 CPSR 中相应的条件标志位。

ARM 指令集中数据处理类指令如表 3.5 所示。

表 3.5　ARM 指令集数据处理类指令表

指令格式	操　作	功能说明
MOV{cond}{S} Rd,<op2>	数据传送	Rd←op2,op2 见前面表 3.2 的说明
MVN{cond}{S} Rd,<op2>	取反传送	Rd←0xFFFFFFFF EOR op2,即将 op2 取反后传送到 R1 中
CMP{cond} Rd,<op2>	比较	Rd−op2,更新 CPSR 中条件标志位的值
CMN{cond} Rd,<op2>	反值比较	Rd+op2,更新 CPSR 中条件标志位的值
TST{cond} Rd,<op2>	位测试	Rd and op2,与操作更新 CPSR 中条件标志位的值
TEQ{cond} Rd,<op2>	相等测试	Rd eor op2,异或操作,更新 CPSR 中条件标志位的值
ADD{cond}{S} Rd,Rn,<op2>	加法	Rd←Rn+op2
ADC{cond}{S} Rd,Rn,<op2>	带进位加法	Rd←Rn+op2+C
SUB{cond}{S} Rd,Rn,<op2>	减法	Rd←Rn−op2
SBC{cond}{S} Rd,Rn,<op2>	带借位减法	Rd←Rn−op2−!C,!C 表示对 C 取反
RSB{cond}{S} Rd,Rn,<op2>	反向减法	Rd←op2−Rn
RSC{cond}{S} Rd,Rn,<op2>	带借位反向减法	Rd←op2−Rn−!C
AND{cond}{S} Rd,Rn,<op2>	逻辑与	Rd←Rn and op2,按位相与,有 0 出 0,全 1 出 1
ORR{cond}{S} Rd,Rn,<op2>	逻辑或	Rd←Rn or op2,按位相或,有 1 出 1,全 0 出 0
EOR{cond}{S} Rd,Rn,<op2>	逻辑异或	Rd←Rn EOR op2,按位相异或,相同出 0,不同出 1
BIC{cond}{S} Rd,Rn,<op2>	位清除	Rd←Rn and NOT(op2),指定位清 0
MUL{cond}{S} Rd,Rm,Rs	32 位乘法	Rd←Rm×Rs[31:0],只取结果的低 32 位到 Rd
MLA{cond}{S} Rd,Rm,Rs,Rn	32 位乘加	Rd←Rm×Rs[31:0]+Rn
SMULL{cond}{S}RdL,RdH,Rm,Rs	64 位有符号数乘法指令	RdL←Rm×Rs 的低 32 位 RdH←Rm×Rs 的高 32 位
SMLAL{cond}{S}RdL,RdH,Rm,Rs	64 位有符号数乘加指令	RdL←RdL+Rm×Rs 的低 32 位 RdH←RdH+Rm×Rs 的高 32 位
UMULL{cond}{S}RdL,RdH,Rm,Rs	64 位无符号数乘法指令	RdL←Rm×Rs 的低 32 位 RdH←Rm×Rs 的高 32 位
UMLAL{cond}{S}RdL,RdH,Rm,Rs	64 位无符号数乘加指令	RdL←RdL+Rm×Rs 的低 32 位 RdH←RdH+Rm×Rs 的高 32 位

具体指令的示例如下。

【例 3.1】　数据传送指令。

```
MOV R1,R0           ;将寄存器 R0 的值传送到寄存器 R1
MOV R1,R0,LSL#3     ;将寄存器 R0 的值左移 3 位后传送到 R1
MVN R0,#0           ;将立即数 0 取反传送到寄存器 R0 中,完成后 R0 = −1 或 R0 = 0xFFFFFFFF
```

【例 3.2】　比较指令。

```
CMP R1,R0           ;将寄存器 R1 的值与寄存器 R0 的值相减,并根据结果设置 CPSR 的标志位
```

```
CMP R1,♯100              ;将寄存器 R1 的值与立即数 100 相减,并根据结果设置 CPSR 的标志位
CMN R1,R0               ;将寄存器 R1 的值与寄存器 R0 的值相加,并根据结果设置 CPSR 的标志位
CMN R1,♯100             ;将寄存器 R1 的值与立即数 100 相加,并根据结果设置 CPSR 的标志位
```

【例 3.3】 位测试指令。

```
TSTR1,♯0x01             ;用于测试在寄存器 R1 中是否设置了最低位
TSTR1,♯0xFE             ;将寄存器 R1 的值与立即数 0xFE 按位与,并据结果设置 CPSR 的标志位
```

【例 3.4】 相等测试指令。

```
TEQ R1,R2               ;将寄存器 R1 的值与寄存器 R2 的值按位异或,并据结果设置 CPSR 的标志位
```

【例 3.5】 加法。

```
ADD    R0,R1,R2             ; R0 = R1 + R2
ADD    R0,R1,♯256           ; R0 = R1 + 256
ADD    R0,R2,R3,LSL♯1       ; R0 = R2 + (R3 << 1)
ADCS R1,R2,R0               ; 带进位 R1 = R2 + R0 + C,带进位加法
```

【例 3.6】 减法。

```
SUB    R0,R1,R2             ;R0 = R1 - R2
SUB    R0,R1,♯256           ;R0 = R1 - 256
SUB    R0,R2,R3,LSL♯1       ;R0 = R2 - (R3<<1)
SBCS R0,R1,R2               ;R0 = R1 - R2 - ! C,更新 CPSR 的标志位
RSB    R0,R1,R2             ;R0 = R2 - R1,反向减法
RSB    R0,R2,R3,LSL♯1       ;R0 = (R3<<1) - R2
RSC    R0,R1,R2             ;R0 = R2 - R1 - ! C
```

【例 3.7】 逻辑操作。

```
AND    R0,R0,♯3             ;R0 与 3 按位相与,结果放 R0 中,保留 R0 的 0、1 位,其余位清零
ORR    R0,R0,♯3             ;该指令设置 R0 的 0、1 位,其余位保持不变
EOR    R0,R0,♯3             ;该指令反转 R0 的 0、1 位,其余位保持不变
BIC    R0,R0,♯0x0B          ;该指令清除 R0 中的位 0、1 和 3,其余的位保持不变
```

【例 3.8】 有符号数乘法及乘加。

```
MUL R0,R1,R2               ;R0 = R1 × R2
MULS    R0,R1,R2           ;R0 = R1 × R2,同时设置 CPSR 中的相关条件标志位
MLA  R0,R1,R2,R3           ;R0 = R1 × R2 + R3
MLAS    R0,R1,R2,R3        ;R0 = R1 × R2 + R3,同时设置 CPSR 中的相关条件标志位
SMULL    R0,R1,R2,R3       ;R0 = (R2 × R3)的低 32 位
                          ;R1 = (R2 × R3)的高 32 位
SMLAL    R0,R1,R2,R3       ;R0 = (R2 × R3)的低 32 位 + R0
                          ;R1 = (R2 × R3)的高 32 位 + R1
```

注意:对于目的寄存器 RdL,在指令执行前存放 64 位加数的低 32 位,指令执行后存放结果的低 32 位;对于目的寄存器 RdH,在指令执行前存放 64 位加数的高 32 位,指令执行后存放结果的高 32 位。

【例 3.9】 无符号数乘法。

```
UMULL    R0,R1,R2,R3       ;R0 = (R2 × R3)的低 32 位
                          ;R1 = (R2 × R3)的高 32 位
UMLAL    R0,R1,R2,R3       ;R0 = (R2 × R3)的低 32 位 + R0
                          ;R1 = (R2 × R3)的高 32 位 + R1
```

3.3.2 程序状态寄存器访问指令

ARM 微处理器支持程序状态寄存器访问指令,用于在程序状态寄存器和通用寄存器之间传送数据,程序状态寄存器访问指令包括以下两条:MRS(程序状态寄存器到通用寄存器的数据传送指令)和 MSR(通用寄存器到程序状态寄存器的数据传送指令)。

1. MRS

格式：MRS{cond} Rd,<PSR>　　　　;PSR 可以是 CPSR 或 SPSR

用途：MRS 指令用于将程序状态寄存器的内容传送到通用寄存器中。该指令一般用在以下几种情况。

（1）当需要改变程序状态寄存器的内容时,可用 MRS 将程序状态寄存器的内容读入通用寄存器,修改后再写回程序状态寄存器。

（2）当在异常处理或进程切换时,需要保存程序状态寄存器的值,可先用该指令读出程序状态寄存器的值,然后保存。

2. MSR

格式：MSR{cond} <PSR>_<fields>,Rm　　　;PSR 可以是 CPSR 或 SPSR,fields 为域

用途：MSR 指令用于将操作数的内容传送到程序状态寄存器的特定域中。其中,操作数可以为通用寄存器或立即数。<fields>域用于设置程序状态寄存器中需要操作的位,32 位的程序状态寄存器可分为 4 个域。

（1）PSR[31:24]为条件标志位域,用 f 表示,f 为小写。

（2）PSR[23:16]为状态位域,用 s 表示,s 为小写。

（3）PSR[15:8]为扩展位域,用 x 表示,x 为小写。

（4）PSR[7:0]为控制位域,用 c 表示,c 为小写。

该指令通常用于恢复或改变程序状态寄存器的内容,在使用时,一般要在 MSR 指令中指明将要操作的域。

【例 3.10】

```
MRS R0,CPSR              ;传送 CPSR 的内容到 R0
MRS R1,SPSR              ;传送 SPSR 的内容到 R1
MSR CPSR,R0              ;传送 R0 的内容到 CPSR
MSR SPSR,R1              ;传送 R1 的内容到 SPSR
MSR CPSR_c,R2            ;传送 R2 的内容到 SPSR,但仅仅修改 CPSR 中的控制位域
```

3.3.3 分支指令

分支指令用于实现程序流程的跳转,在 ARM 程序中有两种方法可以实现程序流程的转移:一是使用专门的跳转指令,二是直接向程序计数器 PC 写入跳转地址值(这在基于 X86 系统中是不可以的)。

通过向程序计数器 PC 写入跳转地址值,可以实现在 4 GB 的地址空间中的任意跳转,在跳转之前结合使用 MOV LR,PC 等类似指令,可以保存将来的返回地址值,从而实现在 4 GB 连续的线性地址空间的子程序调用。

ARM 指令集中的分支指令可以完成从当前指令向前或向后的 32 MB 的地址空间的跳转,包括 4 条指令：B(转移指令)、BL(带返回的转移指令)、BLX(带返回且带状态切换的转移指令)以及 BX(带状态切换的转移指令)。

1. B

格式：B{cond}　　Lable　　　　　;Lable 为目标地址

用途：B 指令是最简单的跳转指令。一旦遇到一个 B 指令,ARM 处理器将立即跳转到给定的目标地址,从那里继续执行。注意,存储在跳转指令中的实际值是相对当前 PC 值的一个偏移量,而不是一个绝对地址,它的值由汇编器来计算(参考寻址方式中的相对

寻址)。它是 24 位有符号数,左移两位后有效偏移为 26 位(前后 32 MB 的地址空间,即 ±32 MB)。

2. BX

格式:BX{cond} <Rn>

用途:BX 指令跳转到指令中所指定的由寄存器 Rn 同 0xFFFFFFFE 相与后的结果指示的目标地址(即 Rn[0]并不作为目标地址,作为状态切换位),目标地址处的指令既可以是 ARM 指令,也可以是 Thumb 指令。如果 Rn 中的最低位 Rn[0]=1,则指令将 CPSR 的 T 标志置 1,且将目标地址的代码解释为 Thumb(状态切换到 Thumb 指令集)。

3. BL

格式:BL{cond} Lable

用途:BL 是带返回的跳转指令,在跳转之前,会在寄存器 R14 中保存 PC 的当前值。因此,可以通过将 R14 的内容重新加载到 PC 中,来返回到跳转指令之后的那个指令处执行。该指令是实现子程序调用的一个基本且常用的手段。

4. BLX

格式 1:BLX 目标地址

格式 2:BLX{cond} <Rn>

用途:格式 1 的 BLX 指令从 ARM 指令集跳转到指令中所指定的目标地址,并将处理器的工作状态由 ARM 状态切换到 Thumb 状态,该指令同时将 PC 的当前内容保存到寄存器 R14 中。因此,当子程序使用 Thumb 指令集,而调用者使用 ARM 指令集时,可以通过 BLX 指令实现子程序的调用和处理器工作状态的切换。同时,子程序的返回可以通过将寄存器 R14 的值复制到 PC 中来完成。第一种格式不能带条件。格式 2 可以有条件,但目标地址只能是寄存器,当 Rn[0]=1 时除了转移到 Rn&0xFFFFFFFE 处外,还自动切换到 Thumb 指令集,即此时目标地址处的指令应该是 Thumb 指令。

【例 3.11】

```
B Label              ;程序无条件跳转到标号 Label 处执行
CMP R1,♯0            ;当 CPSR 寄存器中的 Z 条件码置位时,程序跳转到标号 Label 处执行
BEQ Label            ;带条件等于 EQ 的转移
LDR R6, = 0x12000000 ;此时 LDR 为 ARM 特有的伪指令,见 3.6 节
BX R6                ;转换到地址为 0x12000000 处的 Thumb 指令
BL Label             ;程序无条件跳转到标号 Label 处执行时,同时将当前的 PC 值保存到 R14 中
BLX LableA           ;程序转移到 LableA 处且切换到 Thumb 状态
BLXNE R5             ;程序转移到 R5&0xFFFFFFFE 处且切换到 Thumb 状态
```

3.3.4 加载/存储指令

ARM 微处理器对于存储器操作,采用加载/存储指令用于在寄存器和存储器之间传送数据,加载指令用于将存储器中的数据传送到寄存器,存储指令用于将寄存器中的数据传送到存储器。

加载存储指令有三类:单一数据加载/存储、批量数据加载/存储以及数据交换指令,详见表 3.6。

1. 单一数据加载/存储指令

单一数据加载/存储指令包括:LDR(字数据加载指令)、LDRB(字节数据加载指令)、LDRH(半字数据加载指令)、STR(字数据存储指令)、STRB(字节数据存储指令)和 STRH(半字数据存储指令)。

表 3.6　ARM 指令集加载/存储指令表

指令格式	操　作	功能说明
LDR{cond} Rd,[Rn{,#<offset>}]{!}	数据字加载	Rd←[Rn{+offset}]，若有{!}，则 Rn＝Rn＋offset
LDR{cond}B Rd,[Rn{,#<offset>}]{!}	数据字节加载	Rd←[Rn{+offset}]，若有{!}，则 Rn＝Rn＋offset，Rd 高 24 位清 0
LDR{cond}H Rd,[Rn{,#<offset>}]{!}	数据半字加载	Rd←[Rn{+offset}]，若有{!}，则 Rn＝Rn＋offset，Rd 高 16 位清 0
STR{cond} Rd,[Rn{,#<offset>}]{!}	数据字存储	[Rn{+offset}]←Rd，若有{!}，则 Rn＝Rn＋offset
STR{cond}B Rd,[Rn{,#<offset>}]{!}	数据字节存储	[Rn{+offset}]←Rd，若有{!}，则 Rn＝Rn＋offset
STR{cond}H Rd,[Rn{,#<offset>}]{!}	数据半字存储	[Rn{+offset}]←Rd(只存一个低 16 位)，若有{!}则 Rn＝Rn＋offset
LDM{cond}{IA|IB|DA|DB} Rn{!},<reglist>{^}	数据块加载	从[Rn]加载寄存器列表
STM{cond}{IA|IB|DA|DB} Rn{!},<reglist>{^}	存储数据块	将寄存器列表存储到[Rn]中

（1）LDR

用途：LDR 指令用于从存储器中将一个 32 位的字数据传送到目的寄存器中。

当程序计数器 PC 作为目的寄存器时，指令从存储器中读取的字数据被当作目的地址，从而可以实现程序流程的跳转。该指令在程序设计中比较常用，且寻址方式灵活多样。

【例 3.12】

```
LDR R0,[R1]              ;将由 R1 指示的存储器中的字数据读入寄存器 R0,记 R0＝[R1]
LDR R4,[R1,R2]           ;将由 R1＋R2 指示的存储器中的字数据读入寄存器 R4
LDR R2,[R1,#8]           ;将由 R1＋8 指示的存储器中的字数据读入寄存器 R2
LDR R0,[R1,R2]!          ;将由 R1＋R2 指示的存储器中的字数据读入寄存器 R0,并将新地址 R1＋R2 写
                          入 R1
LDR R0,[R1,#8]!          ;将由 R1＋8 指示的存储器中的字数据读入寄存器 R0,并将新地址 R1＋8 写入
                          R1
LDR R0,[R1],R2           ;将由 R1 指示的存储器的字数据读入寄存器 R0,并将新地址 R1＋R2 写入 R1
LDR R0,[R1,R2,LSL#2]!    ;将由 R1＋R2×4 指示的存储器中的字数据读入寄存器 R0,并将新地址 R1＋
                          R2×4 写入 R1,R2 左移 2 位等于 R2 乘以 4
LDR R0,[R1],R2,LSL#2     ;将由 R1 指示的存储器的字数据读入寄存器 R0,并将新地址 R1＋R2×4 写
                          入 R1
```

（2）LDRB

用途：LDRB 指令用于从存储器中将一个 8 位的字节数据传送到目的寄存器中，同时将寄存器的高 24 位清零。当程序计数器 PC 作为目的寄存器时，指令从存储器中读取的字数据被当作目的地址，从而可以实现程序流程的跳转。

【例 3.13】

```
LDRB R0,[R1]            ;将由 R1 指示的存储器中的字节数据读入寄存器 R0,并将 R0 的高 24 位清零
LDRB R0,[R1,#8]         ;将由 R1＋8 指示的存储器中的字数据读入寄存器 R0,并将 R0 的高 24 位清零
```

（3）LDRH

用途：LDRH 指令用于从存储器中将一个 16 位的半字数据传送到目的寄存器中，同时将寄存器的高 16 位清零。当程序计数器 PC 作为目的寄存器时，指令从存储器中读取的字数据被当作目的地址，从而可以实现程序流程的跳转。

【例3.14】

```
LDRH R0,[R1]        ;将由 R1 指示的存储器中的半字数据读入寄存器 R0,并将 R0 的高 16 位清零
LDRH R0,[R1,#8]     ;将由 R1 + 8 指示的存储器中的半字数据读入寄存器 R0,并将 R0 的高 16 位清零
LDRH R0,[R1,R2]     ;将由 R1 + R2 指示的存储器中的半字数据读入寄存器 R0,并将 R0 的高 16 位清零
```

（4）STR

用途:STR 指令用于从源寄存器中将一个 32 位的字数据传送到存储器中。该指令在程序设计中比较常用,且寻址方式灵活多样,使用方式可参考指令 LDR。

【例3.15】

```
STRR0,[R1],#8       ;将 R0 中的字数据写入以 R1 为地址的存储器中,并将新地址 R1 + 8 写入 R1
STRR0,[R1,#8]       ;将 R0 中的字数据写入以 R1 + 8 为地址的存储器中
```

（5）STRB

用途:STRB 指令用于从源寄存器中将一个 8 位的字节数据传送到存储器中。该字节数据为源寄存器中的低 8 位。

【例3.16】

```
STRB R0,[R1]        ;将寄存器 R0 中的字节数据写入以 R1 为地址的存储器中
STRB R0,[R1,#8]     ;将寄存器 R0 中的字节数据写入以 R1 + 8 为地址的存储器中
```

（6）STRH

用途:STRH 指令用于从源寄存器中将一个 16 位的半字数据传送到存储器中。该半字数据为源寄存器中的低 16 位。

【例3.17】

```
STRH R0,[R1]        ;将寄存器 R0 中的半字数据写入以 R1 为地址的存储器中
STRH R0,[R1,#8]     ;将寄存器 R0 中的半字数据写入以 R1 + 8 为地址的存储器中
```

2. 批量数据加载/存储指令

ARM 微处理器所支持批量数据加载/存储指令可以一次在一片连续的存储器单元和多个寄存器之间传送数据,批量加载指令用于将一片连续的存储器中的数据传送到多个寄存器,批量数据存储指令则完成相反的操作。

常用的加载存储指令包括:LDM(批量数据加载指令)和 STM(批量数据存储指令)。

（1）LDM

格式:LDM{条件}{类型} 基址寄存器{!},寄存器列表{^}

用途:LDM 指令用于将由基址寄存器所指示的一片连续存储器读到寄存器列表所指示的多个寄存器中,该指令的常见用途是将多个寄存器的内容出栈。

其中,{类型}如表 3.7 所示。

表 3.7　批量数据传送中的类型

类型	IA	IB	DA	DB
含义	传送后 地址加	传送前 地址加	传送后 地址减	传送前 地址减

{!}为可选后缀,若选用该后缀,则当数据传送完毕后,将最后的地址写入基址寄存器,否则基址寄存器的内容不变。

基址寄存器不允许为 R15,寄存器列表可以为 R0～R15 的任意组合。

{^}为可选后缀,当指令为 LDM 且寄存器列表中包含 R15,选用该后缀时表示:除了正常的数据传送之外,还将 SPSR 复制到 CPSR。同时,该后缀还表示传入或传出的是用户模式下

的寄存器,而不是当前模式下的寄存器。

【例 3. 18】

LDMIA R1!,{R0,R4－R12};将由 R1 指示的内存数据加载到寄存器 R0,R4～R7 中

（2）STM

用途:STM 指令用于将寄存器列表所指示的多个寄存器的数据存储到由基址寄存器所指示的一片连续存储器中,该指令的常见用途是将多个寄存器的内容入栈。

【例 3. 19】

STMIA R3!,{R0,R4－R12,LR};将寄存器 R0,R4～R12 以及 LR 的值存储到由 R3 指示的内存区域

3. 数据交换指令

ARM 微处理器所支持的数据交换指令能在存储器和寄存器之间交换数据。数据交换指令有两条:SWP(字数据交换指令)和 SWPB(字节数据交换指令)。

（1）SWP

格式:SWP{cond} Rd,Rn,[Rs]

用途:SWP 指令用于将寄存器 Rs 所指向的存储器中的字数据传送到目的寄存器 Rd 中,同时将寄存器 Rn 中的字数据传送到寄存器 Rs 所指向的存储器中。当 Rd 和 Rn 为同一个寄存器时,指令交换该寄存器和存储器的内容。

【例 3. 20】

```
SWP R0,R1,[R2]        ;R0←[R2]且[R2]←R1
SWP R0,R0,[R1]        ;R0←[R1]且[R1]←R0
```

（2）SWPB

格式:SWP{cond}B Rd,Rn,[Rs]

用途:SWPB 指令用于将源寄存器 Rs 所指向的存储器中的字节数据传送到目的寄存器 Rd 中,目的寄存器的高 24 清零,同时将源寄存器 Rn 中的字节数据传送到源寄存器 Rs 所指向的存储器中。显然,当源寄存器 Rn 和目的寄存器 Rd 为同一个寄存器时,指令交换该寄存器和存储器的内容。

【例 3. 21】

```
SWPB R0,R1,[R2]       ;将 R2 所指向的存储器中的字节数据传送到 R0,R0 的高 24 位清零,同时将 R1
                       中的低 8 位数据传送到 R2 所指向的存储单元
SWPB R0,R0,[R1]       ;该指令完成将 R1 所指向的存储器中的字节数据与 R0 中的低 8 位数据交换
```

3.3.5　协处理器指令

ARM 微处理器可支持多达 16 个协处理器,用于各种协处理操作,在程序执行的过程中,每个协处理器只执行针对自身的协处理器指令,忽略 ARM 处理器和其他协处理器的指令。

ARM 的协处理器指令主要用于 ARM 处理器初始化 ARM 协处理器的数据处理操作、在 ARM 处理器的寄存器和协处理器的寄存器之间传送数据以及在 ARM 协处理器的寄存器和存储器之间传送数据。

ARM 协处理器指令包括 5 条:CDP(协处理器数操作指令)、LDC(协处理器数据加载指令)、STC(协处理器数据存储指令)、MCR(ARM 处理器寄存器到协处理器寄存器的数据传送指令)以及 MRC(协处理器寄存器到 ARM 处理器寄存器的数据传送指令)。

1. CDP

格式:CDP{cond} Copr,op1,CRd,CRn,CRm{,op2}　　;Copr 为协处理器编号

用途:CDP 指令用于 ARM 处理器通知 ARM 协处理器执行特定的操作,若协处理器不能

成功完成特定的操作,则产生未定义指令异常。其中操作码 op1 和操作码 op2 为协处理器将要执行的操作,目的寄存器 CRd 和源寄存器 CRn、CRm 均为协处理器的寄存器。

【例 3.22】

```
CDP    P2,5,C12,C10,C3,4    ;该指令完成协处理器 P2 的初始化,即让协处理器 P2 在 C10、C3 上执行
                            操作 5 和 4,并将结果存入 C12 中
```

2. LDC

格式:`LDC{cond}{L} Copr,CRd,[CRn]`

用途:LDC 指令用于将源寄存器 CRn 所指向的存储器中的字数据传送到目的寄存器 CRd 中,若协处理器不能成功完成传送操作,则产生未定义指令异常。其中,{L}选项表示指令为长读取操作,如用于双精度数据的传输。

【例 3.23】

```
LDC    P5,C3,[R0]    ;将 ARM 处理器的寄存器 R0 所指向的存储器中的字数据传送到协处理
                     器 P5 的寄存器 C3 中
```

3. STC

格式:`STC{cond}{L} Copr,CRn,[CRd]`

用途:STC 指令用于将源寄存器 CRn 中的字数据传送到目的寄存器 CRd 所指向的存储器中,若协处理器不能成功完成传送操作,则产生未定义指令异常。其中,{L}选项表示指令为长读取操作,如用于双精度数据的传输。

【例 3.24】

```
STC    P3,C4,[R0]    ;将协处理器 P3 的寄存器 C4 中的字数据传送到 ARM 处理器的寄存器 R0
                     所指向的存储器中
```

4. MCR

格式:`MCR{cond} Copr,op1,Rd,CRn,CRm,op2`

用途:MCR 指令用于将 ARM 处理器寄存器 Rn 中的数据传送到协处理器寄存器 CRn、CRm 中,若协处理器不能成功完成操作,则产生未定义指令异常。其中协处理器 op1 和 op2 为协处理器将要执行的操作。

【例 3.25】

```
MCR    P3,3,R0,C4,C5,6    ;该指令将 ARM 处理器寄存器 R0 中的数据传送到协处理器 P3 的寄存器
                         C4 和 C5 中,并执行操作 3 和 6
```

5. MRC

格式:`MRC{cond} Copr,op1, Rd,CRn,CRm,op2`

用途:MRC 指令用于将协处理器寄存器 CRn、CRm 中的数据传送到 ARM 处理器寄存器 Rn 中,若协处理器不能成功完成操作,则产生未定义指令异常。

【例 3.26】

```
MRC    P3,3,R0,C4,C5,6    ;该指令将协处理器 P3 的寄存器 C4 和 C5 中的数据传送到 ARM 处理器
                         寄存器 R0 中,并执行操作 3 和 6
```

3.3.6　异常中断指令

ARM 微处理器所支持的异常中断指令有两条:SWI(软件中断指令)和 BKPT(断点中断指令)。

1. SWI

格式:`SWI{cond} imm24`　　;imm24 为 24 位立即数

用途:SWI指令用于产生软件中断,以便用户程序能调用操作系统的系统例程。操作系统在SWI的异常处理程序中提供相应的系统服务,指令中24位的立即数指定用户程序调用系统例程的类型,相关参数通过通用寄存器传递,当指令中24位的立即数被忽略时,用户程序调用系统例程的类型由通用寄存器R0的内容决定,同时参数通过其他通用寄存器传递。

【例3.27】

```
SWI    0x01              ;该指令调用操作系统编号为01的系统例程
```

2. BKPT

格式:BKPT imm16   ;imm16为16位立即数

用途:BKPT指令产生软件断点中断,可用于程序的调试。16位立即数用于保存软件调用中额外的断点信息。

【例3.28】

```
BKPT 0XF010              ;产生断点中断,并保存断点信息0CF010
BKPT 64                 ;产生断点中断,并保存断点信息64
```

3.4 Thumb 指令集

许多ARM体系结构除了支持执行效率很高的32位ARM指令集以外,也支持16位的Thumb指令集。Thumb指令集是ARM指令系统的一个子集,允许指令编码为16位的长度。与等价的32位代码相比较,Thumb指令集在保留32位代码优势的同时,大大节省了系统的存储空间。

所有的Thumb指令都有对应的ARM指令,而且Thumb的编程模型也对应于ARM的编程模型,在应用程序的编写过程中,只要遵循一定的调用规则,Thumb子程序和ARM子程序就可以互相调用(如利用上一节中的BX、BLX指令等)。当处理器在执行ARM程序段时,称ARM处理器处于ARM工作状态;当处理器在执行Thumb程序段时,称ARM处理器处于Thumb工作状态。

与ARM指令集相比较,Thumb指令集中的数据处理指令的操作数仍然是32位,指令地址也为32位,但Thumb指令集为实现16位的指令长度,舍弃了ARM指令集的一些特性,如大多数的Thumb指令是无条件执行的,而几乎所有的ARM指令都是有条件执行的;大多数的Thumb数据处理指令的目的寄存器与其中一个源寄存器相同。下面简单介绍Thumb指令集。

3.4.1 数据处理指令

大部分Thumb数据处理类指令采用两地址格式,操作结果放入其中一个操作数寄存器。除MOV和ADD外,Thumb状态下的寄存器结构特点决定了其他指令只能访问R0~R7寄存器,如果指令的操作数包含R8~R15,则指令的执行不更新CPSR中的状态参数位,其他情况更新CPSR状态位。具体数据处理指令如表3.8所示。

如果没有特别声明,表中的Rd、Rn及Rm为R0~R7,imm_8为8位立即数,imm_3为3位立即数,imm_5为5位立即数。

表 3.8 Thumb 数据处理类指令

操作	指令格式	功能说明	影响标志
数据传送	MOVS Rd,♯imm_8	Rd←imm_8(imm_8 为 0−255),更新标志	N,Z
	MOVS Rd,Rm	Rd←Rm,更新标志	—
	MOV Rd,Rm	Rd←Rm	—
	MVNS Rd,Rm	Rd←NOT Rm 取反后数据传送,更新标志	—
加法	ADDS Rd Rn,♯imm_3	Rd←Rn+imm_3(imm_3=0−7),更新标志	N,Z,C,V
	ADDS Rd,Rn,Rm	Rd←Rn+Rm,更新标志	N,Z,C,V
	ADD Rd,Rd,Rm	Rd←Rd+Rm	N,Z,C,V
	ADDS Rd,Rd,♯imm8	Rd←Rd+imm_8,更新标志	N,Z,C,V
带进位加法	ADCS Rd,Rd,Rn	Rd←Rd++Rn+C,更新标志	N,Z,C,V
减法	SUBS Rd,Rn,♯imm_3	Rd←Rn−imm_3	N,Z,C,V
	SUBS Rd,Rn,Rm	Rd←Rn−Rm	N,Z,C,V
	SUBS Rd,Rd,♯imm_8	Rd←Rn−imm_8	N,Z,C,V
	RSBS Rd,Rn,♯0	Rd←−Rn	N,Z,C,V
带借位减法	SBCS Rd,Rd,Rm	Rd←Rn−Rm−C	N,Z,C,V
乘法	MULS Rd,Rm,Rd	Rd←Rm×Rd	N,Z
逻辑与	ANDS Rd,Rd,Rm	Rd←Rd AND Rm	N,Z
逻辑异或	EORS Rd,Rd,Rm	Rd←Rd EOR Rm	N,Z
逻辑或	ORRS Rd,Rd,Rm	Rd←Rd OR Rm	N,Z
位清除	BICS Rd,Rd,Rm	Rd←Rd and NOT Rm	N,Z
算术右移	ASRS Rd,Rm,♯<shift>	Rd←Rm 算术右移 shift 位(0~31 位)	N,Z,C
	ASRS Rd,Rd,Rs	Rd←Rd 算术右移 Rs 位	N,Z,C
逻辑左移	LSLS Rd,Rd,Rs	Rd←Rd 逻辑左移 Rs 位	N,Z,C
	LSLS Rd,Rm,♯<shift>	Rd←Rm 逻辑左移 shift 位(0~31 位)	N,Z,C
逻辑右移	LSRS Rd,Rm,♯<shift>	Rd←Rd 逻辑右移 shift 位(0~31 位)	N,Z,C
	LSRS Rd,Rd,Rs	Rd←Rn 逻辑右移 Rs 位	N,Z,C
循环右移	RORS Rd,Rd,Rs	Rd←Rd 循环右移 Rs 位	N,Z,C
比较	CMP Rn,Rm	根据 Rn−Rm 的结果,修改 CPSR 状态位	N,Z,C,V
	CMP Rn,♯imm_8	根据 Rn−imm_8 的结果,修改 CPSR 状态位	N,Z,C,V
比较非值	CMN Rn,Rm	根据 Rn+Rm 的结果,修改 CPSR 状态位	N,Z,C,V
测试	TST Rn,Rm	根据 Rn and Rm 的结果,修改 CPSR 状态位	N,Z

3.4.2 分支指令

Thumb 指令集中的分支指令与 ARM 指令集中的分支指令相比跳转的范围有较大限制,除了 B 指令有条件执行功能外,其他分支指令无法不带条件执行。Thumb 分支指令共有 4

条：B、BL、BX、BLX，其中 BLX 仅限于具有 V5T 架构的 ARM 处理器。分支指令及其功能如表 3.9 所示。

表 3.9 Thumb 分支类指令

指令格式	操　作	功能说明
B ＜Lable＞	无条件转移	PC←Lable；短分支指令
B{cond} ＜Lable＞	条件转移	如果{cond}，则 PC←Lable；短分支指令
BL ＜Lable＞	带链接转移	PC←Lable，R14←PC+4；长分支指令
BX Rm	带状态切换的转移	PC←Rm 且切换处理器状态；长分支指令
BLX Rm/Lable	带链接和切换的转移	PC←Rm/Lable 且切换处理器状态且 R14←下一条指令地址；长分支指令
MRS Rd, PSR	PSR 到寄存器	Rd←PSR
MSR PSR, Rm	寄存器到 PSR	PSR←Rm

【例 3.29】 指出完成以下 Thumb 指令后，R0、R1、R2 中的值。

```
MOVS R0,#100              ;(1)R0 = 100
MOVS R1,#0x99            ;(2)R1 = 0x99
MVNS R2,R1               ;(3)R2 = 0xFFFFFF66
ADDS R0,R1,R2           ;(4)R0 = R1 + R2 = 0xFFFFFFFF
SUBS R0,R1,R2           ;(5)R0 = R1 − R2 = 0x133
LSLS R0,R0,#8           ;(6)R0 = 0x13300
ORRS R1,R1,R0           ;(7)R1 = 0x13399
CMP R1,R2                ;(8)
BHI LP1                  ;(9)
MOVS R2,#1               ;(10)
B LP2                    ;(11)
LP1MOVS R2,#2           ;(12)
LP2 B .                  ;(13)
```

通过以上各条指令的分析可知，从(1)到(7) R0＝100，R1＝0x99，R2＝0xFFFFFF66。

根据(8)比较的结果，由于 R1＜R2，因此执行(10)而不执行(11)。因此，R2＝1，R0＝0x13300，所以结果是：R0＝0x13300，R1＝0x13399，R2＝1。

3.4.3 加载/存储指令

在 Thumb 指令集中，由于寄存器结构的限制，大部分加载/存储指令只能访问 R0～R7 寄存器，此外堆栈操作使用 PUSH 和 POP，这一个与 ARM 指令集不同。这类指令如表 3.10 所示。

表 3.10 Thumb 加载/存储指令

指令格式	操　作	功能说明
LDR Rd,[Rn,#imm]	立即数偏移字加载	Rd←[Rn+imm]，即 Rn+imm 指示的存储器地址中的一个字数据装入 Rd 寄存器中 若 Rn 为 PC 或 SP，则 imm 为 5 位立即数，否则为 8 位立即数，为 4 的倍数（按字对齐）

续 表

指令格式	操 作	功能说明
LDR Rd,[Rn,Rm]	寄存器偏移字加载	Rd←[Rn+Rm],即 Rn+Rm 指示的存储器地址中的一个字数据装入 Rd 寄存器中
LDRH Rd,[Rn,♯imm_5]	立即数偏移无符号半字加载	Rd←[Rn+imm_5],即 Rn+imm_5 指示的存储器地址中的无符号半字数据装入 Rd 寄存器中,imm_5 必须是 2 的倍数(按半字对齐)
LDRH Rd,[Rn,Rm]	寄存器偏移无符号半字加载	Rd←[Rn+Rm],即 Rn+Rm 指示的存储器地址中的无符号半字数据装入 Rd 寄存器中
LDRB Rd,[Rn,♯imm_5]	立即数偏移无符号字节加载	Rd←[Rn+imm_5],即 Rn+imm_5 指示的存储器地址中的无符号字节数据装入 Rd 寄存器中
LDRB Rd,[Rn,Rm]	寄存器偏移无符号字节加载	Rd←[Rn+Rm],即 Rn+Rm 指示的存储器地址中的一个字节无符号数据装入 Rd 寄存器中
LDRSH Rd,[Rn,Rm]	寄存器偏移有符号半字加载	Rd←[Rn+Rm],即 Rn+Rm 指示的存储器地址中的有符号半字数据装入 Rd 寄存器中
LDRSB Rd,[Rn,Rm]	寄存器偏移有符号字节加载	Rd←[Rn+Rm],即 Rn+Rm 指示的存储器地址中的有符号字节数据装入 Rd 寄存器中
LDR Rd,Lable	标号偏移加载	Rd←[Lable],即 Lable 指示的存储器地址中的一个字数据装入 Rd 寄存器中
STR Rd,[Rn,♯imm]	立即数偏移字存储	[Rn+imm]←Rd,即 Rd 寄存器中的一个字数据存储到 Rn+imm 指示的存储器单元中 Rn 为 PC 或 SP,则 imm 为 5 位立即数,否则为 8 位立即数,且为 4 的倍数(按字对齐)
STR Rd,[Rn,Rm]	寄存器偏移字存储	[Rn+Rm]←Rd,即 Rd 寄存器中的一个字数据存储到 Rn+Rm 指示的存储器单元中
STRH Rd,[Rn,♯imm_5]	立即数偏移无符号半字存储	[Rn+imm_5]←Rd,即 Rd 寄存器中的一个无符号半字数据存储到 Rn+Rm 指示的存储器单元中,imm_5 必须是 2 的倍数(按半字对齐)
STRH Rd,[Rn,Rm]	寄存器偏移无符号半字存储	[Rn+Rm]←Rd,即 Rd 寄存器中的一个无符号半字数据存储到 Rn+Rm 指示的存储器单元中
STRB Rd,[Rn,♯imm_5]	立即数偏移无符号字节存储	[Rn+imm_5]←Rd,即 Rd 寄存器中的一个无符号字节数据存储到 Rn+imm_5 指示的存储器单元中
STRB Rd,[Rn,Rm]	寄存器偏移无符号字节存储	[Rn+Rm]←Rd,即 Rd 寄存器中的一个无符号字节数据存储到 Rn+Rm 指示的存储器单元中
LDM Rd!,⟨Regs⟩	数据块加载	Regs←以 Rd 为起始地址的连续字数据,即以 Rd 指示的连续多字数据装入 Regs 寄存器列表中。Regs 为寄存器列表,如 R1—R7。地址自动更新
STM Rd!,⟨Regs⟩	数据块存储	以 Rd 为起始地址的存储区域←Regs,即 Regs 寄存器列表中的连续字数据存储到由 Rd 指示的起始地址的存储区域,地址自动更新

指令格式	操 作	功能说明
PUSH {Regs,LR}	进栈操作	[SP]←Regs 列表寄存器中的内容，即将 Regs 列表寄存器中的内容压入 SP 指示的堆栈中
POP {Regs,PC}	出栈操作	Regs←[SP]，即由 SP 指示的堆栈中的内容弹出放入 Regs 列表寄存器中

【例 3. 30】 已知内存 0x10000010 开始以最小模式存放的 6 个字的数据分别为 0x00001122,0x00003344,0x00005566,0x00007788,0x000099AA 以及 0x0000BBCC,指出完成以下 Thumb 指令后,R0、R1、R2、R3、R4、R7 中的值。

```
LDR R0, = 0x10000010        ;这是一条伪指令来定义地址 0x10000010
LDR R1,[R0,♯4]              ;R1 = 0x00003344
STRH R1,[R0,♯2]             ;0x3344 存放到 0x10000012 和 0x10000013 中
LDM R0!,{R2 - R4,R7}        ;R2 = 0x33441122,R3 = 0x00003344,R4 = 0x00005566,R7 = 0x00007788,R0
                             = 0x10000020
LDR R1,[R0]                 ;R1 中的内容就是 0x100020 开始的一个字,即 0x000099AA
```

因此最后寄存器的值为：R0＝0x10000020,R1＝0x000099AA,R2＝0x33441122,R3＝00003344,R4＝00005566,R7＝00007788。

3.4.4 异常中断指令

Thumb 指令集中有系统中断调动、中断允许和禁止以及休眠等指令,如表 3.11 所示。

表 3.11 异常中断相关指令

指令格式	操 作	功能说明
SVC imm_8	超级用户调用异常指令	SVC 指令引起指定的异常中断,处理器自动切换到管理模式,同时 CPSR 保存到管理模式中的 SPSR 中,执行转移到指定的向量地址。imm_8 为 8 位立即数,为中断类型号(0～256)
BKPT imm_8	断点异常中断指令	BKPT 指令引起处理器进入调试模式
CPSID <iflags>	禁止指定的中断	用途:禁止中断,这里 iflags 为 I(中断),如 CPSID I 以禁止中断
CPSIE <iflags>	允许指定的中断	允许中断(启用中断),如 CPSIE I 以允许中断
WFE	等待事件	进入休眠状态,等待事件唤醒
WFI	等待中断	进入休眠状态,等待中断唤醒

由于 Thumb 指令的长度为 16 位,即只用 ARM 指令一半的位数来实现同样的功能,所以要实现特定的程序功能,所需的 Thumb 指令的条数较 ARM 指令多。在一般情况下,Thumb 指令与 ARM 指令的时间效率和空间效率关系为:

- Thumb 代码所需的存储空间为 ARM 代码的 60%～70%。
- Thumb 代码使用的指令数比 ARM 代码多 30%～40%。
- 若使用 32 位的存储器,ARM 代码比 Thumb 代码快约 40%。
- 若使用 16 位的存储器,Thumb 代码比 ARM 代码快 40%～50%。
- 与 ARM 代码相比较,使用 Thumb 代码,存储器的功耗会降低约 30%。

显然,ARM 指令集和 Thumb 指令集各有其优点,若对系统的性能有较高要求,应使用 32 位

的存储系统和 ARM 指令集;若对系统的成本及功耗有较高要求,则应使用 16 位的存储系统和 Thumb 指令集。当然,若两者结合使用,充分发挥其各自的优点,会取得更好的效果。

3.5 Thumb-2 指令集

具有 Thumb-2 指令集的内核技术保留了紧凑代码质量与现有 ARM 方案的代码兼容性,并提供改进的性能和能量效率。Thumb-2 是一种新型混合指令集,融合了 16 位和 32 位指令,用于实现密度和性能的最佳平衡。在不对性能进行折中的情况下,节省许多高集成度系统级设计的总体存储成本。ARM、Thumb、Thumb-2 指令集的密度及性能比较如图 3.1 所示。

由图 3.1 可见,Thumb-2 为降低成本,其代码密度缩小 31%,而性能却提高了 38%,这就是 Thumb-2 的优势所在。

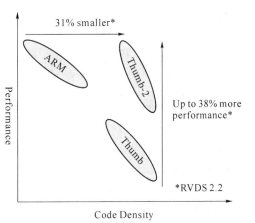

3.5.1 数据处理指令

Thumb-2 数据处理指令如表 3.12 所示。

图 3.1 不同指令集的密度及性能比较

表 3.12 Thumb-2 的数据处理器指令

指令格式	操 作	功能说明
MOV{S} Rd, <Operand2>	数据传送	Rd←Operand2
MVN{S} Rd, <Operand2>	取反后传送	Rd←0xFFFFFFFF EOR Operand2
MOVT Rd, #<imm16>	传送到高位	Rd[31:16] imm16,Rd[15:0]不受影响,imm16=0-65 535
MOVW Rd, #<imm16>	宽传送	Rd[15:0]←imm16, Rd[31:16]←0
ADD{S} Rd Rn,<Operand2>	加法	Rd←Rn+Operand2
ADDW Rd,Rn,#<imm12>	宽加法	Rd←Rn+imm12;imm12=0~4 095
ADC{S} Rd,Rn,<Operand2>	带进位加法	Rd←Rn+Rm+Operand2+C
SUB{S} Rd, Rn,<Operand2>	减法	Rd←Rn−Operand2
SBC{S} Rd, Rn,<Operand2>	带借位减法	Rd←Rn−Operand2−NOT(C)
SUBW Rd, Rn, #<imm12>	宽减法	Rd←Rn−imm12
MUL{S} Rd, Rm, Rs	乘法	Rd←(Rm * Rs)[31:0]
MLA{S} Rd, Rm, Rs, Rn	乘加	Rd←(Rn+(Rm * Rs))[31:0]
MLS Rd, Rm, Rs, Rn	乘减	Rd←(Rn - (Rm * Rs))[31:0]
SDIV Rd, Rn, Rm	有符号除法	Rd←Rn/Rm(注:有符号除法,ARMv7-R 和 ARMv7-M 特有)
UDIV Rd, Rn, Rm	无符号除法	Rd←Rn/Rm(注:无符号除法,ARMv7-R 和 ARMv7-M 特有)

指令格式	操 作	功能说明
ASR{S} Rd，Rm，<Operand2>	算术右移	Rd←ASR(Rm,Rs|sh)同 MOV{S} Rd,Rm,ASR<Rs|sh>
LSL{S} Rd，Rm，<Operand2>	逻辑左移	Rd←LSL(Rm, Rs|sh)同 MOV{S} Rd,Rm,LSL<Rs|sh>
LSR{S} Rd，Rm，<Operand2>	逻辑右移	Rd←LSR(Rm,Rs|sh)同 MOV{S} Rd,Rm,LSR<Rs|sh>
ROR{S} Rd，Rm，<Operand2>	循环右移	Rd←ROR(Rm,Rs|sh)同 MOV{S} Rd,Rm,ROR<Rs|sh> N
RRX{S} Rd，Rm	扩展的循环右移	Rd←RRX(Rm)同 MOV{S} Rd,Rm,RRX
CMP Rn，<Operand2>	比较	更新 Rn−Operand2 的 CPSR 标记
CMN Rn，<Operand2>	取反比较	更新 Rn+Operand2 的 CPSR 标记
TST Rn，<Operand2>	测试	更新 Rn AND Operand2 的 CPSR 标记
TEQ Rn，<Operand2>	相等测试	更新 Rn EOR Operand2 的 CPSR 标记
AND{S} Rd，Rn，<Operand2>	与	Rd←Rn AND Operand
EOR{S} Rd，Rn，<Operand2>	异或	Rd←Rn EOR Operand2
ORR{S} Rd，Rn，<Operand2>	或	Rd←Rn OR Operand2
ORN{S} Rd，Rn，<Operand2>	或非	Rd←Rn OR NOT Operand2
BIC{S} Rd，Rn，<Operand2>	位清除	Rd←Rn AND NOT Operand2
BFC Rd，#<lsb>，#<width>	位域清除	Rd[(width+lsb−1):lsb]←0,Rd 的其他位不受影响
BFI Rd，Rn，#<lsb>，#<width>	位域插入	Rd[(width+lsb−1):lsb←Rn[(width−1):0],Rd 的其他位不受影响
SBFX Rd，Rn，#<lsb>，#<width>	有符号数域提取	Rd[(width−1):0] ←Rn[(width+lsb−1):lsb],Rd[31:width] ←复制(Rn[width+lsb−1])
UBFX Rd，Rn，#<lsb>，#<width>	无符号数域提取	Rd[(width−1):0] ←Rn[(width+lsb−1):lsb],Rd[31:width] ←0
RBIT Rd，Rm	字中的位反转	For (I=0; I<32; i++): Rd[i] = Rm[31−i]

表 3.13 中{}表示可省,<>表示不可省。

【例 3.31】 求以下指令执行后 R1 和 R2 中的值。

```
MOV R1,#0x88
TST R1,#0x07
ORR R1,R1,#0x56
ADD R2,R1,#0xF7
BFC R2,#3,#10
BFI R1,R2,#20,#3
```

解： 第一条指令使 R1=0x00000088,第二条指令不影响 R1 的值,第三条指令使 R1=0x000000DE,第四条指令使 R2=0x000001D5,第五条指令把 R2.3～R2.12 共 10 个位清零,其他位不变,因此 R2=0x00000005,最后一条指令把 R2.0～R2.2 三个位的值插入到R1.20～R1.22 中,其他位不变,因此最后 R1=0x005000DE。

3.5.2　分支指令与程序状态指令

Thumb-2 分支指令及程序状态指令功能如表 3.13 所示。

表 3.13　Thumb-2 分支类指令及程序状态类指令

指令格式	操　作	功能说明
B ＜label＞	跳转	PC←label。label 为此指令±16 MB
BL ＜label＞	带链接跳转	LR←下一指令的地址，PC←label。label 为此指令±16 MB
CB{N}Z Rn,＜label＞	比较,为{非}0跳转	如果 Rn {＝＝ 或 ！＝} 0,则 PC←label。label 为(此指令＋4～130)
TBB [Rn, Rm]	表跳转字节	PC←PC＋ZeroExtend(Memory(Rn＋Rm,1)＜＜1)。跳转范围为 4～512。Rn 可为 PC
TBH [Rn, Rm, LSL ♯1]	表跳转半字	PC←PC ＋ ZeroExtend(Memory(Rn ＋ Rm ＜＜ 1, 2) ＜＜ 1)。跳转范围为 4～131 072。Rn 可为 PC
MRS Rd, ＜PSR＞	PSR 到寄存器	Rd←PSR
MSR ＜PSR＞_＜fields＞, Rm	寄存器到 PSR	PSR←Rm(仅选择字节)
MSR ＜PSR＞_＜fields＞, ♯ ＜imm8m＞	立即数到 PSR	PSR←immed_8r(仅选择字节)
CPSID ＜iflags＞ {, ♯ ＜p_ mode＞}	更改处理器状态	禁用指定的中断,可选择更改模式

表 3.13 中 PSR 可为 CPSR 和或 SPSR。

【例 3.32】　指出以下指令片段执行后 R1、R2、R3 的值。

```
        MOV R0,♯0x12000000      ;(1)R0 = 0x12000000
        EOR R1,R0,♯0xF6         ;(2)R1 = 0x120000F6
        CBZ R1,LABL1            ;(3)由于 R1≠0,因此转移到下一条指令(不去 LABL1)
        ORN R2,R0,R1            ;(4)R2 = R0 OR NOT(R1) = 0xFFFFFF09
        B   LABL2               ;(5)去 LABL2
LABL1   BIC R2,R1,♯0x07         ;(6)R2 = R1 AND NOT(0X07) = 0x120000F0
LABL2   :                       ;(7)
```

解：上述被执行的指令是(1)～(5)和(7),(6)没有被执行,因此各寄存器的值分析见后面注释,最后 R0＝0x12000000,R1＝0x120000F6,R2＝0xFFFFFF09。

如果(3)指令改为 CBNZ R1,LABL1,则(4)和(5)指令不被执行,结果:R0＝0x12000000,R1＝0x120000F6,R2＝0x120000F0。

3.5.3　加载与存储指令

在 Thumb-2 指令集中的加载与存储指令更加灵活,这类指令如表 3.14 所示。

表 3.14　Thumb-2 加载/存储指令

指令格式	操　作	功能说明
LDR{size} Rd,[addressing]	加载地址到 Rd 中	Rd←[address,size]
LDRD Rd1,Rd2,[addressing]	加载双字到 Rd 中	Rd1←[address],Rd2←[address＋4]

指令格式	操 作	功能说明
STR{size} Rd,[addressing]	将 Rd 存储到指定地址	[address,size]←Rd
STRD Rd1,Rd2,[addressing]	存储双字到存储器中	[address]←Rd1,[address+4]:Rd2
LDMIA Rn{!},{Regs} LDMFD Rn{!},{Regs}	数据块加载	连续加载多个 Rn 指示的存储器字到 Regs 寄存器列表中,如果使用!,则地址自动更新
LDMDB Rn{!},{Regs}	返回并切换加载	连续加载多个 Rn 指示的存储器字到 Regs 寄存器列表中,如果使用!,则地址自动更新
STMIA Rn{!},{Regs} STMEA Rn{!},{Regs}	存储寄存器列表内容到存储器	将寄存器列表中多个寄存器的值存储到 [Rn]存储器中,如果使用!,则地址自动更新
STMDV Rn{!},{Regs} STMFD Rn{!},{Regs}	存储寄存器列表内容到存储器	将寄存器列表中多个寄存器的值存储到 [Rn]存储器中,如果使用!,则地址自动更新
PUSH{Regs}	压栈操作	STMDB SP!,<reglist> 的规范格式
POP{Regs}	弹栈操作	LDM SP!,<reglist> 的规范格式

表 3.14 中{size}省略表示字的操作,size 可为 B(字节)、SB(有符号字节)、H(半字)、SH(有符号半字),其中 STR 指令中不可为 SB 和 SH。

【例 3.33】 已知小端模式下的存储器数据如表 3.15 所示,指出以下指令片段执行后 R1、R2、R3 和 R4 中的值并指出最后存储器中的变化。

表 3.15 例 3.33 用表

地址	数据	地址	数据	地址	数据
:	:	:	:	:	:
0x30100000	0x00	0x30100008	0x31	0x30100010	0x00
0x30100001	0x70	0x30100009	0xA6	0x30100011	0x40
0x30100002	0x08	0x3010000A	0x11	0x30100012	0xF2
0x30100003	0x36	0x3010000B	0x47	0x30100013	0x01
0x30100004	0x75	0x3010000C	0x32	0x30100014	0x00
0x30100005	0x39	0x3010000D	0x30	0x30100015	0x00
0x30100006	0x2A	0x3010000E	0x30	0x30100016	0x1F
0x30100007	0x00	0x3010000F	0x39	0x30100017	0xFF

```
LDR   R0, = 0x30100000      ;R0 = 0x30100000
LDRB  R1,[R0,♯0x02]!        ;R1 = [R0 + 0x02] = [0x30100002]取一个字节到 R1 中,R0 = 0x30100002
LDRH  R2,[R0,R1]            ;R2 = [R0 + R1] = 取两个字节(半字)
LDRD  R3,R4,[R0],♯8         ;R3 = [R0 + 8]取一个字,R4 = [R0 + 8 + 4] 取一个字
STRD  R3,R4,[R0]            ;[R0] ->R3,[R0 + 4] ->R4
```

解:第一条伪指令使 R0=0x30100000,第二条指令使 R1 为 0x30100002 中的内容,因此由表可知 R1=0x08,R0 更新为 0x30100002,第三条指令使 R2 为 R0+R1=0x31010002+0x08=0x3010000A 开始的两个字节(半字),即 R2=0x4711,第四条指令使 R3 为 R0+8=0x30100002+8=0x3010000A 开始的一个字,即 R3=0x30324711,R4 为 R0+8+4=

0x3010000E 开始的一个字，即 R4＝0x40003930，最后一条指令把 R3 中的内容 0x30324711
存储到 R0＝0x30100002 开始的四个单元，将 R4 中的内容 0x40003930 存入 R0＋4＝
0x30100005 开始的区域，内存变化如表 3.16 所示，变化的是 0x36363638～0x3636363F 中的
内容。

表 3.16　存储器中的变化

地址	原数据	现数据	地址	原数据	现数据
⋮	⋮	⋮	0x30100006	0x2A	0x30
0x30100002	0x08	0x11	0x30100007	0x00	0x39
0x30100003	0x36	0x47	0x30100008	0x31	0x00
0x30100004	0x75	0x32	0x30100009	0xA6	0x40
0x30100005	0x39	0x30			

3.5.4　中断相关指令

Thumb 与 Thumb-2 的中断相关指令一样，有 SVC、BKPT、CPSID、CPSIE 以及 WFE
和 WFI。

3.6　ARM 处理器支持的伪指令

前面介绍的指令是可以执行的指令，称为指令性指令。还有一类称伪指令，这里的伪指令
由汇编器转换为相应的指令来执行。

ARM 处理器支持的伪指令有 ADR（将程序相对偏移地址或寄存器偏移地址加载到指定
寄存器中）、LDR（将 32 位常量或一个地址加载到指定寄存器中）和 NOP（空操作）三类。

1. ADR

格式：ADR{cond} Rd,expr

用途：ADR 指令用于相对偏移地址加载到通用寄存器中。

【例 3.34】

```
Mloop  MOV R1,♯0x10
       ADRR0,Mloop                    ;将 Mloop 对应相对偏移地址传送到 R0 中
```

2. LDR

格式：LDR{cond} Rd, ＝[expr|lable－expr]

用途：LDR 指令用于一个 32 位常数的加载或地址的加载。

使用 LDR 伪指令有两个目的：

（1）当用 MOV 或 NMV 指令无法加载符合要求的 32 位立即数时，可用此伪指令加载 32
位操作数据到寄存器。因为 MOV 或 NMV 指令加载的 32 位数据只能是 8 位立即数通过移
位的方式得到的，所以不能加载任意 32 位常数，如 0x12345678 这样的操作数不能用 MOV 指
令完成。

（2）当需要程序相对偏移地址或外部地址加载到寄存器时可使用 LDR 伪指令。

【例 3.35】

```
      LDR R1, = 0x96000000          ;R1 = 0x86000000
Mloop  LDR R2,♯0xABCDEF98          ;R2 = 0xABCDEF98
      LDR R3, = Mloop              ;将 Mloop 对应地址传送到 R3 中
```

3. NOP

格式：NOP

用途：产生所需的 ARM 无操作代码，用于简单延时，与 MOV Rd,Rd 等效。

【例 3.36】

```
      LDR R7, = 0x1000
LOOPM  NOP                          ;作为延时主体
      SUBS R7,R7,♯1
      BNZ LOOPM
```

3.7 ARM 汇编语言程序设计

3.7.1 ARM 汇编语言的语句格式

ARM(Thumb)汇编语言的语句格式为

{标号}{指令或伪指令}{;注释}

在汇编语言程序设计中，每一条指令的助记符可以全部用大写或全部用小写，但不允许在一条指令中大、小写混用。另外，如果一条语句太长，可将该长语句分为若干行来书写，在行的末尾用"\"表示下一行与本行为同一条语句。

3.7.2 在汇编语言程序中常用的符号

在汇编语言程序设计中，经常使用各种符号代替地址、变量和常量等，以增加程序的可读性。尽管符号的命名由编程者决定，但并不是任意的，必须遵循以下约定。

(1) 符号区分大小写，同名的大小写符号会被编译器认为是两个不同的符号。

(2) 符号在其作用范围内必须唯一。

(3) 自定义的符号名不能与系统的保留字相同。

(4) 符号名不应与指令或伪指令同名。

1. 程序中的变量

程序中的变量是指其值在程序的运行过程中可以改变的量。ARM(Thumb)汇编程序所支持的变量有数字变量、逻辑变量和字符串变量。

数字变量用于在程序的运行中保存数字值，但需注意数字值的大小不应超出数字变量所能表示的范围。

逻辑变量用于在程序的运行中保存逻辑值，逻辑值只有两种取值情况：真或假。

字符串变量用于在程序的运行中保存一个字符串，但注意字符串的长度不应超出字符串变量所能表示的范围。

在 ARM(Thumb)汇编语言程序设计中，可使用 GBLA、GBLL、GBLS 伪指令声明全局变量，使用 LCLA、LCLL、LCLS 伪指令声明局部变量，并可使用 SETA、SETL 和 SETS 对其进行初始化。

2．程序中的常量

程序中的常量是指其值在程序的运行过程中不能被改变的量。ARM(Thumb)汇编程序所支持的常量有数字常量、逻辑常量和字符串常量。

数字常量一般为 32 位的整数，当作为无符号数时，其取值范围为 $0 \sim 2^{32}-1$；当作为有符号数时，其取值范围为 $-2^{31} \sim 2^{31}-1$。

逻辑常量只有两种取值情况：真或假。

字符串常量为一个固定的字符串，一般用于程序运行时的信息提示。

3．程序中的变量代换

程序中的变量可通过代换操作取得一个常量。代换操作符为"＄"。

如果在数字变量前面有一个代换操作符"＄"，编译器会将该数字变量的值转换为十六进制的字符串，并将该十六进制的字符串代换"＄"后的数字变量。

如果在逻辑变量前面有一个代换操作符"＄"，编译器会将该逻辑变量代换为它的取值(真或假)。

如果在字符串变量前面有一个代换操作符"＄"，编译器会将该字符串变量的值代换"＄"后的字符串变量。

【例 3.37】
```
LCLS   S1                        ;定义局部字符串变量 S1 和 S2
LCLS   S2
S1     SETS   "Test!"
S2     SETS   "This is a ＄S1"   ;字符串变量 S2 的值为"This is a Test!"
```

3.7.3　汇编语言程序中的表达式和运算符

在汇编语言程序设计中，也经常使用各种表达式，表达式一般由变量、常量、运算符和括号构成。常用的表达式有数字表达式、逻辑表达式和字符串表达式，其运算次序遵循如下的优先级：

(1) 优先级相同的双目运算符的运算顺序为从左到右。

(2) 相邻的单目运算符的运算顺序为从右到左，且单目运算符的优先级高于其他运算符。

(3) 括号运算符的优先级最高。

1．数字表达式及运算符

数字表达式一般由数字常量、数字变量、数字运算符和括号构成。与数字表达式相关的运算符如下。

(1) "＋""－""×""/" 及"MOD"算术运算符

以上算术运算符分别代表加、减、乘、除和取余数运算。例如，以 X 和 Y 表示两个数字表达式，则

X＋Y	表示 X 与 Y 的和。
X－Y	表示 X 与 Y 的差。
X×Y	表示 X 与 Y 的乘积。
X/Y	表示 X 除以 Y 的商。
X:MOD:Y	表示 X 除以 Y 的余数。

(2) "ROL""ROR""SHL" 及"SHR"移位运算符

以 X 和 Y 表示两个数字表达式，以上移位运算符代表的运算如下：

X:ROL:Y   表示将 X 循环左移 Y 位。

X:ROR:Y   表示将 X 循环右移 Y 位。

X:SHL:Y   表示将 X 左移 Y 位。

X:SHR:Y   表示将 X 右移 Y 位。

（3）"AND""OR""NOT"及"EOR"按位逻辑运算符

以 X 和 Y 表示两个数字表达式，以上按位逻辑运算符代表的运算如下：

X:AND:Y   表示将 X 和 Y 按位作逻辑与的操作。

X:OR:Y   表示将 X 和 Y 按位作逻辑或的操作。

:NOT:Y   表示将 Y 按位作逻辑非的操作。

X:EOR:Y   表示将 X 和 Y 按位作逻辑异或的操作。

2. 逻辑表达式及运算符

逻辑表达式一般由逻辑量、逻辑运算符和括号构成，其表达式的运算结果为真或假。与逻辑表达式相关的运算符如下。

（1）"＝"">""＜"">＝""＜＝ ""/＝"" ＜＞"运算符

以 X 和 Y 表示两个逻辑表达式，以上运算符代表的运算如下：

X＝Y   表示 X 等于 Y。

X＞Y   表示 X 大于 Y。

X＜Y   表示 X 小于 Y。

X＞＝Y   表示 X 大于等于 Y。

X＜＝Y   表示 X 小于等于 Y。

X/＝Y   表示 X 不等于 Y。

X＜＞Y   表示 X 不等于 Y。

（2）"LAND""LOR""LNOT"及"LEOR"运算符

以 X 和 Y 表示两个逻辑表达式，以上逻辑运算符代表的运算如下：

X:LAND:Y   表示将 X 和 Y 作逻辑与的操作。

X:LOR:Y   表示将 X 和 Y 作逻辑或的操作。

:LNOT:Y   表示将 Y 作逻辑非的操作。

X:LEOR:Y   表示将 X 和 Y 作逻辑异或的操作。

3. 字符串表达式及运算符

字符串表达式一般由字符串常量、字符串变量、运算符和括号构成。编译器所支持的字符串最大长度为 512 字节。常用的与字符串表达式相关的运算符如下。

（1）LEN 运算符

LEN 运算符返回字符串的长度（字符数），以 X 表示字符串表达式，其语法格式如下：

:LEN:X

（2）CHR 运算符

CHR 运算符将 0～255 之间的整数转换为一个字符，以 M 表示某一个整数，其语法格式如下：

:CHR:M

（3）STR 运算符

STR 运算符将一个数字表达式或逻辑表达式转换为一个字符串。对于数字表达式，STR

运算符将其转换为一个以十六进制组成的字符串;对于逻辑表达式,STR 运算符将其转换为字符串 T 或 F,其语法格式如下:

```
:STR:X
```

其中,X 为一个数字表达式或逻辑表达式。

（4）LEFT 运算符

LEFT 运算符返回某个字符串左端的一个子串,其语法格式如下:

```
X:LEFT:Y
```

其中,X 为源字符串,Y 为一个整数,表示要返回的字符个数。

（5）RIGHT 运算符

与 LEFT 运算符相对应,RIGHT 运算符返回某个字符串右端的一个子串,其语法格式如下:

```
X:RIGHT:Y
```

其中,X 为源字符串,Y 为一个整数,表示要返回的字符个数。

（6）CC 运算符

CC 运算符用于将两个字符串连接成一个字符串,其语法格式如下:

```
X:CC:Y
```

其中,X 为源字符串 1,Y 为源字符串 2,CC 运算符将 Y 连接到 X 的后面。

4. 与寄存器和程序计数器(PC)相关的表达式及运算符

常用的与寄存器和程序计数器相关的表达式及运算符如下。

（1）BASE 运算符

BASE 运算符返回基于寄存器的表达式中寄存器的编号,其语法格式如下:

```
:BASE:X
```

其中,X 为与寄存器相关的表达式。

（2）INDEX 运算符

INDEX 运算符返回基于寄存器的表达式中相对于其基址寄存器的偏移量,其语法格式如下:

```
:INDEX:X
```

其中,X 为与寄存器相关的表达式。

5. 其他常用运算符

（1）? 运算符

? 运算符返回某代码行所生成的可执行代码的长度,例如:

```
? X
```

返回定义符号 X 的代码行所生成的可执行代码的字节数。

（2）DEF 运算符

DEF 运算符判断是否定义某个符号,例如:

```
:DEF:X
```

如果符号 X 已经定义,则结果为真,否则为假。

3.7.4 ARM 汇编器所支持的伪指令

在 ARM 汇编语言程序里,有一些特殊指令助记符,这些助记符与指令系统的助记符不同,没有相对应的操作码,通常称这些特殊指令助记符为伪指令,它们所完成的操作称为伪操作。伪指令在源程序中的作用是为完成汇编程序作各种准备工作的,这些伪指令仅在汇编过程中起作用,一旦汇编结束,伪指令的使命就完成。

伪指令一般与编译程序有关,因此 ARM 汇编语言的伪指令在不同的编译环境下有不同的编写形式和规则。目前世界上有几十家公司提供不同类型的 ARM 开发工具和产品。本节主要介绍 MDK-ARM 开发环境下的伪指令。主要包括符号定义伪指令、数据定义伪指令、汇编控制伪指令以及其他伪指令,如表 3.17 所示。

表 3.17　汇编器支持的伪指令

类型	格式	功能描述
符号定义伪指令	GBLA 全局变量名	定义一个全局数值变量,并初始化为 0
	GBLL 全局变量名	定义一个全局逻辑变量,并初始化为 F
	GBLS 全局变量名	定义一个全局字符变量,并初始化为空
	LCLA 局部变量名	定义一个局部数据变量,并初始化为 0
	LCLL 局部变量名	定义一个局部逻辑变量,并初始化为 F
	LCLS 局部变量名	定义一个局部字符变量,并初始化为空
	变量名 SETA 表达式	给一个数值变量赋值
	变量名 SETL 表达式	给一个逻辑变量赋值
	变量名 SETS 表达式	给一个字符变量赋值
	名称 RLIST〔寄存器列表〕	对一个通用寄存器列表定义名称
数据定义伪指令	标号 DCB 表达式	分配一片连续的字节存储单元并对数据初始化
	标号 DCW 表达式	分配一片连续的半字(2 字节)存储单元并对数据初始化
	标号 DCD 表达式	分配一片连续的字节(4 字节)存储单元并对数据初始化
	标号 DCQ 表达式	分配一片连续的双字节(8 字节)存储单元并对数据初始化
	标号 SPACE 表达式	分配一片连续的存储区域并将初始化表达式为 0

汇编控制伪指令	IF 逻辑表达式
	　　指令序列 1
	ELSE
	　　指令序列 2
	ENDIF
		有条件的按照符合逻辑表达式条件汇编指定的指令序列 1,不满足条件,则执行指令序列 2

	WHILE 逻辑表达式 　　指令序列 WEND	如果满足逻辑表达式条件,则执行指令序列,否则不执行指令序列
其他伪指令	AREA 段名,属性1,属性2…	定义一个段,如代码段或数据段
	CODE 属性	定义一个代码段,默认只读 READONLY
	DATA 属性	定义一个数据码,可读写 READWRITE
	READONLY 属性	只读
	READWRITE 属性	读写
	ALLGN 属性	对齐方式,按照 2^{ALLGN} 字节对齐 ALLGN＝3,8 字节对齐
	NOINIT 属性	未初始化
	COMMO 属性	通用段属性
	CODE16	指示以下指令为 16 位 Thumb 指令代码
	CODE32	指示以下指令为 32 位 ARM 指令代码
	ENTRY	汇编语言程序入口

类型	格式	功能描述
	END	汇编语言程序结束
	名称 EQU 表达式[,类型]	等于伪指令
其他 伪指令	EXPORT 标号	全局标号声明伪指令
	IMPORT 标号	引入一个标号伪指令
	EXTERN 标号	外部标号引用声明伪指令

3.7.5 ARM 汇编语言的程序结构

在 ARM(Thumb)汇编语言程序中,以程序段为单位组织代码。段是相对独立的指令或数据序列,具有特定的名称。段可以分为代码段和数据段,代码段的内容为执行代码,数据段存放代码运行时需要用到的数据。一个汇编程序至少应该有一个代码段,当程序较长时,可以分割为多个代码段和数据段,多个段在程序编译链接时最终形成一个可执行的映像文件。

可执行映像文件通常由以下几部分构成:

(1) 一个或多个代码段,代码段的属性为只读。

(2) 零个或多个包含初始化数据的数据段,数据段的属性为可读写。

(3) 零个或多个不包含初始化数据的数据段,数据段的属性为可读写。

链接器根据系统默认或用户设定的规则,将各个段安排在存储器中的相应位置。因此源程序中段之间的相对位置与可执行的映像文件中段的相对位置一般不会相同。

以下是一个汇编语言源程序的基本结构:

```
        AREA    Init,CODE,READONLY
        ENTRY
Start
        LDR     R0, = 0x3FF5000
        MOV     R1, ♯0xFF            ;或 LDR R1, = 0xFF
        STR     R1,[R0]
        LDR     R0, = 0x3FF5008
        MOV     R1, ♯0x01            ;或 LDR R1, = 0x01
        STR     R1,[R0]
        ……
Handler1 PROC                        ;子程序名 Handler1
        ⋮                           ;子程序主体
        ENDP                         ;子程序结束
        END                          ;整个汇编语言程序结束
```

在汇编语言程序中,用 AREA 伪指令定义一个段,并说明所定义段的相关属性,本例定义一个名为 Init 的代码段,属性为只读。ENTRY 伪指令标识程序的入口点,接下来为指令序列,程序的末尾为 END 伪指令,该伪指令告诉编译器源文件的结束,每一个汇编程序段都必须有一条 END 伪指令,指示代码段的结束。

在 ARM 汇编语言程序中,子程序的调用一般是通过 BL 指令来实现的。在程序中,使用指令:

```
BL    子程序名
```

即可完成子程序的调用。

该指令在执行时完成如下操作:将子程序的返回地址存放在连接寄存器 LR 中,同时将程序计数器 PC 指向子程序的入口点,当子程序执行完毕需要返回调用处时,只需要将存放在 LR 中的返回地址重新拷贝给程序计数器 PC 即可。在调用子程序的同时,也可以完成参数的传递和从子程序返回运算的结果,通常可以使用寄存器 R0~R3 完成。

图 3.2 给出了使用汇编指令 BL 调用子程序的过程,描述如下。

程序节点①:程序 A 执行过程中用 BL 调用以 Lable 为标号的子程序 B。

程序节点②:程序跳转至标号 Lable,执行程序 B。同时硬件将"BL Lable"指令的下一条指令所在地址(即地址 A)存入 LR。

程序节点③:程序 B 执行完后,将 LR 寄存器的内容放入 PC,返回到程序 A 的地址 A 处继续向下执行。

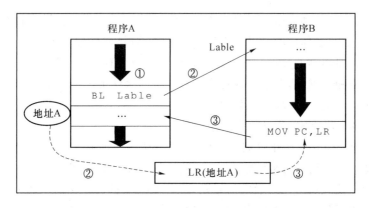

图 3.2　BL 调用子程序过程

3.8　CMSIS 及其规范

如果直接对微控制器寄存器进行访问,必须知道它的地址及寄存器详细格式,再用汇编语言进行相关存储或加载的操作来完成。这对于初学者或习惯使用 C 语言的开发者来说,有一定难度,自从 ARM Cortex-M 系列内核推出以后,访问寄存器就非常直观,因为 ARM Cortex-M 处理器封装了所有可操作的寄存器形成可直接访问的函数,这就是一种软件接口,即 CMSIS。

CMSIS(Cortex Microcontroller Software Interface Standard)是 ARM Cortex™微控制器软件接口标准,它是 Cortex-M 处理器系列与供应商无关的硬件抽象层 HAL。使用 CMSIS,可以为处理器和外设实现一致且简单的软件接口,从而简化软件的重用、缩短微控制器新开发人员的学习过程,并缩短新产品上市时间。

3.8.1　CMSIS 软件结构及层次

ARM 联手 Atmel、IAR、KEIL、LuminaryMicro、Micrium、NXP、SEGGER 和 ST 等诸多芯片和软件工具厂商合作,将所有 Cortex 芯片厂商产品的软件接口标准化,制定了 CMSIS 标准。CMSIS 提供了内核与外设、实时操作系统和中间设备之间的通用接口。

1. 基于 CMSIS 应用程序的软件层次

CMSIS 可以分为多个软件层次,分别由 ARM 公司、芯片供应商提供,其结构层次如图 3.3 所示。

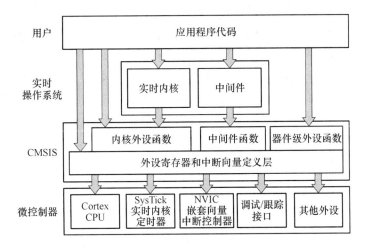

图 3.3　基于 CMSIS 应用程序的基本结构

从图 3.3 中可以看到，基于 CMSIS 标准的软件架构主要分为以下四层：用户应用层、操作系统层、CMSIS 层以及微控制器硬件寄存器层。其中 CMSIS 层起着承上启下的作用，一方面该层对硬件寄存器层进行了统一的实现，屏蔽了不同厂商对 Cortex-M 系列微处理器核内外设寄存器的不同定义；另一方面又向上层的操作系统和应用层提供接口，简化了应用程序开发的难度，使开发人员能够在完全透明的情况下进行一些应用程序的开发。也正是如此，CMSIS 层的实现也相对复杂，下面将对 CMSIS 层次结构进行简要分析。

CMSIS 层次主要分为以下 3 个部分。

(1) 内核外设访问层（Core Peripheral Access Layer，CPAL）

该层由 ARM 负责实现。包括对寄存器名称、地址的定义，对核寄存器、NVIC、调试子系统的访问接口定义以及对特殊用途寄存器的访问接口（例如 CONTROL，xPSR）定义。由于对特殊寄存器的访问以内联方式定义，所以针对不同的编译器 ARM 统一用 __INLINE 来屏蔽差异。该层定义的接口函数均是可重入的。

(2) 中间件访问层（Middleware Access Layer，MWAL）

该层定义了访问中间件的一些通用 API 函数，该层也由 ARM 公司负责，但芯片厂家也要根据自己器件的设备特性更新。

(3) 片上外设访问层（Device Peripheral Access Layer，DPAL）

该层由芯片厂商负责实现。该层的实现与 CPAL 类似，负责对硬件寄存器地址以及外设访问接口进行定义。该层可调用 CPAL 层提供的接口函数，同时根据设备特性对异常向量表进行扩展，以处理相应外设的中断请求。

对于一个 Cortex-M 微控制器而言，有了 CMSIS 函数标准就意味着：

- 定义了访问外设寄存器和异常向量的通用方法；
- 定义了核内外设的寄存器名称和核异常向量的名称；
- 为 RTOS 核定义了与设备独立的接口，包括 Debug 通道。

芯片厂商就能专注于产品外设特性的差异化设计，并且消除他们对微控制器进行编程时需要维持不同的、互相不兼容的标准需求，从而降低了开发成本。

2. CMSIS 包含的组件

(1) 外围寄存器和中断定义：适用于设备寄存器和中断的一致接口。

（2）内核外设函数：特定处理器功能和内核外设的访问函数。

（3）DSP库：优化的信号处理算法，并为 SIMD 指令提供 Cortex-M4 支持。

（4）系统视图说明：描述设备外设和中断的 XML 文件。

该标准完全可扩展，可确保其适合于所有 Cortex-M 处理器系列微控制器，从最小的 8 KB 设备到具有复杂通信外设（如以太网或 USB）的设备。内核外设函数的内存要求少于 1 KB 代码，少于 10 字节 RAM。

3.8.2　CMSIS 代码规范

1. 基本规范
- CMSIS 的 C 代码遵照 MISRA2004 规则。
- 使用标准 ANSIC 头文件＜stdint.h＞中定义的标准数据类型。
- 由 #define 定义的包含表达式的常数必须用括号括起来。
- 变量和参数必须有完全的数据类型。
- CPAL 层的函数必须是可重入的。
- CPAL 层的函数不能有阻塞代码，也就是说等待、查询等循环必须在其他的软件层中。
- 定义每个异常/中断的处理函数：每个异常处理函数的后缀是_IRQHandler，每个中断处理器函数的后缀是_IRQHandler。如看门狗中断处理函数为 WDT_IRQHandler 等。
- 默认的异常中断处理器函数（弱定义）包含一个无限循环。
- 用 #define 将中断号定义为后缀为_IRQn 的名称。

2. 推荐规范
- 定义核寄存器、外设寄存器和 CPU 指令名称时使用大写。
- 定义外设访问函数、中断函数名称时首字母大写。
- 对于某个外设相应的函数，一般用该外设名称作为其前缀。
- 按照 Doxygen 规范撰写函数的注释，注释使用 C90 风格（/＊注释＊/）或者 C++风格（//注释），函数的注释应包含以下内容：一行函数简介、参数的详细解释、返回值的详细解释、函数功能的详细描述。

3. 数据类型及 IO 类型限定符

HAL 层使用标准 ANSIC 头文件 stdint.h 定义的数据类型。IO 类型限定符用于指定外设寄存器的访问限制，定义如表 3.18 所示。

表 3.18　IO 类型限定符

IO 类型限定符	#define	描述	IO 类型限定符	#define	描述
__I	Volatile const	只读	__IO	Volatile	读写
__O	Volatile	只写			

4. Cortex 内核定义

对于 CortexM0 处理器，在头文件 core_cm0.h 中定义：

#define__CORTEX_M(0x00)

对于 CortexM3 处理器，在头文件 core_cm3.h 中定义：

#define__CORTEX_M(0x03)

5. 工具链

CMSIS 支持目前嵌入式开发的三大主流工具链：ARM ReakView(armcc)、IAR EWARM

(iccarm)以及 GNU 工具链(gcc)。

通过在 core_cm0.c 和 core_cm3.c 中的如下定义,来屏蔽一些编译器内置关键字的差异。

```
/* define compiler specific symbols */
#if  defined(__CC_ARM)
    #define  __ASM__asm                /* 基于 ARM 编译器的 ARM 关键字 */
    #define  __INLINE__inline          /* 基于 ARM 编译器 INLINE 关键字 */
#elif  defined(__ICCARM__)
    #define__ASM__asm                  /* 基于 IAR 编译器的 ARM 关键字 */
    #define__INLINE__inline            /* 基于 ARM 编译器的 INLINE 关键字 */
#elifdefined(__GNUC__)
    #define__ASM__asm                  /* 基于 GNU 编译器的 ARM 关键字 */
    #define__INLINE__inline            /* 基于 GNU 编译器的 INLINE 关键字 */
#elif  defined(__TASKING__)
    #define  __ASM__asm                /* 基于 TASKING 编译器的 ARM 关键字 */
    #define  __INLINE__inline          /* 基于 TASKING 编译器的 INLINE 关键字 */
#endif
```

这样 CPAL 中的功能函数就可以被定义成静态内联类型(static__INLINE),以实现编译优化。

3.8.3　CMSIS 文件结构

CMSIS 文件结构如图 3.4 所示,由内核外设访问层文件(core_cm0.h/core_cm3.h)、内核相关的内部函数(core_cm0.c/core_cm3.c)、中断号及外设寄存器定义(system_device.h)、系统函数(system_device.c)、片上外设访问层及额外的访问函数以及启动代码文件等构成。

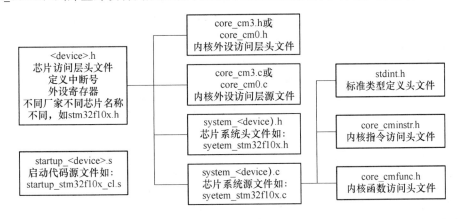

图 3.4　CMSIS 文件结构

1. Cortex-M 内核及其设备访问层 CPAL 文件

这里 x 可为 0(代表 0:Cortex-M0 或 3:Cortex-M3)。core_cm0.h 和 core_cm0.c 这两个文件是实现 Cortex-M0 处理器 CMSIS 标准的内核外设访问层 CPAL,core_cm3.h 和 core_cm3.c 这两个文件是实现 Cortex-M3 处理器 CMSIS 标准的 CPAL 层。

头文件 core_cmx.h 定义了 Cortex-M0/M3 核内外设的数据结构及其地址映射,它也提供一些访问 Cortex-M0/M3 核内寄存器及外设的函数,这些函数定义为静态内联。c 文件 core_cmx.c 定义了一些访问 Cortex-M0/M3 核内寄存器的函数,例如对 xPSR、MSP、PSP 等寄存器的访问;另外还将一些汇编语言指令也定义为函数。

两个文件结合起来的主要功能:

- 访问 Cortex-M0/M3 内核及其设备：NVIC、SysTick 等。
- 访问 Cortex-M0/M3 的 CPU 寄存器和内核外设的函数。

2. Cortex-M 微控制器片上外设访问层 DPAL 文件

（1）device.h

device.h 由芯片厂商提供，是工程中 C 源程序的主要包含文件。其中"device"是指处理器型号，例如 nano1xx 系列 Cortex-M0 微控制器的头文件为 nano1xx.h，STM32F10x 系列 Cortex-M3 微控制器对应的头文件是 stm32f10x.h，LPC700 系列的为 lpc17xx.h。

DPAL 层提供所有处理器片上外设的定义，包含数据结构和片上外设的地址映射。一般数据结构的名称定义为"处理器或厂商缩写_外设缩写_TypeDef"，也有些厂家定义的数据结构名称为"外设缩写_TypeDef"。

device.h 所包括的主要信息如下。

① 中断号的定义

提供所有内核及处理器定义的所有中断及异常的中断号。

【例3.38】 对于 stm32f10x.h 定义的中断号（参见第2章2.7.2节表2.4和表2.5）如下：

```
typedef enum IRQn
{
/******   Cortex-M3 Processor Exceptions Numbers **************************************** /
    NonMaskableInt_IRQn     = -14,   /*! < 2 Non Maskable Interrupt                      */
    MemoryManagement_IRQn   = -12,   /*! < 4 Cortex-M3 Memory Management Interrupt       */
    BusFault_IRQn           = -11,   /*! < 5 Cortex-M3 Bus Fault Interrupt               */
    UsageFault_IRQn         = -10,   /*! < 6 Cortex-M3 Usage Fault Interrupt             */
    SVCall_IRQn             = -5,    /*! < 11 Cortex-M3 SV Call Interrupt                */
    DebugMonitor_IRQn       = -4,    /*! < 12 Cortex-M3 Debug Monitor Interrupt          */
    PendSV_IRQn             = -2,    /*! < 14 Cortex-M3 Pend SV Interrupt                */
    SysTick_IRQn            = -1,    /*! < 15 Cortex-M3 System Tick Interrupt            */

/******   STM32 specific Interrupt Numbers ********************************************* /
    WWDG_IRQn               = 0,     /*! < Window WatchDog Interrupt                     */
    PVD_IRQn                = 1,     /*! < PVD through EXTI Line detection Interrupt     */
    TAMPER_IRQn             = 2,     /*! < Tamper Interrupt                              */
    RTC_IRQn                = 3,     /*! < RTC global Interrupt                          */
    FLASH_IRQn              = 4,     /*! < FLASH global Interrupt                        */
    RCC_IRQn                = 5,     /*! < RCC global Interrupt                          */
    EXTI0_IRQn              = 6,     /*! < EXTI Line0 Interrupt                          */
    EXTI1_IRQn              = 7,     /*! < EXTI Line1 Interrupt                          */
    EXTI2_IRQn              = 8,     /*! < EXTI Line2 Interrupt                          */
    EXTI3_IRQn              = 9,     /*! < EXTI Line3 Interrupt                          */
    EXTI4_IRQn              = 10,    /*! < EXTI Line4 Interrupt                          */
    DMA1_Channel1_IRQn      = 11,    /*! < DMA1 Channel 1 global Interrupt               */
    DMA1_Channel2_IRQn      = 12,    /*! < DMA1 Channel 2 global Interrupt               */
    DMA1_Channel3_IRQn      = 13,    /*! < DMA1 Channel 3 global Interrupt               */
    DMA1_Channel4_IRQn      = 14,    /*! < DMA1 Channel 4 global Interrupt               */
    DMA1_Channel5_IRQn      = 15,    /*! < DMA1 Channel 5 global Interrupt               */
    DMA1_Channel6_IRQn      = 16,    /*! < DMA1 Channel 6 global Interrupt               */
    DMA1_Channel7_IRQn      = 17,    /*! < DMA1 Channel 7 global Interrupt               */
    ADC1_2_IRQn             = 18,    /*! < ADC1 and ADC2 global Interrupt                */
    CAN1_TX_IRQn            = 19,    /*! < USB Device High Priority or CAN1 TX Interrupts */
    CAN1_RX0_IRQn           = 20,    /*! < USB Device Low Priority or CAN1 RX0 Interrupts */
    CAN1_RX1_IRQn           = 21,    /*! < CAN1 RX1 Interrupt                            */
```

```
CAN1_SCE_IRQn        = 22,    /*! < CAN1 SCE Interrupt                           */
EXTI9_5_IRQn         = 23,    /*! < External Line[9:5] Interrupts                */
TIM1_BRK_IRQn        = 24,    /*! < TIM1 Break Interrupt                         */
TIM1_UP_IRQn         = 25,    /*! < TIM1 Update Interrupt                        */
TIM1_TRG_COM_IRQn    = 26,    /*! < TIM1 Trigger and Commutation Interrupt       */
TIM1_CC_IRQn         = 27,    /*! < TIM1 Capture Compare Interrupt               */
TIM2_IRQn            = 28,    /*! < TIM2 global Interrupt                        */
TIM3_IRQn            = 29,    /*! < TIM3 global Interrupt                        */
TIM4_IRQn            = 30,    /*! < TIM4 global Interrupt                        */
I2C1_EV_IRQn         = 31,    /*! < I2C1 Event Interrupt                         */
I2C1_ER_IRQn         = 32,    /*! < I2C1 Error Interrupt                         */
I2C2_EV_IRQn         = 33,    /*! < I2C2 Event Interrupt                         */
I2C2_ER_IRQn         = 34,    /*! < I2C2 Error Interrupt                         */
SPI1_IRQn            = 35,    /*! < SPI1 global Interrupt                        */
SPI2_IRQn            = 36,    /*! < SPI2 global Interrupt                        */
USART1_IRQn          = 37,    /*! < USART1 global Interrupt                      */
USART2_IRQn          = 38,    /*! < USART2 global Interrupt                      */
USART3_IRQn          = 39,    /*! < USART3 global Interrupt                      */
EXTI15_10_IRQn       = 40,    /*! < External Line[15:10] Interrupts              */
RTCAlarm_IRQn        = 41,    /*! < RTC Alarm through EXTI Line Interrupt         */
OTG_FS_WKUP_IRQn     = 42,    /*! < USB OTG FS WakeUp from suspend through EXTI Line Inter-
                                    rupt  */
TIM5_IRQn            = 50,    /*! < TIM5 global Interrupt                        */
SPI3_IRQn            = 51,    /*! < SPI3 global Interrupt                        */
UART4_IRQn           = 52,    /*! < UART4 global Interrupt                       */
UART5_IRQn           = 53,    /*! < UART5 global Interrupt                       */
TIM6_IRQn            = 54,    /*! < TIM6 global Interrupt                        */
TIM7_IRQn            = 55,    /*! < TIM7 global Interrupt                        */
DMA2_Channel1_IRQn   = 56,    /*! < DMA2 Channel 1 global Interrupt              */
DMA2_Channel2_IRQn   = 57,    /*! < DMA2 Channel 2 global Interrupt              */
DMA2_Channel3_IRQn   = 58,    /*! < DMA2 Channel 3 global Interrupt              */
DMA2_Channel4_IRQn   = 59,    /*! < DMA2 Channel 4 global Interrupt              */
DMA2_Channel5_IRQn   = 60,    /*! < DMA2 Channel 5 global Interrupt              */
ETH_IRQn             = 61,    /*! < Ethernet global Interrupt                    */
ETH_WKUP_IRQn        = 62,    /*! < Ethernet Wakeup through EXTI line Interrupt   */
CAN2_TX_IRQn         = 63,    /*! < CAN2 TX Interrupt                            */
CAN2_RX0_IRQn        = 64,    /*! < CAN2 RX0 Interrupt                           */
CAN2_RX1_IRQn        = 65,    /*! < CAN2 RX1 Interrupt                           */
CAN2_SCE_IRQn        = 66,    /*! < CAN2 SCE Interrupt                           */
OTG_FS_IRQn          = 67,    /*! < USB OTG FS global Interrupt                  */
} IRQn_Type;
```

② 厂商实现处理器时 Cortex-M 核的配置

Cortex-M 处理器在具体实现时,有些部件是可选,有些参数是可以设置的,例如 MPU、NVIC 优先级位等。在 device.h 中包含头文件 core_cm0.h/core_cm3.h 的预处理命令之前,需要先根据处理器的具体实现对表 3.19 所示参数进行设置。

表 3.19　实现处理器时 Cortex-M 核的配置

#define	文件	值	描　　述
__NVIC_PRIO_BITS	core_cm0.h	2	实现 NVIC 时优先级位的位数
__NVIC_PRIO_BITS	core_cm3.h	2~8	实现 NVIC 时优先级位的位数

#define	文件	值	描 述
__MPU_PRESENT	core_cm0. h/core_cm3. h	0,1	是否实现 MPU
__Vendor_SysTickConfig	core_cm0. h/core_cm3. h	1	定义为 1,则 core_cm0. h/core_cm3. h 中的 SysTickConfig 函数被排除在外;这种情况下厂商必须在 devic. h 中实现该函数

(2) system_device. h 和 system_device. c

system_device. h 和 system_device. c 文件是由 ARM 提供模板,各芯片厂商根据自己芯片的特性来实现。一般是提供处理器的系统初始化配置函数,以及包含系统时钟频率的全局变量。按 CMSIS 标准的最低要求,system_＜device＞. c 中必须定义 SysGet_HCLKFreq 或SetSysClock 和 SystemCoreClockUpdate 两个函数,还要有一个全局变量 SystemCoreClock。system_device. c 中的函数 SystemInit 用来初始化微控制器。这两个文件对于 STM32F10x系列名为 system_stm32f10x. h 和 system_stm32f10x. c。

3. 编译器供应商＋微控制器专用启动文件

汇编文件 startup_device. s 是在 ARM 提供的启动文件模板基础上,由各芯片厂商各自修订而成的,它主要有三个功能。

① 配置并初始化堆栈。

② 设置中断向量表及相应的中断处理函数。

③ 将程序引导至__main()函数,完成 C 库函数初始化并最终引导到应用程序的 main()函数去。

典型的启动文件详见 5. 3. 3 节。

4. Cortex-M 某些特殊功能寄存器访问对应的 CMSIS 函数

有些特殊功能寄存器如控制寄存器 CONTRL、主栈指针及线程堆栈指针 MSP 和 PSP 等对应的 CMSIS 函数如表 3. 20 所示。

表 3. 20　特殊功能寄存器对应的 CMSIS 函数

特殊功能寄存器	访问	CMSIS 函数
PRIMASK	读	uint32_t __get_PRIMASK (void)
	写	void __set_PRIMASK (uint32_t value)
FAULTMASK	读	uint32_t __get_FAULTMASK (void)
	写	void __set_FAULTMASK (uint32_t value)
BASEPRI	读	uint32_t __get_BASEPRI (void)
	写	void __set_BASEPRI (uint32_t value)
CONTROL	读	uint32_t __get_CONTROL (void)
	写	void __set_CONTROL (uint32_t value)
MSP	读	uint32_t __get_MSP (void)
	写	void __set_MSP (uint32_t TopOfMainStack)
PSP	读	uint32_t __get_PSP (void)
	写	void __set_PSP (uint32_t TopOfProcStack)

5. STM32F10x 基于 CMSIS 的固件函数库

基于 CMSIS 标准的 STM32F10x 微控制器的固件函数库包括三个文件夹,即 Example、Library 以及 Project。其中 Example 对应每一个 STM32 外设,都包含一个子文件夹。这些子文件夹包含了整套文件,组成典型的例子,来示范如何使用对应外设;文件夹 Library 包含组成固件函数库核心的所有子文件夹和文件;文件夹 Project 包含了一个标准的程序项目模板,包括库文件的编译和所有用户可修改的文件,可用以建立新的工程。

每一个外设都有一个对应的源文件:stm32f10x_ppp.c 和一个对应的头文件:stm32f10x_ppp.h。文件 stm32f10x_ppp.c 包含了使用外设 PPP 所需的所有固件函数,提供所有外设一个存储器映像文件 stm32f10x_map.h。它包含了所有寄存器的声明,既可以用于 Debug 模式也可以用于 Release 模式。头文件 stm32f10x_lib.h 包含了所有外设头文件的头文件。它是唯一一个用户需要包括在自己应用中的文件,起到应用和库之间界面的作用。文件 stm32f10x_conf.h 是唯一一个需要由用户修改的文件。它作为应用和库之间的界面,指定了一系列参数。

片上所有硬件组件,包括时钟配置,模拟组件中的 ADC、DAC,定时计数组件中的 TIM1 到 TIM8 以及 SysTick、互连通信组件 USART、I^2C、SPI、CAN、Ethernet、GPIO 组件、时钟日历、嵌套中断控制器 NVIC、看门狗等全部有对应的函数库供用户直接使用。

3.9 Boot Loader 及启动文件

当一个微处理器最初启动时,它首先执行在一个预定地址处的指令。通常这个位置是只读存储器,存放系统初始化或引导程序。在 PC 中,它就是 BIOS。这些程序要执行低级的处理器初始化并配置其他硬件。BIOS 接着判断出哪一个磁盘包含操作系统,再把操作系统加载到 DRAM 中,并把控制权交给操作系统。嵌入式系统同样有一个引导和加载程序的问题,这就是嵌入式系统特有的 Boot Loader。

3.9.1 ARM 处理器的启动过程

ARM 处理器内部大都有片上 Flash 或片外 Flash 程序存储器,用来存储用户程序的代码,这些代码是以二进制形式存放在 Flash 中的。因此汇编语言要通过汇编程序汇编成目标文件,C 语言必须通过编译程序进行编译生成目标文件,并以二进制形式写入 Flash 程序存储器中。有些嵌入式处理器内部配有一个独立的启动 ROM,里面存放着 Boot Loader 程序,微控制器启动后,在执行 Flash 中和用户程序之前,Boot Loader 程序会首先运行,对应特定的 ARM 处理器,大部分 Boot Loader 是固定的,只有 Flash 中的应用程序是因应用的不同而不一样。

在用户程序烧写到 Flash 之后,处理器在复位后就可以执行用户程序。ARM 处理器复位流程如图 3.5 所示。

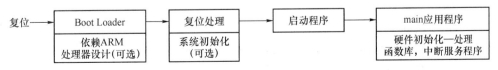

图 3.5 ARM 处理器复位后启动流程

进入复位流程,如果处理器设计了 Boot Loader,则加载 Boot Loader 程序,为复位处理做准备工作,有些处理器没有设置 Boot Loader,而直接进入复位处理。对于没有 Boot Loader 程序的微控制器,复位处理需要做类似于 Boot Loader 的工作,比如对于 ARM Cortex-M 微控制器要从 0x00000000 处取出主堆栈指针 MSP 的初始值,从 0x000004 取出复位向量,然后转入复位后的系统初始化操作等。对于 ARM 微控制器来说,这些所需信息都存放在一个叫作启动程序的程序文件中,按照 5.2 节所述 CMSIS 规范,以器件 Startup_ARM 芯片名特征.s 为文件名。这个启动文件中的复位处理还要进行系统初始化方面的工作,诸如时钟控制电路、锁相环 PLL 的初始化等,但多数情况下,系统初始化工作是在 C 程序 main() 主函数中完成的。

通常情况下,开发板供应商在提供的 BSP 中有基于 MDK-ARM 开发环境中的启动文件,并将该文件存放在示例工程项目相应的子目录下。开发者可以直接将其复制到自己项目相应目录中使用,一般不要随意修改。在新建 MDK-ARM 工程项目时也会自动将启动文件放入系统中,用户不用担心,编译时系统会自动编译该启动文件,运行时首先执行的是启动文件。

对于用 C 开发的嵌入式应用程序,可以直接编写 C 的 main() 主函数,进入主流程之前,启动程序已经开始执行,执行时已经对应用程序的变量和内存等进行了初始化。

以上处理均使用汇编语言完成,而以 main 为名的 C 程序是用 C 或 C++编写的应用程序,必须由 C 启动程序引导到 main 程序处,因此 C 启动程序的任务就是通过汇编语言的无条件转移指令将地址指向 C 应用程序的 main 入口,从而去执行 C 应用程序。

对于 ARM Cortex-M 系列微控制器,其系统启动程序由 CMSIS 规范来规定,详见基于 CMSIS 的启动文件设计部分。

启动文件用于设置全局变量之类的数据,同时加载未被初始化的内存区域。初始化完成后,启动文件中的启动代码跳转到 main() 程序处执行。

启动文件由编译器和链接器自动嵌入到程序中,并且与开发工具链相关,而只使用汇编语言编程则可不存在 C 启动文件。对于 ARM 编译器,C 启动代码被标识为"__main",如果使用 GNU C 编译器生成的代码,则用"__statrt",要特别注意的是"__"是两个纯英文状态的下划线"_"。

用 MDK-ARM 开发工具,采用汇编语言编写的基于 ARM Cortex-M3 的芯片的典型 C 启动文件中将程序指向 C 入口的代码如下所示。

```
Reset_Handler      PROC
                   EXPORT   Reset_Handler [WEAK]       ;声明一个可全局引用的标号 Reset_Handler
                   IMPORT   __main                     ;引入一个外部标号__main(C 语言入口)
                   LDR      R0, = __main
                   BX       R0                         ;转 C 程序入口 main()
                   ENDP
```

用户程序 C 语言为主导,结构如下:

(1) 以#include 开始的头文件,说明片上外设寄存器定义文件以及 C 语言库文件。

(2) 定义程序中用到的常量和变量。

(3) 各种函数,包括中断处理函数。

(4) 主函数 main()。

在无操作系统环境下的程序设计中,主函数是一个超级循环,在主循环体之前,对所有使用的硬件组件进行初始化操作,对变量初始化。在主循环体内执行不同任务。

在有操作系统的环境下,不需要超级循环。

详细的 C 程序设计中的程序结构见 4.2.3 节。

3.9.2 Boot Loader

前面已经提到启动过程中有时需要 Boot Loader，Boot Loader 从字面上就可以明白它的基本含义，即起到引导和加载的功能。类似于 PC 平台的 BIOS，具有 BIOS 中的部分功能。

嵌入式系统的 Boot Loader 是在操作系统内核或用户应用程序运行之前运行的一段小程序，这段小程序可以初始化硬件设备、建立内存空间的映射图，从而将系统的软硬件环境带到一个合适的状态，以便为嵌入式系统准备好正确的环境。

由于有的操作系统比较简单，或只有简单的应用程序，可能就不需要专门的 Boot Loader 来装载内核和文件系统，但仔细分析就会发现，它们都需要一个初始化程序来完成初始化，为后面的执行准备一个正确的环境。通常，Boot Loader 是依赖于硬件而实现的，因此不同嵌入式硬件有不同的 Boot Loader。

Boot Loader 的主要任务如图 3.6 所示。

系统的启动通常有两种方式，一种是可以直接从 Flash 启动，另一种是可以将压缩的内存程序从 Flash（为节省 Flash 资源、提高速度）中复制、解压到 RAM，再从 RAM 启动。

每种不同的处理器体系结构都有不同的 Boot Loader。有些 Boot Loader 也支持多种体系结构的处理器，比如 U-Boot 就同时支持 ARM 体系结构和 MIPS 体系结构。除了依赖处理器的体系结构外，Boot Loader 实际上也依赖于具体的嵌入式板级设备配置。这就是说，对于两块不同的嵌入式板而言，即使它们是基于同一种处理器而构建的，要想让运行在一块板子上的 Boot Loader 程序也能运行在另一块板子上，通常也都需要修改 Boot Loader 的源程序。这是很关键的代码，因为它是一些把特定的数字写入指定硬件寄存器的指令序列。

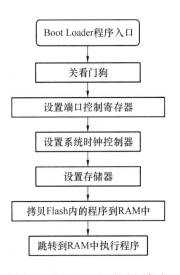

图 3.6 Boot Loader 的主要任务

系统加电复位后，所有的处理器通常都从某个处理器制造商预先安排的地址上取指令。比如，经典 ARM 处理器在复位时通常都从地址 0x00000000 取它的第一条指令，ARM Cortex-M 系列处理器复位地址为 0x00000004。基于 ARM 处理器构建的嵌入式系统通常都有某种类型的固态存储设备（比如 ROM、EEPROM 或 Flash 等）被映射到这个预先安排的地址上。因此在系统加电后，处理器将首先执行 Boot Loader 程序。

装有 Boot Loader 内核的启动参数、内核映像和根文件系统映像的固态存储设备的典型空间分配结构如图 3.7 所示。

图 3.7 存储设备典型空间分配结构

假定内核映像与根文件系统映像都被加载到 RAM 中运行，也可加载到 Flash 中运行。从操作系统的角度看，Boot Loader 的总目标就是正确地调用内核来执行。

由于 Boot Loader 的实现依赖于处理器的体系结构，因此大多数 Boot Loader 都分为两大部分，依赖于处理器体系结构的代码，比如设备初始化代码等，通常都放在第一部分中，而且通常都用汇编语言来实现，以达到短小精悍的目的。而第二部分则通常用 C 语言来实现，这样可以实现复杂的功能，而且代码会具有更好的可读性和可移植性。一般说来，第一部分通常完成的主要工作是硬件设备初始化，为加载 Boot Loader 的第二部分准备 RAM 空间，拷贝 Boot Loader 的第一部分到 RAM 空间中，设置好堆栈后跳转到第二部分的 C 程序入口点。在第二部分中的主要作用包括初始化本阶段要使用到的硬件设备，比如说串口。检测系统内存映射，将 Kernel 映像和根文件系统映像从 Flash 读到 RAM 中，并为内核设置启动参数，最后调用内核，完成 Boot Loader 的所有任务。

对于 ARM Cortex-M 系列微控制器，Boot Loader 的主要作用就是程序的加载程序和存储器重映射。Boot Loader 通常由芯片供应商预先编程或通过特定方式如通过 JTAG 接口、SWD 接口等由用户事先将供应商提供的 Boot Loader 程序写入芯片片上 Flash（有的厂家称之为 LDROM），有了 Boot Loader，用户就可以方便在系统编程 ISP 的方法下通过该 Boot Loader 程序经过 UART 串行口、SPI 或 USB 等接口下载用户应用程序到微控制器的程序存储器中。

当有 Boot Loader 时，微控制器会在系统总线上使用存储器映射切换特性即重映射，存储器映射的切换由硬件寄存器控制，Boot Loader 执行时，会设置这些硬件寄存器。系统可以有多种映射机制，一种是上电时通过地址别名被映射到存储器的开头，另一种映射就是 SRAM 块可重新映射到 0。这样由于 Flash 比 SRAM 慢，因此将 SRAM 重映射到地址 0，程序可以复制到 SRAM 区以最快速度运算，这类似于通用 PC 平台 X86 处理器的影子内存，减少 CPU 等待周期，提高系统运行效率。

3.9.3 启动文件

前面已经提到，嵌入式系统在主程序执行之前都需要执行一些初始化的过程以创造嵌入式程序运行的环境，由于核心芯片使用内存映射、内存保护等机制以及编程使用高级语言 C 或 C++语言等，都需要先创建一个适合程序运行的硬件环境。因此一个启动文件对于一个嵌入式系统来说是非常重要的。

1. 启动文件的功能

启动程序所完成的功能主要包括链接地址描述以及各种初始化的程序两大类。根据不同的应用，描述文件和初始化程序的内容以及结构和复杂程度都会不同。但是基本上，它们都必须实现以下功能。

（1）描述文件实现功能

描述文件的功能主要包括指定程序下载的地址和指定程序执行的地址。

（2）初始化程序的功能

初始化程序的功能主要包括异常向量初始化、内存环境初始化以及其他硬件初始化。

2. 典型 ARM 处理器启动文件

对于基于 Cortex-M3 的微控制器，启动程序主要是对处理器内核和硬件控制器进行编程，一般都是用汇编语言来完成的。一般通用的内容包括以下五个。

（1）初始化堆栈。

（2）设置中断向量表。

（3）初始化用户程序执行环境。

（4）改变处理器模式为 Thumb 模式。

(5) 将程序引导到 C 语言入口。

【例3.39】 以下为某 ARM 处理器启动文件中利用汇编语言伪指令定义堆栈的程序片段,试分析定义的堆栈情况。

```
Stack_Size      EQU      0x00000400                                    ;①
                AREA     STACK, NOINIT, READWRITE, ALIGN = 3           ;②
Stack_Mem       SPACE    Stack_Size                                    ;③
__initial_sp                                                          ;④
Heap_Size       EQU      0x00000200                                    ;⑤
                AREA     HEAP, NOINIT, READWRITE, ALIGN = 3            ;⑥
__heap_base                                                           ;⑦
Heap_Mem        SPACE    Heap_Size                                     ;⑧
__heap_limit                                                          ;⑨
```

分析:① 由伪指令 EQU 定义名为 Stack_Size,并赋值为 0x00000400,实际上是定义一个栈空间为 1 KB(0x00000400＝1 024＝1 K)。

② 由伪指令 AREA 定义一个段,名为 STACK 的段,属性为未初始化,可读写,且 8 字节对齐($2^{ALIGN}＝2^3＝8$)只读。

③ 由伪指令 SPACE 定义在内存中保留一个区域名为 Stack_Mem,大小为 Stack_Size(1 KB)并初始化为 0。

④ __initial_sp 被初始化为 0x00000400。

⑤ 由伪指令 EQU 定义名为 Heap _Size,并赋值为 0x00000200,实际上是定义一个堆空间为 512 字节(0x00000200＝512)

⑥ 由伪指令 AREA 定义一个段,名为 HEAP 的段,属性为未初始化,可读写,且 8 字节对齐($2^{ALIGN}＝2^3＝8$)只读。

⑦ __heap_base 对应的地址被初始化为 1K 之后的那个单元,因此地址＝0x00000400。

⑧ 由 SPACE 伪指令将名为 Head_Mem 的堆 512 字节(Heep_Size 已定义)区域初始化为 0,即分配栈的 512 字节空间初始化为 0。

⑨ __heap_limit 对应的地址被初始化为 1 K + 512 之后的那个单元,因此地址＝0x00000400＋0x00000200＝0x00000600。

【例3.40】 以下为某 ARM 处理器启动文件中利用汇编语言伪指令定义中断向量表的程序片段,试分析定义的中断向量表情况。

```
            PRESERVE8                                        ;①
            THUMB                                            ;②
            AREA     RESET, DATA, READONLY                   ;③
            EXPORT   __Vectors                               ;④
__Vectors   DCD      __initial_sp      ; Top of Stack        ;⑤
            DCD      Reset_Handler     ; Reset Handler       ;⑥
            DCD      NMI_Handler       ; NMI Handler         ;⑦
            :
            DCD      TMR0_IRQHandler                         ;⑧
            DCD      TMR1_IRQHandler                         ;⑨
            :
```

分析:① 由伪指令 PRESERVE8 定义以下代码均以 8 字节对齐名。

② 由伪指令 THUMB 定义以下代码为 Thumb 指令代码。

③ 由伪指令 AREA 定义一个段,名为 RESET 的数据段,属性为只读。

④ 由伪指令 EXPORT 伪指令声明一个标号__Vectors(中断向量表起始地址)可由外部

引用。

⑤ 之后的 DCD 分别定义中断向量表中的中断向量,⑤对应栈的地址。

⑥ 定时复位向量地址。

⑦ 定时不可屏蔽中断向量地址。

⑧ 定义定时器 0 的中断向量地址。

⑨ 定义定时器 1 的中断向量地址等,前面是内核中断向量存储区域,后面是片上外设中断向量存储区域。

ST 公司的 STM32F10x 系列 M3 微控制器的中断向量表根据第 2 章 2.7.2 节中的表 2.4 和表 2.5 采用汇编语言相关伪指令定义如下:

```
              AREA      RESET, DATA, READONLY
              EXPORT    __Vectors
              EXPORT    __Vectors_End
              EXPORT    __Vectors_Size
_Vectors      DCD       __initial_sp              ;栈顶
              DCD       Reset_Handler             ;复位向量 Reset Handler
              DCD       NMI_Handler               ;不可屏蔽中断向量 NMI Handler
              DCD       HardFault_Handler         ;硬件故障向量 Hard Fault Handler
              DCD       MemManage_Handler         ;存储器管理异常向量 MPU Fault Handler
              DCD       BusFault_Handler          ;总线故障向量 Bus Fault Handler
              DCD       UsageFault_Handler        ;使用故障向量 Usage Fault Handler
              DCD       0                         ;保留 Reserved
              DCD       0                         ;Reserved
              DCD       0                         ;Reserved
              DCD       0                         ;Reserved
              DCD       SVC_Handler               ;系统调用向量 SVCall Handler
              DCD       DebugMon_Handler          ;调试监控向量 Debug Monitor Handler
              DCD       0                         ;Reserved
              DCD       PendSV_Handler            ;可挂起的请求异常向量 PendSV Handler
              DCD       SysTick_Handler           ;系统节拍定时溢出异常 SysTick Handler
;以上为 Cortex-M3 内核异常向量,所有 M3 处理器均一样
;以下为片上外设中断,不同处理器有不同定义
              ;External Interrupts
              DCD       WWDG_IRQHandler           ;Window Watchdog
              DCD       PVD_IRQHandler            ;PVD through EXTI Line detect
              DCD       TAMPER_IRQHandler         ;Tamper
              DCD       RTC_IRQHandler            ;RTC
              DCD       FLASH_IRQHandler          ;Flash
              DCD       RCC_IRQHandler            ;RCC
              DCD       EXTI0_IRQHandler          ;EXTI Line 0
              DCD       EXTI1_IRQHandler          ;EXTI Line 1
              DCD       EXTI2_IRQHandler          ;EXTI Line 2
              DCD       EXTI3_IRQHandler          ;EXTI Line 3
              DCD       EXTI4_IRQHandler          ;EXTI Line 4
              DCD       DMA1_Channel1_IRQHandler  ;DMA1 Channel 1
              DCD       DMA1_Channel2_IRQHandler  ;DMA1 Channel 2
              DCD       DMA1_Channel3_IRQHandler  ;DMA1 Channel 3
              DCD       DMA1_Channel4_IRQHandler  ;DMA1 Channel 4
              DCD       DMA1_Channel5_IRQHandler  ;DMA1 Channel 5
              DCD       DMA1_Channel6_IRQHandler  ;DMA1 Channel 6
              DCD       DMA1_Channel7_IRQHandler  ;DMA1 Channel 7
```

```
        DCD     ADC1_2_IRQHandler           ;ADC1 and ADC2
        DCD     CAN1_TX_IRQHandler          ;CAN1 TX
        DCD     CAN1_RX0_IRQHandler         ;CAN1 RX0
        DCD     CAN1_RX1_IRQHandler         ;CAN1 RX1
        DCD     CAN1_SCE_IRQHandler         ;CAN1 SCE
        DCD     EXTI9_5_IRQHandler          ;EXTI Line 9..5
        DCD     TIM1_BRK_IRQHandler         ;TIM1 Break
        DCD     TIM1_UP_IRQHandler          ;TIM1 Update
        DCD     TIM1_TRG_COM_IRQHandler     ;TIM1 Trigger and Commutation
        DCD     TIM1_CC_IRQHandler          ;TIM1 Capture Compare
        DCD     TIM2_IRQHandler             ;TIM2
        DCD     TIM3_IRQHandler             ;TIM3
        DCD     TIM4_IRQHandler             ;TIM4
        DCD     I2C1_EV_IRQHandler          ;I2C1 Event
        DCD     I2C1_ER_IRQHandler          ;I2C1 Error
        DCD     I2C2_EV_IRQHandler          ;I2C2 Event
        DCD     I2C2_ER_IRQHandler          ;I2C1 Error
        DCD     SPI1_IRQHandler             ;SPI1
        DCD     SPI2_IRQHandler             ;SPI2
        DCD     USART1_IRQHandler           ;USART1
        DCD     USART2_IRQHandler           ;USART2
        DCD     USART3_IRQHandler           ;USART3
        DCD     EXTI15_10_IRQHandler        ;EXTI Line 15..10
        DCD     RTCAlarm_IRQHandler         ;RTC alarm through EXTI line
        DCD     OTG_FS_WKUP_IRQHandler      ;USB OTG FS Wakeup through EXTI line
        DCD     0                           ;Reserved
        DCD     0                           ;Reserved
        DCD     0                           ;Reserved
        DCD     0                           ;Reserved
        DCD     0                           ;Reserved
        DCD     0                           ;Reserved
        DCD     0                           ;Reserved
        DCD     TIM5_IRQHandler             ;TIM5
        DCD     SPI3_IRQHandler             ;SPI3
        DCD     UART4_IRQHandler            ;UART4
        DCD     UART5_IRQHandler            ;UART5
        DCD     TIM6_IRQHandler             ;TIM6
        DCD     TIM7_IRQHandler             ;TIM7
        DCD     DMA2_Channel1_IRQHandler    ;DMA2 Channel1
        DCD     DMA2_Channel2_IRQHandler    ;DMA2 Channel2
        DCD     DMA2_Channel3_IRQHandler    ;DMA2 Channel3
        DCD     DMA2_Channel4_IRQHandler    ;DMA2 Channel4
        DCD     DMA2_Channel5_IRQHandler    ;DMA2 Channel5
        DCD     ETH_IRQHandler              ;Ethernet
        DCD     ETH_WKUP_IRQHandler         ;Ethernet Wakeup through EXTI line
        DCD     CAN2_TX_IRQHandler          ;CAN2 TX
        DCD     CAN2_RX0_IRQHandler         ;CAN2 RX0
        DCD     CAN2_RX1_IRQHandler         ;CAN2 RX1
        DCD     CAN2_SCE_IRQHandler         ;CAN2 SCE
        DCD     OTG_FS_IRQHandler           ;USB OTG FS
__Vectors_End
__Vectors_Size  EQU     __Vectors_End - __Vectors
```

【例3.41】 初始化堆栈。

例3.40仅在内存中定义了堆栈的大小并没有进行实质的初始化,以下是对堆栈进行初始化操作。

```
                IF      :DEF:__MICROLIB
;如果使用 MICROLIB 微库(MDK-ARM 开发环境下可通过 Flash-Target-Code generation 中选择)
;则栈顶和堆底地址给全局属性
                EXPORT  __initial_sp
                EXPORT  __heap_base
                EXPORT  __heap_limit
                ELSE
;如果没有选择微库,则使用标准 C 库
;栈顶和堆底地址赋予全局属性,外部可以使用 inital_sp,heap_base 以及 heap_limit
                IMPORT  __use_two_region_memory
                EXPORT  __user_initial_stackheap
;进行堆栈和堆的赋值,在__main 函数执行过程中调用
__user_initial_stackheap                                       ;①
;此处是初始化两区的堆栈空间,堆是从由低到高的增长,栈是由高向低生长
                LDR     R0, =  Heap_Mem                        ;②
                LDR     R1, =(Stack_Mem + Stack_Size)          ;③
                LDR     R2, = (Heap_Mem +  Heap_Size)          ;④
                LDR     R3, = Stack_Mem                        ;⑤
                BX      LR                                     ;⑥
                ALIGN
                ENDIF
```

分析:① 为用户初始化堆栈的标号。

② 保存堆首地址,即将堆 Heap_Mem 对应首地址装入 R0。

③ 保存栈末地址,即将栈的末地址装入 R1 中(决定栈大小)。

④ 保存堆末地址,即将堆的末地址装入 R2(决定堆大小)。

⑤ 保存栈顶指针,即将栈的首地址装入 R3。

⑥ PC 指针指向 LR。

本段程序的目的是把堆栈初始化,把堆栈首末地址存放在寄存器 R0～R3 中,PC 指向 LR,正如第 2 章 2.7.3 节和 2.7.4 节所述,一旦有中断发生,系统自动把 xPSR、PC、LR、R12、R3、R2、R1 和 R0 依次压入堆栈,当中断返回时又依次反方向弹出。此处初始化的目的就是初寄存器 R0～R3、链接寄存器 LR 和断点地址 PC 及 xPSR,以便有中断时能顺利进行中断响应和返回。

【例3.42】 初始化用户程序执行环境并切换工作模式,最后并引导到 C 语言的 main 入口。

```
                AREA    |.text|, CODE, READONLY
Reset_Handler   PROC
                EXPORT  Reset_Handler           [WEAK]
                IMPORT  SystemInit
                IMPORT  __main
                LDR     R0, = SystemInit
                BLX     R0
                LDR     R0, = __main
                BX      R0
                ENDP
```

以上通过 AREA 定义一个只读的代码段 |.text|,这段代码完成的任务是,通过 BLX 指令调用外部 C 语言设计的系统初始化程序 SystemInit,配置系统时钟,并切换为处理器模式,通过 BX 指令把程序指针指向 C 语言的 main 入口,并转换工作模式。其中 SystemInit() 函数是 C 编写的,完成时钟配置等初始化工作,只有配置好时钟,所有硬件方可能工作。

需要说明的是:

(1)由于厂家提供的启动文件中已经用 IMPORT __main 来指示 C 程序的主函数名为main,因此 LDR R0,= __main 指示的要与之一致,当然 MDK-ARM 支持不带__的名字,即可用main 代替__main。如果 C 程序的主函数不用 main,用其他名字也是可以的,但启动文件中也要跟它一致。尽管可以修改主函数名,通常不建议改名字,沿用厂家提供的形式即可。

(2)有的厂商提供的启动文件中并没有对系统时钟配置等进行初始化,而是在 C 的 main函数中进行的,因此仅引导到 C 的 main 入口简化为

```
                  AREA    |.text|, CODE, READONLY
Reset_Handler     PROC
                  EXPORT  Reset_Handler           [WEAK]
                  IMPORT  __main
                  LDR     R0, = __main
                  BX      R0
                  ENDP
```

由于没有在启动文件中进行系统初始化,因此 main 的 C 函数中首先要执行系统初始化函数 SystemInit()。

3. STM32F10x 启动文件类别

由于 STM32F10x 系列不同类型芯片很多,因此其启动文件按照 CMSIS 文件定义也有区别,如表 3.21 所示。

表 3.21 STM32F10 启动文件名及对应器件

启动文件名	对应 STM32F10x 器件类型
startup_stm32f10x_cl.s	互联型的器件,STM32F105xx,STM32F107xx
startup_stm32f10x_hd.s	大容量的 STM32F101xx,STM32F102xx,STM32F103xx
startup_stm32f10x_hd_vl.s	大容量的 STM32F100xx
startup_stm32f10x_ld.s	小容量的 STM32F101xx,STM32F102xx,STM32F103xx
startup_stm32f10x_ld_vl.s	小容量的 STM32F100xx
startup_stm32f10x_md.s	中容量的 STM32F101xx,STM32F102xx,STM32F103xx
startup_stm32f10x_md_vl.s	中容量的 STM32F100xx
startup_stm32f10x_xl.s	Flash 在 512 K 到 1 024 K 字节的 STM32F101xx,STM32F102xx,STM32F103xx

其中不同型号含义如下:

- cl:互联型产品,stm32f105/107 系列。
- vl:超值型产品,stm32f100 系列。
- xl:超高密度产品,stm32f101/103 系列,Flash 容量超过 512 KB,最大到 1 MB。
- ld:低密度(小容量)产品,Flash 小于 64 KB(16～32 KB)。

- md：中等密度（中容量）产品，Flash 为 64～128 KB。
- hd：高密度产品（大容量），Flash 为 256～512 KB。

因此必须根据自己使用的具体芯片选择特定的启动文件，否则许多片上资源不能正常使用。比如，你选择了 STM32F107RC，由选型手册可知，它是一款带以太网控制的互联型芯片，选择的启动文件必须是带 cl 的，即 startup_stm32f10x_cl.s，否则以太网控制器就不能被使用，因为不同器件内部片上资源略有不同。

3.10　嵌入式 C 语言程序设计

不同于一般形式的软件编程，嵌入式系统编程建立在特定的硬件平台上，势必要求其编程语言具备较强的硬件直接操作能力。无疑，汇编语言具备这样的特质。但是，由于汇编语言开发的复杂性，它并不是嵌入式系统开发的一般选择。只有少部分必须用汇编语言进行程序设计，比如启动代码只能采用汇编语言设计，而大部分应用程序则采用 C 语言进行嵌入式软件系统的开发。

C 语言是一种结构化的程序设计语言，它的优点是运行速度快、编译效率高、移植性好和可读性强。嵌入式 C 语言程序设计是利用基本的 C 语言知识，面向嵌入式工程实际应用进行程序设计的语言。嵌入式 C 语言程序设计首先是 C 语言程序设计，必须符合 C 语言基本语法，进一步就要利用 C 语言基本知识开发出面向嵌入式的应用程序。

3.10.1　嵌入式 C 语言程序设计基础

1. C 语言典型数据类型

C 语言支持多个标准数据类型，但数据类型的使用应结合处理器的体系结构以及编译器来正确使用。包括基于 ARM Cortex-M 在内的 ARM 处理器，所有的 C 编译器都支持的数据类型如表 3.22 所示。

表 3.22　数据类型

位数	C 和 C99(stdint.h) 数据类型	含义	有符号数范围	无符号数范围
8	char int8_t uint8_t	字节数 有符号字节数 无符号字节数	$-2^{n-1} \sim 2^{n-1}-1(n=8)$	$0 \sim 2^{n}-1(n=8)$
16	short int16_t uint16_t	16 位数 16 位有符号数 16 位无符号数	$-2^{n-1} \sim 2^{n-1}-1(n=16)$	$0 \sim 2^{n}-1(n=16)$
32	int int32_t uint32_t long float	32 位整型数 32 位有符号数 32 位无符号数 32 位长整型数 32 位浮点数，8 个点	$-2^{n-1} \sim 2^{n-1}-1(n=32)$	$0 \sim 2^{n}-1(n=32)$

位数	C 和 C99(stdint. h) 数据类型	含 义	有符号数范围	无符号数范围
64	long long int64_t uint64_t double long double	64 位整型数 64 位有符号数 64 位无符号数 双精度浮点数,16 个点 长双精度浮点数,32 个点	$-2^{n-1} \sim 2^{n-1}-1(n=64)$	$0 \sim 2^{n}-1(n=64)$

ARM 对数据的操作有多种,可以按照位的长度来操作,如字节操作、半字(16 位)操作、字(32 位)操作以及和双字(64 位)操作等。

在实际应用中,可以根据需要合理地定义变量为以上类型中的某种类型。

【例 3.43】 如果变量 myvar 的数据仅有一个字节,且它的数据范围为 $0 \sim 255$,则可以定义 1 个字节的无符号整数如下:

uint8_t myvar;

如果该变量为 32 位的无符号数,则可定义为:

uint32_t myvar;

如果该变量要经过各种算术运算得到结果,通常需要定义浮点数,如果是 8 个点的 32 位浮点数,则定义如下:

float myvar;

2. C 语言典型运算符

C 语言中的运算符包括算术运算符、逻辑运算符、关系运算符以及位运算符。

在嵌入式系统软件设计中,C 语言中运算符如表 3.23 所示。

运算符是有优先级的,详细的优先顺序参见 C 语言相关教程,简单的记忆方式就是:

括号>"!">算术运算符>关系运算符>"&&">"||">>赋值运算符

表 3.23 C 语言运算符分类表

优先级	运算符	名称及含义	使用形式
算术 运算	+	加	表达式+表达式
	-	减	表达式-表达式
	*	乘	表达式*表达式
	/	除	表达式/表达式
	%	余数(取模)	整数表达式%整数表达式
	++	自增运算符	++变量名或变量名++
	--	自减运算符	--变量名或变量名--
关系 运算	>	大于	表达式>表达式
	<	小于	表达式<表达式
	>=	大于等于	表达式>=表达式
	<=	小于等于	表达式<=表达式
	==	等于	表达式==表达式
	!=	不等于	表达式!=表达式

优先级	运算符	名称及含义	使用形式
逻辑 运算	&&	逻辑与	表达式 && 表达式
	||	逻辑或	表达式||表达式
	!	逻辑非运算符	！表达式
位操作	&	按位与	表达式 & 表达式
	^	按位异或	表达式^表达式
	|	按位或	表达式|表达式
	<<	左移	变量<<表达式
	>>	右移	变量>>表达式
	~	按位取反运算符	～表达式
赋值 运算	=	赋值运算符	变量=表达式
	/=	除后赋值	变量/=表达式
	*=	乘后赋值	变量 * =表达式
	%=	取模后赋值	变量%=表达式
	+=	加后赋值	变量+=表达式
	-=	减后赋值	变量-=表达式
	<<=	左移后赋值	变量<<=表达式
	>>=	右移后赋值	变量>>=表达式
	&=	与后赋值	变量 &=表达式
	|=	或后赋值	变量|=表达式
	^=	异或后赋值	变量^=表达式
条件运算符	?:	条件运算符	表达式1? 表达式2:表达式3
特殊运算符	[ ]	数据下标	数组名［常数表达式］
	( )	圆括号	(表达式)或函数名(形参表)
	.	成员选择(对象)	对象.成员表
	->	成员选择(指针)	对象指针->成员表
指针运算符	*	取值运算符	*指针变量
	&	取地址运算符	& 变量名
长度运算符	sizeof	长度运算符	sizeof(表达式)
逗号运算符	,	逗号运算符	表达式,表达式,表达式,……

【例3.44】　在嵌入式应用系统中,经常用到位运算符,举例如下:

(1)假设让变量 Myvar1 第9位置位为1,其他位不变,可用 Myvar1|=0x00000200 或用 Myvar1|=(1<<9)更好,用到了|位运算符或,后者又用到了移位运算符<<。

(2)假设让变量 Myvar2 第5位清0,其他位不变,可使用 Myvar2&=0xFFFFFFDF 或用 Myvar2&=~(1<<5)更好。后者用到了位的取反符号～。

【例3.45】　在嵌入式应用系统中,用?:运算符可简化程序设计。

?:的格式为:

表达式1? 表达式2:表达式3

意思是如果表达式1成立(为真)执行表达式2,否则执行表达式3。

举例如下：

```
#define LED(x) ((x)?(GPIO_ResetBits(GPIOD,(1<<2)):(GPIO_SetBits(GPIOD,(1<<2));
```

这里(1<<2)可以用固件库中函数的定义 GPIO_Pin_2 表示。

这样定义 LED 为引脚 PD2，连接一个发光二极管，假设 PD2=0 亮，1 灭的话，则如此定义之后，要让 LED 灯点亮和熄灭可用如下方法调用：

```
LED(1);          /* 让 LED 点亮 */
LED(0);          /* 让 LED 熄灭 */
```

3. 预处理命令的应用

C 语言与其他高级语言的一个重要区别是可以使用预处理命令和具有预处理的功能。在 C 语言源程序中常常加入一些"预处理命令"，可以改进程序设计环境，提高编程效率。预处理命令不是 C 语言本身的组成部分，不能直接对它们进行编译（编译程序不能识别它们）。所以必须在对程序进行通常的编译之前，先对程序中这些特殊的命令进行"预处理"。

C 提供的预处理功能主要有以下三种：宏定义、文件包含和条件编译。为了与一般的 C 语句相区别，这些命令以符号"#"开头。

（1）宏定义

① 不带参数的宏定义：用一个指定的标识符来代表一个字符串。其一般形式为：

```
#define   宏标识符   宏体
```

如：#define   PI   3.1415926

把这个宏标识符称为"宏名"，宏体由字符串组成，在预编译时将宏名替换成宏体的过程称为"宏展开"。#define 为宏定义命令。宏名一般习惯用大写字母表示，以便与变量名相区别。宏定义是用宏名字代替一个宏体，也就是做简单的置换，不做正确性检查。预编译时不做任何语法检查。

说明：

• 宏定义不是 C 语句，不必在行末加分号，否则，会连分号一起进行置换。

• 在进行宏定义时，可以引用已定义的宏名，可以层层置换。

• 对程序中用双括号括起来的字符串内的字符，即使与宏名相同，也不进行置换。

• 宏定义只做字符替换，不分配内存空间。

② 带参数的宏定义：不仅进行简单的字符替换，还要进行参数替换。其一般形式为：

```
#define 宏标识符(参数表)   宏体
```

如：#define   S(a,b)   (a)*(b)

宏定义时，在宏名与带参数的括号之间不应加空格，否则将空格以后的字符都作为替代宏体的一部分。一般用宏来代表简短的表达式比较适合。

嵌入式程序设计的特点就是软硬件平台可变性，有效利用 define 常量可以提高程序的可移植性，这样改动方便，不易出错。另外，在使用时，还要考虑到括号。

【例 3.46】 用预处理指令 #define 声明一个常数，用以表明 1 年中有多少秒（忽略闰年问题）。

分析：很容易计算 1 年中的秒数 $60\times60\times24\times365$，但用 #define 去声明的时候就有可能出错了，下面给出两种错误的写法：

```
#define SECONDS 60 * 60 * 24 * 365
#define SECONDS (60 * 60 * 24 * 365)
```

在这两种定义方式中，都采用了预处理器计算常数表达式的值，这样直接写出如何计算一年中有多少秒而不是计算出实际的值，更清晰明了。SECONDS 只是用来替代后面的表达式，但前一种方式中，如果是 2/SECONDS 则替代为 2/365 * 24 * 60 * 60，计算不正确；后一种方式中，没有考虑到表达式(60 * 60 * 24 * 365)的值将使一个 16 位处理器的整型数溢出。

正确答案：#define SECONDS (60 * 60 * 24 * 365)UL

U 表示无符号，L 表示长整型，这样则告诉编译器这个数是无符号长整型数。

在嵌入式系统开发中，处理器各模块中寄存器地址都是通过宏定义来实现的，下面给出一段 M058LDN 微控制器看门狗寄存器基地址的宏定义：

```
#define WDT_BA          0x40004000UL
```

也可以指定 32 位无符号数，可以这样定义：

```
#define WDT_BA          ((uint32_t) 0x40004000)
```

总之，无论何种定义，均要说明是无符号长整型数。

（2）文件包含

所谓"文件包含"处理是指一个源文件可以将另外一个源文件的全部内容包含进来，即将另外的文件包含到本文件之中。其一般形式为：

```
#include  "文件名"  或    #include  <文件名>
```

说明：

• 在 #include 命令中，文件名可以用双引号或尖括号括起来。用尖括号时，系统到存放 C 函数库头文件所在的目录中寻找要包含的文件，这称为标准方式。用双引号时，系统先在用户当前目录中寻找要包含的文件，若找不到，再按标准方式查找。所以，如果为调用库函数而用 #include 命令来包含相关的头文件，则用尖括号，以节省查找时间。如果要包含的是用户自己编写的文件，一般用双引号。

• 包含文件编译时并不是作为两个文件进行连接的，而是作为一个源程序编译，得到一个目标(.obj)文件。因此被包含的文件也应该是源文件而不是目标文件。这种常用在文件头部的被包含的文件称为"标题文件"或"头部文件"，常以".h"为后缀（扩展名）。

• 头文件除了可以包括函数原型和宏定义外，也可以包括结构体类型的定义。

• 一个 #include 命令只能指定一个被包含文件，文件包含是可以嵌套的。

（3）条件编译

条件编译一般有以下两种形式：

① #ifdef   标识符
    程序段 1
  #else
    程序段 2
  #endif

② #ifndef   标识符
    程序段 1
  #else
    程序段 2
  #endif

采用条件编译，可以减少被编译的语句，从而减少目标程序的长度，减少运行时间。

4. 嵌入式系统中常用的 C 语言语句

C 语言的语句有多种，如表达式语句、复合语句、条件语句、循环语句、switch 语句、break 语句、continue 语句、返回语句等，其中最为常用的是条件语句、switch 语句和循环语句，这些语句的用法和一般 C 语言中类似，所以这里我们作简要介绍，并给出在嵌入式开发中这些常用语句的使用例程。

（1）条件语句

条件语句有两种格式，分别是两重选择和多重选择，如下所述。

两重选择

```
if(条件表达式)
    语句 1;
else
    语句 2;
```

两重选择

```
if(条件表达式 1)
    语句 1;
else if(条件表达式 2)
    语句 2;
    …;
else if(条件表达式 n-1)
    语句 n-1;
else
    语句 n;
```

【例 3.47】 很多嵌入式处理器都含有两个串口，即 UART0 和 UART1。要求写一个函数，用于选择一个串口并向其发送一个字节的数据。

```
void  UART_ByteSend(LPC_UartChanel_t DevNum,LPC_INT8U * data)
{
    if(DevNum = = UART0)              //判断发送数据的 UART 端口号
    {
        U0THR  = * data;             //发送数据,U0THR 为 UART0 的发送寄存器
        while((U0LSR & 0x40) = = 0);  //等待数据发送完毕,U0LSR 为状态寄存器
    }
    else
    {
        U1THR  = * data;             //发送数据,U1THR 为 UART1 的发送寄存器
        while((U1LSR & 0x40) = = 0);  //等待数据发送完毕,U1LSR 为状态寄存器
    }
}
```

（2）switch 语句

```
switch(开关表达式)
{
    case 常量表达式 1: [语句 1;]
    case 常量表达式 2: [语句 2;]
    …
    case 常量表达式 n: [语句 n;]
    default:          [语句 n+1]
}
```

【例 3.48】 下面是一个无线抄水表系统的主菜单显示程序，程序根据键盘按键值进入相应的子菜单。

```
void  MainMenu()
{
    keyValue = Key_State();          //从键盘上读取键值
    switch(keyValue)                 //根据键值的不同,选择进入不同的子菜单
    {
        case 0://主菜单,管理员菜单,在此菜单中可以对集中器进行各种设置
            SubMenu0();
            break;
        case 1://初始化水表菜单,包括集中器号、表号、脉冲常数、水量
            SubMenu1();
```

```
                break;
        case 2://设置管理员密码菜单
                SubMenu2();
                break;
        case 3://水量显示菜单
                SubMenu3();
                break;
        case 4://显示日期时间菜单
                SubMenu4();
                break;
        case 5://显示版本信息
                SubMenu5();
                break;
        case 6://设置集中器,包括集中器号、户数、小区号、集中器地址
                SubMenu6();
                break;
        case 7://设置户号、房号、水量
                SubMenu7();
                break;
        case 8://铁电格式化,将系统中所有参数设为出厂值
                SubMenu8();
                break;
        case 9://设置超级终端,控制UART3是作为超级终端使用还是作为RS-232抄表接口
                SubMenu9();
                break;
        case 10://设置日期时间
                SubMenu10();
                break;
        case 11://根据户号查询
                SubMenu11();
                break;
        default:
                break;
    }
}
```

（3）循环语句

在 C 语言中有 3 种循环语句：for 循环语句、while 循环语句和 do while 循环语句，根据具体的情况选择使用。

① for 循环语句

```
for(表达式1;表达式2;表达式3)
{
        语句;
}
```

其中，表达式 1 是对循环量赋初值，表达式 2 是对循环进行控制的条件语句，表达式 3 是对循环量进行增减变化。

【例 3.49】 使用 for 循环语句控制在 8 段数码管上循环显示 0～F。

```
void Digit_Led_Display(void)
{
    int i;
```

```
for( i = 0; i<16; i++ )
{
    LED8ADDR = Symbol[value];        //LED8ADDR 为 8 段数码管地址,Symbol[]中为段码值
    Delay(10000);                    //延时
}
}
```

② while 循环语句

```
while(条件表达式)
{
    语句;
}
```

【例 3.50】 在嵌入式系统中没有程序的结尾,通常在主函数中有一个死循环,如何实现死循环?

```
while(1)
{
    ...
}
```

而很多人会用 for 实现,如下,但建议使用上一种写法。

```
for(;;;)
{
    ...
}
```

③ do while 循环语句

```
do
{
    语句;
}
while(条件表达式);
```

3.10.2 嵌入式系统程序设计过程

嵌入式系统的程序设计简称嵌入式程序设计,过程主要包括 4 个阶段:源程序的编辑阶段、编译阶段(汇编语言的汇编以及 C/C++的编译笼统为编译)、链接与重定位阶段以及下载和调试阶段,如图 3.8 所示。

ARM 汇编语言源程序以.S 为扩展名,C 汇编源程序和 C++源程序分别以.C 和.CPP 为扩展名,可以用任何文本编辑器进行编辑修改,通常集成开发环境有自己的编辑器,方便修改。编辑源文件时注意语言的规范和要求。

编译的过程完成由源文件到目标文件的转换,链接器把多个目标文件链接成可执行的映像文件,通过烧写或下载程序工具,即可将目标代码写入目标板的 Flash 程序存储器中。可通过集成开发环境提供的模拟器进行模拟仿真,更可以通过硬件仿真器在线仿真。

通常在现在的集成开发环境,既可以单独编译,如 Keil 开发环境 MDK 的 F7 功能键,也可以编译和链接一起直接生成目标文件和映像文件,如 Ctrl+F7(构建目标文件)。

3.10.3 嵌入式系统的程序结构

嵌入式应用程序有 4 种基本程序结构,也称为程序处理流程,即简单的轮询结构、带中断

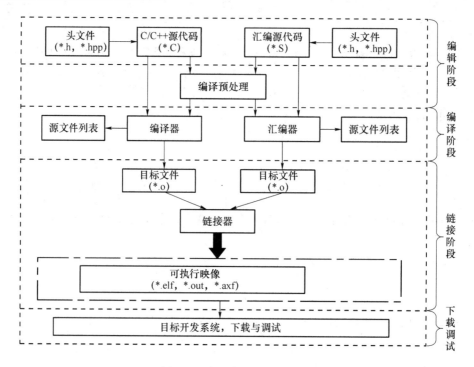

图3.8　嵌入式程序设计过程

驱动的结构、轮询与中断相结合结构以及并发任务的结构等。

1. 无嵌入式操作系统的程序结构

在许多简单应用场合,实际上是不需要嵌入式操作系统的,在没有操作系统的情况下,程序的结构有简单轮询结构、中断结构以及轮询与中断相结合的结构。

（1）简单轮询的程序结构

对于简单的嵌入式应用系统,其应用程序用轮询的方式便于实现,结构简单明了,通常适合于简单任务,无须嵌入式操作系统的支持。轮询结构如图3.9所示。轮询结构适用于简单应用,C程序设计中实际上是一个死循环,在这个循环体内,查询满足执行不同条件的任务,查询的次序也决定了任务的优先级。

轮询结构的程序框架如下：

```
# include "stm32f10x.h"          / *   ARM 芯片头文件    * /
:                                / *   相关其他头文件    * /
main()
{
SystemInit();                    / *   系统初始化,主要是时钟配置等操作 * /
HardwareInit();                  / *   硬件初始化,对用到的片上硬件组件进行初始化 * /
    while(1)
    {
    if(处理 A) FunctionA;        / *是处理 A 则执行 A 进程处理程序    * /
    if  (处理 B) FunctionA;      / *是处理 A 则执行 A 进程处理程序    * /
    if  (处理 C) FunctionA;      / *是处理 A 则执行 A 进程处理程序    * /
    }
}
```

（2）中断驱动的程序结构

轮询方式最大的缺点是无论是否满足要求,都必须逐一查询,这样消耗处理器大量的能耗和时间。采用中断驱动方式,是在满足任务处理条件时由外设发一个中断请求,这时嵌入式处理器通过中断向量表找出其中断服务程序入口地址,进入中断服务程序中执行相应任务。中断方式处理流程如图 3.10 所示。

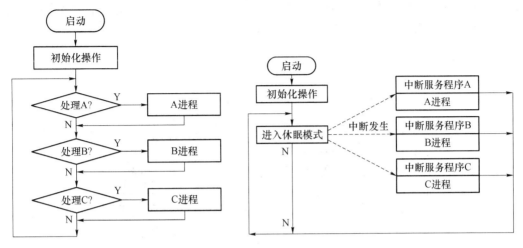

图 3.9　简单轮询结构　　　　　　　图 3.10　中断驱动结构

中断结构的程序框架如下:

```
# include "stm32f10x.h"        /*   ARM 芯片头文件     */
:                              /*   相关其他头文件     */
main()
{
SystemInit();                  /*  系统初始化,主要是时钟配置等操作 */
HardwareInit();                /*  硬件初始化,对用到的片上硬件组件进行初始化 */
InterruptENABLE();             /* 使能有关硬件中断 */
    while(1)
    {
    Sleep();                   /* 调用 3.10.4 节中的例 3.53 的汇编函数 */
    }
}
/*   中断服务程序 */
A_IRQHandler(void)             /*  A 为启动文件中中断向量表定义的名称   */
{
A 进程处理程序;
}
B_IRQHandler(void)             /*  B 为启动文件中中断向量表定义的名称   */
{
B 进程处理程序;
}

C_IRQHandler(void)             /*  C 为启动文件中中断向量表定义的名称   */
{
C 进程处理程序;
}
```

(3) 轮询与中断相结合的程序结构

在许多情况下,如果任务全部交由中断服务程序处理,则由于在中断服务程序中处理事务持续的时间比较长,这样比该中断级别低的事务发生时将无法进入中断嵌套来处理,因此通常的做法是在中断服务程序中所处理的事务尽可能少,中断处理程序仅做相关标志状态及关键事务的处理。返回后大量的运算处理尽量在主流程中完成。这样相互结合,取长补短,既可以在没有任务时进入休眠状态以节约能耗,当中断发生时才唤醒去处理,又能平衡所有任务的处理。轮询与中断结合的处理方式如图 3.11 所示。

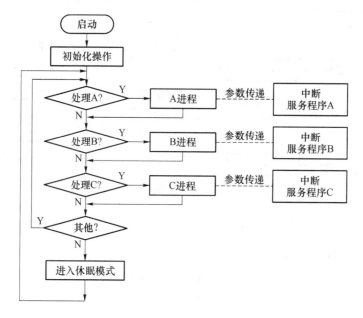

图 3.11　轮询与中断结合的程序结构

轮询加中断结构的程序框架如下:

```
# include "stm32f10x.h"              /*   ARM 芯片头文件    */
:                                    /*   相关其他头文件    */
main()
{
SystemInit();                        /*   系统初始化,主要是时钟配置等操作 */
HardwareInit();                      /*   硬件初始化,对用到的片上硬件组件进行初始化 */
InterruptENABLE();                   /*  使能有关硬件中断 */
    while(1)
    {
    if  (A 进程标志) FunctionA;       /*  执行 A 进程非紧急事务程序    */
    if  (B 进程标志) FunctionB;       /*  执行 B 进程非紧急事务程序    */
    if  (C 进程标志) FunctionC;       /*  执行 C 进程非紧急事务程序 */
    }
}
/*   中断服务程序 */
A_IRQHandler(void)                   /*   A 为启动文件中中断向量表定义的名称   */
{
A 进程紧急事务处理;
置 A 进程标志
}
B_IRQHandler(void)                   /*   B 为启动文件中中断向量表定义的名称   */
{
B 进程紧急事务处理;
置 B 进程标志
```

```
    }

C_IRQHandler(void)              /*   C为启动文件中中断向量表定义的名称   */
{
C进程紧急事务处理；
    置C进程标志
    }
```

以上所谓紧急事务是指实时性要求极高的事务，如故障处理等必须及时处理的事务，其他一些处理，延时一些时间无关紧要，可以放到循环体内按照标志进行相关处理。

2. 有嵌入式操作系统的程序结构

在有嵌入式操作系统的支持下，通常采用多任务并发执行的程序结构。

在实际应用系统中，有些情况下一个处理任务可能要占用大量时间，前面所述处理方式就不太适宜了。如果任务执行时间过长，任务B和C不能及时响应外设的中断请求，将导致系统的失败。为解决这一问题，一般有如下两种方法。

第一种方法是将一个长时间的处理划分为一系列的状态，每次处理任务时，只执行一种状态。这种方式把一个任务划分为若干部分，可以使用软件变量跟踪任务的状态，每次执行任务时，状态信息就会得到更新，这样接着执行这个任务时就可以继续上次的处理了。

在应用程序的大循环中，任务处理的时间减少了，主循环中的其他任务就可以获得更多的执行机会。尽管任务处理的总时间基本不变，但系统的响应时间更短，速度更快了。

当然，当应用程序相当复杂时，用纯手工的拆分任务是很困难的，可采用第二种方法。

第二种方法就是使用实时嵌入式操作系统（RTOS）来处理多任务。对于更加复杂的应用程序，可借助于RTOS来处理不同任务。RTOS将处理时间划分为多个时间片，在有多个应用进程运行时，只有一个进程会获得时间片。基于RTOS的处理多个并发任务的程序结构如图3.12所示。

使用RTOS需要有定时器产生周期性的定时中断请求信号，当一个时间片的时间到时，RTOS任务调试器会由定时器中断触发，并判断是否需要执行上下文切换。如果需要进行

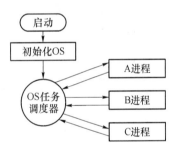

图3.12 基于RTOS的多任务
并发的程序结构

上下文切换，任务调试会暂停正在执行的任务，并切换到下一个准备就绪的任务。

使用嵌入式实时操作系统可以提高系统的反应能力，能确保在一定时间内执行所有任务。使用嵌入式操作系统如 μC/OS-Ⅱ 的程序结构及在 μC/OS-Ⅱ 的程序的程序设计内容详见第9章9.4节。

3.10.4　汇编语言与C语言的混合编程

在应用系统的程序设计中，若所有的编程任务均用汇编语言来完成，其工作量是可想而知的，同时不利于系统升级或应用软件移植。事实上，ARM体系结构支持C以及与汇编语言的混合编程，在一个完整的程序设计中，除了初始化部分（如启动程序）用汇编语言完成以外，其主要的编程任务一般都用C来完成。

汇编语言与C的混合编程通常有以下几种方式：

（1）在C代码中嵌入汇编指令。

（2）在汇编程序和C的程序之间进行变量的互访。

（3）汇编程序、C 程序间的相互调用。

在以上的几种混合编程技术中，必须遵守一定的调用规则，如物理寄存器的使用、参数的传递等。在实际的编程应用中，使用较多的方式是：程序的初始化部分用汇编语言完成，然后用 C 完成主要的编程任务，程序在执行时首先完成初始化过程，然后跳转到 C 程序代码中，汇编程序和 C 程序之间一般没有参数的传递，也没有频繁的相互调用，因此整个程序的结构显得相对简单，容易理解。

ATPCS(ARM-Thumb Produce Call Standard)规定了一些子程序之间调用的基本规则，这些基本规则包括子程序调用过程中寄存器的使用规则、数据栈的使用规则、参数的传递规则。这也使得单独编译的 C 语言程序和汇编语言程序之间能够相互调用。

1. 汇编中调用 C 函数

在汇编中调用 C 函数应该注意的事项有：

• 寄存器 R0～R3 以及 R12 和 LR 可能会被修改，若这些寄存器在调用后还要使用的话，必须在调用前将这些寄存器压入栈保护起来，调用完再弹出。

• SP 的值应该是双字对齐。

• 确保输入参数的存储在正确的寄存器中尽量使用 R0～R3。

• 返回值存于 R0 中。

【例 3.51】 汇编调用 C 函数。

求四个 32 位无符号数的累加和，结果取低 32 位放 R0 中。累加和的 C 函数如下：

```
intSumFourDataC(uint32_t data1,uint32_t data2, uint32_t data3, uint32_t data4)
{
uint32_t sum;
sum = data1 + data2 + data3 + data4;
return(sum);
}
```

以下为 Cortex-M3 在 MDK-ARM 环境下使用汇编语言调用 SumFourDataC 函数的程序片段：

```
MOVS R0,#0x12
LDR R1, = 0x12345678
LDR R2, = 0xABCDEF10
LDR R3, = 0x87654321
IMPORT SumFourDataC
BL SumFourDataC
```

2. C 语言调用汇编子程序

在 C 语言程序中要调用汇编语言编写的子程序，要注意以下事项：

• 如果要改变寄存器 R4～R11 中的值，需要将原始数值保存到栈中，在返回到 C 代码前恢复这些原来的值。

• 如果在汇编程序中调用另外一个汇编子程序，需要将 LR 的值保存在栈中，并且利用它执行返回操作。

• 函数返回值存放在 R0 中。

【例 3.52】 C 语言程序调用汇编子程序。

将 4 个 32 位无符号数相加的汇编语言程序如下：

```
                EXPORT   SumFourDataASM
SumFourDataASM    PROC
```

```
        ADDS R0,R0,R1
        ADDS R0,R0,R2
        ADDS R0,R0,R3
        BX   LR            ;返回值在 R0 中
        ENDP
```

在 C 语言中,需要声明汇编语言写的子程序,调用如下:

```
extern int SumFourDataASM(uint32_t data1,uint32_t data2, uint32_t data3, uint32_t data4)
uint32_t sum
sum = SumFourDataASM(1,2,3,4);        /* 调用汇编语言子程序 */
```

3. C 语言嵌入汇编程序

在 C 语言程序中可以直接嵌入汇编语言代码,对于少数汇编语言编写的代码可以采用这种方式直接嵌入到 C 语言程序中,称为内嵌汇编或嵌入汇编。其结构如下:

```
__asm 函数名
{
汇编语言程序段
BX   LR                            ;返回值在 R0 中
}
```

C 语言可以直接调用嵌入到 C 语言中的汇编语言源程序。

这种嵌入方式也只是用 __ASM 命令做一个汇编函数,然后在 C 程序中调用该函数。只是这种方式无论是汇编还是 C 均不需要作声明,可直接调用函数。

【例 3.53】 C 语言程序嵌入汇编语言。

同样是上例中的 4 数相加,嵌入式汇编的方法是先用 asm 定义用汇编语言写的函数,这里 asm 只能是小写,然后在 C 中直接调用,具体程序如下:

```
__asm int SumFourData(uint32_t data1,uint32_t data2, uint32_t data3, uint32_t data4)
{
        ADDS R0,R0,R1
        ADDS R0,R0,R2
        ADDS R0,R0,R3
        BX   LR                    ;返回值在 R0 中
}
```

将上述由 asm 定义的函数作为一个独立的函数写入 C 文件中,然后其他函数可以调用它:

```
uint32_t sum;
sum = SumFourData(10,20,30,40);        /* 结果 sum = 100 */
```

【例 3.54】 C 语言程序嵌入汇编语言让系统进入休眠状态。

在代功耗系统中,经常要靠中断来唤醒工作,平常处于休眠状态,可以使用 ARM 处理器的中断类指令 WFI 让系统等待中断,从而进入休眠状态,具体程序如下:

```
__asm  Sleep (void)
{
        WFI                        ;等待中断,让系统进入休眠状态
        BX   LR                    ;子程序返回
}
```

在主函数中可以直接调用 Sleep:

```
Sleep();       /*  调用嵌入汇编函数,执行 WFI 指令,进入休眠状态  */
```

3.10.5　固件库及其使用

固件库是芯片厂家按照 CMSIS 标准编写的对 ARM 芯片的驱动函数库,在 CMSIS 层次

结构（如3.8.1节图3.3）中属于器件级外设函数。目前ARM微控制器生产厂家均提供相关的器件级外设函数库给用户使用。因此只要知道CMSIS基本规范，查看函数库的使用说明即可应用到系统中。在嵌入式系统的组成（如第1章1.3节图1.2）中，固件库就是设备驱动程序，处于硬件与OS之间的中间层软件。在不使用嵌入式操作系统的嵌入式系统中，固件库则是处于硬件和应用层之间的中间件。虽然芯片厂家提供了固件库，但提供的都是最基本的函数，有时还不能完全满足系统设计的需求，比如尽管有I/O输入可以读取按键的函数，但并不提供滤波等抗干扰措施，串口函数也没有提供串口FIFO的操作，另外厂家也仅提供片上外设的驱动函数，但对应实际应用系统而言，扩展的外设也需要驱动，因此在做成应用系统板时，还需要利用已经有片上外设的驱动函数写板级的驱动程序，这就需要BSP。

在第1章1.3节已经知道，BSP为板级支持包，BSP是介于嵌入式硬件和操作系统或应用程序中驱动层程序的一层，为上层的驱动程序提供访问硬件设备寄存器的函数包，使之能够更好地操作和控制硬件。BSP是针对某个特定的处理器及其硬件系统（称为板）而设计的。如果没有板级支持软件包，则操作系统就不能在单板上运行，在没有操作系统的环境应用程序也不方便访问硬件。

但对于嵌入式系统来说，它没有像PC那样具有广泛使用的各种工业标准、统一的硬件结构。各种嵌入式系统不同的应用需求就决定了它一般都选用各自定制的硬件环境，每种嵌入式系统从核心的处理器到外部芯片在硬件结构上都有很大的不同。这种诸多变化的硬件环境就决定了无法完全由操作系统或应用程序来实现上层软件与底层硬件之间的无关性。

BSP软件与其他软件的最大区别在于BSP软件有一整套模板和格式，开发人员必须严格遵守，不允许任意发挥。在BSP软件中，绝大部分文件的文件名和所要完成的功能都是固定的。所以，BSP软件的开发一般来说都是在一个基本成型的BSP软件上进行修改，以适应不同单板的需求。

BSP的主要功能在于配置系统硬件使其工作于正常的状态，完成硬件与软件之间的数据交互，为OS及上层应用程序提供一个与硬件无关的软件平台。因此从执行角度来说，其可以分为两大部分：

（1）目标板启动时的硬件初始化及多任务环境的初始化。

（2）目标板上控制各个硬件设备正常运行的设备驱动程序，由它来完成硬件与软件之间的信息交互。

1. STM32F10x固件库文件结构

对于ARM Cortex-M处理器对应的开发板，供应商均提供了基于CMSIS的固件库开发包，因此开发人员要充分利用提供的设备驱动函数及相关例程，为自己的应用系统开发提供帮助。

例如，ST公司提供的STM32处理器的驱动固件库是按照CMSIS规范编写的，它由程序、数据结构和宏组成，包括了STM32处理器所有片上外设的性能特征。该函数库还包括了每一个外设的驱动描述和应用实例。通过调用函数库的函数，可以方便操作外设，而无须掌握硬件细节。也可以用第三方的BSP程序或自行设计BSP程序来开发应用系统。STM32 Cortex-M系列微控制器的固件库文件体系结构如图3.13所示。

main.c为主函数体示例。

stm32f10x_lib.h包含了所有外设的头文件的头文件。它是用户需要包括在自己应用中的文件，起到应用和库之间界面的作用。

stm32f10x_lib.c为Debug模式初始化文件，它包括多个指针的定义，每个指针指向特定

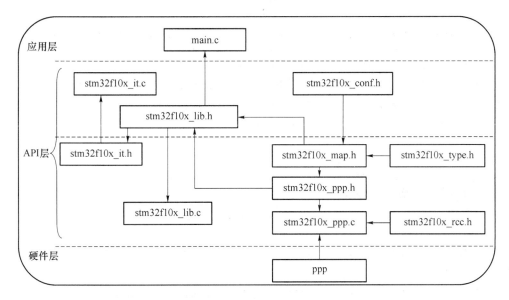

图 3.13 固件库的文件结构

外设的首地址,以及在 Debug 模式被使能时,被调用的函数的定义。

stm32f10x_map.h 包含了存储器映像和所有寄存器物理地址的声明,既可以用于 Debug 模式也可以用于 Release 模式。所有外设都使用该文件。

stm32f10x_type.h 为通用声明文件,包含所有外设驱动使用的通用类型和常数。

stm32f10x_conf.h 为参数设置文件,起到应用和库之间界面的作用。用户必须在运行自己的程序前修改该文件,可以利用模板使能或者失能外设,也可以修改外部晶振的参数。

stm32f10x_it.h 为头文件,包含所有中断处理函数原形,stm32f10x_it.c 为外设中断函数文件。用户可以加入自己的中断程序代码。对于指向同一个中断向量的多个不同中断请求,可以利用函数通过判断外设的中断标志位来确定准确的中断源。固件函数库提供了这些函数的名称。按照 CMSIS 标准,中断函数名是外设名 ppp_IRQHandler。

stm32f10x_it.c 为外设中断函数 C 源文件。用户可以加入自己的中断程序代码。对于指向同一个中断向量的多个不同中断请求,可以利用函数通过判断外设的中断标志位来确定准确的中断源。固件函数库提供了这些函数的名称。

stm32f10x_ppp.c 为由 C 语言编写的 STM32F10x 微控制器片上外设 PPP 的驱动源程序文件。

stm32f10x_ppp.h 为外设 PPP 的头文件,包含外设 PPP 函数的定义和这些函数使用的变量。

2. 利用 STM32F10x 固件库进行片上外设初始化和设置的步骤

利用厂商提供的 STM32F10x 固件库对片上外设初始化和设置的步骤包括外设时钟使能、初始化和设置任意外设等。

(1) 外设时钟使能

在使用一个片上外设之前,首先要调用一个固件库的函数来使能它的工作时钟。由 STM32F107x 内部框图(如第 2 章 2.15.2 节图 2.47)可知,片上外设有三个层次,一是连接在 AMBA 总线的系统总线 AHB 上的外设(如 Ethernet/USB 等外设),二是连接在快速外设总线 APB2 上的外设(如 ADC/GPIO/TIM1 等),三是连接在慢速外设总线 APB1 上的外设(如 I^2C/CAN/WDT/RTC/TIM2~TIM7 等),对应有三个时钟使能函数可供选择,因此根据使用的外设看其连接在哪个总线上,分别调用哪个函数来使能该外设的时钟。这三个函数如下：

```
RCC_AHBPeriphClockCmd(RCC_AHBPeriph_PPPx,ENABLE);      /* 使能 AHB 上的外设时钟 */
RCC_APB2PeriphClockCmd(RCC_APB2Periph_PPPx,ENABLE);    /* 使能 APB2 上的外设时钟 */
RCC_APB1PeriphClockCmd(RCC_APB1Periph_PPPx,ENABLE);    /* 使能 APB1 上的外设时钟 */
```

其中 RCC_AHBPeriph_PPPx 为连接在 AHB 上的外设，PPPx 为外设名称。

【例 3.55】 对于连接在 AHB 上的 GPIOA，则可以这样使能时钟：

```
RCC_AHBPeriphClockCmd(RCC_AHBPeriph_GPIOA,ENABLE);     /* 使能 GPIOA 时钟 */
```

再比如：

```
RCC_APB2PeriphClockCmd(RCC_APB2Periph_TIM1,ENABLE);    /使能 TIM1 时钟 */
RCC_APB1PeriphClockCmd(RCC_APB1Periph_RTC,ENABLE);     /* 使能 RTC 时钟 */
```

（2）初始化和设置任意外设

在主应用程序中，定义一个结构 PPP_InitTypeDef 对象，如：

```
PPP_InitTypeDefPPP_InitStructure;
```

PPP 代表任意外设，PPP_InitStructure 是一个位于内存中的工作变量，用来初始化一个或多个 PPP 外设。

为变量 PPP_InitStructure 的各个结构成员填入允许的值，方法如下：

```
PPP_InitStructure.member1 = val1;
PPP_InitStructure.member2 = val2;
        :
PPP_InitStructure.memberN = valN;
```

也可以用如下形式一次赋值：

```
PPP_InitTypeDefPPP_InitStructure = {val1,val2,...,valN};
```

【例 3.56】 定义 USART 并设置波特率 115 200，代码如下：

```
USART_InitTypeDef USART_InitStructure;
USART_InitStructure.USART_BaudRate = 115200;
```

（3）调用 PPP_Init()函数来初始化外设 PPP

```
PPP_Init(PPP,&PPP_InitStructure);
```

【例 3.57】 初始化 USART1，则调用如下：

```
USART_Init(USART1, &USART_InitStructure);
```

（4）调用 PPP_Cmd()函数来使能外设

```
PPP_Cmd(PPP,ENBABLE)
```

【例 3.58】 使能 USART1，可如下调用：

```
USART_Cmd(USART1,ENBALE);
```

（5）调用外设操作函数来操作外设

STM32 固件库各外设函数及其使用详细说明请扫描图 3.14 所示的二维码进行下载并查看。

用户可以充分利用提供的固件库来设计自行的嵌入式系统软件，一般固件库除了提供 API 函数，还提供了相关片上外设的例程（有针对 MDK-ARM 的），因此仅需要复制其中的例程到自己的目录下，然后在此基础进行修改完善。由于提供的例程往往是相互独立的，而实际嵌入式应用系统是多个外设都在使用，要求用户把多个示例中的相关头文件和 C 文件等整合到一个项目中，再进行优化，联合调试。

图 3.14　STM32 固件库及使用说明下载页面

习 题 三

3-1 填空题

(1) 在源操作数作为立即数时,应在前加♯作为前缀,在♯后加_____表示十六进制数,在♯后不加任何符号直接跟数字表示_____进制数。

(2) 根据堆栈指针指向的数据位置的不同,堆栈可分为_____和_____。

(3) 用一条指令完成有条件的无符号数加法运算,并更新 CPSR 中的条件码,条件是如果 R1>R2,则指执行 R1+R2,结果送 R3 中,这条指令为_____。

(4) 在程序执行过程中,是通过_____寄存器控制程序的运行地址的。

(5) 转移指令 B Lable 在 ARM 指令集中的跳转范围是_____,在 Thumb 指令集中的跳转范围是_____,而在 Thumb-2 指令集中则为_____。

(6) 如果从 0x00001010 开始存放的一个双字为 0x123456789ABCDEF0,且 R1=0x00001010,则加载指令 LDRB R0,[R1]使 R0=_____,LDRH R2,[R1,♯2]使 R2=_____,LDRD R3,R4,[R1],则 R3=_____,R4=_____。

(7) 已知,R1=0x89ABCDEF,对于 Thumb-2 专用指令 MOVT R1,♯0x1234,则 R1=_____。

(8) BIC R1,R2,♯0x101,若 R2=0xFF998877,则 R1=_____。

(9) 已知 R0=0x10,则 ORR R0,R0,♯1,R0=_____。

(10) 已知 C=0,R1=100,R2=90,执行指令 SBC R0,R1,R2 后,R0=_____。

3-2 选择题

(1) 在 ARM 指令集汇编码中,32 位有效立即数是通过( )偶数位而间接得到的。

    A. 循环左移   B. 循环右移   C. 逻辑左移   D. 逻辑右移

(2) 在 Thumb 及 Thumb-2 指令集汇编码中,32 位有效立即数是通过任意( )而间接得到的。

    A. 算术左移   B. 算术右移   C. 逻辑左移   D. 逻辑右移

(3) 堆栈随着存储器地址的增大而向上增长,基址寄存器指向存储有效数据的最高地址或者指向第一个要读出的数据位置,是哪一种形式的堆栈?( )。

    A. 满递增   B. 空递增   C. 满递减   D. 空递减

(4) 在指令 LDR R0,[R1,♯4]! 执行后,R1 中的值为( )。

    A. R1 不变   B. R1=R1+1   C. R1=R1+4   D. R1=4

(5) 对于无符号数操作,如果 R1>R2,则执行 R1−R2,并将结果送 R0 中,完成此功能的指令为( )。

    A. SUBGT R0,R1,R2   B. SBCLE R0,R1,R2

    C. SUBHI R0,R1,R2   D. SUBCS R0,R1,R2

(6) 将 R5 中的 16 位二进制数存入由 R1 指示的内存区域,且地址自动更新,则指令是( )。

    A. STR R5,[R1]   B. STR R5,[R1,♯2]!

    C. STRH R5,[R1]   D. STRB R5,[R1]!

(7) 如果为非负数,将 R0 指示的内存中 32 位数据加载到 R1 寄存器中,指令为( )。

    A. LDR R1,[R0]   B. LDRH R0,[R0]!

    C. LDRPL R1,[R0]   D. LDRPL R0,[R1]

(8) 把 R1~R5,以及 R7 中的数据写入由 R0 指示的内存区域,且要求地址传送后递增,符合要求的指令为( )。

    A. STMDB R0,{R1-R5,R7}   B. STMIA R0,{R1-R5,R7}

    C. STMIB R0,{R1-R5,R7}   D. STMDA R0,{R1-R5,R7}

(9) 把寄存器 R1 中的数据字与 R2 指示的内存中的数据字进行交换,指令为( )。

    A. SWPB R1,R1,[R2]   B. SWP R1,R1,[R2]

C. SWPB R2,R2,[R1]   D. SWP R2,R2,[R1]

（10）把寄存器 R1 中的第 0、4、8、12 位清 0,其他位不变,使用的指令是(   )。

A. BIC R1,R1,#0x1111   B. BFC R1,R1,#0x1111

C. BIC R1,R1,#0xFFFFEEEE   D. BIC R1,R1,#0xFFFFEEEE

3-3 已知 C 标志=1,R0=0,R1=0x80000008,R2=0x00000005,R3=0x0000019F,R4=1,有关内存数据分布如表 3.24,ARM 工作在小端模式,说明下列操作完成的功能,将指出目标操作数的值。

表 3.24 内存数据分布

地址	数据	地址	数据	地址	数据	地址	数据
:	:	:	:	:	:	:	:
0x80000000	0x00	0x80000008	0x02	0x80000010	0x00	0x80000018	0x00
0x80000001	0x70	0x80000009	0x01	0x80000011	0x40	0x80000019	0x40
0x80000002	0x00	0x8000000A	0x11	0x80000012	0xF2	0x8000001A	0xF2
0x80000003	0x01	0x8000000B	0x47	0x80000013	0x01	0x8000001B	0x01
0x80000004	0x75	0x8000000C	0x32	0x80000014	0x00	0x8000001C	0x07
0x80000005	0x39	0x8000000D	0x30	0x80000015	0x00	0x8000001D	0x0C
0x80000006	0x2A	0x8000000E	0x30	0x80000016	0x1F	0x8000001E	0x1F
0x80000007	0x00	0x8000000F	0x39	0x80000017	0xFF	0x8000001F	0xFF

（1）ADD   R0,R1,R3,LSL #2

（2）ANDNES R0,R1,#0x0F

（3）LDRB   R0,[R1,R2,LSR #2]

（4）ADCHI   R1,R3,R2

（5）EOR   R0,R0,R3,ROR R4

（6）BIC   R1,R2,R3 LSL #2

（7）MLA   R0,R1,R2,R3

（8）LDR   R0,[R1,R4,LSL #3]

（9）BFI R1,R3,#2,#10

（10）ORN R1,R2,R4

3-4 用汇编语言编写实现下列功能的程序段

R1=a,R2=b,a,b 为无符号数

（1）if((a!=b)&&(a-b>5)) a=a+b;

else a=a-b;

（2）while(a!=0)

{ b=b+b*8;

a--;}

（3）从 a 所指向的地址,拷贝 20 个 32 位数到 b 所指向的地址。

3-5 ARM 的寻址方式有几种？举例并分别说明。

3-6 试比较 TST 与 ANDS,CMP 与 SUBS,MOV 与 MVN 的区别？

3-7 简述如何完成 Thumb 指令模式和 ARM 指令模式之间的切换？

3-8 写一段 ARM 汇编程序:循环累加队列中的所有元素,直到碰到零值位置,结果放在 R4,源程序末尾处声明队列:

```
Array
    DCD 0x11
    DCD 0x22
```

```
DCD 0x33
DCD    0
```

R0 指向队列头,使用命令 LDR R1,[R0],♯4 来装载,累加至 R4,循环直到 R1 为 0,用死循环来停止。

3-9　写一个汇编程序,把一个含 64 个带符号的 16-bit 数组组成的队列求平方和。

3-10　如何在程序中利用伪操作来定义一个完整的宏? 在程序中如何调用? 请举例说明。

3-11　CMSIS 软件层次结构是怎样的?

3-12　启动文件起什么作用?

3-13　为什么要使用 C 语言与汇编语言混合编程? 有什么优点?

3-14　简要说明 EXPORT 和 IMPORT 的使用方法。

3-15　分析说明下段程序完成什么功能。

```
AREA ChangeState,CODE,READONLY
CODE32
LDR r0, = start + 1
BX   r0
CODE16
Start   MOV   r1,♯1
```

3-16　设计一段汇编程序完成数据块的复制,数据从源数据区 snum 复制到目标数据区 dnum。复制时,以 8 个字为单位进行。对于最后所剩不足 8 个字的数据,以字为单位进行复制。

3-17　请写出 ARM 汇编语言的语句格式及其注意事项。

3-18　利用 C 语言和汇编的混合编程,完成两个字符串的比较,并返回比较结果,请分别用 C 语言和汇编语言完成比较程序。

3-19　用 C 语言出一个 32 位变量 Var 指定的位 30,19,8,6 清零,位 28,20,16,7 置位,位 12,3 取反的程序片段。

第4章 嵌入式最小系统

嵌入式最小系统是嵌入式系统最简单、最基本、不可或缺的硬件系统,简称最小系统。本章从嵌入式最小系统的组成入手,介绍嵌入式最小系统中各组成部分的设计。通常市场上出现的核心板均属于嵌入式最小系统。

4.1 嵌入式最小系统的组成

在第1章1.3.1节图1.3中已经给出了一个典型的嵌入式应用系统,主要包括嵌入式最小系统、输入通道、输出通道、人机交互通道以及相互互连通道几个部分。

嵌入式最小系统的硬件组成如图4.1所示。嵌入式最小系统包括嵌入式处理器、供电模块、时钟模块、复位模块、调试接口以及存储模块等。

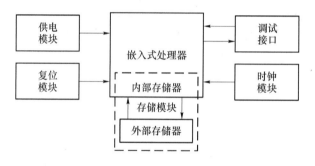

图 4.1 嵌入式最小系统的组成

对于面向控制类的嵌入式系统,通常无须外部存储器的扩展,选择一定容量的片上程序存储器和数据存储器的嵌入式处理器以满足应用系统的要求是最佳选择。

构建或设计一个嵌入式最小系统主要包括处理器选型、供电模块设计、复位电路设计、调试接口设计以及存储器扩展设计(如果需要)。

4.2 嵌入式处理器选型

嵌入式处理器芯片品种繁多,各有特色,如何从众多的嵌入式处理芯片中选择满足应用系统需求的芯片,是摆在我们面前的重要任务,只有选定了嵌入式处理器,才可以着手进行嵌入式系统硬件设计。选择合适的嵌入式处理器可以提高产品质量,减少开发费用,加快开发周期。

嵌入式处理器的选型应该遵循以下总体原则:性价比越高越好。

在满足功能和性能要求(包括可靠性)的前提下,价格越低越好。性能和价格本身是一对矛盾。

（1）性能：应该选择完全能够满足功能和性能要求且略有余量的嵌入式处理器，够用就行。

（2）价格：成本是系统设计的一个关键要素，在满足需求的前提下选择价格便宜的。

除了上述总体选择原则外，还可以考虑参数选择原则，可分为功能性参数选择和性能参考选择。

4.2.1　功能参数选择原则

功能参数即满足系统功能要求的参数，包括内核类型、处理速度、片上 Flash 及 SRAM 容量、片上集成 GPIO、内置外设接口、通信接口、操作系统支持、开发工具支持、调试接口、行业用途等。

1. 处理器内核

任何一款基于嵌入式处理器的芯片都是以某个内核为基础设计的，因此离不开内核的基本功能，这些基本功能决定了实现嵌入式系统最终目标的性能。因此嵌入式处理器的选择首要任务是考虑基于什么架构的内核。

实际上，对内核的选择取决于许多性能要求，如对指令流水线的要求、指令集的要求、最高时钟频率的限制、最低功耗要求以及低成本要求等。

2. 处理器时钟频率

系统时钟频率决定了处理器的处理速度，时钟频率越高，处理速度也越快。通常处理器的速度主要取决于内核。

3. 芯片内部存储器的容量

大多数处理器芯片内部存储器的容量都不很大，必要时用户在设计系统时可采用外扩存储器，但也有部分芯片具有相对较大的片内存储空间。片内存储器的大小是要考虑的因素之一，包括内置 Flash 和 SRAM 大小，要估计一下程序量和数据量选取合适的 ARM 芯片。目前对于处理器的应用通常不考虑外部扩展存储器，因此选择能够满足程序存储器要求的内置 Flash 容量以及满足存储数据要求的 SRAM 大小是重点选择的参数，同时还要考虑是否有对 E^2PROM 这样非易失性存储器的要求，以便能长期保存系统设置的参数而无须外部扩展。

4. 片上外围组件

除内核外，所有嵌入式处理器芯片或片上系统均根据各自不同的应用领域，扩展了相关的功能模块，并集成在芯片之中，如 USB 接口、SPI 接口、I^2C 接口、IIS 接口、LCD 控制器、键盘接口、RTC、ADC 和 DAC、DSP 协处理器等。设计者应分析系统的需求，尽可能采用片内外围硬件组件完成所需的功能，这样既可简化系统的设计，同时也提高了系统的可靠性，降低了成本。片内外围硬件组件的选择可从以下几个方面考虑。

（1）GPIO 外部引脚条数

在系统设计时需要计算实际可以使用的 GPIO 引脚数量，并规划好哪些作为输入脚，哪些作为输出脚。必须选择那些至少能满足系统要求的，并留有一定空余引脚的嵌入式处理器芯片。

（2）定时计数器组件

实际应用中的嵌入式系统需要若干个定时或计数功能，必须考虑处理器内部定时器的个数，目前定时计数器一般多为 16 位/24 位或 32 位。

如果是需要脉冲宽度调制（PWM）以控制电机等对象，还要考虑 PWM 定时器。

多数系统需要一个准确的时钟和日历,因此还要考虑处理器内部是否集成了 RTC(实时钟)。

要考虑抗干扰因素,则需要一个看门狗定时器(WDT)等。

（3）LCD 液晶显示控制器组件

对于需要考虑人机界面且用 LCD 液晶显示屏的场合,就需要考虑内部集成了 LCD 控制器的处理器,根据需要可选择有标准 LCD 控制器和驱动器的处理器、有段式 LCD 驱动器的处理器。

（4）多核处理器

对于特定处理功能的嵌入式系统,要根据其功能特征选用不同搭配关系的多核处理器或片上系统。对于多核处理器结构的选型需考虑的方面可以简单归纳如下:

- ARM+DSP 多处理器可以加强数学运算功能和多媒体处理功能。
- ARM+FPGA 多处理器的结合可以提高系统硬件的在线升级能力。
- ARM+ARM 多处理器的结合可以增强系统多任务处理能力和多媒体处理能力。

（5）模拟与数字间的转换组件

对于实际的工业控制、自动化领域或传感器网络应用领域,必然涉及模拟量的输入,因此要考虑内部具有 ADC 的处理器,选择时还要考虑 ADC 的通道数以及 ADC 的分辨率及转换速度。对于有些需要模拟信号输出的场合,还要考虑 DAC,选择时要考虑 DAC 的通道数以及分辨率,如果没有 DAC 也可考虑使用 PWM 外加运算放大器,通过软件来模拟 DAC 输出。

（6）通信接口组件

嵌入式系统与外部世界往往连接了许多设备,因此要求内部具有相应的不同互连通信的接口。根据系统需求查询芯片手册,看看哪款芯片基本满足通信接口的要求,如 I^2C、SPI、UART、CAN、USB、Ethernet、I^2S 等。

4.2.2　非功能性参数选择原则

所谓非功能性需求,是指为满足用户业务需求而必须具有且除功能需求以外的特性。非功能性需求包括系统的性能、可靠性、可维护性、可扩充性和对技术/对业务的适应性等。

对于非功能性需求描述的困难在于很难像功能性需求那样,可以通过结构化和量化的词语来描述清楚,在描述这类需求时,经常采用性能要好等较模糊的描述词语。

系统的可靠性、可维护性和适应性是密不可分的。而系统的可靠性是非功能性要求的核心,系统可靠性是根本,它与许多因素有关。

对于嵌入式处理器为核心的嵌入式系统来说,非功能性参数是指在满足系统功能外,还要以最小成本、最低功耗保障嵌入式系统长期稳定可靠运行。这些非功能要求的参数,包括电压范围、工作温度、封装形式、功耗特性与电源管理功能、成本、抗干扰能力与可靠性以及开发环境易用性及资源的可重用性等。

为了保障嵌入式系统的长期稳定可靠工作,还要考虑特殊要求的处理器。

（1）工作电压要求

不同处理器其工作电压是不相同的,常用处理器的工作电压有 5 V、3.3 V、2.5 V 和 1.8 V 等,也有些处理器对电压要求很宽,宽电压工作范围从 1.8 V 到 3.6 V 均能正常工作,因此可以选择 3.3 V 的电源供电,因为 3.3 V 和 5 V 的外围器件可以直接连接到处理器的引脚上,无须电平的匹配电路。

（2）工作温度要求

不同地区环境温度差别非常大,应用于恶劣环境下尤其要特别关注处理器的适应温度范围,比如有些处理器只适应于 0～45 ℃工作,有的适应于－40～85 ℃,有的适应于－40～105 ℃,也有些适应于－40～125 ℃。因此在价格差别不大的前提下,选择宽温度范围的处理器可以满足更宽范围的温度要求。

（3）体积及封装形式

对于某些场合,受局面空间的限制,必须考虑大小问题,对于处理器来说实际上跟封装有关系:封装形式与线路板制作以及整体体积要求有关。

嵌入式处理器一般有几种贴片封装:QFP、TQFP、PQFP、LQFP、BGA、LBGA 等形式。BGA 封装具有芯片面积小的特点,可以减少 PCB 板的面积,但是需要专用的焊接设备,无法手工焊接。另外,一般 BGA 封装的芯片无法用双面板完成 PCB 布线,需要多层 PCB 板布线。最容易焊接且使用广泛的是 LQFP 封装形式。

（4）功耗与电源管理要求

移动产品及手持设备等需要电池供电的产品对功耗的要求特别严格,只有选择低功耗或超低功耗的处理器及其外围电路,才能有效控制整个系统的功耗,才能使电池供电的场合可以长时间持续不间断工作。

根据 CMOS 电路功耗关系:

$$P_c = f \times V^2 \times \sum Ag \times C$$

式中,f 为时钟频率(器件工作频率),V 为工作电源电压,Ag 为逻辑门在每个时钟周期内翻转次数(通常为 2),C 为门的负载电容。

（5）价格因素

一个以嵌入式处理器为核心的嵌入式产品,性能和价格是一对矛盾体,在满足性能的前提下,尽可能降低成本,因此在选择处理器时,还要考虑价格因素。

（6）是否能长期供货

设计的嵌入式产品往往不是单件,都是批量生产,再加上嵌入式系统的易升级性,因此设计完成的嵌入式硬件具有很长的生命周期,因此要求选择处理器时要关注厂家的生产量以及是否能够长期提供货源,另外在更新换代后能否保障有替代品可以直接或间接替换而不是重新设计。

（7）抗干扰能力与可靠性

嵌入式处理器的可靠性是指在一定时间内、在一定条件下无故障地执行指定功能的能力或可能性。可通过可靠度、失效率、平均无故障间隔衡量产品的可靠性。

可靠性包含了耐久性、可维修性、设计可靠性三大要素。

（8）支持的开发环境及资源的丰富性

在选择处理器时还要考虑,该处理器支持的开发环境如何,是不是常用的经典开发环境,提供的资源是否丰富,是否有足够的技术支持,这是快速设计以该处理器为核心嵌入式系统的重要手段。目前比较常用的嵌入式处理器支持的开发环境有 ARM 公司的 KEIL MDK 以及 IAR 公司的 EWARM。

总之,在选择 ARM 处理芯片时,以上各因素考虑之后,还应分出权重,哪个性能或要求更重要,宜选用哪个特定要求的处理器,如系统要求采用 CAN 总线进行通信,其他通用性要求差不多时,首要选择带 CAN 总线控制器的处理器。

4.3　供电模块设计

没有一个可靠的电源模块,嵌入式系统就无法正常、可靠地工作。电源模块为整个嵌入式系统提供足够的能量,是整个系统工作的基础,具有极其重要的地位,但却往往被忽略。如果电源模块处理得好,整个系统的故障往往减少了一大半。

图 4.2 为 STM32F10x 系列微控制器电源框图。

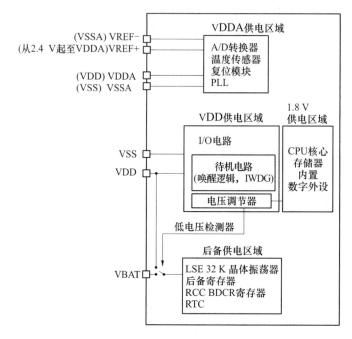

图 4.2　STM32F10x 电源部分框图

有四组电源接入端口:(1)数字电路的电源(VDD/VSS),工作在 2.0～3.6 V,CPU 内部供电要求是 1.8 V,由微控制器内部自带的降压型 DC-DC 得到。(2)模拟电路电源(VDDA/VSSA)为模拟部分的电源,工作在 2.0～3.6 V。(3)模拟参考电源(VREF＋、VREF－),电压为 2.4～VDDA。(4)电源供电电源(VBAT/VS),为实时钟 RTC 单独提供电源供电的电源。在有 VDD 时,可以使用 VDD 给 RTC 供电;当 VDD 掉电后,由 VBAT 供电(通常 VBAT 为电池供电的接入脚)。因此电源设计的关键就是要得到以上的电压稳定输出的电源。STM32F10x 系列微控制器的供电方案参照图 4.3 所示。

选择和设计电源电路时主要考虑以下因素:

(1) 输出的电压、电流(按嵌入式硬件系统需要的最大功率来确定电源输出功率)。

(2) 输入的电压、电流(是直流还是交流,输入电压和电流有多大)。

(3) 安全因素(是否需要不会因火花或热效应而点燃爆炸性环境的本安型电源)。

(4) 电磁兼容。

(5) 体积限制。

(6) 功耗限制。

(7) 成本限制。

根据具体嵌入式应用系统的需求,系统需要的主要电源电压为 24 V、12 V、5 V、3.3 V、

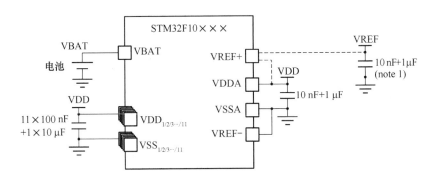

图 4.3　STM32F10x 供电方案

2.5 V、1.8 V 等。

　　最小系统涉及的电源主要是为嵌入式处理器供电,因此涉及的电源包括处理器内核电源、数字部分电源、模拟部分电源以及实时钟 RTC 电源等。通常内核电源电压包括存储器接口所需电源,如 1.8 V,而数字和模拟部分通常为 3.3 V,实时钟电源为 1.8～3.6 V 等,设计这部分电源用得最多的是 LDO 降压型稳压器如 1117 系列。

　　利用电源芯片进行电源设计主要有降压型和塔尖压型两种方式,降压型通常用在对功耗要求不高,且有足够高的电压的情况,而升压型一般应用于电池供电、对功耗有严格要求的场合。而环境恶劣、干扰严重、要求电源隔离的场合采用隔离型 DC-DC 进行电源设计。

4.3.1　降压型电源设计

　　典型的低差压稳压 LDO 芯片主要用于嵌入式处理器供电。典型的 LDO 稳压器介绍如下。

　　• AS2815-×× 系列:有 1.5 V、2.5 V、3.3 V、5 V,输入电压高于输出电压 0.5～1.2 V,小于等于 7 V。

　　• 1117-×× 系列(AMS、LM、SPX、TS、IRU 等前缀):有 1.8 V、2.5 V、2.85 V、3.3 V 和 5 V,输入电压为 ××＋1.5 V～12 V,输出电流 800 mA,输入高于输出 1.5 V 以上。

　　• AMS2908-×× 系列:有 1.8 V、2.5 V、2.85 V、3.3 V 和 5 V,输入电压为 ××＋1.5～12 V,输出电流 800 mA,输入高于输出 1.5 V 以上。

　　• CAT6219 系列:有 1.25 V、1.8 V、2.5 V、2.8 V、2.85 V、3.0 V、3.3 V,输出电流 500 mA。LDO 芯片还有常用的 NCP5661 等,可根据需要选择。

　　如果需要隔离电源,还可以直接选用隔离型 DC-DC 模块,如 B0505(输入 5 V 与输出 5 V 完全隔离),还有其他等级的隔离模块,如 B2405(24 V 输入与 5 V 输出完全隔离),可以根据需要选择。在抗干扰要求比较高的场合往往需要隔离电源供电。

　　借助 1117-3.3 从 USB 接口得到的 5 V 电源变换成大部分嵌入式处理器使用的 3.3 V 的电路如图 4.4 所示,该电路可以给 STM32F10x 系列微控制器供电。

4.3.2　升压型电源设计

　　AIC1642 系列是可以工作在 0.9 V 的 DC-DC 芯片,有 2.7 V、3.0 V、3.3 V 和 5 V。典型应用电路如图 4.5 所示。假设 Vin 为一节电池(1.2～1.5 V)的输出电压,输出可以选择2.7～5 V 四个电压等级的电压输出。

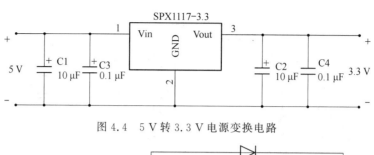

图 4.4　5 V 转 3.3 V 电源变换电路

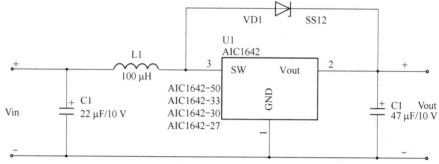

图 4.5　用一节电池供电的 5 V 电源变换电路

类似 AIC1642 的芯片还有 XC6382、XC6371、RT9261B、HT77XX、BL8530、AIC1642、S8351 以及 HMXX1C 等。一般要求最低输入电压 0.8 V，最高不超过 12 V，输出电流可达 500～700 mA。

市面上有许多升压型 DC-DC 芯片，AIC1642 可将低于 1 V 的电压变换成 5 V 或 3.3 V 等。

4.3.3　隔离型电源设计

对于需要隔离的电源可使用 DC-DC 隔离模块，主要有 1 W 和 2 W 两种主要隔离模块，典型代表包括 B0305、B0505、B0509、B0512、B0524、B1205、B1212、B1224、B2405、B2412 以及 B2424 等。Bmnjk 中的 mn 为输入电压，jk 为输出电压，如 B0305 为将 3 V 变换为 5 V，B2412 为 24 V 变换为 12 V，均带隔离。隔离电压通常高于 2 000 V，这些隔离型 DC-DC 模块在抗干扰要求高的场合非常有用，缺点是代价高。图 4.6 为 5 V 变换为 24 V 的隔离 DC-DC 模块引脚示意图，输入 5 V，通过隔离变换为 24 V 输出。这为设计电源提供了很大的方便，可以只设计一路电源，需要多路时可用隔离型 DC-DC 模拟变换成不同电压等级的电源。

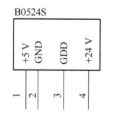

图 4.6　典型隔离型 DC-DC
B0524S 外形引脚

4.3.4　STM32F10x 电源设计

前面已经提到 STM32F10x 有四组电源，此外模拟信号通道电流输出还需要 12 V 电源，因此要通过 5 V 产生 3.3 V 及 12 V 等数字和模拟电源，电路构成如图 4.7 所示。

图 4.7(a) 所示的外接稳定的 5 V 电源通过 PW1 接入之后，经过 VD5 以防正负端接反而保护嵌入式系统电路，经过可恢复保险丝 F1，再经过开关进入电源变换芯片 SP1117-3.3 V，将 5 V

电源变换为 MCU 需要的 3.3 V 电源。3.3 V 数字电源经过图 4.7(b) 经过电感电容滤波之后变换为模拟电源 VDDA。图 4.7(c) 将 5 V 电源隔离变换为模拟系统使用的 12 V 电源。

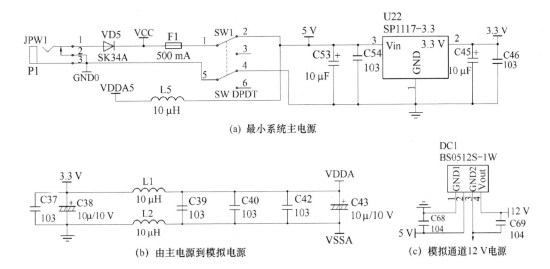

(a) 最小系统主电源

(b) 由主电源到模拟电源　　　　　(c) 模拟通道12 V电源

图 4.7　基于 STM32F10x 嵌入式应用系统的电源电路

4.4　时钟与复位电路设计

4.4.1　时钟电路及时钟源选择

嵌入式处理器与其他处理器一样,工作时都需要外部或内部提供时钟信号,按照时钟的序列进行工作。不同处理器要求的时钟最高频率不同,几乎所有的嵌入式处理器本质上均为同步时序电路,需要时钟信号才能按照节拍正常工作。大多数嵌入式处理器内置时钟信号发生器,因此时钟电路的设计只需要外接一个石英晶体振荡器,处理器时钟就可以工作了。但有些场合(如为了减少功耗、需要严格同步)需要使用外部振荡源提供时钟信号,嵌入式处理器时钟电路如图 4.8 所示。

嵌入式处理器有两个引脚 X1 和 X2 可接时钟信号,X1 为时钟信号输入引脚,X2 为时钟信号输出引脚,使用内部时钟信号发生器的外部时钟电路的连接如图 4.8(a)所示,外部仅需提供晶体 Xtal 和两只电容 C,加上电源,其内部时钟发生电路就可工作。使用外部振荡源的外部时钟电路的连接如图 4.8(b)所示,要求外部时钟源 Clock 具有很好的稳定度,此时 X2 可以输出时钟信号给其他电路使用。

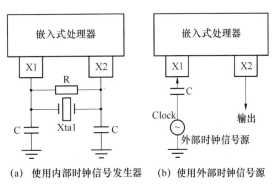

(a) 使用内部时钟信号发生器　(b) 使用外部时钟信号源

图 4.8　嵌入式最小系统的时钟电路

嵌入式最小系统的设计通常使用内部时钟信号发生器,其中晶体的选择有有源晶体和无源晶体之分,对于频率非常高的应用场合如晶体频率 100 MHz,最好选用有源晶体(4 只引脚);如果频率比较低,如 12 MHz,则仅需选择两只引脚的无源晶体。电源的选择与频率有关,频率越高,电容 C 值越小。通常在10～50 pF 选择比较适宜。为保持更加稳定可在晶体上并联一个 10 MΩ 左右的电阻。

此外,现代嵌入式处理器内部大部分都集成了内部时钟源(有高速和低速多种时钟源),可不用外接晶体,直接使用内部源即可正常工作,通过时钟控制寄存器对时钟源可以有针对性地选择。

时钟源供芯片内部组件使用。

STM32F10x 系列微控制器有四种不同的时钟源可供不同用途来选择:

(1) HSI(高速内部时钟 8 MHz)振荡器时钟。

(2) HSE(高速外部时钟 4~16 MHz)振荡器时钟。

(3) 40 kHz 低速内部 RC。

(4) 32.763 kHz 低速外部晶体。

由时钟图可以看出,内部 8 MHz 的 HSI/2 经锁相环乘法器 PLLMUL(2~16 倍),经过 16 倍乘后,最大只能为 64 MHz。外部时钟经 PLLMULL 后,可以最大到 72 MHz。

SysTick(Cortex 系统时钟)由 AHB 固定 8 分频后得到,APB2 可以工作在 72 MHz 下,而 APB1 最大是 36 MHz。

SYSCLK 为系统时钟,最大 72 MHz。

HCLK 为 AHB 总线时钟,由系统时钟 SYSCLK 分频得到,一般不分频,等于系统时钟。

经过总线桥 AHB—APB,通过设置分频,可由 HCLK 得到 基于 APB1 总线上所有外设的时钟 PCLK1 与基于 APB2 总线上所有外设的时钟 PCLK2,HCLK 经过 APB2 分频得到 PCLK2 时钟,而 HCLK 经过 APB1 分频器得到 PCLK1。

芯片硬件组件的 RTC 和看门狗采用慢速时钟,其他所有片上外设均使用高速时钟。以全部使用内部时钟源为例,内部 8 MHz 的高速时钟 HSI 经过 2 分频后经过锁相环电路 PLL 进行倍频处理,可得到最高 16 倍的频率,因此最高得到系统时钟 SYSCLK 达到 64 MHz,如果选择外部时钟,最高可达 72 MHz(时钟)。

图 4.9 为基于 STM32F107 嵌入式系统的时钟电路,包括 25 MHz 的外部高速时钟、32.768 kHz 的 RTC 时钟等。

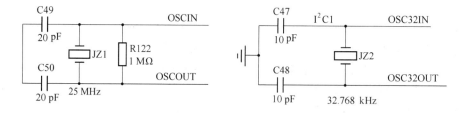

图 4.9　STM32F107 时钟模块构成

如果使用内部时钟,则 OSCIN 应接地,OSCOUT 应悬空。

STM32F10x 普通型 MCU 的内部时钟发生器组成如图 4.10 所示,对于 STM32F10x 等带以太网的互联型微控制器的系统时钟发生的组成关键部位如图 4.11 所示,与 STM32F10x 的其他型号略有不同。一是互联型的最高外部频率 HSE 是 25 MHz,普通型 16 MHz;二是互联型多了 PLL2MUL 和 PLL3MUL,使频率设置更加灵活,以适应不同外设时钟的要求。

对于 STM32F107 系列微控制器,外接 25 MHz 时钟,经过 PRESDIV2 的 5 分频后得到 5 MHz,再经过 PLL2MU12 的 8 倍频后得到 40 MHz,再经过 PREDIVI 的 5 分频后得到 8 MHz,最后经过 PLLMUL 的 9 倍得到 72 MHz 的系统时钟,由于 AHB 不分频,则 AHB 时

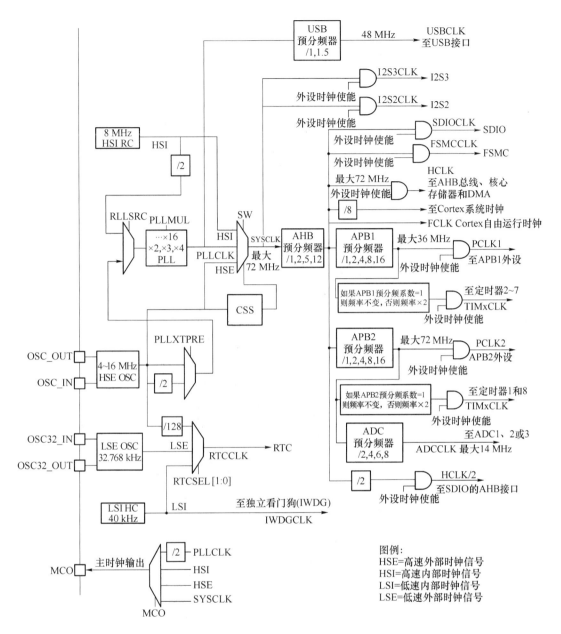

图 4.10　STM32F10x 时钟源及其控制

钟为 72 MHz，APB1 为 2 分频，因此 APB1 时钟为 36 MHz，APB2 不分频，则 APB2 时钟为 72MHz。

4.4.2　复位模块

任何处理器要正常工作必须在上电时能够可靠复位，让 CPU 找到第一条指令对应的地址去执行为具体应用编写的程序。因此复位模块是否可靠，对于嵌入式应用系统至关重要。ARM 处理器（除 ARM Cortex-M 复位向量为 0x00000004 外）复位后 PC 指针指向唯一的地址 0x00000000，复位向量 Reset_Handler 指向复位处理入口，见第 3 章 3.9.3 节中的程序片段。

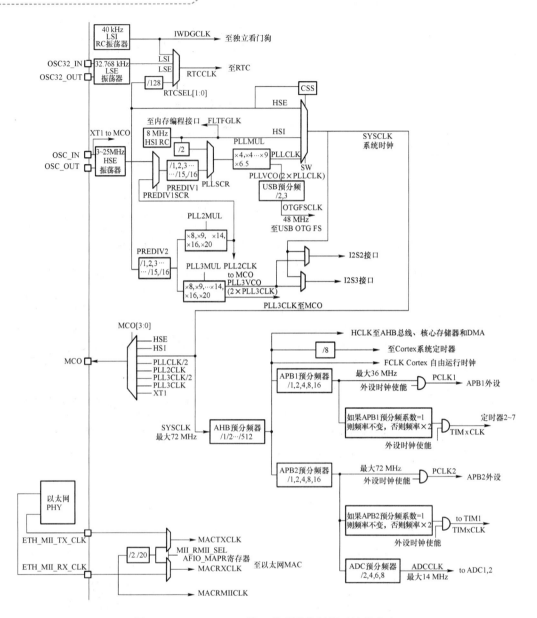

图 4.11　STM32F107 等互联型微控制器时钟的产生

1. 嵌入式处理器内部的一般复位逻辑

嵌入式系统复位的目的是使程序第一条指令得以正确执行，以完成处理器初始化过程。也就是说正常复位处理器程序计数器才能指向 Flash 以启动 ROM 的引导代码。

现代 ARM 处理器的复位条件通常有多个复位源，比如 STM32F10x 的复位源包括 NRST（表示低电平有效）引脚复位、独立看门狗复位、窗口看门复位、软件复位和低功耗管理复位等。STM32F10x 系列微控制器复位逻辑如图 4.12 所示。

NRST 引脚为施密特触发输入引脚。任何复位源可使芯片复位有效，一旦操作电压到达一个可使用的门限值，则启动唤醒定时器。复位信号将保持有效直至外部的复位信号被撤除，振荡器开始运行，当时钟计数超过了固定的时钟个数后，Flash 控制器已完成其初始化。

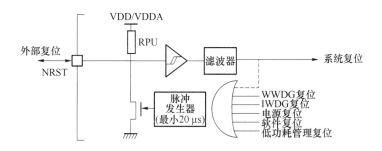

图 4.12 嵌入式处理器内部复位逻辑

当任何一个复位源有效时,片内 RC 振荡器开始起振。片内 RC 振荡器起振后,需要经过一段时间才能稳定。经过至少 20 μs 片内 RC 振荡器才能提供稳定的时钟输出,此时复位信号被锁存并且与片内 RC 振荡器时钟同步。

2. 简单复位电路

简单的复位电路可以使用 RC 电路来构建,如图 4.13 所示,由 RC 电路构成的复位模块在上电时,由于电容两端的电压不能突变,因此输出给复位引脚的信号为 0,经过一段时间充电,电容两端的电压升高到复位门槛电源,然后慢慢到电源电压 VCC,从上电有效至达到复位门槛电压这段时间即为复位有效时间,通常选择远大于处理器复位时间的要求,这样刚上电时在复位引脚上产生了低电平有效的复位信号。RC 简单经济,但可靠性不高。通常 R 为 10 kΩ,C 为 0.1～10 μF/10 V,如果不能可靠复位,还要加大电容容量或增加电阻值以延长复位时间。

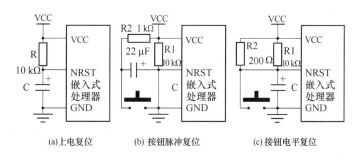

(a)上电复位 (b) 按钮脉冲复位 (c) 接钮电平复位

图 4.13 简单复位电路

由复位逻辑可知,STM32F10x 内部复位引脚有上拉电阻,因此外部的 10 kΩ 电阻可以省去不用,即在 NRST 引脚直接对地连接一个电容 C 即可,大小可为 0.1 μF。

3. 专用复位芯片构成的复位电路

通过采用专用复位芯片来构建复位模块如图 4.14 所示,上电时在 NRST 产生可靠的低电平复位信号,复位信号的宽度满足一般处理器的复位要求,如果中途复位可以按下 MS1 复位按键同样会产生宽度一定的低电平复位脉冲。

常用专用复位芯片主要有 CAT811 系列以及 SP708 系列等。

CAT811 复位电压有 5 V、3.3 V、3 V、2.5 V 可选,其中 811 为输出低电平复位信号,812 为输出高电平复位信号,目前 ARM 处理器均采用低电平复位,因此可选用 811 专用复位芯片。使用 CAT811(如图 4.14(a)所示)的复位芯片设计的复位电路如图 4.14(b)所示。上电时,通过 R1 和 C1 使 nMR 为低电平,通过 CAT811 内部电路调理后,在 nRST 端输出 140 ms 宽度的低电平后变高电平,Sys_nRST 接嵌入式处理器的复位引脚,以满足嵌入式处理器复位要求。

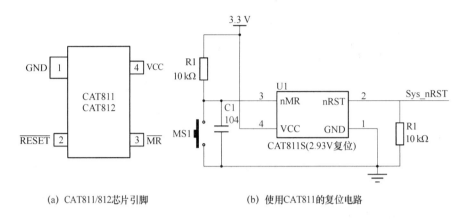

(a) CAT811/812芯片引脚　　　　　　(b) 使用CAT811的复位电路

图 4.14　专用芯片 CAT811 复位电路

专用复位电路的特点是复位可靠,常用于对系统要求比较高的场合,缺点是成本高,对于成本有严格要求的情况下,可直接使用简单复位电路(NRST 引脚对地接一个容量为 0.1 μF 的电容)。

4.5　调试接口设计

嵌入式系统与其他系统一样都会遇到硬件和软件的调试问题,这就要求硬件本身具有调试功能、调试接口以及相应的调试手段和调试工具。

现代嵌入式处理器片内都集成了逻辑跟踪单元与调试接口,主要用于开发调试。ARM 处理器的调试接口有两种基本接口,一种是依赖于标准测试访问端口和边界扫描体系结构的 JTAG 调试接口,另一种是基于串行线方式的 SWO 调试接口。图 4.15 示出了嵌入式处理器内部调试接口组件及与主机的连接关系,嵌入式处理器内部的调试接口包括 JTAG 接口、协议检测以及 SW 接口,它们跟外部调试接口设备直接通过连接线相连,调试接口设备如仿真器或协议转换器再通过电缆 USB 或以太网等与调试主机连接,构成完整的调试系统。而嵌入式处理器内部的调试接口通过数据访问总线 DAP 与内部高性能总线 AHB 连接,调试信息通过 AHB 总线经过调试接口在内核与调试器之间进行交互,完成通过主机来调试目标机的目的。

STM32F10x 微控制器的调试接口如图 4.16 所示。

4.5.1　JTAG 调试接口设计

使用 JTAG 格式串行检测处理器内部状态,在暂停模式下,可确保不使用外部数据总线即可将指令串行插入内核流水线;在监控模式下,JTAG 接口用于在调试器与运行在 ARM 核上简单的监控程序之间进行数据传输。

嵌入式处理器的调试接口大都支持 JTAG 标准,JTAG(Joint Test Action Group,联合测试工作组)是一种国际标准测试协议(IEEE1149.1 兼容),主要用于芯片内部测试。JTAG 接口关键的信号有 TMS、TCK、TDI、TDO,分别为模式选择、时钟、数据输入和数据输出线。调试接口的设计就是要将嵌入式处理器与 JTAG 相关的引脚引出到连接 JTAG 插座上,20 个引脚的 JTAG 插座及连接方法如图 4.17 所示,其中 TRST 为复位引脚,TCK 是 JTAG 测试时钟,所有 JTAG 相关信号均连接一个 10 kΩ 大小的上拉电阻。

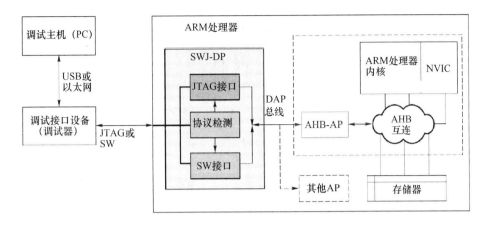

图 4.15 嵌入式处理器的调试接口与调试主机的关系

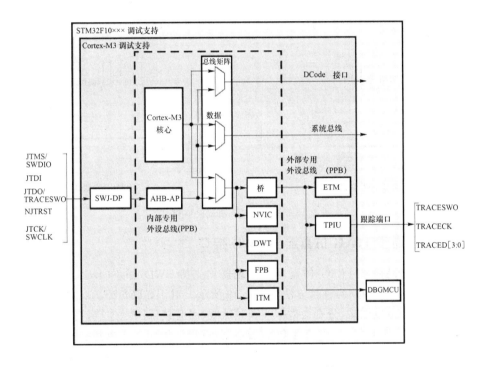

图 4.16 STM32F10x 微控制器调试接口

4.5.2 SWD 调试接口设计

调试接口除了 JTAG,在新型 ARM 处理器如 Cortex-M 系列处理器中均提供更为简捷的调试接口,即 SWD(Serial wire Debug)调试接口,即串行线调试接口。

串行线调试技术提供了 2 针调试端口,这是 JTAG 的低针数和高性能替代产品。

SWD 是 Cortex-M 内核提供的另一种特别是少引脚调试接口,作为串行线调试接口有 ICEDAT 和 ICECLK 两根信号线,它的接口没有统一针脚标准定义,可用 20 针的,也可使用 10 针,如图 4.18(a)所示,由于 SW 本身串行线调试,因此没有必要用那么多空脚,可设计成只用 5 个引脚,如图 4.18(b)所示。

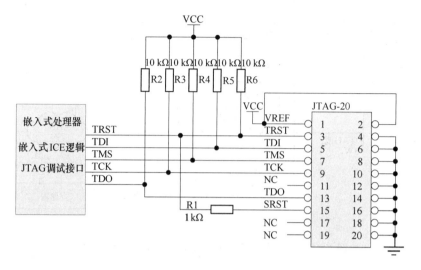

图 4.17　20 引脚的 JTAG 接口

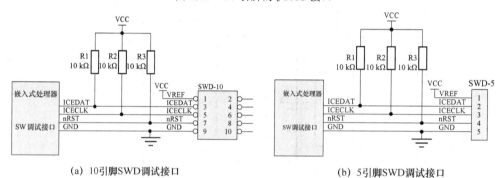

（a）10引脚SWD调试接口　　　　　　　　（b）5引脚SWD调试接口

图 4.18　基于 SWD 调试接口设计

4.5.3　采用通用 JTAG 仿真器做 SWD 接口

市面上许多知名品牌的 JTAG 仿真器或下载器均支持 SWD，如 J-LINK 或 ST-LINK 脚的 JTAG 接口可改制为 SWD 接口，连接方法如图 4.19 所示。对于 STM32F10x ARM 芯片，其引脚 PA13 和 PA14 支持 SWD 调试，分别为数据线和时钟线，因此按照图示连接，将 JTAG 下载器 20 引脚相应引脚连接成 SWD 接口，可节省 PCB 板空间，仅用 5 个引脚即可进行程序下载或调试，只是在 MDK-ARM 系统中设置为 SWD 而不是 JTAG（尽管利用 JTAG 原有下载器）。

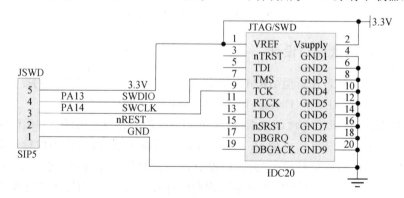

图 4.19　基于 JTAG 下载器的 SWD 调试接口设计

4.6 存储器接口设计

现代嵌入式处理器片内都有一定容量的 Flash 程序存储器和 SRAM 数据存储器,有的还有 EEPROM 数据存储器等。在一般应用场合选择具有一定容量存储器的嵌入式处理器设计嵌入式系统通常不用外部扩展存储器,但如果实际应用中,需要的程序存储器容量大,数据量也大,片内存储器无法满足实际应用的要求时,就要进行存储器的扩展。存储器的接口设计就是利用片上存储器控制器扩展组件来构建大容量的存储系统。

ARM 处理芯片内部硬件中除 ARM 处理器外,最重要的组件就是存储器及其管理组件,用于管理和控制片内的 SRAM、ROM 和 Flash,通过片外存储控制器对片外扩展存储器 Flash 及 DRAM 等进行管理与控制。

4.6.1 存储器地址映射

ARM 处理器的程序存储器、数据存储器、寄存器和输入输出端口被组织在同一个 4 GB 的线性地址空间内。也就是说,存储器与 I/O 采用统一编址。并且数据字以小端格式存放在存储器中。一个字里的最低地址字节被认为是该字的最低有效字节,而最高地址字节是最高有效字节。

可访问的存储器空间被分成 8 个主要块,每个块为 512 MB。这 8 个块包括 block0～block7,每个 512 MB。典型 ARM Cortex-M3 微控制器 STM32F10x 系列存储器分布如表 4.1 所示。

表 4.1 STM32F10x ARM Cortex-M3 微控制器地址分布

地址范围	用途	描述
0x00000000～0x1FFFFFFF	程序存储器区域	Flash,block0(512 MB)
0x20000000～0x3FFFFFFF	数据存储器区域	SRAM,block1(512 MB)
0x40000000～0x5FFFFFFF	连接在 APB1、APB2 以及 AHB 上所有片上外设	片上外设,block2(512 MB)
0x60000000～0x7FFFFFFF	未使用	未使用,block3(512 MB)
0x80000000～0x9FFFFFFF	未使用	未使用,block4(512 MB)
0xA0000000～0xBFFFFFFF	未使用	未使用,block5(512 MB)
0xC0000000～0xDFFFFFFF	未使用	未使用,block6(512 MB)
0xE0000000～0xEFFFFFFF	M3 内核外设	M3 内核外设,block7(512 MB)

其他所有没有分配给片上存储器和外设的存储器空间都是保留的地址空间,请参考相应器件的数据手册中的存储器映像图。

从中可以看出,ARM 微控制器采用存储器映射地址即统一编址方式,把存储器与 I/O 端口统一混合编址。这与以 PC 平台的通用计算机系统的存储器编址完全不同,PC 系统存储器采用 I/O 映射地址的方式,把存储器与 I/O 分开独立编址。

STM32F107 系列大容量微控制器片上程序存储器 Flash 从 0x00000000～0x0003FFFF,共 256 KB,片上 SRAM 从 0x20000000～0x2000FFFF,共 64 KB,片上外设地址范围为 0x400000000～0x5FFFFFFF。具体片上外设的地址详见 STM32F10xc 参考手册。

尽管 M3 采用哈佛结构,其程序存储器和数据存储器是独立的总线访问,但编址却是统一的,而且与片上外设统一编址。

4.6.2　片内存储器

片内存储器是指嵌入式处理器内部已经嵌入了的存储器,包括 Cache(高速缓冲存储器)、Flash、E²PROM 和 SRAM。在嵌入式微处理器内部大都集成了 Cache,有的将数据 Cache(D_Cache)与指令 Cache(I_Cache)分离。加入 Cache 的目的是减小访问外部存储器的次数,提高处理速度。在嵌入式微控制器内部都集成了 Flash 以便存储程序,集成了 SRAM 以存储数据,也有许多嵌入式微控制器内部集成 E²PROM 或 FRAM,以存储设置参数或采集的数据并在掉电时信息不至丢失。

1. 片内 Cache

嵌入式处理器内部集成了几 KB 到几百 KB,有的达到几 MB 的 Cache,有的嵌入式微处理器内部有片内一级 Cache,还是二级 Cache。借助于内部 Cache,系统就可以不必每次访问外部存储器,一次可以把批量的指令或数据复制到 Cache 中,这样 CPU 直接读取 Cache 中的指令,读写 Cache 中的数据,减少了访问外部存储器的次数,提高了系统运行效率。在性能高的嵌入式处理器中都会集成内部 Cache。

2. 片内 Flash

大部分嵌入式处理器内部集成有一定容量的 Flash 作为程序存储器,从几 KB 到几 MB 不等,有了内置 Flash,嵌入式系统就可以以最小系统形式,无须外接程序存储器就可以应用到各个领域,充分体现嵌入式系统的专用性和嵌入性。

FM32F10x 微控制器片内程序存储器 Flash 依据内部容量的不同,从 16 KB～1 MB 不等。

3. 片内 SRAM

嵌入式处理器内部除了有一定容量的 Flash 作为程序存储器外,还集成了从几 KB 到几 MB 不等的 SRAM 作为数据存储器,用来临时存放系统运行过程中的数据、变量、中间结果等。由于 SRAM 是易失性存储器,因此系统复位后要对 SRAM 进行初始化操作。

FM32F10x 微控制器片内数据存储器有 64 KB 的 SRAM。

4. 片内 E²PROM

相当一部分嵌入式处理器内部除了 Flash 和 SRAM 外,还配备了从几 KB 到几 MB 不等的 E²PROM 作为长期保存重要数据的存储器,因为是非易失性存储器,掉电后信息保持不变,因此常用于存放系统的设置和配置信息,以及希望长期保存且很少改写的一些数据。

5. 片内 FRAM

目前已有部分嵌入式处理器内部集成了 FRAM,由于它具有 RAM 和 ROM 的全部特点,因此既可当 RAM 用,又可当 ROM 用,是当前嵌入式处理器内部存储器的主要存储器之一。

4.6.3　片外存储器

对于程序代码量大且内置 Flash 不能满足系统需求或内部没有 Flash 的嵌入式处理器进行系统设计时必须进行外部存储器的扩展,外部存储器的扩展是靠 ARM 内核提供的高带宽外部存储器控制器接口完成的。不同内核的 ARM 芯片,其外部存储器控制接口所支持的外部存储器的容量大小有差别,但原理都是一样的。

1. 片外程序存储器

片外程序存储器目前主要使用 NOR Flash 和 NAND Flash。

（1）NOR Flash

NOR Flash 主要有美国 Intel 公司的 E28F 系列、美国 AMD(Advanced Micro Devices)公司的 AM29 系列、SST(Silicon Storage Technology)公司的 SST39 系列、SPANSION 公司的 S29 系列等。

（2）NAND Flash

目前生产 NAND Flash 的厂家很多，有韩国三星的 K9 系列（K9F1G08U、K9F120B、K9F1208、K9F5608、K9F1G08 以及大容量的 K9K8G08U0A、K9WAG08U1M、K9G4G08、K9K8G08、K9G8G08 等）、韩国现代（Hynix/HY－海力士/韩国现代）的 HY27 系列（HY27US08 系列、HY27UF08 系列、HY27UU08 系列、HY27UT08 系列、HUAG8 系列、HUBG8 系列、H27UAG8T2BTR 等）、法国 ST 公司的 NAND 系列（NAND128、NAND256、NAND512、NAND01G、NAND02G、NANDCRB、NANDC3、NANDG3 等）、日本东芝的 TC58 系列（TC58VC 系列、TC58RY 系列、TC58DV 系列、TC58TV 系列等）等。在此不一一列举。

2. 片外数据存储器

嵌入式系统使用的外部数据存储器有 SDRAM、DDR/DDR2/DDR3/DDR4 等。早期的 ARM 芯片仅支持 SDRAM，新型的 ARM 芯片如 Cortex-A 系列还支持 DDR 系列存储器。

目前使用比较广泛的是韩国现代（海力士）生产的 DDR 存储器，其命名规则为：HYXZm-njk。其中，HY 为现代标识；X 为存储器类型，5 和 57 代表 SDRAM，5D 表示 DDR；后面 Z 表示电压等级 U=2.5 V，V=3.3 V，空白表示 5 V；对于 SDRAM，数字 m 表示总容量，如 56 和 52 代表 256 Mbit，64 和 65 代表 64 Mbit，26 和 28 代表 128 Mbit；对于 DDR，m 数字 28 表示 128 Mbit，56 表示 256 Mbit，12 表示 128 Mbit；紧接着数字 n 是数据宽度，16 表示 16 位位宽，32 表示 32 位宽度；最后两位数字前一位 j 为逻辑 BANK 数，如 1 表示 2 个 BANK，2 表示 4 个 BANK，3 代表 8 个 BANK；j 实际上是选择 BANK 的输入引脚个数；最后一位 k 表示电气接口，如 0 表示 LVTLL，1 表示 SSTL，2 表示 SSTL_2。

4.6.4 辅助存储器

基于 Flash 的闪存卡（Flash Card）是利用闪存技术存储信息的存储设备，一般应用在数码相机、掌上电脑、MP3 等小型嵌入式数码产品中作为外部存储介质。它如同一张卡片，所以称之为闪存卡或存储卡。根据不同的生产厂商和不同的应用，闪存卡大概有 SM（SmartMedia）卡、CF(Compact Flash)卡、MMC(MultiMedia Card)卡、SD(Secure Digital Card)卡、记忆棒（Memory Stick）和 XD(XD-Picture Card)卡等。这些闪存卡虽然外观、规格不同，但是技术原理都是相同的，都是基于 Flash 的存储设备。

1. SM 卡

SM 卡是由东芝公司在 1995 年 11 月发布的 Flash 存储卡，三星公司在 1996 年购买了生产和销售许可，这两家公司成为主要的 SM 卡厂商。SM 卡一度在数码相机和 MP3 播放器上非常流行，现在已经被 SD 卡和 MMC 卡所取代。

2. CF 卡

CF 卡为兼容 Flash 卡，最初是使用 Flash 存储技术的一种用于便携式电子设备的数据存储设备。于 1994 年首次由 SanDisk 公司生产并制定了相关规范，它的物理格式已经被多种设备所采用。

实际上 CF 卡就是使用了 NOR Flash 和 NAND Flash,只是封装成一个标准的形式而已。目前新 CF 卡均采用 NAND Flash 作为存储器。

3. MMC 卡

MMC 卡由西门子公司和首推 CF 卡的 SanDisk 于 1997 年推出。MMC 的发展目标主要是针对数码影像、音乐、手机、PDA、电子书、玩具等产品。MMC 也是把存储单元和控制器一同做到了卡上,智能的控制器使得 MMC 保证兼容性和灵活性。

4. SD 卡

SD 卡为安全数字存储卡,也是一种基于 Flash 的新一代记忆设备,它被广泛用于便携式装置上使用,例如数码相机、个人数码助理和多媒体播放器等。SD 卡由日本松下、东芝及美国 SanDisk 公司于 1999 年 8 月共同开发研制。大小犹如一张邮票的 SD 记忆卡重量只有 2 克,但却拥有高记忆容量、快速数据传输率、极大的移动灵活性以及很好的安全性。

SD 卡对于手机等小型数码产品略显臃肿,为此又开发了一种"miniSD"卡。其封装尺寸是原来 SD 卡的 44%,通过转接卡也可以当作 SD 卡使用,在手机上有广泛的使用。

还有一种 TF 卡又称 microSD,是一种更加小巧的 SD 卡,主要用于手机。随着容量的不断提升,它慢慢开始用于 GPS 设备、便携式音乐播放器和一些闪存盘中。它的体积为 15 mm×11 mm×1 mm,相当于手指甲盖的大小,是目前为止最小的存储卡。它亦能够以转接器来接驳于 SD 卡插槽中使用。

5. 记忆棒

记忆棒是由日本索尼(SONY)公司最先研发出来的移动存储媒体。记忆棒用在 SONY 的 PMP、PSX 系列游戏机、数码相机、数码摄像机、索爱的手机以及笔记本电脑上,用于存储数据。

6. XD 卡

XD 卡是由富士和奥林巴斯联合推出的专为数码相机使用的小型存储卡,采用单面 18 针接口,在奥林巴斯、柯达、富士胶卷的数码相机上使用。目前市场上见到的 XD 卡有 16 MB、32 MB、64 MB、128 MB、256 MB 等不同的容量规格。

7. U 盘

U 盘,全称 USB 闪存盘,英文名"USB flash disk"。它是一种使用 USB 接口的无须物理驱动器的移动存储产品,通过 USB 接口与系统连接,实现即插即用。

8. 微硬盘

在不断追求大容量和小体积的时代,闪存(容量小)和传统硬盘(体积大)均无法满足市场需求。由超小型笔记本和数码相机领域发展过来的微硬盘已成为外部存储的主力军。微硬盘最早是由 IBM 公司开发的一款超级迷你硬盘机产品。其最初的容量为 340 MB 和 512 MB,现在的产品容量有 1 GB、2 GB、4 GB、8 GB、16 GB、30 GB、40 GB 和 60 GB 甚至 240 GB 等。与以前相比,目前的微硬盘降低了转速(4 200 转/秒降为 3 600 转/秒),从而降低了功耗,增强了稳定性。

微硬盘的主要特点有:超大容量、使用寿命长、带有缓存、无须外置电源、高速传输、接口多样、兼容性好、高防振性等。

随着电子技术的不断发展,Flash 闪存容量不断增大,微硬盘与 Flash 闪存产品的竞争和较量不断加强,激发了微硬盘及闪存的发展。将来我们会看到,容量越来越大,体积越来越小,价格越来越低的存储设备出现在世人面前。

4.6.5 外部存储器扩展

前面已经提及,对于片内存储器不能满足实际要求时,需要外部扩展存储器,外部存储器的扩展可以采用并行方式扩展,也可以采用串行方式扩展。

1. 并行存储器扩展

对于并行总线方式扩展,就是利用嵌入式处理器片内外部总线接口 EBI 或存储器控制器接口 FSMC 相关信号来连接外部存储器,达到扩展的目的。不同厂家 ARM 处理器其 EBI 或 FSMC 信号的定义各不相同。

通常情况下,512 KB 的程序存储器对于大部分应用来说是够用的,但更大的存储器可以借助于存储器控制器扩展。对于 STM32F10x 系列微控制器,只有高密度芯片(LQFP100 和 LQFP144)才具有外部扩展功能部件 FSMC(存储器控制器),如图 4.20 所示,可外部扩展 NOR Flash/SRAM、Nand Flash 以及 PC 卡等。由存储器控制器引出的引脚的三大总线包括 26 条地线线 A[25:0]、16 条数据线 D[15:0]以及时钟 CLK、输出使能 NOE、中断 INT、读写 NWE 和等待 NWAIT 等控制信号。另外,还有与 PC 卡的接口信号等。由地址线可知,STM32F10x 可寻址 $2^{26} \times 16 = 512$ MB 的外部存储器,与 4.6.1 节中表 4.1 吻合。

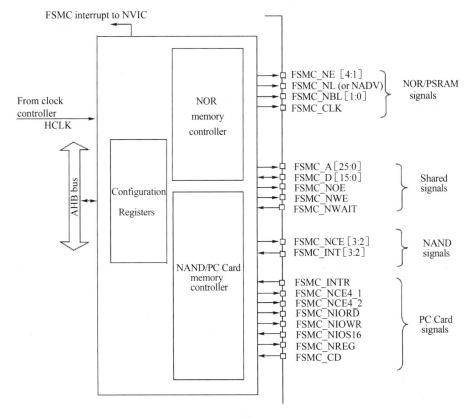

图 4.20 STM32F10x 的 FSMC 结构

(1) Nor Flash 扩展

典型的 NOR Flash 芯片 AM29LV160(与 S29AL016D 引脚完全兼容)内部结构如图 4.21 所示,它内部有行和列译码器,连接 A0～A19 地址线,输入输出缓冲器连接 16 条数据线,芯片使能与输出使能连接内部使能逻辑,状态控制逻辑及命令寄存器连接相关的控制信号。具体引脚含义如表4.2所示。

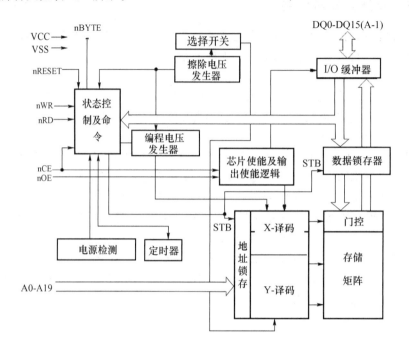

图4.21　典型NOR Flash芯片AM29LV160的内部结构

表4.2　AM29LV160信号引脚含义

引脚	引脚功能	引脚	引脚功能
A0～A19	20条地址线	nOE	数据输出使能，0有效，1无效
DQ0～DQ14	15条数据线	nWE	写使能，0有效，1无效
DQ15/A-1	DQ15数据线，字模式 A-1最低地址输入，字节模式	nRESET	硬件复位输入，0有效
		VCC	3.0电源电压输入
nBYTE	选择8位字节模式(0)还是16位模式(1)	VSS	电源地
nCE	芯片使能，0有效，1无效	NC	没有连接的空脚

外部地址线A0～A19共20条（$m=20$），数据线DQ0～DQ15共16条（$n=16$），根据容量计算公式可知，AM29LV160的容量$V=2^m×n=2^{20}×16=1\,M×16=16\,Mbits$，即2 MB。由于NOR Flash芯片把数据线、地址线和控制线全部引出，因此连接到ARM芯片扩展程序存储器非常方便。

嵌入式处理器与AM29LV160的连接如图4.22所示。

（2）SRAM扩展

对于数据线与地址线复用的嵌入式处理器，在进行并行总线方式扩展时，要外加锁存器将地址锁存。图4.23为嵌入式处理器利用FSMC总线扩展1 M×16 SRAM的连接示意图。

应该注意的是，不同厂家的处理器，其存储映射地址空间是不同的，要注意FSMC_NE片选信号对应的地址范围。

2. 串行扩展存储器

串行扩展存储器就是利用通常SPI接口或I^2C接口来扩展串行方式的存储器，这种方式

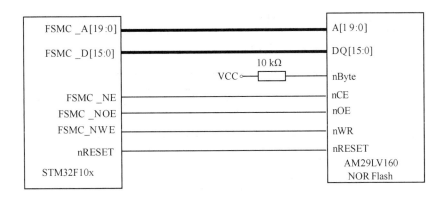

图 4.22　基于 FSMC 的 NOR Flash 存储器扩展接口

图 4.23　基于 FSMC 的 16 位存储器扩展接口

的优点是节省大量 I/O 引脚。

（1）基于 I^2C 的铁电存储器扩展

在嵌入式应用中，经常遇到要存储数据，但通常 SRAM 掉电数据就会丢失，而 FRAM 解决了这一问题。它可长期保存又可随机读写。典型的铁电存储器如富士通 8 K×8 的 MB58RC64（与 FM24CL64 兼容）内部结构如图 4.24 所示。

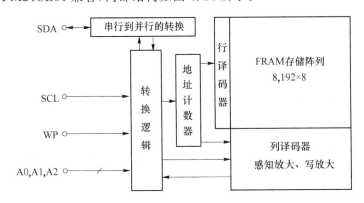

图 4.24　典型铁电存储器的结构

嵌入式处理器与 MB58RC64 的连接如图 4.25 所示，将嵌入式处理器的 I^2C 总线的两个引脚配置为 I^2C 总线后，同名连接到铁电存储器相应引脚，MB58RC64 的地址选择 A2、A1、A0 直接接地（系统中只用这一片 I^2C 存储器），用 R1 和 R2 上拉电阻以确保总线可靠运行。

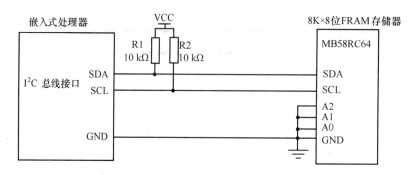

图 4.25　基于 I²C 的铁电存储器扩展接口

（2）基于 SPI 的 Flash 存储器扩展

AT45DB161D 为容量 2 MB，基于 SPI 接口的 Flash 存储器内部有 4 096 页，每页 512 字节，3.3 V 供电。引脚如图 4.26 所示，其与嵌入式处理器接口如图 4.27 所示。

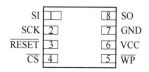

图 4.26　AT45DB161D 引脚

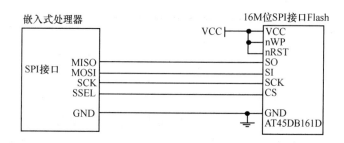

图 4.27　基于 SPI 的 Flash 存储器扩展接口

习　题　四

4-1　简述典型嵌入式系统及最小系统的构成。

4-2　简述嵌入式处理器选型的原则。除了功能要求的原则，为何还要考虑非功能性参数的要求？

4-3　为什么说复位的可靠性很关键？如何实现可靠复位？复位后，ARM 处理器第一条指令的地址是多少？

4-4　存储器扩展有并行总线的扩展方式，也有通过串行总线的扩展方式，常用串行总线扩展有哪些？特点是什么？

第 5 章　数字输入输出系统设计

数字输入输出接口主要指的是具有数字量输入和输出的接口,在嵌入式系统中,数字输入输出接口主要是指嵌入式处理器的通用 I/O 接口(General Purpose Input Output Port, GPIO)。本章介绍 GPIO 的相关知识,以及数字输入和数字输出及应用接口设计。

5.1　通用输入输出端口

5.1.1　GPIO 概述

GPIO 端口通常是可编的通用并行 I/O 接口,主要用于需要数字量输入/输出的场合。

GPIO 可编程为输入或输出端口,作为输入端口使用时具有缓冲功能,即当读取该端口时,端口的数据才被 CPU 读取,读操作完毕,端口内部的三态门缓冲器关闭;作为输出端口使用时具有锁存功能,即当数据由 CPU 送到指定 GPIO 端口时,数据就被锁存或寄存在端口对应的寄存器,GPIO 引脚的数据就是被 CPU 写入的数据,并且保持到重新写入新的数据为止。

GPIO 端口可以对整个并行接口进行操作,如读取一个 GPIO 端口的数据(可能是 8 位、16 位或 32 位),也可以直接送数据到 GPIO 端口(可能是 8 位、16 位或 32 位)。在嵌入式微控制器应用领域,通常可以单独对 GPIO 指定引脚进行操作,即所谓的布尔操作或位操作,这样可以只改变某一引脚的状态,对同一 GPIO 端口的其他引脚没有影响。例如,作为输出时可以对继电器、LED、蜂鸣器等控制,作为输入时可以获取按键、传感器状态、高低电平等信息。

嵌入式微控制器一般有多个 GPIO 端口,每个端口有多个 I/O 管脚,这些管脚可以和其他功能管脚共享,这取决于芯片的配置。不同 ARM 处理器,端口个数和每个端口引脚数各有不同,引脚标识也不一样。但每个管脚都是独立的,都有相应的 GPIO 相关寄存器位来控制管脚功能模式,读写管脚数据。

5.1.2　GPIO 基本工作模式

GPIO 的 I/O 管脚上 I/O 类型可由软件独立地配置为不同的工作模式,主要工作模式包括输入模式、输出模式、开漏模式等。每个 I/O 管脚有一个阻值 $100\ \text{k}\Omega$ 以上的上拉电阻接到 I/O 电源端。

GPIO 的基本结构如图 5.1 所示,由输入和输出两个部分构成。输入信号通过两只保护二极管限制外部电位不至于超过 VSS～VDD 电源电压范围起到保护 I/O 的作用,数字输入可以设置为上拉(引脚对电源在内部接 $100\ \text{k}\Omega$ 电阻)或下拉(引脚对地在内部接 $100\ \text{k}\Omega$ 电阻),经过 TTL 肖特基触发器进入输入数据寄存器,由内部总线直接连接 CPU,CPU 可直接读取输入的引脚逻辑电平;模拟输入设置成模拟输入后直接进入内置 ADC 通道。输出的数据通过设置和清除寄存器使某引脚写1和0,写入输出数据寄存器,在复用功能的控制下,通过输出控制电路,经过P-MOS和N-MOS管设置为推挽或开漏输出经过引脚输出指定逻辑。

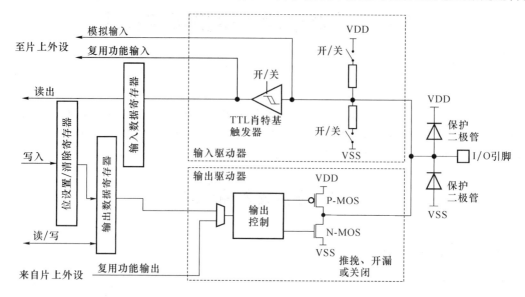

图5.1　GPIO的基本结构

1. GPIO的浮空输入模式

GPIO的输入模式决定了GPIO具有输入缓冲功能,由图5.1所示GPIO端口内部三态TTL肖特基触发器开/关控制。由于由三态门控制输入状态的读取,因此输入模式在读无效时呈高阻状态,也称浮空状态,因此输入模式又称为浮空或高阻输入模式。在这种输入模式下,只有在读GPIO端口时,该端口的三态TTL肖特基触发器打开(图中开/关＝1),端口引脚的状态(0或1)经触发器到达数据输入寄存器,通过内部总线加载到CPU内部通用寄存器。读操作结束,三态触发器关闭(图中开/关＝0),触发器处于浮空(高阻)状态,外部引脚的状态进入不了微控制器内部总线,任凭端口数据如何变化,内部总线状态不变,起到了隔离作用,只有在读的时刻才打开三态TTL肖特基触发器门。

2. GPIO的输出模式

GPIO输出模式决定了它具有输出锁存功能,锁存的数据在输出数据寄存器中,数据经过如图5.1所示的电路,写指定GPIO端口时控制引脚有效,数据通过混合器进入输出驱动器,在输出使能控制信号的作用下,再经P沟道和N沟道两只MOS管输出。

当输出数据寄存器相应位为逻辑1时,输出控制的O1端输出逻辑0,使单元P-MOS管导通,外部引脚呈高电平(接近VDD)从而输出逻辑1,与此同时O2输出0使N-MOS管截止,保持引脚输出逻辑1不变,完成逻辑1输出;当锁存输出的数据为逻辑0时,输出控制单元使O1端输出逻辑1,使P-MOS管截止,而此时由于O2输出1,使N-MOS管导通,这样引脚输出低电平(接近VSS)从而输出逻辑0。

(1) GPIO的开漏输出模式

GPIO开漏输出模式是在普通输出模式基础上,使输出MOS管的漏极开路的一种输出方式。开漏输出在低电平输入时可提供20 mA的电流,开漏输出如图5.2所示。应用时要求外部根据需求接上拉电阻。

当开漏控制信号无效(逻辑0)时,写数据1到端口时输出使能引脚有效,U1输出0,

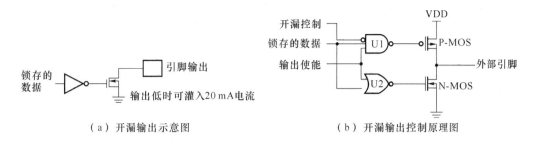

（a）开漏输出示意图　　　　　　　　　　（b）开漏输出控制原理图

图5.2　GPIO端口的开漏输出控制

P-MOS管导通,U2输出0,使N-MOS截止,因而使输出引脚为逻辑1;当输出数据为0时,U1输出1,P-MOS截止,U2输出1,N-MOS导通,使引脚输出逻辑0,这与普通输出模式一样。

当开漏控制信号有效(逻辑1)时,无论写什么数据均使U1输出1,迫使P-MOS管截止,相当于断开了P-MOS管,这样N-MOS管的漏极呈开路状态(内部没有到电源的回路),这时当写数据1时,U2输出0,N-MOS截止,开漏输出的电平取决于与该引脚所接上拉电阻及外部的电源电压情况;当输出数据为0时,U2输出1,N-MOS导通,使引脚输出逻辑0。

因此,为了输出正常的逻辑电平,在开漏输出引脚处必须接一个电阻到电源电压上,所接的电阻称为上拉电阻,上拉电阻的阻值决定负载电源的大小。

开漏输出模式下负载的具体接法如图5.3所示,图(a)为仅接10 kΩ上拉电阻的情况,图(b)利用开漏输出,驱动LED发光二极管,限流电流为330 Ω,这样流过LED发光二极管的最大电流大约可达(VCC−Vled)/330,假设VCC=3.3 V,Vled=1 V,则流过发光管LED的电流约为6.97 mA,这是一般发光二极管正常发光所需要的电流,如果亮度不够,可以适当减小限流电阻R的值,但一定要注意参阅微控制器文档,电流不能超过GPIO引脚最大灌入电流。当输出的数据为1时,GPIO引脚输出高电平(接近VCC),图(b)所示的发光二极管由于没有电流流过不发光(灭),当输出的数据为0时,输出低电平,发光二极管有6.97 mA左右的电流流过而发光(亮)。

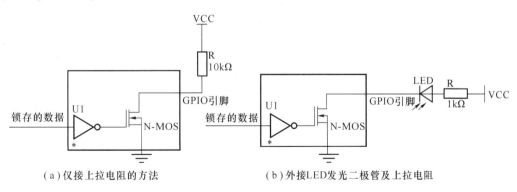

（a）仅接上拉电阻的方法　　　　　　　（b）外接LED发光二极管及上拉电阻

图5.3　GPIO端口开漏输出模式下的上拉电阻接法

（2）GPIO的推挽输出模式

推挽输出原理是指输出端口采用推挽放大电路以输出更大的电流。在功率放大器电路中大量采用推挽放大器电路,这种电路中用两只三极管或MOS管构成一级放大器电路,两只三极管或MOS管分别放大输出信号的正半周和负半周,即用一只三极管或MOS管放大信号的正半周,用另一只三极管或MOS管放大信号的负半周,两只三极管或MOS管输出的半周信号在放大器负载上合并后得到一个完整周期的输出信号。

推挽放大器电路中，一只三极管或 MOS 管工作在导通、放大状态时，另一只三极管或 MOS 管处于截止状态，当输入信号变化到另一个半周后，原先导通、放大的三极管或 MOS 管进而截止，而原先截止的三极管或 MOS 管进而导通、放大状态，两只三极管或 MOS 管在不断地交替导通放大和截止变化，所以称为推挽放大器。

如图 5.4 所示为 GPIO 管脚在推挽输出模式下的等效结构示意图。

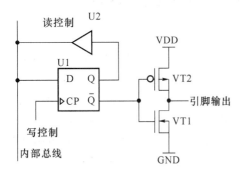

图 5.4　GPIO 端口推挽输出模式

U1 是输出锁存器，执行 GPIO 管脚写操作时，在写控制信号的作用下，数据被锁存到 Q 和 $\bar{Q}$。VT1 和 VT2 构成 CMOS 反相器，VT1 导通或 VT2 导通时都表现出较低的阻抗，但 VT1 和 VT2 不会同时导通或同时截止，最后形成的是推挽输出。在推挽输出模式下，GPIO 还具有读回功能，实现读回功能的是一个简单的三态门 U2。

推挽输出的目的是增大输出电流，即增加输出引脚的驱动能力。

值得注意的是：执行读回功能时，读回的是管脚原来输出的锁存状态，而不是外部管脚的实际状态。

3. GPIO 的准双向 I/O 模式

有些 ARM 处理器的 GPIO 还兼容 51 系列的准双向 I/O 模式，GPIO 的准双向 I/O 模式就是可以在需要输入的时候读外部的数据（输入），需要输出的时候就向端口发送数据。如图 5.5 所示，当需要读取外部引脚输入状态时，通过读操作，外部引脚的数据通过 U1 和 U2 两次反相变为同相数据，进入输入数据的内部总线。当引脚逻辑为 1 时，经 U1 反相输出 0，则弱上拉的 PMOS 管导通使外部引脚继续呈逻辑 1 即高电平状态；当外部引脚逻辑为 0 时，经 U1 反相输出 1，使弱上拉 PMOS 管截止，引脚保持 0 逻辑不变。当需要输出数据到外部引脚时，如写数据 1 时，一路经过 U3 反相输出 0，此时 NMOS 管截止，很弱上拉 PMOS 管导通，输出逻辑 1，另一路经过 U4 输出 1，两个 CPU 的延时无效，而输出 1，经过或门输出 1，这样强上拉 PMOS 管截止，禁止强上拉输出，保持很弱上拉输出 1；当输出数据 0 时，经 U3 反相输出 1，使 NMOS 管导通，输出为 0 逻辑，此时 U4 输出 0，两个 CPU 的延时有效，经过延时后输出 0，但由于 U3 输出 1，则 U5 输出 1，这样强上拉 PMOS 管截止，禁止强上拉输出，同时也使很弱上拉的 PMOS 管截止，使引脚输出保持 0，经 U1 反馈又输出 1，使弱上拉也无效。

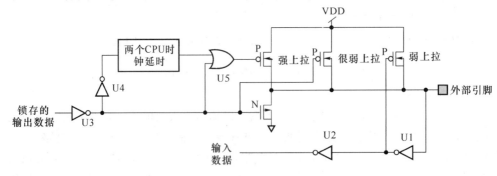

图 5.5　GPIO 端口准双向 I/O 模式

需要指出的是,由于准双向输入输出是用于检测外部的逻辑以及输出逻辑给外部,因此输出时的驱动能力很弱,一般仅提供数百微安的电流,因此不能直接连接功率器件,如果要连接功率器件(如 LED)继电器等需要外加驱动。

4. GPIO 的上拉和下拉

GPIO 的引脚内部可配置为上拉或下拉,如果内部没有配置方式,则可以外接上拉电阻或下拉电阻。

所谓上拉指的是引脚与电源 VDD 或 VCC 之间接一个大小 100 kΩ 左右的电阻,下拉指的是引脚与负电源 VSS 或地 GND 之间接一个 100 kΩ 左右的电阻。

在开漏模式下必须有一个上拉电阻才能输出正常的逻辑状态,其他模式接一个大小合适的上拉电阻也可以起到一定的抗干扰作用,电阻越小,抗干扰越强。但一般还要考虑 GPIO 承受电流的能力,要看芯片资料定,不同芯片 GPIO 引脚能承受的最大电流不一样。

典型内部上下拉配置的引脚如图 5.6 所示,Rpu 为上拉电阻,Rpd 为下拉电阻。选配置为上拉时,上面的开关合上,上拉电阻 Rpu 接入引脚,下面的开关断开,下拉电阻 Rpd 与引脚分离;当需要配置为下拉时,上面的开关断开,Rpu 与引脚分离,下面的开关闭合,使下拉电阻接入引脚。

5.1.3　GPIO 端口保护措施

GPIO 作为输入输出基本端口直接与外界相连接,由于外部 GPIO 引脚受到环境及外部连接的器件的影响,GPIO 引脚上呈现的信号干扰很多,如受到强干扰尖脉冲的侵入,容易造成引脚的损坏,因此当今嵌入式微控制器的 GPIO 引脚已在内部加上了一定的保护措施。主要有两种形式的保护,一种是采用二极管钳位的方式来保护,另一种是采用 ESD 器件的方式保护,如图 5.7 所示。图 5.7(a)为二极管钳位的方式来保护,图 5.7(b)为采用 ESD 器件的方式保护。

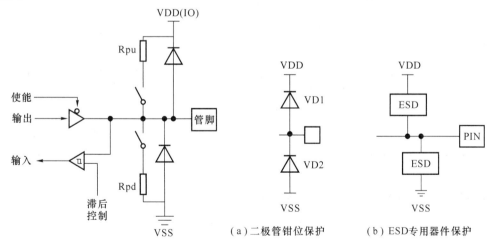

图 5.6　GPIO 端口的上拉与下拉　　　　图 5.7　GPIO 端口的保护

二极管钳位保护的原理是,当外部引脚信号电平高于 VDD 时,通过 VD1 将引脚信号的电平钳位在 VDD 左右,当引脚信号电平低于 VSS 时,被钳位在 VSS 左右。这样保证信号输入的大小在 VSS～VDD,不至于超出微控制器 IO 引脚所能接受的最高电平,也就保护了GPIO 端口不被烧坏。

ESD(Electro-Static Discharge)意思是静电释放，ESD 器件相对来说范围更广些，包括保护电路避免脉冲、电源瞬变、浪涌等现象损坏芯片。

尽管大部分现代微控制器内部均有 GPIO 保护措施，但由于引脚连接的外部有引线长度，因此还经常需要额外添加保护措施。

5.1.4　GPIO 端口的中断

普通的 GPIO 端口作为输入端口时，可随时读取其状态，但微控制器在处理其他事务时，靠不断查询引脚的状态，效率是低下的，解决这一问题的有效方法是采用中断机制。当引脚有变化时产生一个中断请求，微控制器在中断服务程序中去执行处理任务，从而提高了效率。

目前 ARM Cortex-M 系列包括 M0 和 M3 这两个典型系列，ARM 微控制器生产厂家对 GPIO 均配置有中断输入方式，可实现单边沿触发（只在上升沿触发或只在下降沿触发）、双边沿触发（上升沿和下降沿均触发）以及电平触发（高电平或低电平触发）的多种中断输入方式。GPIO 中断触发方式如表 5.1 所示。表中包括了不同 ARM 处理器芯片 GPIO 引脚的中断方式，多数仅有上升和下降沿中断。

表 5.1　GPIO 中断触发方式

GPIO 中断触发方式	描述	引脚信号图示
高电平触发	当 GPIO 引脚有高电平时，将产生 GPIO 中断请求	
低电平触发	当 GPIO 引脚有低电平时，将产生 GPIO 中断请求	
上升沿触发	当 GPIO 引脚有上升沿电平时，将产生 GPIO 中断请求	
下降沿触发	当 GPIO 引脚有下降沿时，将产生 GPIO 中断请求	
双边沿触发	当 GPIO 引脚有上升沿和下降沿均将产生 GPIO 中断请求	

5.1.5　典型 ARM 芯片 GPIO 的操作

典型 ARM 芯片 STM32F10x 系列微控制器每个 GPIO 端口有两个 32 位配置寄存器（GPIOx_CRL、GPIOx_CRH）、两个 32 位数据寄存器（低 16 位对应 16 个引脚，高 16 位保留，一个输入寄存器 GPIOx_IDR 和一个输出寄存器 GPIOx_ODR）、一个 32 位置位/复位寄存器（GPIOx_BSRR）、一个 16 位复位寄存器（低 16 位对应 16 个引脚，高 16 位保留，GPIOx_BRR）和一个 32 位锁定寄存器（GPIOx_LCKR）。通过这些寄存器可以对 GPIO 进行操作。

配置寄存器 GPIOx_CRL/H 的格式如图 5.8 所示。CNF 两位决定一个引脚的配置，MODE 两位决定一个引脚的模式。

31 30	29 28	27 26	25 24	23 22	21 20	19 18	17 16
CNF7[1:0]	MODE7[1:0]	CNF6[1:0]	MODE6[1:0]	CNF5[1:0]	MODE5[1:0]	CNF4[1:0]	MODE4[1:0]

15 14	13 12	11 10	9 8	7 6	5 4	3 2	1 0
CNF3[1:0]	MODE3[1:0]	CNF2[1:0]	MODE2[1:0]	CNF1[1:0]	MODE1[1:0]	CNF0[1:0]	MODE0[1:0]

31 30	29 28	27 26	25 24	23 22	21 20	19 18	17 16
CNF15[1:0]	MODE15[1:0]	CNF14[1:0]	MODE14[1:0]	CNF13[1:0]	MODE13[1:0]	CNF12[1:0]	MODE12[1:0]

15 14	13 12	11 10	9 8	7 6	5 4	3 2	1 0
CNF11[1:0]	MODE11[1:0]	CNF10[1:0]	MODE10[1:0]	CNF9[1:0]	MODE9[1:0]	CNF8[1:0]	MODE8[1:0]

图 5.8　STM32F10x 微控制器配置寄存器

MODE:00 输入,01 为 10 MHz 输出,10 为 2 MHz 输出,11 为 50 MHz 输出。CNF 在 MODE 为 00 时:00 模拟输入,01 高阻输入,10 上下拉输入,11 保留;在 MODE 不为 00 时:00 推挽输出,01 开漏输出,10 复用推挽输出,11 复用开漏输出。

端口置/复位寄存器 GPIOx_BSRR(置位和复位)和清除寄存器 GPIOx_BRR 可以单独对指定位置位 1 和清除为 0(复位)。

GPIOx_BSRR 高 16 位(BR15～BR0)对应 16 个引脚的复位,为 1 时复位,0 无效;低 16 位(BS15～BS0)对应 16 个引脚的置位,为 1 时置位,0 无效。

GPIOx_BRR 高 16 位保留,低 16 位(BR15～BR0)对应 16 个引脚,1 时复位指定引脚,0 无效。

对 GPIO 的所有操作在初始化完毕之后,可以直接使用寄存器,也可以利用 STM32F10x 提供的固件库函数来进行操作。

1. 使用寄存器操作 GPIO

【例 5.1】　假设 PD2、PD3、PD4 和 PD7 为推挽输出,作为 LED 发光二极管(LED1～LED4)输出控制,0 亮,1 灭,PD11,PD12,PC13 和 PA0 为上拉输入,作为 KEY1～KEY4 四个按键输入,设置各 PORTA、PORTC 和 PORTD 工作频率为 10 MHz,并让 LED1～LED4 全部灭。使用寄存器方式初始化 GPIO 端口如下:

```
RCC - >APB2ENR| = (1<<2)|(1<<4)|(1<<5);          //使能 PORTA/PORTC 和 PORTD 时钟
GPIOA - >CRL& = ~0xF;
GPIOA - >CRL| = (2<<2);                  / * PA0 上拉输入 * /
GPIOC - >CRH& = ~(0xF<<20);
GPIOC - >CRR| = (2<<22);                 / * PC13 上拉输入 * /
GPIOD - >CRH& = ~(0xF<<12);
GPIOD - >CRR| = (2<<14);                 / * PD11 上拉输入 * /
GPIOD - >CRH& = ~(0xF<<16);
GPIOD - >CRR| = (2<<18);                 / * PD12 上拉输入 * /
GPIOD - >CRL& = ~(0xF<<8);
GPIOD - >CRL| = (3<<8);                  / * PD2 工作在 50 MHz,推挽输出 * /
GPIOD - >CRL& = ~(0xF<<12);
GPIOD - >CRL| = (3<<12);                 / * PD3 工作在 50 MHz,推挽输出 * /
GPIOD - >CRL& = ~(0xF<<16);
GPIOD - >CRL| = (3<<16);                 / * PD4 工作在 50 MHz,推挽输出 * /
GPIOD - >CRL& = ~(0xF<<28);
GPIOD - >CRL| = (3<<28);                 / * PD7 工作在 50 MHz,推挽输出 * /
```

GPIO 端口输入操作:

```
DataIn = GPIOD - >IDR;                    / * 读 D 口 16 位数据到 DataIn * /
```

判断 GPIO 端口指定引脚的状态：

```
if((GPIOC->IDR&&(1<<13))! = 0) GPIOD->ODR| = (1<<2);    //若 PC13 = 1,则让 PD2 = 1
else GPIOD->ODR& = ~(1<<2);                             //若 PC13 = 0,则让 PD2 = 0
```

GPIO 端口输出操作：

```
GPIO->ODR = Data;              /* 写 16 位数据 Data 到 D 口 */
```

GPIO 指定引脚输出：

```
GPIOD->ODR| = (1<<2)|(1<<3)|(1<<4)|(1<<7);    /* PD2/3/4/7 输出高,LED 全灭 */
```

2. 利用库函数操作 GPIO

除了直接操作寄存器外,目前流行的编程方式是借助厂家提供的库函数来编程,把特定硬件细节屏蔽掉而封装为特定的库函数,通过函数的直接调用可实现对硬件的操作。STM32F1x 系列微控制器主要 GPIO 库函数如表 5.2 所示。

表 5.2　GPIO 相关库函数

GPIO 函数名	原　型	功能
GPIO_Init	GPIO_Init(GPIO_TypeDef * GPIOx,GPIO_InitTypeDef * GPIO_InitStruct)	初始化 GPIOx
GPIO_ReadInputDataBit	GPIO_ReadInputDataBit(GPIO_TypeDef * GPIOx, u16 GPIO_Pin)	读取端口管脚的输入
GPIO_ReadInputData	GPIO_ReadInputData(GPIO_TypeDef * GPIOx)	读取 GPIO 端口输入
GPIO_ReadOutputDataBit	GPIO_ReadOutputDataBit(GPIO_TypeDef * GPIOx, u16 GPIO_Pin)	读取端口管脚的输出
GPIO_ReadOutputData	GPIO_ReadOutputData(GPIO_TypeDef * GPIOx)	读取 GPIO 端口输出
GPIO_SetBits	GPIO_SetBits(GPIO_TypeDef * GPIOx, u16 GPIO_Pin)	设置数据端口位
GPIO_ResetBits	GPIO_ResetBits(GPIO_TypeDef * GPIOx, u16 GPIO_Pin)	清除数据端口位
GPIO_WriteBit	GPIO_WriteBit(GPIO_TypeDef * GPIOx, u16 GPIO_Pin, BitAction BitVal)	设置或者清除数据端口位
GPIO_Write	GPIO_Write(GPIO_TypeDef * GPIOx, u16 PortVal)	向指定 GPIO 数据端口写入数据

【例 5.2】　设置 PE10、PE11、PE12 为上拉输入,设置 PE13、PE14、PE15 为 10 MHz 输出,并让 PE13、PE14 和 PE15 分别输出 0、0、1。

要完成题目要求的功能,首先要配置 GPIO,采用 STM32F10x 固件库编程如下：

```
GPIO_InitTypeDef GPIO_InitStructure;
RCC_APB2PeriphClockCmd( RCC_APB2Periph_GPIOE , ENABLE);          /* 使能 GPIOE 时钟 */
GPIO_InitStructure.GPIO_Pin = GPIO_Pin_10|GPIO_Pin_11|GPIO_Pin_12; /* PE10/11/12 输入 */
GPIO_InitStructure.GPIO_Speed = GPIO_Speed_10MHz;               /* 速度 10 MHz */
GPIO_InitStructure.GPIO_Mode = GPIO_Mode_IN_FLOATING;          /* 高阻输入 */
GPIO_Init(GPIOE, &GPIO_InitStructure);                         /* 初始化 GPIOE 端口 */
GPIO_InitStructure.GPIO_Pin = GPIO_Pin_13 | GPIO_Pin_14 | GPIO_Pin_15;
GPIO_InitStructure.GPIO_Speed = GPIO_Speed_50MHz;
GPIO_InitStructure.GPIO_Mode = GPIO_Mode_Out_PP;              /* 推挽输出 */
GPIO_Init(GPIOE, &GPIO_InitStructure);
GPIO_ResetBits(GPIOE,GPIO_Pin_13|GPIO_Pin_14);               /* PE13 = PE14 = 0 */
```

```
GPIO_SetBits(GPIOE,GPIO_Pin_15);                                    /* PE15 = 1 */
```

对于 GPIO 输出,还可以采用 GPIO_WriteBit()来指定位操作,GPIO_Write()指定 16 位端口操作。上述 PE13＝PE14＝0,PE15＝1,查用如下代码:

```
GPIO_WriteBit(GPIOE,GPIO_Pin_13,Bit_REST);                         /* PE13 = 0 */
GPIO_WriteBit(GPIOE,GPIO_Pin_14,Bit_REST);                         /* PE14 = 0 */
GPIO_WriteBit(GPIOE,GPIO_Pin_15,Bit_SET);                          /* PE15 = 1 */
GPIO_Write(GPIOE,0x8000);                                          /* PE13 = 0,PE14 = 0,PE15 = 1 */
```

3. 直接对硬件地址操作某个指定 GPIO 引脚

STM32F10x 系列 MCU 的 IO 口地址映射已经有定义,无须自行声明,可直接使用:可使用 PAout(n)、PBout(n)、PCout(n)、PCout(n)、PDout(n)等直接对 A、B、C、D 等 GPIO 端口由第 n 位(0~15)进行写 1 和写 0 的操作。

例如让 PA1＝0,PB2＝0,PB5＝1,PD2 取反,则可直接用如下代码完成:

```
PAout(1) = 0;PBout(2) = 0;PBout(5) = 1;PDout(2) = ~PDout;
```

也可以直接使用寄存器操作如下:

```
GPIOA ->ODR& = ~(1<<1);           //GPIOA_ODR 与第 1 位 0 相与,让 PA1 = 0
GPIOB ->ODR& = ~(1<<2);           //GPIOB_ODR 与第 2 位 0 相与,让 PB2 = 0
GPIOB ->ODR| = 1<<5;              //GPIOB_ODR 与第 5 位 1 或操作,置位第 5 位 PB5
GPIOD ->ODR^ = 1<<2;              //GPIOD_ODR 与第 2 位 1 异或,即对 PD2 取反
```

5.2　数字信号的逻辑电平及其转换

数字信号的逻辑电平有 TTL 逻辑电平、CMOS 逻辑电平、LVCMOS-3.3 V 逻辑电平、LVCMOS-2.5 V 逻辑电平以及 LVCMOS 逻辑电平等。

5.2.1　数字信号的逻辑电平

为什么现代嵌入式处理器采用的大部分不是 5 V 工作电压,而通常使用 3.3 V 或更低的工作电压?让我们了解一下消耗的能量与什么相关就知道了。

假设一个嵌入式处理器工作频率为 F,动态电容为 C,工作电压为 U,静态电阻为 R,则对于直流电路可知

$$P = U^2/R \tag{5.1}$$

在动态系统中,消耗的功率为

$$P \propto k \times C \times F \times U^2/R \tag{5.2}$$

式中,k 为常量,由此可见消耗的功率除了静态电阻、工作频率和动态电容外,与 U^2 成正比,电压是决定功耗的最核心参量,因此现代嵌入式处理器为了降低能耗,通常是降低工作电压,采用低于 5 V 的电压,如 3.3 V 或 2.5 V 等。

GPIO 引脚的高低电平并不能确切规定超过多少伏就属于高电平,低于多少伏就是低电平,因为现代的处理器工作电源电压往往不是 5 V(也有 5 V 供电的),主要工作电压有 5 V、3.3 V、2.5 V 甚至 1.8 V。

比如对于一个工作电压为 1.8 V 的处理器来说,要按照传统 TTL 电平来说,逻辑 1(高电平)需要有 2.4 V 以后才有效,而 1.8 V 是处理器的工作电压,引脚电压不能超过工作电压,也就不可能出现逻辑 1(高电平),因此不能笼统地用绝对电压来描述高低电平,还要看供电电源的电压等级。

无论什么逻辑器件,输出逻辑 0 的低电平电压均接近 0 V(通常低于 0.5 V),因此逻辑 0 时,不同器件之间互连是没有问题的。

高电平输入的门限是决定不同逻辑电平能否直接相连的关键,常见逻辑器件不同逻辑高电平输入电平如表 5.3 所示。对于带 T 的系列逻辑器件,其要求的最小输入高电平固定为 2 V,电源电压没有关系,其他系列最小输入高电平均为电源电压的 70%。比如电源电压 5 V 时,VIH=3.5 V,对于 3.3 V 供电的器件,VIH=2.31 V,对于 2.5 V 供电的器件,VIH=1.75 V。

表 5.3 不同逻辑器件系列最低输入高电平逻辑比较表

系列	HC	HCT	VHC	VHCT	LVT	LVX	HS	HST	UHS
VIH	VCC×70%	2.0 V	VCC×70%	2.0 V	2.0 V	2.0 V	VCC×70%	2.0 V	VCC×70%

参见表 5.3 可知,5 V 供电的 TTL 与 CMOS 逻辑电平的定义如图 5.9 所示。

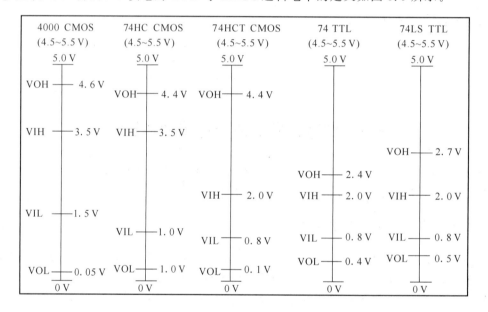

图 5.9 TTL 及 CMOS 逻辑电平示意图

如图 5.9 所示,对于 5 V 供电的 CMOS 逻辑器件,输入逻辑电平的范围是:逻辑 0(低电平)为 0~1.5 V(0~VIL),逻辑 1(高电平)为 3.5~5 V(VIH~VCC);输出逻辑电平的范围是:逻辑 0(低电平)为 0~0.1 V(0~VOL),逻辑 1(高电平)为 4.4~5 V(VOH~VCC)。

对于 TTL 逻辑电平,输入逻辑电平的范围是:逻辑 0(低电平)为 0~0.8 V,逻辑 1(高电平)为 2.4~5 V;输出逻辑电平的范围是:逻辑 0(低电平)为 0~0.4 V,逻辑 1(高电平)为 2.4~5 V。

其他电源供电的 LVTTL 及 LVCMOS 逻辑电平如图 5.10 所示。

通常把输出门称为驱动门,把输入门称为负载门,驱动门必须为负载门提供合乎标准的高低电平,即满足:VOH(A)≥VIH(B)且 VOL(A)≤VIL(B),A 和 B 两种门才能正确匹配,也就是说 A 输出端最小高电平输出 VOH(A)必须不小于 B 输入端最小高电平输入 VIH(B),且 A 输出端最大低电平输出 VOL(A)必须大于输入端最大低电平输入 VIL(B)。此外,还要考虑驱动门的扇出能力,有没有能力驱动负载,即驱动门的最大输出电流要大于负载的最大输入电流。如果电压匹配但电流不能驱动,则要加驱动电路。

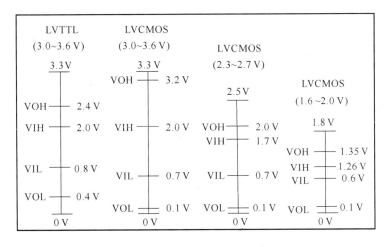

图 5.10 LVTTL 及 LVCMOS 逻辑电平示意图

由图 5.10 可知,连接器件时必须考虑逻辑电路的匹配问题,如器件 A 的输出连接到器件 B 的输入端时,必须保证器件 A 输出高低电平的范围落在器件 B 输入高低电平的范围内,否则就要进行逻辑电平的转换。

当 TTL 器件与 CMOS 连接时,由于输入输出逻辑电平的规定不同,容易产生电平不匹配的问题。比如当 TTL 的输出接 CMOS 输入时,就出现问题,即当 TTL 输出逻辑 1 时,最低 2.4 V 为高电平逻辑 1,但 CMOS 器件要求输入最低 3.5 V,所以逻辑关系混乱,必须进行逻辑电平的转换才行。但是,如果是 CMOS 输出接 TTL 输入,就不存在逻辑混乱问题,因为 CMOS 输出高电平最低 4.4 V,而 TTL 输入高电平最低为 2.0 V,CMOS 输出逻辑 0 时最大 0.1 V 也在 TTL 输入低电平 0.8 V 以下的范围之内。图 5.11 为 CMOS 逻辑输出直接接 TTL 逻辑输入的连接方式,由于逻辑电平是符合要求的,因此不需要逻辑电平的转换。图 5.12 为 TTL 逻辑输出接 CMOS 逻辑输入的连接方式,中间是逻辑电平的转换电路,不能直接连接。电平转换有专用转换芯片,也可以采用其他方式转换,参见相关小节。

图 5.11 CMOS 输出接 TTL 输入的连接方式　　　图 5.12 TTL 输出接 CMOS 输入的连接方式

5.2.2 数字信号的逻辑电平转换

由上一节可知,假设两个不同逻辑器件 A 和 B,必须满足:$VOH(A) \geqslant VIH(B)$ 且 $VOL(A) \leqslant VIL(B)$,A 和 B 才能正确匹配,我们已经知道 $VOL(A) \leqslant VIL(B)$ 是现有器件都具备的,因此仅考虑 $VOH(A) \geqslant VIH(B)$。如果不能满足这一条件,就需要进行逻辑电平的转换。

1. 限流电阻加钳位二极管方式进行同相逻辑电平转换接口

对于两个不同逻辑电平的连接,一般需要逻辑电平的转换电路,当逻辑电平电压高的一方作为输出,而低逻辑电平电压作为输入时,可通过一限流电阻直接连接,不需要复杂的转换电

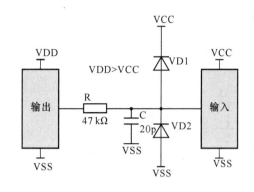

图 5.13　用限流电阻方式进行逻辑电平的转换

路即可完成不同电平接口的连接，如图 5.13 所示。图中假设 VDD＞VCC，在两个不同逻辑电平的 GPIO 引脚之间连接一个 47 kΩ 左右的电阻，并在低逻辑电压 VCC 器件的引脚端接两个二极管。当高逻辑电压 VDD 供电的器件输出逻辑 1（接近 VDD）电平时，经过限流电阻 R 和电容 C，到达低逻辑电压 VCC 供电的器件输入端，高出 VCC 的电压部分被二极管 VD1 钳位在 VCC，在 R 上有 VDD－VCC 的电压，当输出逻辑 0（接近 VSS），低于 VSS 时被二极管 VD2 钳位在 VSS 附近，满足了电平转换的要求。

2. 用电阻与三极管构成的逻辑电平转换接口

在双方电平不匹配时，还可以用电阻及三极管构成的射极跟踪器完成电平转换的接口电路，如图 5.14 所示。

假设 VDD 与 VCC 不同，无论哪个逻辑电平高，当输出方引脚端输出逻辑 1（高电平时）经过电阻 R1、R2 以及三极管 BG1 构建的电路，由于 BG1 的 b-e 有电流流过，使 BG1 发射极 e 输出逻辑 1；当输出逻辑为 0 时，BG1 的发射集输出低电平（逻辑 0），与输出端的逻辑是一致。

3. 仅用两只电阻成的逻辑电平转换接口

更为简单的采用分离元件进行单向逻辑转换的方法仅采用两只电阻 R1 和 R2，连接方法如图 5.15 所示。使电源电压 VDD 高的一端的 GPIO 引脚设置为开漏输出模式，断开内部上拉电阻，这样当输出逻辑 1 时，经 R1、R2 和 BG1 在由 VCC 供电的另一端得到接近 VCC 的电压，呈逻辑 1，当输出逻辑 0 时，在另一端仍然是 0，完成了简单实用不同电压等级的逻辑电平转换。

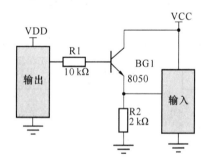
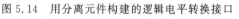

图 5.14　用分离元件构建的逻辑电平转换接口

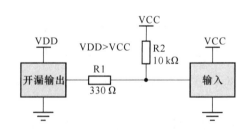

图 5.15　用两只电阻构成的单向逻辑电平转换接口

4. 用专用逻辑电平转换芯片进行逻辑电平转换

当需要转换电平的引脚比较多时，可以采用多路逻辑电平转换专用芯片来完成电平的转换，它的特点是转换电平的连接简单，使用方便可靠，但成本略高。

专用电平转换芯片有单向和双向，以及单路及多路之分。双向转换芯片一般由两组电源供电，以提供给转换逻辑的双向分别使用，如多路双向的 74LVC4245；单向的单路逻辑转换芯片如 74AUP1T17DCKR。

（1）基于改变方向的总线收发器进行逻辑电平转换

典型的 3.3 V 与 5.0 V 双供电的总线收发器 74LVC4245 如图 5.16 所示,可作为 8 路逻辑电路转换器使用,A 边为 5 V 供电,B 边为 3.3 V 供电。DIR 为方向选择,类似于 74HC245,当 DIR＝0,选择 B 到 A 方向传输,DIR＝1,选择 A 到 B 方向传输。$\overline{\text{OE}}$＝0 内部三态门输出使能。

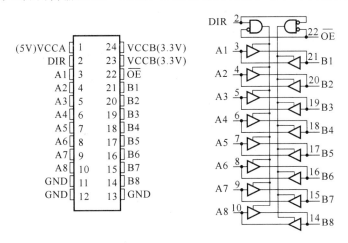

图 5.16　双向 8 位逻辑电平转换器 74LVC4245

一个 3.3 V 供电的嵌入式处理器与 5 V 供电外围器件的连接如图 5.17 所示,图中 GPIO1～8 表示用了 9 个 GPIO 引脚,不同处理器标识是不同的,这里泛指 GPIO 引脚。利用 GPIO 的 8 个引脚连接到 74LVC4245 的 A 端,5 V 设备连接 B 端,当 GPIO9＝0 时,可以通过 GPIO1～8 来读取 I/O 的数据;当 GPIO9＝1 时,可以通过 GPIO1～8 写数据到 I/O。

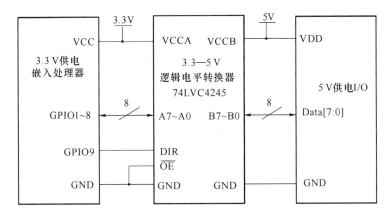

图 5.17　双向 8 位逻辑电平示例

（2）基于无须改变方向的收发器进行逻辑电平转换

收发器逻辑-收发器电压钳位(GTL-TVC)提供低通态电阻和最小延迟的高速电压转换。GTL2002 提供两个 NMOS 传输晶体管(Sn 和 Dn),并且带有一个公共门(GREF)和一个参考晶体管(SREF 和 DREF)。GTL2002 允许从 1.0 V 到 5.0 V 的双向电压转换而无须方向控制引脚。

当 Sn 或 Dn 端口是低电平时,钳位处于通态并且会有一个很小的电阻连接 Sn 和 Dn。假设 Dn 端的电平更高,当 Dn 端是高电平时,Sn 端的电压限制在参考晶体管(SREF)设置的电压。当 Sn 端是高电平时,Dn 端通过上拉电阻设置为 VCC。此功能允许用户选择的高低电平之间进行无缝转换,而无须方向控制。

所有晶体管都有相同的电器特性,从一端到另一端,电压或广播延迟存在微小偏差。开关的对称制造有益于解决分离晶体管电平转换。器件上所有的晶体管是相同的,SREF 和 DREF 位于其他两个匹配的 Sn/Dn 晶体管,更容易让电路板布局。转换器为低电压器件提供了出色的 ESD 保护,同时保护了缺少静电保护的器件。

GTL2002 为二位电平转换器件,如图 5.18 所示,S 一端为处理器一方,可直接连接 1.0~5 V 的嵌入式处理器,D 一方为外围接口一方,可直接连接到 5 V 电源上。接口关系如图 5.19 所示。

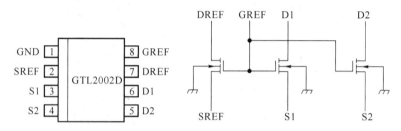

图 5.18 GTL2002 二位电平转换器

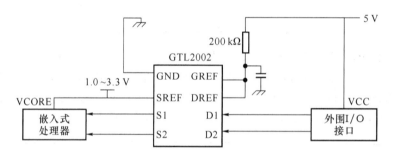

图 5.19 GTL2002 二位电平转换器的应用

此外,GTL2000 系列电平转换芯片还有很多,有 2 位、4 位、10 位、12 位等,它的特点是:接口方向可根据输入输出方向自动转换,无须专门方向控制,缺点是成本比较高。

(3) 单路电平转换器件 74AUP1T17DCKR 进行电平转换

74AUP1T17DCKR 为 1.8 V 系统与 3.3 V 系统、1.8 V 系统与 2.5 V 系统、2.5 V 系统与 3.3 V 系统之间的逻辑电平提供了单路转换策略,芯片引脚及转换连接方式如图 5.20 和图 5.21 所示。VCC 为目标电源电压(与输出转换的一方电源一致),A 为输入引脚,Y 为转换输出引脚。

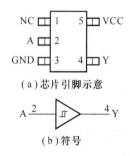

图 5.20 单路电平转换芯片 74AUP1T17

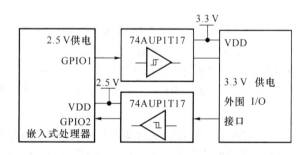

图 5.21 单路电平转换芯片的连接方式

用该芯片,可以构成以下的电平转换关系:

- VCC＝3.3 V 时从 1.8 V 到 3.3 V 的逻辑转换;
- VCC＝2.5 V 时从 1.8 V 到 2.5 V 的逻辑转换;
- VCC＝2.5 V 时从 3.3 V 到 2.5 V 的逻辑转换。

关于 RS-232 逻辑电平的转换,详见通信互连接口一章有关内容。

5. 采用光电耦合器实现逻辑电平隔离转换

在不同逻辑电平之间除了采用上述转换方法之外,还可以用光电耦合器(简称光耦)来完成,一方面光耦可进行逻辑电平的转换,另一方面还起到光电隔离的作用,提高了抗干扰的能力。

光耦按照速度快慢可以分为普通光耦(速度一般)和快速光耦两种,普通光耦应用在电平转换速度要求不高的场合,如 LED 指示灯、控制外部继电器动作等普通 I/O 控制的应用,而快速光耦应用在要求速度比较快的场合,如 CAN 总线高速传送等场合的应用。

典型的普通型光耦如 TLP521 系列,其中 521-1 为单光耦,521-2 为双光耦,521-4 为四光耦,还有 4N25、4N26、4N35 以及 4N36 等。521 系列光耦发光二极管正向压降 1.0～1.3 V,正向电流 1～50 mA 时,光敏三极管导通。此外,还有价格低廉的 P817/FL817/EL817 等。

典型的快速光耦如 6N137 单光耦等,可根据需要选用。普通光耦应用在一般速度要求不高的场合,性价比高,而高速光耦一般在要求速度很高的场合才选用,因为它的价格比普通光耦高。6N137 发光二极管正向压降 1.2～1.7 V,正向电流 6.5～15 mA 时,光敏三极管导通。

图 5.22 为采用光耦进行转换且具有隔离作用的电路,初始化 GPIO 时,将输出引脚设置为推挽输出或开漏输出模式,左右双方可以采用不同的电源和地(不公地),这样可以达到完成电器隔离的目的,同时也具有逻辑转换的功能。当左方输出逻辑 0 时,光耦发光二极管发光,而浮置的三极管基极感应到光照,从而三极管的集电极与发射极导通,右方输入引脚逻辑为 0;当输出 1 时,光耦发光二极管不发光,而浮置的三极管基极没有光照射,从而三极管的集电极与发射极截止,右方输入引脚逻辑为 1。这样就完成了逻辑电平的转换功能,而与供电电压 VDD 和 VCC 无关。只是电路中 R1 和 R2 要根据双方供电电压情况选择,具体应用时参见光耦手册,使发光二极管有足够的光发出,才能使光耦三极管集电极和发射极完成导通。

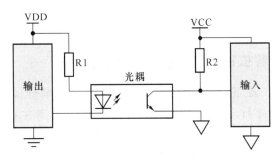

图 5.22　采用光耦进行逻辑电平转换

当需要转换电平的引脚比较多时,可以采用多路逻辑电平转换专用芯片来完成电平的转换,它的特点是转换电平连接简单,使用方便可靠。

采用光耦起到电气隔离和逻辑电平转换双重功能。

5.3 数字输入接口的扩展

嵌入式处理器的 GPIO 数字端口往往数量有限,有些端口可能接多个外部设备,因此需要有选择的缓冲器来扩展并行输入接口,也可以使用少引脚的串行移位寄存器来扩展并行输入接口。

5.3.1 使用缓冲器扩展并行输入接口

利用缓冲器可以很方便地扩展多并行接口。嵌入式处理器用 GPIO 的 8 个引脚如 PB0～PB7 连接三个 8 位缓冲器 74HC245 的输出端,输入端连接三个输入设备,可使用三个引脚 PB8～PB10 来控制三态门的使能端,连接接口如图 5.23 所示,74HC245 的 DIR 接地,因此数据传输方向是从 B 到 A。这里的 PB0～PB10 为 11 个 GPIO 引脚(不同处理器引脚标识不同)。如果要读取输入设备 1 的数据,只需要让 PB8＝0(U1 的 $\overline{G}$＝0),PB9＝PB10＝1,使输入设备 1 的数据通过 U1 进入 PB0～PB7;当让 PB9＝0,PB8 和 PB10 全为 1 时,使输入设备 2 的数据通过 U2 进入 PB0～PB7;让 PB10＝0,PB8 和 PB9 全为 1,使输入设备 3 的数据通过 U3 进入 PB0～PB7,因此使能某个三态门时,只需要读取 PB0～PB7 端口的值即可获取相应输入设备的数据。

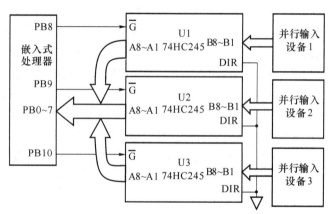

图 5.23 基于缓冲器的并行输入接口的扩展

5.3.2 使用串行移位寄存器来扩展并行输入接口

在 I/O 引脚有限的前提下,可以使用占用 I/O 引脚少的串行移位寄存器来扩展并行输入接口。74HC165 扩展并行输入接口如图 5.24 所示。利用并行到串行的移位寄存器 74HC165,三个 74HC165 的并行输入端 P0～P7 分别连接三个并行输入设备,CP2 接地,只用一个 CP1,三个移位寄存器的串行输出引脚分别连接嵌入式处理器的三个 GPIO 引脚,三个 74HC165 的 CP1 连接在一起用一个 GPIO 引脚如 PA0 来产生。按照 74HC165 的工作时序,在 CP1 上升沿时移位,将移位的数据在 Ds 引脚输出,这样只要控制 PA4 产生脉冲,检测 PA1、PA2 和 PA3 即可获取串行移位的数据,8 个脉冲后一个 8 位的数据即可获取完成。

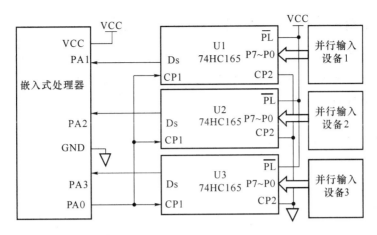

图 5.24 基于移位寄存器的并行输入接口的扩展

5.4 数字输出接口的扩展

输出接口可使用锁存器和输出移位寄存器来扩展。锁存器可以很方便地扩展多输出并行接口,也可以用移位寄存器进行扩展。

5.4.1 使用锁存器扩展并行输出接口

嵌入式处理器用 GPIO 的 8 个引脚 PC0～PC7 连接 8 位锁存器 74HC574 的输入端,输出端连接三个输出设备,可使用三个引脚 PC8～PC10 来控制锁存脉冲 CP 端,连接接口如图 5.25 所示,74HC574 的 $\overline{OE}$ 接地。

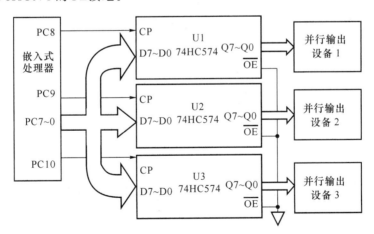

图 5.25 基于锁存器的并行输出接口的扩展

初始化时所用到 PC0～PC10 配置为通用 I/O 端,并设置为输出端口,然后可以输出数据给外部。如果要写数据到地并行输出设备 1,只需将数据从 PC0～PC7 输出,然后让 PC8 产生一个正脉冲即可;同样,要写数据到并行输出设备 2,先将数据从 PC0～PC7 输出,然后让 PC9 产生一个正脉冲;写数据到并行输出设备 3,先输出数据到 PC0～PC7,最后让 PC10 产生一个正脉冲即可。

5.4.2　使用串行移位寄存器来扩展并行输出接口

使用占用 I/O 引脚少的串行移位寄存器来扩展并行输出接口。用 74HC595 扩展并行输出接口如图 5.26 所示。利用并行到串行的移位寄存器 74HC595，$\overline{MR}$ 接高电平，3 个 74HC595 的串行输入端时钟 SH_CL 连接到微控制器 PD1，数据输入端 DS 连接微控制器 1 个 IO 引脚 PD2，并行输出端 Q0～Q7 分别连接 3 个 8 段 LED 数码管的段码 a～dp 输入端，3 个 74HC595 的数据锁存脉冲 ST_CP 连接到微控制器的 PD0 控制。

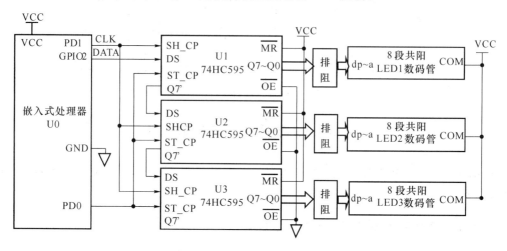

图 5.26　基于移位寄存器的并行输出接口的扩展

初始化时所用到 PD0、PD1、PD2 配置为通用 I/O 端，并设置为输出端口，然后可以输出数据给外部。要输出数据到 LED1，可以在 PD1(SH_CP) 的脉冲作用下，1 个脉冲数据 PD2 输出 1 位，8 位数据移位结束，继续输出移位数据，在第 24 个脉冲结束后，3 个 LED 数码管均有数据，最后用 PD0(ST_CP) 产生 1 个锁存脉冲将 3 个 74HC595 的数据锁存输出到 3 个 LED 数码管（由于本例将输出使能直接连接到地，使锁存输出的数据直接输出到 LED 数码管）。

以上为静态显示方式，如果采用动态方式，一个 74HC595 可以接多个数码管的 8 个段码，如接 8 个数码管，再利用另外一个 74HC595 用于连接位选择（每个 LED 的公共端，8 只 LED 有 8 个公共端）。

5.5　数字输入输出接口的一般结构

5.5.1　数字输入接口的一般结构

典型数字输入接口除了并行的数字量输入外，有小信号的频率信号输入、兼容电平的频率信号以及开关量信号输入等，对于逻辑电平兼容，如果无隔离可直接连接到 GPIO 引脚；对于逻辑电平不兼容的信号需要变换后接入 GPIO 引脚。典型的数字输入接口如图 5.27 所示。

对于与 GPIO 引脚不兼容逻辑电平的频率信号，不能直接与 GPIO 引脚电平匹配，需要进行逻辑电平变换之后再接入 GPIO 引脚，如果使用隔离电路，则隔离电路本身具有逻辑电平的

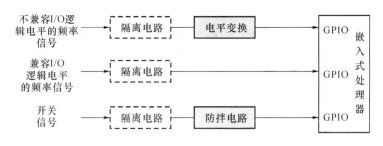

图 5.27　典型数字输入接口

变换功能,因此无须单独电平变换。对于无源开关信号,如果是机械触点产生的开关信号,一定会产生抖动,如图 5.28 所示,一般抖动时间为 5~10 ms。需要外部采用消抖电路进行硬件消抖或进行软件消抖。如果不消除抖动将引起误触发。

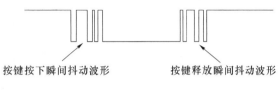

按键按下瞬间抖动波形　　　按键释放瞬间抖动波形

图 5.28　抖动示意图

1. 兼容 I/O 逻辑电平的频率信号输入接口

对于兼容 I/O 逻辑电平的频率信号,可直接连接到嵌入式处理器的 GPIO 引脚,通过配置 GPIO 某引脚为 PWM 捕获输入即可测量信号频率。

2. 不兼容 I/O 逻辑电平的频率信号输入接口

对于 I/O 电平不兼容的频率信号,必须进行电平转换,由于光耦本身具有电平转换和隔离双重功能,因此常用光耦作为接口电路,如图 5.29 所示。假设系统需要检测 FIN 为 200 Hz~1 kHz 传感输出的频率信号,幅度为 0~25 V,嵌入式处理器的 VCC=3.3 V,因此不能直接将频率信号接入 GPIO 引脚。图示电路中 VDD=25 V,通过一只光耦 P817 有效地隔离并进行电平变换,输入端接收 0~25 V 的频率信号,通过光耦输出得到同频率幅度为 0~3.3 V(VCC)的频率信号送到 GPIO 引脚,可将 GPIO 某引脚配置为 PWM 捕获输入,即可方便地进行频率信号测量。光耦的选择要注意频率的高低,如果是快速信号,要选择快速光耦。

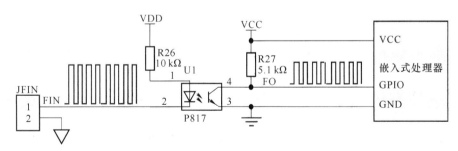

图 5.29　不兼容 I/O 电平的频率信号典型输入接口

3. 具有抖动的开关信号输入接口

典型的无源机械开关信号具有消抖功能的输入接口如图 5.30 所示,RS 触发器具有弹跳(抖动)的开关信号经 RS 触发器消抖处理后送嵌入式处理器 GPIO 引脚。对于具有单刀双掷的触点式无源机械开关信号,图中两个“与非”门构成一个 RS 触发器。原来 A 逻辑为 0,B 逻辑为 1,由 RS 触发器的性质可知,OUT 输出逻辑为 1。当开关 K 触点由 A 向 B 闭合后,A 逻辑为1,B逻辑为0,因此OUT输出逻辑为0;当触点向B闭合时使触点因弹性抖动而产生瞬时断开(抖动跳开B)触点不返回原始状态A,即B的逻辑瞬间状态或0或1,但由于A的逻辑为1不变,因此双稳态电路的状态不改变,输出OUT保持为0,不会产生抖动的波形。也就是说,即使B点的电压波形是抖动的,但经触发器电路之后,其输出消除了抖动。

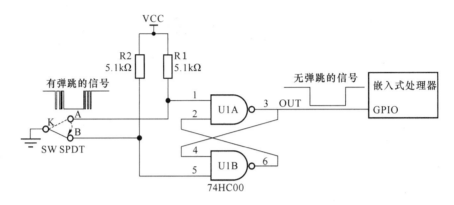

图5.30　由与门非构成的RS触发器硬件消抖电路

　　除了RS触发器可以消除抖动外,还可以利用电容加施密特触发器消除抖动,如图5.31所示。由于电容两端的电压不能突变,因此电容本身具有延时的作用,再通过施密特触发器进一步延时整形,选择适当的电容,即可消除按键等具有机械开关性质的抖动。

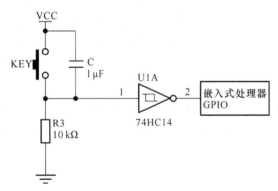

图5.31　由电容及施密特触发器构成的硬件消抖电路

　　无论是RS触发器还是施密特触发器,均需要外围增加硬件,这就增加了硬件成本。许多厂家嵌入式微控制器内部增加了消抖机制,仅需要设置消抖延时的时钟周期个数。它的原理是,在获取GPIO引脚低电平时,可以在指定的GPIO时钟周期内进行采样,这样可以避开抖动期,等拉动过后再采样即可。

　　具有内部消抖(防反弹)机制的嵌入式微控制器的典型厂家代表是台湾的新唐科技,其生产的所有ARM Cortex-M0以及ARM Cortex-M4的GPIO引脚均具有防反弹机制,可根据需要设置,使用非常方便,无须外部消抖电路。

　　嵌入式处理器内部GPIO默认通常为高阻(浮空)输入,也有默认准双向I/O模式的,作为输入接口时,要根据不同芯片对GPIO初始化时选择或设置输入模式。

5.5.2　数字输出接口的一般结构

　　典型数字输出接口除了并行的数字量输出外,有小信号的频率信号输出,兼容电平的频率信号以及开关量信号输出等,对于逻辑电平兼容,如果无隔离GPIO引脚可直接连接到外部,对于逻辑电平不兼容的信号输出时,GPIO引脚信号需要变换后再接外部。对于开关量控制的外部设备,GPIO引脚经过隔离后,再经过功能开关驱动接外设控制装置;对于频率量控制的外部设备,GPIO引脚经过隔离后再通过频率量调节输出给控制装置;对于需要模拟信号驱动的装置,GPIO引脚经过隔离后,再通过 F/V 变换将 GPIO 送出的频率信号变换成模拟信号,再经过直流驱动放大接直流伺服装置。典型的数字输出接口如图 5.32 所示。

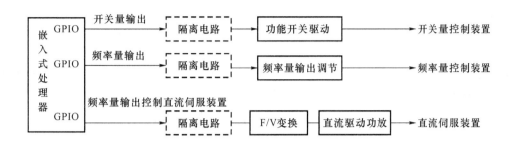

图 5.32　典型数字输出接口

对于 GPIO 端口频率输出,采用光耦进行隔离并进行电压变换,典型接口如图 5.33 所示。假设 VCC=3.3 V,VDD=24 V,则通过把具有 PWM 输出功能的 GPIO 引脚配置为 PWM 输出,设定一定频率后使能 PWM 输出,通过光耦,把幅值为 3.3 V 的频率信号隔离输出变换成幅值为 24 V 的频率信号输出。

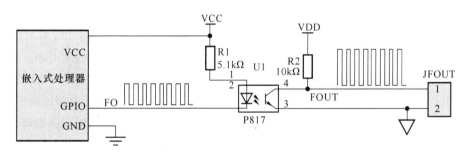

图 5.33　利用光耦进行电平转换的接口

对于需要模拟量输出驱动的,可以利用将频率信号变换为模拟电压,可用专用 F/V 转换芯片如 LM2917,也可以通过低通滤波电路将频率信号转换成模拟信号输出。典型接口如图 5.34 所示。频率信号经过光耦隔离变换后再通过二阶低通滤波电路把输出 1 kHz 的频率信号滤波后变换为直流电压信号输出。

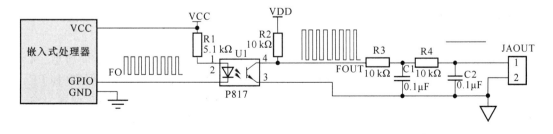

图 5.34　利用光耦进行隔离输出的接口

5.6 人机交互通道设计

5.6.1 键盘接口设计

1. 简易键盘接口设计

对于简单应用场合,只需要少量几个按键,如图 5.35 所示为四个按键的简易键盘接口,使用四个 GPIO 引脚。每只按键只需要两个元器件,一只上拉电阻 R,一只按键 KEY,当按下 KEY 时,由于按键一端接地,因此对应 GPIO 相应引脚为低电平(逻辑 0)。松开按键对应 GPIO 时被上拉电阻拉到高电平(逻辑 1)。

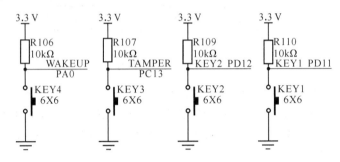

图 5.35　简易键盘接口

图 5.35 中 KEY1 使用 PD11、KEY2 使用 PD12 引脚作为普通输入引脚,而 KEY3 使用 PC13 作为侵入检测中断引脚 TAMPER,KEY4 使用 PA0 作为唤醒中断输入引脚。

在大多数 ARM 微控制器中,GPIO 引脚具有中断功能,因此除了查询 GPIO 引脚的逻辑来确定哪个按键按下外,还可以方便地利用 GPIO 中断来判断按键。无论查询还是中断,对于图示简易键盘电路,由于按键没有在硬件上采用消除抖动的电路(任何机械式接触的按键在按下或松开的瞬间均有抖动),在没有外部硬件消抖电路的情况下,要求从软件上采用延时 5～20 ms 的方法。对于 GPIO 引脚硬件上有消抖措施的嵌入式处理器,如新唐科技的 ARM Cortex-M0/M4 系列的微控制器均具有硬件消抖动电路,可以使能消抖电路并设置合适的消抖延时时间。

在实际操作中,首先要设置 GPIO 功能,使作为按键输入的 GPIO 引脚处于输入模式,对于具有防反弹的嵌入式微控制器,使能防反弹机制,选择防反弹参数(采样周期个数),具有中断功能的按键,使能相应引脚的 GPIO 中断。在中断方式下,在中断服务程序中原操作按键程序或置按键标志,在主程序中进行键盘操作。

2. 矩阵键盘接口

对于需要按键数据多的应用系统,可以选择使用行列矩阵的键盘,如图 5.36 所示。4×4 个键,其中 4 行由 4 个 GPIO 引脚(如 PE0～PE3)控制,4 列由另外 4 个 GPIO 引脚(如 PE4～PE7)控制,因此在判断按键之前必须首先将 PE0～PE3 设置为输出,PE4～PE7 设置为输入。当某一行输出为低电平时,如果无键按下,由于有一个上拉电阻,因此相应列线输出高电平;如果有键按下,则对应列输入为低电平,其状态在列输入端口可读到。通过识别行和列线上的电平状态,即可识别哪个键闭合。如果第 3 行输出低电平(PE2＝0),当 9 键闭合时,使第 2 列为低电平(PE5＝0)。矩阵式键盘工作时,就是按照行列线上的电平高低来识别键的闭合的。

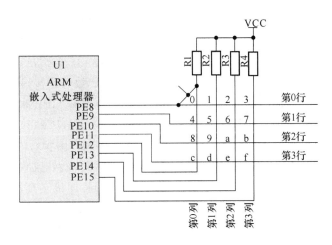

图 5.36　矩阵键盘接口

矩阵键盘通常采用行扫描方法确定按键的位置从而得到键码。行扫描就是逐行输入低电平,然后判断列线的电平高低,以确定具体按键位置。行扫描法识别闭合键的过程是:先使第1行为低电平,其余行为高电平,然后查询列线电平状态,如果有某一列线变为低电平,则表示第1行和此列线相交位置上的键被按下;如果此时没有一条列线为低电平,则说明第1行上没有键闭合。此后,再将第2行输出为低电平,然后再检查是否有低电平的列线存在。如此往下一行一行地扫描,直到最后一行。在扫描过程中,当发现某一行有键闭合时,即列线中有一位为0时,便退出扫描,并将输入值进行移位,从而确定闭合键所在的列线位置。最后,根据行线位置和列线位置,识别此刻闭合的键。

以上不论是简易键盘还是矩阵键盘,都是直接将按键连接到 GPIO 引脚,是人可直接接触的按键,但在某些应用场合是不允许直接将按键连接到 ARM 处理器 GPIO 引脚上的,需要通过间接的手段获取按键的状态。可以通过霍尔开关或干簧管以及电容触摸方式等非接触式按键来完成键盘接口设计。

5.6.2　显示接口设计

嵌入式应用系统中,最为常用的显示接口主要包括 LED 和 LCD 两种形式。LED 以简单数字或多段字符形式,LCD 以点阵字符或图形的形式显示嵌入式系统的各种信息。

1. LED 显示接口

LED 显示又有 LED 发光二极管和 8 段或 7 段 LED 数码管显示器。

(1) 发光二极管接口

发光二极管常用于指示工作状态,如正常或异常等,显示简单、直观、明了。

利用 GPIO 引脚可以方便地连接 LED 指示灯,如图 5.37 所示。图中采用普通 I/O 端口利用通用输出模式来控制 LED 灯的亮和灭,当嵌入式处理器引脚输出逻辑 0 时,电流由3.3 V 电源通过限流电阻及 LED 流过,电流大小受控于限流电阻的值,LED 发光(通常普通 LED 流过的电流为 1~10 mA),处于亮的状态;当输出逻辑 1 时,LED 没有电流流过,从而不发光,处于灭的状态。

一般 MCU 的 GPIO 引脚能够输出 mA 级的电流,如通常不超过 20 mA,因此可以驱动发光二极管,但受到总电流的限制,因此当接入更多发光二极管时建议 GPIO 要加驱动电路。简单的驱动器件有三极管、三态缓冲驱动器以及专用驱动器 UL2003 等。

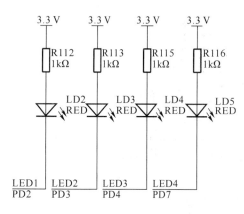

图 5.37　利用 GPIO 连接 LED 指示灯

（2）LED 数码管接口

对于单个 LED 接口设计,可采用动态显示方式,也可以采用静态显示方式。典型的 4 位共阳动态显示的 LED 数码管接口电路如图 5.38 所示。利用 GPIO 一个引脚 GPIO9 控制是否允许显示,当 GPIO9＝0 时,74HC245 允许访问,否则不显示。利用 8 个 GPIO 引脚 GPIO1～GPIO8(不同处理器引脚定义不同,此处仅代表一序号,不代表具体引脚编号,下同)连接 8 个段码到一个 74HC245 缓冲驱动器(段码驱动器),与 LED 之间利用限流电阻连接到 8 段数码管的 8 个段码(a～g,dp),利用 4 个 GPIO 引脚(GPIO10～GPIO13)控制位码,利用分离元件电阻和三极管构建位码驱动电路,三极管 8550 用作电源 VCC 的开关,当 GPIO10～GPIO13(对应 BIT1～BIT4)有一个为 0 时,电源接通到 LCD 的公共端,送段码到 8 段数码管就可以点亮指定字符。由于仅有一个缓冲驱动器,且不具备锁存功能,因此在让 4 位数码管同时显示 4 个不同字符时,必须采用分时送段码的方式,分别让每一个数码管显示一个字符,延时一段时间切换位码,方可连续显示 4 个不同字符。此即动态显示方式,即在显示过程中,段码 D0～D7 是不断变化的,但由于切换的时间和亮灭时间可以使人眼能够驻留一段时间,似乎是 4 个数码管稳定显示不同字符。要显示的字符必须经过编码才能正确显示。

除了动态显示,也可以使用静态显示方式。常用的静态显示方式可采用锁存器,也可以采用移位寄存器来完成接口设计。借助于串行输入并行输出的移位寄存器 74HC595 来扩展 LED 数码管静态显示接口,典型接口如图 5.39 所示,为采用锁存器设计的 LED 数码管接口。仅利用三个 GPIO 引脚来控制 4 个 74HC595,从而控制 4 个 8 段 LED 数码管的显示。由于每个 74HC595 都具备输出锁存功能,因此这种显示方式是典型的静态显示方式。送完 4 个段码之间,嵌入式处理器不需要连续不断送数据到显示接口,除非需要更新显示。接口中 GPIO1 作为数据输出给串行输入数据端,GPIO2 为串行移位时钟 CLK,一个时钟移位一个数据位 DATA,8 个 CLK 时钟之后,第一个 74HC595(U1)数据到位,当 16 位 CLK 时钟之后,U1 和 U2 数据到位,当 32 个时钟之后,4 个 74HC595 的数据全部到位,此时可使用 GPIO3 产生一个锁存脉冲把 4 个 74HC595 的全部数据同时锁存,这样 4 只 LED 数码管显示各自的字符。

具体显示步骤为:

① 将 GPIO1～GPIO3(不同处理器引脚定义不同)配置为输出;

② 对要显示的 4 个字符寻求其显示代码;

③ 按次序先输出第一个字符代码到 U1,然后依次输出后续三个显示代码,每个字符代码的输出均采用移位方式,低位在前,高位在后,一个脉冲(GPIO2)移一位;

④ 通过 GPIO3 产生一个锁存脉冲,即先让 GPIO3＝0,然后再让 GPIO3＝1,延时一段时间(100 ns)后再让 GPIO3＝0,即让 GPIO3 对接的 ST_CP 产生一个正脉冲,从而达到锁存数据的目的。

由于 ARM 微控制器是 32 位的,因此可以把 4 个 8 位显示代码放到一个 32 位变量中,通过一个 32 次循环,每次移一位数据 GPIO1(DS),并产生一个移位脉冲 GPIO2(SH_CP),循环结束,最后让 GPIO3 产生一个正脉冲,把 4 个 8 位数据锁存在 4 个 74HC595 输出端即可。

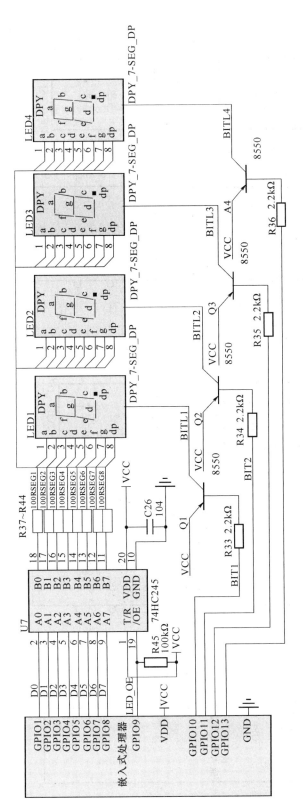

图 5.38　利用 GPIO 连接 LED 数码管动态显示电路

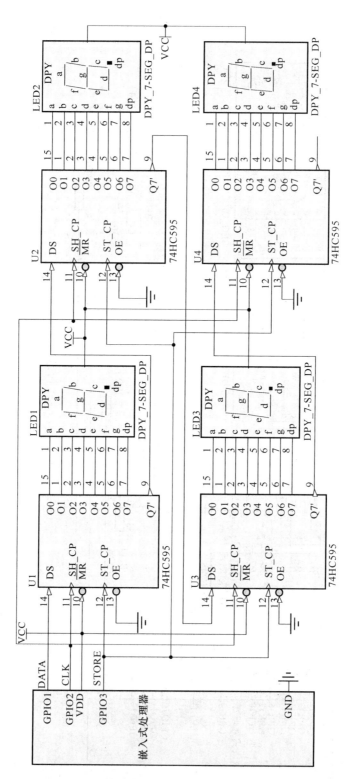

图 5.39　利用 GPIO 连接 LED 数码管静态显示电路

无论是动态还是静态,对于共阳 LED 数码管,显示代码与共阴完全不同。

2. LCD 显示接口

嵌入式系统是经常使用 LCD 液晶显示器作为人机交互的主要显示器,数码管 LED 只能显示一般字符,而 LCD 液晶屏由于点阵多,可以显示汉字、字符,也可以显示图形或图像,视分辨率的不同而不同。

LCD 显示设备按其完整程度可分为 LCD 显示屏、LCD 显示模块(LCM)以及 LCD 显示器三种类型。

LCD 显示屏自身不带控制器,没有驱动电路,仅仅是显示器件(屏),价格最低;LCD 显示模块内置了 LCD 显示屏、控制器和驱动模块。这类显示模块有字符型,有图形点阵型,还有带汉字库的图形点阵型等。PC 通常使用的是 LCD 显示器,除了具备显示屏还包括驱动器、控制器以及外壳,是最完备的 LCD 显示设备,其价格也是最高的。

嵌入式系统中使用比较多的是 LCD 显示屏和 LCD 显示模块;如果嵌入式处理器芯片内部已集成了 LCD 控制器,则可以直接选择 LCD 显示屏;如果内部没有集成 LCD 控制器,则可选择 LCD 显示模块,通过 GPIO 以并行方式连接 LCD 显示模块,或通过串行方式如 SPI 或 I^2C 连接 LCD 显示模块(不同模块通信方式不同)。

在嵌入式应用系统中应用最广泛的是 LCD 显示模块。LCD 显示模块具有典型的并行或串行通信接口与嵌入式处理器连接,有一套完善的命令体系,可以方便地操作 LCD 屏。

液晶显示模块又分为单色 LCD 模块和 TFT 彩色 LCD 模块。

单色 LCD 模块分为段式液晶显示模块、字符点阵液晶显示模块、图形点阵液晶显示模块、图形点阵 COG 液晶显示模块、带触摸屏图形点阵液晶显示模块、带中文图形两用液晶显示模块(带 GB2312 汉字库)、带触摸屏中文图形两用液晶显示模块等。

TFT(Thin Film Transistor)是薄膜晶体管的缩写。TFT 式显示屏是各类笔记本电脑和台式机的主流显示设备,该类显示屏上的每个液晶像素点都是由集成在像素点后面的薄膜晶体管来驱动的,因此 TFT 式显示屏也是一类有源矩阵液晶显示设备。TFT 式显示器具有高响应度、高亮度、高对比度等优点,其显示效果接近 CRT 式显示器,是最好的 LCD 彩色显示器之一。

在嵌入式系统中,中低端应用中通常采用价格低廉的单色 LCD 模块,而在有些高端应用场合,则使用 TFT LCD 模块。

(1) 基于 LCD 模块并行传输模式的典型 LCD 接口设计

从接口形式上可分为两种基本形式:一种是并行传输接口,另一种是串行传输接口。并行传输接口采用 8 位并行数据与嵌入式处理器连接,还需要片选、读写控制等控制信号引脚。LCD 模块型号不同,厂家不同,采用的驱动芯片不同。

典型的并行接口带汉字库的中文图形两用 LCD 模块 OCWJ4X8C 为 128×64 点阵的、可以用于显示汉字和图形两用的 LCD 模块,全部显示汉字可以在屏上显示 16×16 点阵的汉字 4 行,每行可显示 8 个汉字。它提供三种控制接口,分别是并行的 8 位微处理器接口和 4 位微处理器接口及串行接口。所有的功能,包含显示 RAM、字型产生器,都包含在一个芯片里面,只要一个最小的嵌入式系统,就可以方便操作模块。内置 2M-位中文字型 ROM(CGROM)总共提供 8 192 个中文字型(16×16 点阵),16K-位半宽字型 ROM(HCGROM)总共提供 126 个符号字型(16×8 点阵),64×16 位字型产生 RAM(CGRAM),另外绘图显示画面提供一个 64×256 点的绘图区域(GDRAM),可以和文字画面混合显示。提供多功能指令:画面清除(Display clear)、光标归位(Return home)、显示打开/关闭(Display on/off)、光标显示/隐藏

(Cursor on/off)、显示字符闪烁(Display character blink)、光标移位(Cursor shift)、显示移位(Display shift)、垂直画面旋转(Vertical line scroll)、反白显示(By_line reverse display)、待命模式(Standby mode)等。

其主要参数如下。

- 工作电压(VDD):4.5~5.5 V。
- 逻辑电平:2.7~5.5 V。
- LCD 驱动电压(Vo):0~7 V。
- 工作温度(TOP):0~55 ℃(常温)/-20~70 ℃(宽温)。
- 保存温度(TST):-10~65 ℃(常温)/-30~80 ℃(宽温)。

由工作电压和逻辑电平可知,无论是 3.3 V 还是 5 V 的嵌入式处理器均可以直接与这种 LCD 模块连接,无须进行逻辑电压的转换。OCWJ4X8C 接口信号如表 5.4 所示。

表 5.4　OCWJ4X8C 接口信号一览表

引脚	名称	方向	说明	引脚	名称	方向	说明
1	VSS	—	GND(0 V)	11	DB4	I/O	数据 4
2	VDD	—	电源+5 V	12	DB5	I/O	数据 5
3	VO	—	LCD 电源(悬空)	13	DB6	I/O	数据 6
4	RS	I	高电平:数据　低电平:指令	14	DB7	I/O	数据 7
5	R/W	I	高电平:读　低电平:写	15	PSB	I	高电平并行,低电平串行
6	E	I	使能:高有效	16	NC	—	空脚
7	DB0	I/O	数据 0	17	/RST	I	复信信号:低电平有效
8	DB1	I/O	数据 1	18	NC	—	空脚
9	DB2	I/O	数据 2	19	LEDA	—	背光源正极(+5 V)
10	DB3	I/O	数据 3	20	LEDK	—	背光源负极(0 V)

工作在并行接口方式下,与嵌入式处理器的接口如图 5.40 所示。利用 13 个 GPIO 引脚(GPIO 引脚定义不同处理器不同,名称不一样,这里仅给一个序号)与 LCD 模块连接,其中 GPIO1~GPIO8 作为 8 位并行数据与 LCD 数据端相连接,PSB 接+5 V 表示工作在并行传输模式,GPIO13 控制背光点亮或关闭,当 GPIO13=0 时,BG5 导通,LEDA 与+5 V 接通而得电,背光亮;当 GPIO13=1 时,背光电源为 0,背光灭。通过背光控制,可以在不需要显示的时候将背光关闭,一方面延长 LCD 模块的使用寿命,另一方面还可以降低能耗。其他引脚按照图 5.41 所示的时序输出相应逻辑即可。

在读写信息时,先让/RST(GPIO12)产生一个复位信号(负脉冲),后面可以正常读写操作,操作时,数据在 E(GPIO11)的下降沿有效,当 RW(GPIO10)=0 时表示写信息到 LCD 模块,当 RW=1 时表示从 LCD 模块中读取信息。通过控制 GPIO 相应引脚的高低电平,即控制对 LCD 模块的读写。按照技术资料提供的用户命令的格式(数据用户手册下载:http://www.gptlcm.cn/index-cn-04-0-02.htm),通过该接口即可让 LCD 模块显示字符、图形或汉字。

(2) 基于 LCD 模块串行传输模式的典型 LCD 接口设计

由于并行传输模式占用 GPIO 引脚很多,在实际应用情况下,为节省 GIO 引脚,嵌入式系

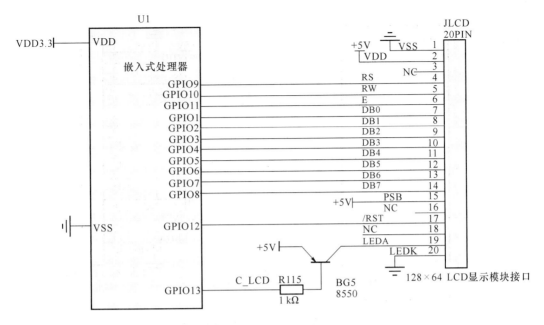

图 5.40 嵌入式处理器与并行接口的 LCD 模块连接接口

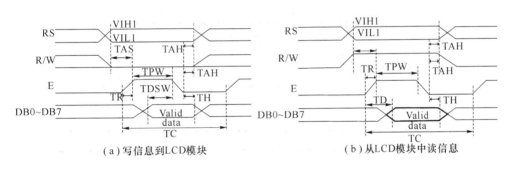

（a）写信息到LCD模块　　　　（b）从LCD模块中读信息

图 5.41 OCWJ4X8C 接口读写时序

统大都采用使用串行接口的 LCD 模块。上面介绍的 OCMJ4X8C 既可使用并行接口，也可以使用串行接口，在串行模式下，与嵌入式处理器的接口如图 5.42 所示。

很显然，在串行模式下，LCD 模块与嵌入式处理器的连接更为简单，GPIO 引脚更少，用于传输的主要引脚包括选择信号 CS（GPIO1）、串行数据信号 STD（GPIO2）和时钟信号 SCLK（GPIO3）。由 GPIO4 产生复位信号与并行 LCD 模块一样，首先要产生一个负脉冲，正常工作时为高电平，其操作时序如图 5.43 所示。在时钟低电平时数据是稳定的，而改变数据是在时钟的高电平期间完成的，因此在时钟的上升沿对数据进行读写操作。按照时序要求来控制 GPIO 引脚的高低电平的变化，即可完成对串行传输方式 LCD 模块的读写操作。再根据对 LCD 模块进行相关命令的发送即可控制 LCD 模块显示指定字符、图形或汉字。

3. 触摸屏接口

触摸屏（Touch Screen）又称为"触控屏""触控面板"，是一种可接收触头等输入信号的感应式液晶显示装置。当接触了屏幕上的图形按钮时，屏幕上的触觉反馈系统可根据预先编程的程式驱动各种连接装置，可用以取代机械式的按钮面板，并借由液晶显示屏显示画面。触摸屏作为一种新型的输入设备，它是目前最简单、方便、自然的一种人机交互方式。它赋予了多媒体以崭新的面貌，是极富吸引力的全新多媒体交互设备。在高端嵌入式应用系统中被广泛

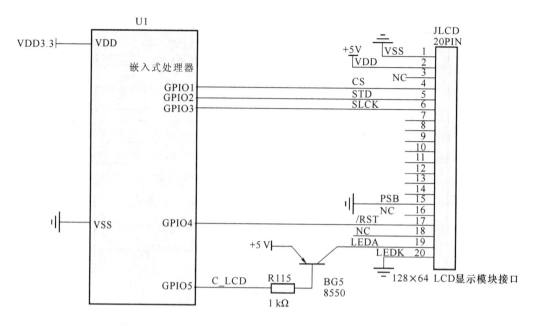

图 5.42　嵌入式处理器与串行接口的 LCD 模块连接接口

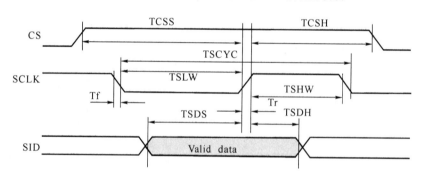

图 5.43　串行接口的 LCD 模块工作时序

采用。

实质上，触摸屏由两个部分构成，一是触摸板，二是显示屏。触摸板有电阻式和电容式两种基本形式。

电阻式触摸屏是一种传感器，它将矩形区域中触摸点 (X,Y) 的物理位置转换为代表 X 坐标和 Y 坐标的电压。很多 LCD 模块都采用了电阻式触摸屏，这种屏幕可以用四线、五线、七线或八线来产生屏幕偏置电压，同时读回触摸点的电压。

电阻式触摸屏的主要优点有：

- 电阻式触控屏的精确度高，可到像素点的级别，适用的最大分辨率可达 4 096×4 096。
- 屏幕不受灰尘、水汽和油污的影响，可以在较低或较高温度的环境下使用。
- 电阻式触控屏使用的是压力感应，可以用任何物体来触摸，即便是戴着手套也可以操作，并可以用来进行手写识别。
- 电阻式触控屏由于成熟的技术和较低的门槛，成本较为廉价。

电阻式触摸屏的主要缺点有：

- 电阻式触控屏能够设计成多点触控，但当两点同时受压时，屏幕的压力变得不平衡，导致触控出现误差,因而多点触控的实现程度较难。实现多点触控通常采用电容屏。

- 电阻式触控屏较易因为划伤等导致屏幕触控部分受损。

触摸板是透明的,里面有触摸电路,比如电阻式触摸板在某处用手触摸时,通过电阻矩阵中两点相连通,从而加电后得到的模拟电压与之相对应,通过 A/D 变换后即可得到准确触摸点的坐标。

典型的触摸屏控制器 ADS7843 是一款四线制的电阻式触摸屏控制器,其内部组成如图 5.44 所示。ADS7843 由 4 通道选择器、ADC(包括 CDAC＋SAR＋比较器)以及串行通信接口等组成。

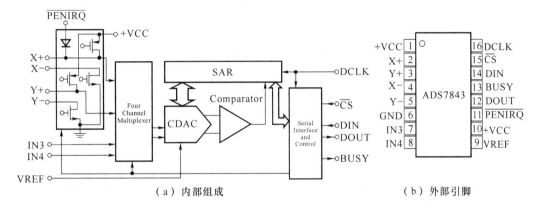

（a）内部组成　　　　　　　　（b）外部引脚

图 5.44　触摸屏控制器 ADS7843

ADS7843 的引脚信号及其含义如表 5.5 所示。

表 5.5　ADS7843 引脚信号

引脚编码	信号名称	说　　明
1	＋VCC	电源电压,2.7～5 V
2	X＋	X＋位置输入,ADC 输入通道 1
3	Y＋	Y＋位置输入,ADC 输入通道 2
4	X－	X－位置输入
5	Y－	Y－位置输入
6	GND	地
7	IN3	辅助输入 1,ADC 输入通道 3
8	IN4	辅助输入 2,ADC 输入通道 4
9	VREF	电压参考输入
10	＋VCC	供电电压,2.7～5 V
11	$\overline{PENIRQ}$	中断输出引脚(需要外接 10～100 kΩ 的电阻)
12	DOUT	串行数据输出
13	BUSY	忙信号输出
14	DIN	串行数据输入
15	CS	片选信号
16	DCLK	外部时钟输出

嵌入式处理器与ADS7843的接口如图5.45所示。利用嵌入式处理器的GPIO1～GPIO6六个I/O引脚，可以按照图5.46或图5.47所示的时序，对ADS7843进行读写操作，来获取触摸屏坐标值，配合软件就可以判断哪个位置被触摸，从而在LCD屏上显示所示操作或执行某种控制功能。

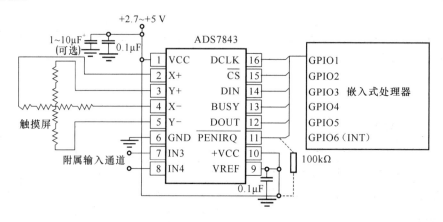

图5.45　触摸屏控制器ADS7843的应用

为了完成一次电极电压切换和A/D转换，需要先通过串口往ADS7843发送控制字，转换完成后再通过串口读出电压转换值。标准的一次转换需要24个时钟周期，如图5.46所示。由于串口支持双向同时进行传送，并且在一次读数与下一次发控制字之间可以重叠，所以转换速率可以提高到每次16个时钟周期，如图5.47所示。

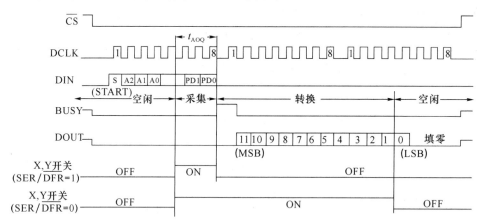

图5.46　触摸屏控制器ADS7843的操作时序（24个时钟）

显示软件配合硬件要做的工作包括：

- 合理安排显示模块的位置：显示有LED数码管显示、LCD液晶模块显示，通常采用将显示模块放主程序中。如果放在中断服务程序中，比较复杂。

- 改变显示信息的方式：即时显示与定时显示、有按键操作或触摸操作时改变显示、有参量变化改变显示、有时钟变化改变显示、有通信数据改变显示等相结合。

- 高位灭零处理：对于最高位数字是0，不让它显示，即灭零处理。

- 闪烁处理：重要信息提示可用闪烁显示，方法是：亮→延时1→灭→延时2……循环。一般延时1略大于延时2，通常延时1+延时2在1～4 s以适应眼睛驻留时间得到好的显示效果。

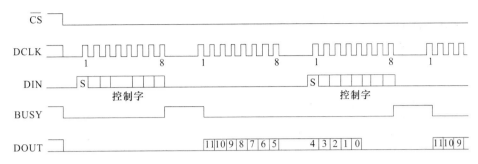

图 5.47 触摸屏控制器 ADS7843 的操作时序(16 个时钟)

5.6.3 人机交互接口应用

本节以 STM32F10x 为核心的典型嵌入式系统为例,按照 5.6.1 节中的图 5.35 所示的按键以及 5.6.2 节中的图 5.37 所示的 LED 发光二极管为例,介绍人机接口及其编程应用。

【例 5.3】 当按 KEY1(PD11)键时,让 LED1(PD2)闪烁,当按 KEY2(PD12)键时让 LED2(PD3)闪烁,当按 KEY3(PC13)键时让 LED3(PD4)闪烁,当按 KEY4(PA1)键时让 LED4(PD5)闪烁,当同时按下 KEY1 和 KEY2 时,四个 LED 发光管全亮。

要完成题目要求的功能,首先要配置 GPIO,参照 5.1.5 节,采用 STM32F10x 固件库编程如下。

(1) 初始化 GPIO 端口

```
GPIO_configuration()
{
GPIO_InitTypeDef GPIO_InitStructure;
RCC_APB2PeriphClockCmd(CC_APB2Periph_GPIOA|RCC_APB2Periph_GPIOC|RCC_APB2Periph_GPIOD,ENA-
                       BLE);                              /* 使能 GPIOD 时钟 */
GPIO_InitStructure.GPIO_Pin = GPIO_Pin_11|GPIO_Pin_12;    /* PD11/12 输入 KEY1、KEY2 */
GPIO_InitStructure.GPIO_Speed = GPIO_Speed_50MHz;         /* 速度 50 MHz */
GPIO_InitStructure.GPIO_Mode = GPIO_Mode_IN_FLOATING;     /* 高阻输入(浮空) */
GPIO_Init(GPIOD, &GPIO_InitStructure);                    /* 初始化 GPIOD 端口 */
GPIO_InitStructure.GPIO_Pin = GPIO_Pin_13;                /* KEY3 */
GPIO_InitStructure.GPIO_Mode = GPIO_Mode_IN_FLOATING;     /* 高阻输入(浮空) */
GPIO_Init(GPIOC, &GPIO_InitStructure);                    /* 初始化 GPIOC 端口 KEY3 = PC13 */
GPIO_InitStructure.GPIO_Pin = GPIO_Pin_0;                 /* KEY4(PA0) */
GPIO_InitStructure.GPIO_Mode = GPIO_Mode_IN_FLOATING;     /* 高阻输入(浮空) */
GPIO_Init(GPIOA, &GPIO_InitStructure);                    /* 初始化 GPIOA 端口 */
GPIO_InitStructure.GPIO_Pin = GPIO_Pin_2|GPIO_Pin_3|GPIO_Pin_4|GPIO_Pin_5
GPIO_InitStructure.GPIO_Mode = GPIO_Mode_Out_PP;          /* 推挽输出 */
GPIO_Init(GPIOD, &GPIO_InitStructure);          /* LED1~LED4 设为 PD2~PD4 推挽输出 */
GPIO_SetBits(GPIOD,GPIO_Pin_2|GPIO_Pin_3| GPIO_Pin_4| GPIO_Pin_5);    /* LED 全灭 */
}
```

(2) 判断按键并作相应显示处理

```
#define LED1(x)((x) ? (GPIO_SetBits(GPIOD,(1<<2))) : (GPIO_ResetBits(GPIOD,(1<<2)));
                                                             /* 参见?:运算符 */
#define LED2(x)  ((x) ? (GPIO_SetBits(GPIOD,(1<<3))) : (GPIO_ResetBits(GPIOD,(1<<3)));
#define LED3(x)  ((x) ? (GPIO_SetBits(GPIOD,(1<<4))) : (GPIO_ResetBits(GPIOD,(1<<4)));
#define LED4(x)  ((x) ? (GPIO_SetBits(GPIOD,(1<<7))) : (GPIO_ResetBits(GPIOD,(1<<7)));
    uint16_t Key = 0;
    main(void)
```

```
    {
        SystemInit();                           /* 系统初始化 */
        GPIO_Configuration();                   /* GPIO初始化 */
        while (1)
        {
/*  用寄存器判断   */
        if ((GPIOD->IDR & GPIO_Pin_11) == 0)        Key = 1;
        else if ((GPIOD->IDR & GPIO_Pin_12) == 0)   Key = 2;
        else if ((GPIOA->IDR & GPIO_Pin_0) == 0)    Key = 3;
        else if ((GPIOC->IDR & GPIO_Pin_13) == 0)   Key = 4;
        else if (((GPIOD->IDR & GPIO_Pin_11) == 0)&&((GPIOD->IDR & GPIO_Pin_12) == 0))   Key = 5;
        Delay();//延时,函数略
        switch(Key)
            {
        case 1:
            {
        LED1(0);        /* PD2 = 0 LED1 亮 */
        Delay();
        LED1(1);        /* PD2 = 1 LED1 灭 */
        Delay();
        LED2(1);LED3(1);LED4(1);
            break;
            }
        case 2:
            {
        LED2(0);Delay();LED2(1);Delay();LED1(1);LED3(1);LED4(1);
            break;
            }
        case 3:
        {
        LED3(0);Delay();LED3(1);Delay();LED2(1);LED1(1);LED4(1);
            break;
        }
        case 4:
        {
        LED4(0);Delay();LED4(1);Delay();LED2(1);LED3(1);LED1(1);
            break;
        }
        case 5:
        {

        LED1(0);LED2(0); LED3(0); LED4(0);       /* 全亮 */
            break;
            }
        default   :       //default 表示 switch 语句里所有 case 都不成立时要所要执行的语句
            {
        LED1(1); LED2(1); LED3(1); LED4(1);       /* 全灭 */
            break;
            }
            }
        }
    }
```

以上判断按键采用寄存器方式,也可以按照如下函数的方式判断按键:

```
if (GPIO_ReadInputDataBit(GPIOD,GPIO_Pin_11) = = 0)      Key = 1;
  else if (GPIO_ReadInputDataBit(GPIOD,GPIO_Pin_12) = = 0)Key = 2;
  else if (GPIO_ReadInputDataBit(GPIOA,GPIO_Pin_1) = = 0) Key = 3;
  else if (GPIO_ReadInputDataBit(GPIOC,GPIO_Pin_13) = = 0)Key = 4;
else if ((((GPIO_ReadInputData(GPIOD))&(3<<11)) = = 0)    Key = 5;
```

另外，以上为了简化程序，采用?:运算符(详见第 3 章 3.10.1 节中的例 3.45)定义 4 个函数 LED1()～LED4()以简化对 LED 发光二极管的操作。

【例 5.4】 采用中断方式判断单个按键：当按 KEY1(PD11)键时，让 LED1(PD2)闪烁，当按 KEY2(PD12)键时让 LED2(PD3)闪烁；采用查询方式判断复合键：当同时按下 KEY1 和 KEY2 时，LED1 和 LED2 发光管全灭。

(1) 初始化 GPIO 端口

```
void GPIO_Configuration(void)
{
    GPIO_InitTypeDef GPIO_InitStructure;
    RCC_APB2PeriphClockCmd(RCC_APB2Periph_GPIOD|RCC_APB2Periph_AFIO, ENABLE);
//PD 端口及复用端口时钟使能
    GPIO_InitStructure.GPIO_Pin = GPIO_Pin_2 | GPIO_Pin_3 ;
//LED1(PD2)和 LED2(PD3)引脚配置为 50 MHz 输出
    GPIO_InitStructure.GPIO_Speed = GPIO_Speed_50MHz;
    GPIO_InitStructure.GPIO_Mode = GPIO_Mode_Out_PP;
    GPIO_Init(GPIOD, &GPIO_InitStructure);
    GPIO_InitStructure.GPIO_Mode = GPIO_Mode_IPU;
//KEY1(PD11)和 KEY2(PD12)引脚配置为上拉输入
    GPIO_InitStructure.GPIO_Pin = GPIO_Pin_11 | GPIO_Pin_12;
    GPIO_Init(GPIOD, &GPIO_InitStructure);
    GPIO_EXTILineConfig(GPIO_PortSourceGPIOD , GPIO_PinSource11);
    GPIO_EXTILineConfig(GPIO_PortSourceGPIOD , GPIO_PinSource12);
    GPIO_EXTILineConfig(GPIO_PortSourceGPIOD , GPIO_PinSource11);//PD11 作为外部中断线
    GPIO_EXTILineConfig(GPIO_PortSourceGPIOD , GPIO_PinSource12);//PD12 作为外部中断线
}
```

(2) 中断相关初始化

```
void NVIC_Configuration(void)
{
    NVIC_InitTypeDef NVIC_InitStructure;
    NVIC_PriorityGroupConfig(NVIC_PriorityGroup_2);                //使用优先级分组 2
    /* 外部中断线 */
    NVIC_InitStructure.NVIC_IRQChannel = EXTI15_10_IRQn ;   //配置 EXTI 第 15～10 线的中断向量
    NVIC_InitStructure.NVIC_IRQChannelPreemptionPriority = 0 ;  //抢占优先级 0
    NVIC_InitStructure.NVIC_IRQChannelSubPriority = 1;            //子优先级 1
    NVIC_InitStructure.NVIC_IRQChannelCmd = ENABLE ;           //使能 NVIC 中断
    NVIC_Init(&NVIC_InitStructure);
}
void EXTI_Configuration(void)
{
    EXTI_InitTypeDef EXTI_InitStructure;
    /* PD11 外部中断输入 */
    EXTI_InitStructure.EXTI_Line = EXTI_Line11;
    EXTI_InitStructure.EXTI_Mode = EXTI_Mode_Interrupt;
    EXTI_InitStructure.EXTI_Trigger = EXTI_Trigger_Falling;       //下降沿触发
    EXTI_InitStructure.EXTI_LineCmd = ENABLE;
```

```
        EXTI_Init(&EXTI_InitStructure);

        /* PD12 外部中断输入 */
        EXTI_InitStructure.EXTI_Line = EXTI_Line12;
        EXTI_Init(&EXTI_InitStructure);
}
```

（3）主函数

```
int main(void)
{
        SystemInit();              //系统初始化
        GPIO_Configuration();      //GPIO初始化:LED初始化,按键端口配置
        NVIC_Configuration();      //NVIC设置
        EXTI_Configuration();      //设置中断线
        while (1)
        {
if (((GPIO_ReadInputDataBit(GPIOD,(1<<11))) = = 0)&&((GPIO_ReadInputDataBit(GPIOD,(1<<
12))) = = 0))
        Flag = 3;
        else{switch(Flag)
            {
                case 0x01:
                    LED1(1);
                    Delay();
                    LED1(0);
                    Delay();
                    break;
                case 0x02:
                    LED2(1);
                    Delay();
                    LED2(0);
                    Delay();
                    break;
                case 0x03:
                    LED1(0);
                    LED2(0);
                    break;
                default :    //default表示switch语句里所有case都不成立时要所要执行的语句
                    LED1(1);
                    LED2(1);
                    break;
            }
        }

    }
}
```

习 题 五

5-1 为什么要进行逻辑电平变换？有哪些常用逻辑电平？变换的原则（什么情况下需要逻辑变换）是什么？

5-2 当输出电平高于输入电平时,有几种逻辑转换方法？如何转换？

5-3　数字端口的常用保护措施有哪些？各有哪些特点？

5-4　为什么需要对数字端口进行隔离？有哪些隔离方式和主要隔离器件？

5-5　为什么要进行数字输入输出接口的扩展？有哪些扩展手段？各自有何特点？

5-6　输入端为何要进行消抖动处理？如何进行处理？是不是所有嵌入式处理器外部 GPIO 输入引脚都需要加硬件消抖电路？

5-7　在嵌入式系统人机交互接口中，简述常用的接触式键盘有哪几种？特点是什么？常用非接触式按键有哪些？对于简单按键可通过引脚的高低电平获取按键的情况，对于矩阵键盘如何获取按键值？

5-8　说明利用一个 GPIO 引脚控制发光二极管闪烁的方法，绘制硬件接口电路。

5-9　对于 LED 数码管，有动态显示和静态显示两种方法，对于图 5.38 所示的动态 LED 数码管显示电路以及图 5.39 所示的静态显示电路，说明让 LED1～LED4 稳定显示1～4(1,2,3,4)的方法步骤。

5-10　对于 LCD 液晶屏，通常有并行接口和串行接口与 MCU 连接，如何理解图 5.41 并行接口时序和图 5.43 串行接口时序？怎样按照该时序进行 GPIO 的操作实现 LCD 信息的显示？

第6章 定时计数器组件

定时计数器在嵌入式应用系统中是非常重要的必备组件,本节介绍嵌入式处理器常用的定时计数组件,主要包括通用定时器 Timer、看门狗定时器 WDT、实时钟定时器 RTC、脉冲宽度调制定时器 PWM、滴答定时器等与定时器相关的知识。

Timer 是通用定时器,可用于一般的定时;RTC 可直接提供年月日时分秒,使应用系统具有自己独立的日期和时间;PWM 用于脉冲宽度的调制,比如电机控制,用于变频调整等多种场合。一般通用定时器具有定时、计数、捕获和匹配等功能,不同功能应用场合不同。

每个定时组件通用原理介绍之后均以典型 ARM Cortex-M3 STM32F10x 系列微控制器为例,介绍其实际应用。

6.1 通用定时计数器 Timer

嵌入式系统应用中定时器是不可或缺的重要组件之一,没有定时器,系统将无法有序地执行一系列动作。无论何种定时器都具有一个共同的特点,对指定时钟源的脉冲进行计数,定时的实质是计数,只是定时需要把计数的脉冲周期考虑进去。

定时的方式有软件定时、硬件定时以及可编辑硬件定时。在嵌入式微控制器中,可以使用纯软件延时的方式进行定时,也可以利用定时器进行硬件可编程的定时。硬件可编程定时准确度高,不受程序中指令周期的限制。

6.1.1 内部定时功能

所谓定时是指由稳定提供的内部基准时钟作为计数时钟源,每一个脉冲计数一次,再考虑计数周期即可得到定时。

所有跟定时有关的组件一个共同的特点就是对特定输入的时钟通过分频后接入计数器进行加 1 或减 1 计数,计数达到预定的数值后将引发一个中断并置溢出标志。因此内部定时是利用定时器计数满足预设值而溢出,如果设置自动更新计数器的话,只要溢出,计数器就会更新原来的设定值,此时溢出中断就是更新中断。利用更新或溢出中断是定时的常用手法。

对于 WDT 定时达到后将产生系统复位信号,对于 PWM 定时达到后会产生特定波形。基本的定时计数功能单元如图 6.1 所示。当定时计数器从指定值(可以是 0 也可以为其他值)计数到定时器溢出时将中断并置相应标志。有些微控制器具有加法计数或减法计数功能,有的可以设置加计数还是减计数。

如果需要定时,则除了确定计数值外,还要考虑定时计数器计数时钟的周期。如果定时器经过若干分频后的计数时钟频率为 f,计数次数为 N,则定时的时间为 $T=N/f$ 周期。而 f 与所接时钟源及分频系数有关。典型的内部定时硬件组成如图 6.1 所示。

假设分频器的值为 PR,输入时钟频率为 F_{PCLK},定时器的计数频率 $F=F_{PCLK}/(PR+1)$,因

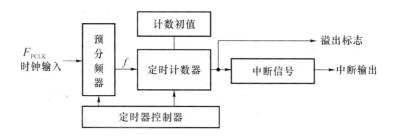

图 6.1 内部定时功能示意图

此计数值为 N 时,定时时间由式(6.1)决定:

$$T = N(\mathrm{PR}+1)/F_{\mathrm{PCLK}}。 \tag{6.1}$$

需要指出的是,不同微控制器,其定时计数器的分频范围是有区别的,有的是一级分频,还有的需要二级分频,要详细参阅不同厂家产品的用户手册。

6.1.2 外部计数功能

所谓计数是指对外部时钟进行计数,不考虑外部时钟的周期。由于仅对外部脉冲进行计数而不管其周期长短,因此对于外部计数通常选用分频系数为 $\mathrm{PR}=0$,使定时器计数的时钟源就是外部信号的时钟。外部信号接输入捕获引脚。典型外部计数组成如图6.2所示。

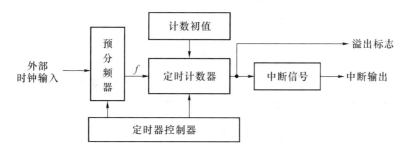

图 6.2 外部计数功能示意图

6.1.3 捕获功能

当定时器/计数器运行时,在捕获引脚上出现有效外部触发动作,此时定时器计数器的当前值保存到指定捕获寄存器中,这一功能叫输入捕获或捕获,大部分通用定时器均具有捕获功能。

典型的定时器捕获功能逻辑示意如图6.3所示,当外部触发信号(捕获引脚所接信号)有符合条件的触发信号时,捕获控制寄存器在识别触发条件之后,控制定时计数器的当前计数值输出给捕获寄存器,即捕获时计数值自动装入相应引脚对应的捕获寄存器中。读取捕获寄存器的值可知晓发生捕获时的相对时间。

捕获有效的触发条件通常有上升沿触发、下降沿触发或上升沿下降沿均触发,可通过相应控制寄存器配置选择。

捕获功能是应用非常广泛的一种输入功能,可用于测量外部周期信号的周期或频率。比如选用下降沿触发,可计算两次捕获时的时间差来测量周期性信号的周期,如果将其倒数计算即可得到频率。

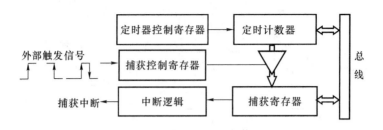

图 6.3　定时器的捕获功能

6.1.4　比较功能

比较(有的也叫匹配)输出功能简称比较或匹配,是指当定时器计数值与预设的比较(匹配)寄存器的值相等时将产生比较或匹配信号或标志并激发一个比较(匹配)中断,比较(匹配)输出的信号类型可通过相关控制寄存器来设置。比较(匹配)功能逻辑如图 6.4 所示。

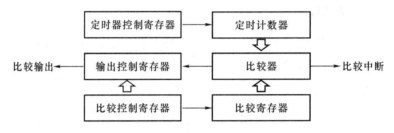

图 6.4　定时器的比较功能

比较(匹配)输出是定时器应用更广泛的一种功能,可用于常规定时,或在定时一段时间后在比较(匹配)输出引脚产生一定要求的输出波形,如 PWM 功能等。

6.1.5　STM32F10x 系列定时器 TIMx 及其应用

STM32F10x 系列微控制器片上集成了 8 个 16 位定时器(TIM1～TIM8),分为两大类,三个级别,其中 TIM1 和 TIM8 被称为高级控制定时器(连接在 APB2 快速外设总线上),TIM2～TIM7 为普通定时器(连接在 APB1 相对慢速外设总线上),普通定时器中把其中的 TIM2～TIM5 称为通用定时器,TIM6 和 TIM7 称为基本定时器。STM32F10x 定时器的基本情况如表 6.1 所示。

表 6.1　STM32F10x 定时器的基本情况

定时器类别	计数类型	连接总线及 最高频率	中断	捕获 比较通道	PWM 及 互补输出
高级控制定时器 TIM1/TIM8	向上、向下、 上/下	APB2 72 MHz	刹车、触发、COM、 捕获/比较 1-4、更新	4	PWM、有互补输出
通用定时器 TIM2/TIM3/TIM4/TIM5	向上、向下、 上/下	APB1 36 MHz	触发、捕获/比较 1-4、更新	4	PWM、无互补
基本定时器 TIM6/TIM7	向上	APB1 36 MHz	更新	0	全无

普通定时器 TIM6 和 TIM7 除了没有互补输出,没有捕获通道,不具备捕获功能,计数类型也仅能向上计数。普通定时器只有更新中断。所有定时器均具有基本定时器的功能,基本定时器组成如图 6.5 所示。

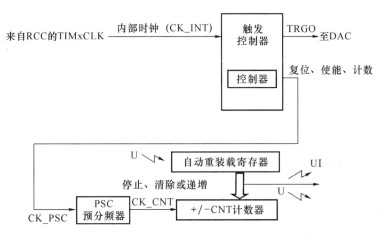

图 6.5　STM32F10x 基本定时器组成框图

由图 6.5 可知,普通定时器时基单元由计数器寄存器 TIMx_CNT、预分频器 TIMx_PSC 和自动重装寄存器 TIMx_ARR 组成。当计数器从 0 开始加 1 计数到重装值时,将产生定时器溢出并重新开始从 0 计数。计数器由内部时钟提供,TIMx_CR1 的 CEN 和 TIMx_EGR 的 UR 位为实际控制定时器的关键位。

通用定时器 TIM2～TIM5 除了不具体互补输出以及速度慢于高级定时器 TIM1 和 TIM8 外,其余与高级定时器一样,中断源比高级控制定时器少刹车和 COM 中断。

通用定时器的组成如图 6.6 所示,由于普通定时器除了定时功能之外,还具有输入捕获功能和比较功能,因此比普通定时器多了输入滤波器、捕获/比较器及控制等。

高级控制定时器在通用定时器基础上增加了死区控制、刹车处理、极性控制,并增加了重复次数计数器等。

高级控制定时器 TIM1 和 TIM8 是 16 位可向上、向下、上下自动重装计数器,16 位可编程预分频,多达 4 个独立通道,具有互补输出功能。适合多种用途,具有 PWM 捕获输入和 PWM 波形输出的功能。包含测量输入信号的脉冲宽度(输入捕获),或者产生输出波形(输出比较、PWM、嵌入死区时间的互补 PWM 等)。使用定时器预分频器和 RCC 时钟控制预分频器,可以实现脉冲宽度和波形周期从几个微秒到几个毫秒的调节。高级控制定时器(TIM1 和 TIM8)和通用定时器(TIMx)是完全独立的,它们不共享任何资源。

1. 定时器常用寄存器

(1) 定时器自动重装载寄存器 TIMx_ARR

TIMx_ARR 是一个 16 位寄存器,其存放了 16 位计数器的值,它决定定时器的定时周期。

(2) 定时器控制寄存器 TIMx_CR1

定时器控制寄存器 TIMx_CR1 格式如图 6.7 所示。

各位的含义如下。

• CEN:定时器使能,1 使能,0 禁止。

• UDIS:禁止更新,1 禁止更新,0 允许更新。

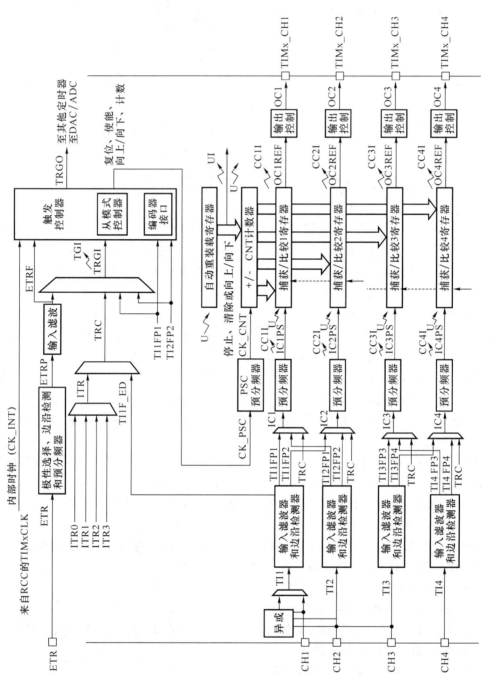

图 6.6　STM32F10x 通用定时器组成框图

15	14	13	12	11	10	9	8	7	6	5	4	3	2	1	0
保留					CKD[1:0]		ARPE	CMS[1:0]		DIR	0PM	URS	UDIS	CEN	

图 6.7　STM32F10x 定时器控制寄存器 TIMx_CR1 格式

• URS:更新请求源,使能更新中断时,URS＝1 只有溢出才更新中断,URS＝0 溢出、设置 UG 位或从模式控制器产生的均更新中断。

• OPM:单脉冲模式,OPM＝0 在发生更新事件时,计数器不停止,OPM＝1 在下次更新时停止计数。

• DIR:方向,DIR＝0 向上计数,DIR＝1 向下计数。

• CMS[1:0]:中央对齐模式选择,00 边沿对齐,01 中央对齐模式 1,10 中央对齐模式 2,11 中央对齐模式 3,三种中央对齐都是向上向下交替计数,但模式 1 是只有在向下计数时被设置,模式 2 只有在向上计数时被设置,模式 3 只有在向上和向下计数时均被设置。

• ARPE:重新装载允许,0 为 TIMx_ARR 寄存器没有缓冲,1 为 TIMx_ARR 寄存器被装入缓冲器。

• CKD[1:0]:时钟因子,决定死区时间是定时器时钟的倍数,00:1 倍,01:2 倍,10:4 倍,11:保留。

（3）定时器中断使能寄存器 TIMx_DIER

定时器中断使能寄存器 TIMx_DIER 格式如图 6.8～图 6.10 所示。高级控制定时器中断使能寄存器格式如图 6.8 所示,通用定时器中断使能寄存器格式如图 6.9 所示,普通定时器中断使能寄存器格式如图 6.10 所示。

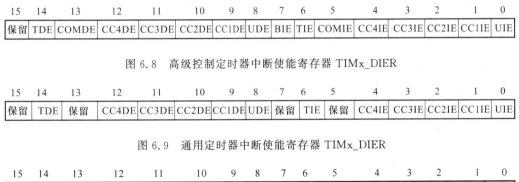

15	14	13	12	11	10	9	8	7	6	5	4	3	2	1	0
保留	TDE	COMDE	CC4DE	CC3DE	CC2DE	CC1DE	UDE	BIE	TIE	COMIE	CC4IE	CC3IE	CC2IE	CC1IE	UIE

图 6.8　高级控制定时器中断使能寄存器 TIMx_DIER

15	14	13	12	11	10	9	8	7	6	5	4	3	2	1	0
保留	TDE	保留	CC4DE	CC3DE	CC2DE	CC1DE	UDE	保留	TIE	保留	CC4IE	CC3IE	CC2IE	CC1IE	UIE

图 6.9　通用定时器中断使能寄存器 TIMx_DIER

15	14	13	12	11	10	9	8	7	6	5	4	3	2	1	0
保留							UDE	保留							UIE

图 6.10　普通定时器中断使能

定时中断使能寄存器的各位含义如下。

• UIE:更新中断使能,1 允许更新中断,0 禁止更新中断。

• CCxIE(x＝1,2,3,4):捕获/比较 x 中断使能,1 允许捕获/比较 x 中断,0 禁止。

• COMIE:COM 中断允许,1 允许,0 禁止。

• TIE:触发中断允许,1 允许,0 禁止。

• BIE:刹车中断允许,1 允许,0 禁止。

• UDE:更新的 DMA 请求允许,1 允许,0 禁止。

• CCxDE(x＝1,2,3,4):捕获/比较 x 的 DMA 请求,1 允许,0 禁止。

- COMDE：允许 COM 的 DMA 请求，1 允许，0 禁止。
- TDE：允许 DMA 触发请求，1 允许，0 禁止。

（4）预分频寄存器 TIMx_PSC

预分频寄存器 TIMx_PSC 用于设置时钟分频因子，通过定时器外部计数时钟经若干分频后作为计数器时钟，它是一个 16 位的寄存器。

（5）定时器状态寄存器 TIMx_SR

定时器状态寄存器 TIMx_SR 记录着定时器的工作状态，格式如图 6.11 所示。

15	14	13	12	11	10	9	8	7	6	5	4	3	2	1	0
保留			CC4OF	CC3OF	CC2OF	C1OF	保留	BIF	TIF	COMIF	CC4IF	CC3IF	CC2IF	CC1IF	UIF

图 6.11　STM32F10x 定时器状态寄存器 TIMx_SR 格式

各位含义如下。

- UIF：更新中断标志，1 有更新中断，0 无更新中断。
- CCxIF（x=1,2,3,4）：捕获/比较 x 中断标志，1 有中断，0 无中断。
- COMIF：COM 中断标志，1 有中断，0 无中断。
- TIF：触发中断标志，1 有中断，0 无中断。
- BIF：刹车中断标志，1 有中断，0 无中断。
- CCxOF（x=1,2,3,4）：捕获/比较 x 重复中断标志，1 有中断，0 无中断。

2. 利用定时器定时的常用操作步骤

（1）利用外设时钟使能寄存器使能定时器时钟

由表 6.1 可知，高级定时器 TIM1 和 TIM8 是连接在 APB2 总线上的，其他定时器连接在 APB1 总线上，因此可以通过 APB1ENR 寄存器使能定时器 TIM2、TIM3、TIM4、TIM5、TIM6 和 TIM7，通过 APB2ERR 寄存器使能 TIM1 和 TIM8 高速定时器。

例如要使能 TIM1、TIM2、TIM6 和 TIM8，可参见 APB1ENR 和 APB2ENR 的格式，用寄存器操作的方法如下：

```
RCC->APB1ENR| = (1<<0)|(1<<4);        /* 使能 TIM2 和 TIM6 */
RCC->APB2ENR| = (1<<11)|(1<<13);      /* 使能 TIM1 和 TIM8 */
```

使用固件库函数的方法（详见 STM32F1x 系列固件库 3.5，扫描第 3 章 3.10.5 节中的图 3.14 的所示二维码获取详细资料）如下：

```
RCC_APB1PeriphClockCmd(RCC_APB1Periph_TIM2|RCC_APB1Periph_TIM6,ENABLE);
RCC_APB2PeriphClockCmd(RCC_APB2Periph_TIM1|RCC_APB2Periph_TIM8,ENABLE);
```

（2）设定定时时间

① 对于更新中断定时方式下设置重装寄存器和预分频器来确定定时时间

设置重装寄存器和预分频器的值，决定定时时间，定时时间由式（6.1）决定，对于 STM32F10x，$N=1+$TIM_Period，PSC$=$TIM_Prescaler，假设定时器的时钟频率为 $F_{TIMxCLK}$，重装寄存器的值为 TIM_Period，预分频寄存器的值为 TIM_Prescaler，则定时的时间 T 为

$$T=(1+\text{TIM\_Period})((1+\text{TIM\_Prescaler})/F_{TIMxCLK}) \qquad (6.2)$$

变换公式（6.2），得到重新寄存器的值为

$$N=\text{TIM\_Period}=TF_{TIMxCLK}/(1+\text{TIM\_Prescaler})-1 \qquad (6.3)$$

对于 STM32F1x 系列 ARM 芯片来说，系统时钟 $F_{TIMxCLK}$ 一般在系统初始化时初始化为 72 MHz，如果预分频系数取 7 199，要定时 1 s，则需要重装寄存器的初值 $N=TF_{TIMxCLK}/$

$(7\,199+1)-1=F_{\text{TIMxCLK}}/7\,200=10\,000-1=9\,999$;如果要定时 $100\,\text{ms}=0.1\,\text{s}=1/10\,\text{s}$,则重装寄存器中的初始值 $N=F_{\text{TIMxCLK}}/7\,200=10\,000/10-1=999$;如果要定时 $10\,\text{ms}=1/100\,\text{s}$,则 $N=99$;$1\,\text{ms}$,$N=9$。

将计算好的分频系数和计数值分别赋值,以上面定时为例,用寄存器的操作方法配置如下:

```
TIMx ->ARR = 9999;      /* x = 1,2,3,4,5,6,7,8 */
TIMx ->PSC = 7199;
```

采用固件库函数的配置方法如下:

```
TIM_TimeBaseStructure.TIM_Period = 999;          /* 自动重装的计数值 N,定时 100 ms */
TIM_TimeBaseStructure.TIM_Prescaler = 7199 ;     /* 预分频系数 */
```

但这样不是最好的方法,比较好的方法是定义系统时钟频率为 SystemCoreClock,即 SYSCLK 时钟,系统时钟经常不去具体计算,而是用表达式表示,这样无论系统时钟配置成多少频率,不管是 $72\,\text{MHz}$、$36\,\text{MHz}$ 还是 $24\,\text{MHz}$ 等,均不影响定时时间。例如要定时 $1\,\text{ms}=1/1\,000\,\text{s}$,在预分频系数为 SystemCoreClock/$10\,000-1$ 时,由于 APB1 和 APB2 不分频,因此定时器的时钟就是系统时钟,定时 N 毫秒的初值和预分频值如下进行初始化。

例如利用定时器 3 定时 $10\,\text{ms}$,则采用寄存器操作方法为:

```
#define N  10
TIM3 ->ARR = 10 * N-1;                      /* 定时 N ms,N 可自行更换初始值 */
TIM3 ->PSC = SystemCoreClock/10000-1 ;      /* 预分频系数 */;
```

用固件库函数操作如下:

```
TIM_TimeBaseStructure.TIM_Period = 10 * N-1;                      /* 重装计数值 N ms */
TIM_TimeBaseStructure.TIM_Prescaler = SystemCoreClock/10000-1 ;   /* 预分频系数 */
```

如果预分频系数为 0(即不分频),则计满 SystemCoreClock 个脉冲就是 $1\,\text{s}$,但由于 STM32F1x 系列计数器为 16 位计数器,计数值的范围为 $0\sim65\,535$,因此 $72\,\text{MHz}$ 时,不分频情况下,最大定时时间 $65\,536/72\,\mu\text{s}=910\,\mu\text{s}$,如果实际定时不超过 $910\,\mu\text{s}$,则可下面代码定时 $M\,\mu\text{s}$:

```
TIM_TimeBaseStructure.TIM_Period = SystemCoreClock/1000000 * M-1; /* 定时 M μs */
TIM_TimeBaseStructure.TIM_Prescaler = 0 ;                         /* 预分频系数 0,不分频 */
```

② 对于比较中断定时方式下设置预分频寄存器和比较寄存器值确定定时时间

对于比较中断,定时时间 T 由式(6.4)决定:

$$T=\text{CCR\_Value} * ((1+\text{Prescaler})/F_{\text{TIMxCLK}}) \tag{6.4}$$

(3) 设置中断允许寄存允许定时中断

通过定时中断允许寄存器 TIMx_DIER 来使能相应定时中断,对于普通定时而言,主要是利用更新中断,因此用寄存器操作的方法使能更新定时器中断如下:

```
TIMx ->DIER| = 1<<0;              /* 使能更新中断,应用于更新定时方式 */
```

如果采用比较中断来定时,则要关闭更新中断,使能比较中断:

```
TIMx ->DIER& = ~(1<<0)                  /* 禁止更新中断,应用于比较中断定时方式 */
TIMx ->DIER| = (1<<1)|(1<<2)|(1<<3)|(1<<4);    /* 使能比较中断 1,2,3,4 */
```

(4) 设置定时器控制寄存器选择计数模式

用寄存器操作如下:

```
TIMx ->CR1& = ~(1<<4);     /* DIR = 0 选择向上计数 */
```

用库函数操作为:

```
TIM_TimeBaseStructure.TIM_CounterMode = TIM_CounteMode_Up;   /* 向上计数 */
TIM_TimeBaseInit(TIMx, &TIM_TimeBaseStructure);             /* 定时基本设置 */
```

如果选择向上计数，可以不用设置，因为复位后默认的 DIR＝0。

（5）设置定时器控制寄存器使能定时器

利用定时器控制寄存器 TIMx_CR1 的最低位 CEN 使能定时器，默认向上计数。如寄存器操作如下：

TIMx－＞CR1|＝1＜＜0；

用固件库函数操作为：

TIM_Cmd(TIMx, ENABLE);   /* x＝1,2,3,4,5,6,7,8 */

（6）初始化定时器中断

初始化定时中断的任务是首先清除中断标志，然后开定时器中断，用固件库函数初始化如下：

TIM_ClearITPendingBit(TIMx, TIM_IT_Update);   /* 清除定时器 x 的中断溢出标识 */
TIM_ITConfig(TIMx, TIM_IT_Update, ENABLE);   /* 开定时器 x 溢出中断 */

把（1）～（6）所有配置代码可写入 void TIMx_Init(void)函数中，函数名自己可变。在函数中的第一句必须写入：

TIM_TimeBaseInitTypeDef TIM_TimeBaseStructure;

（7）设置嵌套向量中断控制器进行定时器中断分组设置

任何硬件中断都要涉及嵌套向量中断控制器 NVIC，由于它涉及寄存器比较复杂，一般应用编程使用库函数 NVIC_Init()来屏蔽相关寄存器，直接进行中断分组、优先级设置以及使能中断等。定时器中断配置程序如下：

```
void NVIC_Configuration(void)              //定时器中断配置
{
NVIC_InitTypeDef NVIC_InitStructure;
NVIC_SetVectorTable(NVIC_VectTab_FLASH, 0x0000);
NVIC_PriorityGroupConfig(NVIC_PriorityGroup_2);
NVIC_InitStructure.NVIC_IRQChannel = TIMx_IRQn;    /* x 为 2,3,4,5,6,7 */
/* 对于定时器 1 有 TIM1_UP_IRQn(更新中断) TIMx_IRQn TIMx_IRQn(捕获中断)等 */
NVIC_InitStructure.NVIC_IRQChannelPreemptionPriority = 0;
NVIC_InitStructure.NVIC_IRQChannelSubPriority = 1;
NVIC_InitStructure.NVIC_IRQChannelCmd = ENABLE;
NVIC_Init(&NVIC_InitStructure);
}
```

以上配置一般在商家直接提供的 DEMO 程序中均有，只是需要自行修改具体是哪个定时器，其他不用改动。

（8）编写定时中断服务函数

由于启动文件已经严格按照 CMSIS 标准规定了不同外设的中断程序入口地址，因此中断服务函数名也必须与之完全一致。比如现在要写定时器 TIM3 的中断服务函数，每定时中断一次让由 PD2 决定的 LED2（参见第 5 章 5.6.2 和 5.6.3 小节）改变显示状态，使用的中断服务函数名为 TIM3_IRQHandler，在其中写处理任务，并清除中断标志。一般可以在系统的中断处理文件 stm32f10x_it.c 或在自行编写的硬件处理程序中添加定时器 TIMx 的中断函数：

• 对于非高级控制中断，中断函数入口为 TIMx_IRQHandler

```
void TIMx_IRQHandler(void)
{/* 如果定时器产生了中断这里 x＝2,3,4,5,6,7 */
if (TIM_GetITStatus(TIMx, TIM_IT_Update) !＝ RESET)
  {
  /* 中断处理函数核心内容 */
```

```
        }
    TIM_ClearITPendingBit(TIMx, TIM_IT_Update);
    }
```

- 对于高级控制中断,中断函数入口为 TIMx_UP_IRQHandler

```
void TIMx_UP_IRQHandler (void)
{/*如果定时器产生了中断这里 x = 1,8/
if (TIM_GetITStatus(TIMx, TIM_IT_Update)! = RESET)
    {
    /*中断处理函数核心内容*/
    }
/*完成事情和判断后,清除中断 */
TIM_ClearITPendingBit(TIMx, TIM_IT_Update);
}
```

应该指出的是,对于高级控制定时器,在进行以上初始化时必须把重新计数器的值清零,否则由于重新计数器的值不是零,就是数倍上述指定的定时了。因此要加一条:

```
TIM_TimeBaseStructure.TIM_RepetitionCounter = 0;
```

可以利用高级控制定时器具有重复计数器的这一特点,可以用装入重复定时器的不同值,定时不同时间。

以上利用更新中断进行定时的方法适用于所有定时器,这是定时器的最基本功能。

有两种基本的定时方法,一种是利用更新中断进行定时,另一种是利用比较功能进行定时。

3. 利用更新中断进行定时的应用

【例 6.1】 对于 STM32F10x 利用 TIM1、TIM2、TIM3 更新方式定时,让三个 LED 指示灯 LED1(PD2)、LED2(PD3)和 LED3(PD4)分别以 10 s、400 ms 和 1 s 为周期闪烁,试编程实现。

根据以上步骤,让 TIM1 定时 5 s(定时 1 s,重复 5 次)、TIM2 定时 200 ms 和 TIM3 定时 500 ms,实现闪烁周期分别对应 10 s、400 ms 和 1 s。基于 STM32F10x 固件库的代码如下(假设时钟配置完成得到系统时钟 SystemCoreClock):

```
#define LED1 PDout(2)
#define LED2 PDout(3)
#define LED3 PDout(4)
uint8_tT1Flag = 0,T2Flag = 0,T3Flag = 0;         /*定时中断标志,0 无中断,1 有中断*/
    void NVIC_Configuration(void)                //定时器中断配置
{
NVIC_InitTypeDef NVIC_InitStructure;
NVIC_SetVectorTable(NVIC_VectTab_FLASH, 0x0000);
NVIC_InitStructure.NVIC_IRQChannel = TIM1_UP_IRQn;
NVIC_InitStructure.NVIC_IRQChannelPreemptionPriority = 1;
NVIC_InitStructure.NVIC_IRQChannelSubPriority = 0;
NVIC_InitStructure.NVIC_IRQChannelCmd = ENABLE;
NVIC_Init(&NVIC_InitStructure);
NVIC_InitStructure.NVIC_IRQChannel = TIM2_IRQn;
NVIC_InitStructure.NVIC_IRQChannelPreemptionPriority = 2;
NVIC_InitStructure.NVIC_IRQChannelSubPriority = 0;
NVIC_InitStructure.NVIC_IRQChannelCmd = ENABLE;
NVIC_Init(&NVIC_InitStructure);
NVIC_InitStructure.NVIC_IRQChannel = TIM3_IRQn;
NVIC_InitStructure.NVIC_IRQChannelPreemptionPriority = 1;
```

```
    NVIC_InitStructure.NVIC_IRQChannelSubPriority = 0;
    NVIC_InitStructure.NVIC_IRQChannelCmd = ENABLE;
    NVIC_Init(&NVIC_InitStructure);
}
void TIM_Configuration(void)                                    /* 配置定时器 1,2,3 */
{
    TIM_TimeBaseInitTypeDef  TIM_TimeBaseStructure;
    TIM_TimeBaseStructure.TIM_RepetitionCounter = 5;           /* TIM1 重复次数 */
    RCC_APB2PeriphClockCmd(RCC_APB2Periph_TIM1, ENABLE);       /* 使能 TIM1 对应时钟 */
    TIM_TimeBaseStructure.TIM_Period = 10 * 1000 - 1;          /* 1000m = 1s */
    TIM_TimeBaseStructure.TIM_Prescaler = SystemCoreClock/10000 - 1;       /* 分频 */
    TIM_TimeBaseStructure.TIM_ClockDivision = 0;
    TIM_TimeBaseStructure.TIM_CounterMode = TIM_CounterMode_Up;  /* 向上计数 */
    TIM_TimeBaseInit(TIM1, &TIM_TimeBaseStructure);            /* 初始化 TIM1 */
    RCC_APB1PeriphClockCmd(RCC_APB1Periph_TIM2, ENABLE);       /* 使能 TIM2 对应时钟 */
    TIM_TimeBaseStructure.TIM_Period = 10 * 200 - 1;           /* 定时 200ms */
    TIM_TimeBaseStructure.TIM_Prescaler = SystemCoreClock/10000 - 1;
    TIM_TimeBaseStructure.TIM_ClockDivision = 0;
    TIM_TimeBaseStructure.TIM_CounterMode = TIM_CounterMode_Up;
    TIM_TimeBaseInit(TIM2, &TIM_TimeBaseStructure);            /* 初始化 TIM2 */
    RCC_APB1PeriphClockCmd(RCC_APB1Periph_TIM3, ENABLE);       /* 使能 TIM3 对应时钟 */
    TIM_TimeBaseStructure.TIM_Period = 10 * 500 - 1;           /* 定时 500ms */
    TIM_TimeBaseStructure.TIM_Prescaler = SystemCoreClock/10000 - 1;
    TIM_TimeBaseStructure.TIM_ClockDivision = 0;
    TIM_TimeBaseStructure.TIM_CounterMode = TIM_CounterMode_Up;
    TIM_TimeBaseInit(TIM3, &TIM_TimeBaseStructure);            /* 初始化 TIM3 */
    /* TIM Interrupts enable */
    TIM_ITConfig(TIM1, TIM_IT_Update, ENABLE);                /* 使能 TIM1 更新中断 */
    TIM_ITConfig(TIM2, TIM_IT_Update, ENABLE);                /* 使能 TIM2 更新中断 */
    TIM_ITConfig(TIM3, TIM_IT_Update, ENABLE);                /* 使能 TIM3 更新中断 */
    TIM_Cmd(TIM1, ENABLE);                                    /* 启动 TIM1 计数器 */
    TIM_Cmd(TIM2, ENABLE);                                    /* 启动 TIM2 计数器 */
    TIM_Cmd(TIM3, ENABLE);                                    /* 启动 TIM3 计数器 */
}
void TIM1_UP_IRQHandler(void)                    /* TIM1 向上计数中断服务函数 */
{
    if (TIM_GetITStatus(TIM1, TIM_IT_Update) ! = RESET)
    { TIM_ClearITPendingBit(TIM1, TIM_IT_Update);  /* 有更新中断,清除中断标志 */
    T1Flag = 1;                                  /* 置 TIM1 中断标志 */
    }
}
void TIM2_IRQHandler(void)                       /* TIM2 中断服务函数 */
{
    if (TIM_GetITStatus(TIM2, TIM_IT_Update) ! = RESET)
    { TIM_ClearITPendingBit(TIM2, TIM_IT_Update);  /* 有更新中断,清除中断标志 */
    T2Flag = 1;                                  /* 置 TIM2 中断标志 */
    }
}
void TIM3_IRQHandler(void)                       /* TIM3 中断服务函数 */
{
    if (TIM_GetITStatus(TIM3, TIM_IT_Update) ! = RESET)
    { TIM_ClearITPendingBit(TIM3, TIM_IT_Update);  /* 有更新中断,清除中断标志 */
    T3Flag = 1;                                  /* 置 TIM2 中断标志 */
```

```
        }
    }
main()
{
SystemInit();                                        //系统初始化
GPIO_Configuration();                                /*GPIO初始化,参见第5章5.6.3有关内容*/
TIM_Configuration ();
NVIC_Configuration();
while(1)
    {
    if (T1Flag){LED1 = ~LED1;T1Flag = 0;/*改变 LED1 状态,复位 T1 有效标志*/}
    if (T2Flag){LED2 = ~LED2;T2Flag = 0;/*改变 LED2 状态,复位 T2 有效标志*/}
    if (T3Flag){LED2 = ~LED3;T3Flag = 0;/*改变 LED3 状态,复位 T3 有效标志*/}
    }
}
```

4. 利用比较中断进行定时的应用

【例 6.2】　对于 STM32F10x 利用 TIM3 比较中断来让四个 LED 指示灯 LED1(PD2)、LED2(PD3)、LED3(PD4)和 LED4(PD7)分别以 500 ms、250 ms、125 ms 和 75 ms 为周期闪烁,试编程实现。

除了基本定时器 TIM6 和 TIM7 外,其他所有定时器 TIM1～TIM5 以及 TIM8 均可以利用比较中断进行定时。首先让重装计数值为最大 65 535,可以每个定时器设置 4 个比较值,当计数器达到比较值时将引发中断,达到定时的目的。

此外,利用比较功能还可以让相关引脚输出周期性脉冲序列。

利用比较中断进行定时应用的定时器 TIM3 初始化配置函数如下:

```
uint16_t CCR1_Val = 72000/2;      //0.5 s
uint16_t CCR2_Val = 72000/4;      //0.25 s
uint16_t CCR3_Val = 72000/8;      //0.125 s
uint16_t CCR4_Val = 72000/16;     //0.075 s
void  TIM_Configuration(void)
{    uint16_t PrescalerValue = 0;
     TIM_TimeBaseInitTypeDef  TIM_TimeBaseStructure;
     TIM_OCInitTypeDef  TIM_OCInitStructure;
     PrescalerValue = (uint16_t)((SystemCoreClock / 2) / 36000) - 1;       //预分频系数
     RCC_APB1PeriphClockCmd(RCC_APB1Periph_TIM3, ENABLE); //使能 TIM3 时钟
     TIM_TimeBaseStructure.TIM_Period = 65535;            //最大计数值
     TIM_TimeBaseStructure.TIM_Prescaler = 0;             //预分频器值对于比较中断可任意
     TIM_TimeBaseStructure.TIM_ClockDivision = 0;         //时钟因子
     TIM_TimeBaseStructure.TIM_CounterMode = TIM_CounterMode_Up;           //向上计数
     TIM_TimeBaseInit(TIM3, &TIM_TimeBaseStructure);
     TIM_PrescalerConfig(TIM3, PrescalerValue, TIM_PSCReloadMode_Immediate);   //装入预分频器
     TIM_OCInitStructure.TIM_OCMode = TIM_OCMode_Timing;  /*通道1输出比较*/
     TIM_OCInitStructure.TIM_OutputState = TIM_OutputState_Enable;
     TIM_OCInitStructure.TIM_Pulse = CCR1_Val;            //装载比较寄存器 CCR1 的值
     TIM_OCInitStructure.TIM_OCPolarity = TIM_OCPolarity_High;             //设置高电平极性
     TIM_OC1Init(TIM3, &TIM_OCInitStructure);
     TIM_OC1PreloadConfig(TIM3, TIM_OCPreload_Disable);   //禁止 CCR1 重新装载寄存器(不断加1计数)
     TIM_OCInitStructure.TIM_OutputState = TIM_OutputState_Enable;         //使能 CCR1 输出状态
     TIM_OCInitStructure.TIM_Pulse = CCR2_Val;            //装载比较寄存器 CCR2 的值
     TIM_OC2Init(TIM3, &TIM_OCInitStructure);
     TIM_OC2PreloadConfig(TIM3,TIM_OCPreload_Disable);    //禁止 CCR2 重新装载寄存器(不断加1计数)
```

```
            TIM_OCInitStructure.TIM_OutputState = TIM_OutputState_Enable;      //使能CCR2输出状态
            TIM_OCInitStructure.TIM_Pulse = CCR3_Val;              //装载比较寄存器CCR3的值
            TIM_OC3Init(TIM3, &TIM_OCInitStructure);
            TIM_OC3PreloadConfig(TIM3, TIM_OCPreload_Disable);  //禁止CCR3重新装载寄存器(不断加1计数)
            TIM_OCInitStructure.TIM_OutputState = TIM_OutputState_Enable;      //使能CCR2输出状态
            TIM_OCInitStructure.TIM_Pulse = CCR4_Val;
            TIM_OC4Init(TIM3, &TIM_OCInitStructure);
            TIM_ITConfig(TIM3,TIM_IT_Update,DISABLE);              /*禁止更新中断*/
            /* TIM3 使能比较中断 */
            TIM_ITConfig(TIM3, TIM_IT_CC1 | TIM_IT_CC2 | TIM_IT_CC3 |TIM_IT_CC4, ENABLE);
            TIM_Cmd(TIM3, ENABLE);                                /* TIM3 使能计数器 */
    }
    void TIM3_IRQHandler(void)                                    /* TIM3定时器比较中断服务函数 */
    {   uint16_t capture = 0;
        if (TIM_GetITStatus(TIM3, TIM_IT_CC1) ! = RESET)
        {TIM_ClearITPendingBit(TIM3, TIM_IT_CC1);
            GPIOD->ODR^= 1<<2;                                    /* PD2取反,参见第5章5.6.3最后*/
            capture = TIM_GetCapture1(TIM3);                        /*取输入捕获寄存器1的值*/
            TIM_SetCompare1(TIM3, capture + CCR1_Val);            /*写新的比较寄存器1的值*/
        }
        else if (TIM_GetITStatus(TIM3, TIM_IT_CC2) ! = RESET)
        {   TIM_ClearITPendingBit(TIM3, TIM_IT_CC2);
            GPIOD->ODR^= 1<<3;                                    /* PD3取反*/
            capture = TIM_GetCapture2(TIM3);                        /*取输入捕获寄存器2的值*/
            TIM_SetCompare2(TIM3, capture + CCR2_Val);            /*写新的比较寄存器2的值*/
        }
        else if (TIM_GetITStatus(TIM3, TIM_IT_CC3) ! = RESET)
        {   TIM_ClearITPendingBit(TIM3, TIM_IT_CC3);
            GPIOD->ODR^= 1<<4;/* PD4取反*                         //*写新的比较寄存器3的值*/
            capture = TIM_GetCapture3(TIM3);                        /*取输入捕获寄存器3的值*/
            TIM_SetCompare3(TIM3, capture + CCR3_Val);
        }
        else if (TIM_GetITStatus(TIM3, TIM_IT_CC4) ! = RESET)
        {
            TIM_ClearITPendingBit(TIM3, TIM_IT_CC4);
            GPIOD->ODR^= 1<<7;                                    /* PD7取反*/
            capture = TIM_GetCapture4(TIM3);                        /*取输入捕获寄存器4的值*/
            TIM_SetCompare4(TIM3, capture + CCR4_Val);            /*写新的比较寄存器4的值*/
        }
    }
    main()                                                        /* 主函数 */
    {SystemInit();                                                //系统初始化
    GPIO_Configuration();
    TIM_Configuration ();                                        //定时器初始化
    NVIC_Configuration();                                        //中断配置
    while(1);                                                    //等待中断,在中断服务函数中处理事务
        }
    }
```

6.2 系统节拍定时器 SysTick

系统节拍定时器为 SysTick,也叫系统滴答定时器。滴答定时器就是一个非常基本的 24

位倒计时定时器。它存在的意义是为系统提供一个时基,能够给操作系统提供一个硬件上的中断。使用 SysTick 能够精准延时,对于时间要求严格的场所,具有重要意义。它为操作系统或其他系统管理软件提供固定 1 ms 或可软件编程定时时间的定时中断。

下面介绍 STM32 中的 SysTick,SysTick 部分内容属于 NVIC 控制部分,一共有 4 个寄存器,名称和地址分别是:

- TK_CSR,0xE000E010——控制寄存器;
- STK_LOAD,0xE000E014——重载寄存器;
- STK_VAL,0xE000E018——当前值寄存器;
- STK_CALRB,0xE000E01C——校准值寄存器。

SysTick 当前计数值寄存器 STK_VAL(Systick Current Value Register)保存当前计数值,当减 1 到 0 时,硬件会自动把重装载寄存器 STK_LOAD(Systick Reload Value Register)中保存的数据加载到 STK_VAL,重新开始向下计数。如果 STK_VAL 的值被减至 0 时,会触发异常产生中断,达到定时的目的。

SysTick 控制与状态寄存器的格式如图 6.12 所示。

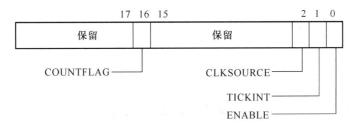

图 6.12 STM32F10x 的 Systick 控制与状态寄存器格式

各位含义如下:

- ENABLE 为使能位,1 使能 SysTick 定时器连续工作,0 禁止 SysTick 定时器。
- TICKINT 为中断位,1 表示计数到 0 时中断挂起,0 计数到 0 中断不挂起。
- CLKSOURCE 为时钟源选择,1 内核时钟,0 外部时钟。
- COUNTFLAG 为计数标识,从上次读取计数器开始,如果定时器计数到 0,则返回 1。

【例 6.3】 对于 STM32F10x 利用 SysTick 定时器定时 N ms,试编程实现。

初始化延迟函数如下:

```
#define SYSTICK_TENMS    (*((volatile unsigned long *)0xE000E01C))
#define SYSTICK_CURRENT  (*((volatile unsigned long *)0xE000E018))
#define SYSTICK_RELOAD   (*((volatile unsigned long *)0xE000E014))
#define SYSTICK_CSR      (*((volatile unsigned long *)0xE000E010))
```

初始化延迟函数(置 SysTick 寄存器):

```
void SysTick_Configuration(void)
{
 SYSTICK_CURRENT = 0;              //当前值寄存器
 SYSTICK_RELOAD = 72000;           //重装载寄存器,系统时钟 72 MHz 中断一次 1 ms
 SYSTICK_CSR| = 0x06;              //HCLK 作为 Systick 时钟,Systick 中断使能位
}
中断处理:
void SysTick_Handler(void)         //中断函数
{
extern unsigned long TimingDelay; //延时时间,注意定义为全局变量
```

```
SYSTICK_CURRENT = 0;
if (TimingDelay ! = 0x00)
TimingDelay -- ;
}
```

利用 SysTick 的延时函数：

```
 unsigned long TimingDelay;          //延时时间,注意定义为全局变量
void Delay(unsigned long nTime)      //延时函数
{
TimingDelay = nTime;                 //读取延时时间
while(TimingDelay ! = 0);            //判断延时是否结束
}


int main()
 {
 SystemInit0();                      //系统(时钟)初始化
GPIO_Configuration();                /* GPIO 初始化,参见第 5 章 5.6.3 有关内容 */
 SysTick_Configuration();            //配置 SysTick 定时器
while(1)
{
GPIOD - >ODR^| = (1<<2);             //LED1 每秒闪烁
Delay(1000);
   }
 }
```

6.3　看门狗定时器 WDT

在嵌入式应用中,微控制器必须可靠工作。但系统由于种种原因(包括环境干扰等),程序运行有时会不按指定指令执行,导致死机,系统无法继续工作下去,这时必须使系统复位才能使程序重新投入运行。这个能使系统定时复位的硬件称为看门狗定时器 WDT,简称看门狗或 WDG。WDG 好像一直看着自己的家门一样,监视着程序的运行状态。

STM32F10x 内部有两个看门狗,一个叫独立看门狗(IWDG),另一个叫窗口看门狗(WWDG)。IWDG 由专用的低速时钟(LSI)驱动,即使主时钟发生故障它也仍然有效。WWDG 由从 APB1 时钟分频后得到的时钟驱动,通过可配置的时间窗口来检测应用程序非正常的过迟或过早的操作。

6.3.1　IWDG

IWDG 最适合应用于那些需要看门狗作为一个在主程序之外,能够完全独立工作,并且对时间精度要求较低的场合。IWDG 可以作为系统抗干扰的一个重要措施。IWDG 组成如图 6.13 所示。40 kHz 的内部低速时钟源按照预分频寄存器 IWDG_PR 中的值进行 8 分频后作为计数脉冲,12 位递减计数器从装入的重装载寄存器的值开始减 1 计数,计数到 0,强迫系统复位。无论何时当键寄存器 IDG_KR 写入 0xAAAA 时,重装载寄存器 IWDG_RLR 的值就会重新被加载到递减计数器中,以避免产生复位。当 IWDG_KR 写入 0xCCCC 时,开始启用独立看门狗,此时计数器开始从其复位值 0xFFF 递减计数。

IWDG_PR 有效位为三位,只能取 0～6,取 7 时也跟取 6 一样和 IWDG_RLR 是带写保护的,要改变它们的值必须解锁,方法是对 IWDG_KR 寄存器写 0x5555 后再写这两个寄存器。

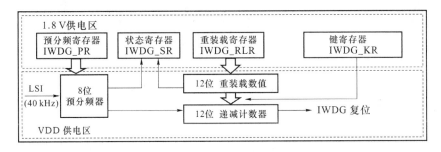

图 6.13　STM32F10x IWDG 组成框图

写完再将 IWDG_KR 写 0xAAAA，再对 IWDG_PR 和 IWDG_RLR 写保护。

IWDG 的溢出时间由式(6.5)决定：

$$T_{\text{IWDG}} = 4 \times 2^{\text{IWDG\_PR}} \times (1 + \text{IWDG\_RLR})/40\ \text{kHz} \tag{6.5}$$

当 IWDG_PR=4，IWDG_RLR=624 时，$T_{\text{IWDG}}=64 \times 625/40\,000=1\,\text{s}$。由式(6.5)可知可以根据看门狗溢出时间来确定 IWDG_RLR 的值。假设 IWDG_PR 为 4，则

IWDG_RLR=$T_{\text{IWDG}}/64 \times 40\ \text{kHz}-1=T_{\text{IWDG}} \times 625-1$，需要 0.2 s 溢出时间时，IWDG_RLR=124；需要 1 s 时，IWDG_RLR=624；需要 2 s 时，IWDG_RLR=1\,249；需要 4 s 时，IWDG_RLR=2\,499 等。

对 IWDG 的操作步骤如下：

(1) 向 IWDG_KR 写入 0x5555 允许写 IWDG_PR 和 IDWG_RLR。

将 0x5555 写入 IWDG_KR 之后，将写保护打开，允许写预分频寄存器 IWDG_PR 和重装载寄存器 IWDG_RLR。

(2) 写 IWDG_PR 和 IWDG_RLR 确定独立看门狗溢出时间。

根据式(6.5)确定的溢出时间来初始化 IDWG_PR 和 IDWG_RLR 的值。

(3) 向 IWDG_KR 写入 0xAAAA 对看门狗喂狗操作。

(4) 向 IWDG_KR 写入 0xCCCC 开始启用看门狗。

应该注意的是，一旦启用看门狗(使能看门狗)，就不能停止，必须在程序中周期性喂狗，否则每隔一段设置的 IWDG 溢出时间就会复位，喂狗周期不能大于溢出周期。

【例 6.4】　对于 STM32F10x 独立看门狗定时器溢出时间设置为 2 s，用一只按键(KEY1:PD11)控制喂狗，如果 2 s 以上没有按键，则看门狗溢出产生复位，复位后系统让 LED1(PD2)亮一下，如果不断复位，就会发现 LED1 不断闪亮。当有按键在 2 s 之内按下时，LED2 不亮。试编程实现。

```
void IWDG_Init(u8 prer,u16 rlr)
{IWDG_WriteAccessCmd(IWDG_WriteAccess_Enable);      //使能 IWDG_PR 和 IWDG_RLR 写操作
IWDG_SetPrescaler(prer);                  //设置 IWDG 预分频值:设置 IWDG 预分频值为 64

    IWDG_SetReload(rlr);                  //设置 IWDG 重装载值
    IWDG_ReloadCounter();                 //按照 IWDG 重装载寄存器的值重装载 IWDG 计数器
    IWDG_Enable();                        //使能 IWDG
}
int main(void)
  {  delay_init();                        //延时函数初始化
  NVIC_PriorityGroupConfig(NVIC_PriorityGroup_2);   //设置中断优先级分组 2
    GPIO_Configuration();                 /* GPIO 初始化,参见第 5 章 5.6.3 节有关内容 */
```

```
    delay_ms(300);                        //让人看得到灭
    IWDG_Init(4,1249);                    //与分频数为64,重载值为1249,溢出时间为2 s
    LED1(0);                              //点亮LED0
    while(1)
    {
        if(KEY4 = = 0) IWDG_ReloadCounter();   //如果WKUP按下,则喂狗
        delay_ms(10);
    };
}
```

实际应用时,在主函数循环体内要无条件地调用喂狗函数 IWDG_ReloadCounter() 以使正常工作时 IWDG 不产生复位,当程序跑飞时,由于不在喂狗,因此过了 IWDG 溢出时间将产生复位,使嵌入式系统重新投入运行。

6.3.2　WWDG

使用常用的看门狗时,程序可以在它产生复位前的任意时刻刷新看门狗,但在使用中存在一些问题和隐患:有可能程序跑乱了又跑回到正常的地方;或跑乱的程序正好执行了刷新看门狗操作;程序没按照正确的流程运行,会出现延时退出或提前完成。使用常用的看门狗如前面的 IWDG 无法进行监控,需要一个特殊看门狗能够监控此类现象。

WWDG 采用上下时间窗口的方式监控程序的运行,当超过这个时间窗口还没有被喂狗时,就会产生复位或中断。下窗口固定为 0x40,而上窗口的值可由实际情况编程设置,上窗口的值不能低于下窗口值 0x40。

WWDG 的组成如图 6.14 所示,由看门狗配置寄存器 WWDG_CFR、看门狗控制寄存器 WWDG_CR、看门狗分频器 WDGTB 以及比较器和控制逻辑等构成。

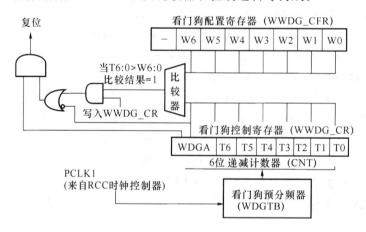

图 6.14　STM32F10x WWDG 组成框图

窗口配置寄存器 WWDG_CFR 中的 W6～W0 为上窗口值,WWDG_CFR 中的 D7D8 位为 TB0 和 TB1 为预分频器值。看门狗控制寄存器 WWDG_CR 中的 T6～T0 为窗口看门狗的计数器,和 WDGA 开启看门狗。当窗口看门狗的计数器在上窗口值之外被刷新或低于下窗口值时,都会产生复位。也就是说只要窗口看门狗计数器 WWDG_CR 的值超过窗口值即产生复位。WDGTB 预分频器的值可为 0(00)、1(01)、2(10) 和 3(11)。

窗口看门狗的超时时间如式(6.6)所示。

$$T_{WWDG} = 4\,096 \times 2^{WDGTB} \times (T[5:0]+1)/F_{PCLK1} \tag{6.6}$$

若 APB1 时钟 $F_{PCLK1}=36\ MHz$，当 WDGTB=0 时，T[5:0]=0x3F，最大的超时时间为 7.28 ms，最小超时时间为 113.7 μs；WDGTB=3 时，最大超时时间为 58.25 ms，最小超时时间为 910 μs。

对 WWDG 操作主要包括：

(1) 使能 WWDG 时钟。

(2) 设置 WWDG 预分频系数。

(3) 设置 WWDG 窗口值。

(4) 使能 WWDG。

(5) 清除 WWDG 标志。

(6) 初始化 WWDG 中断 NVIC。

(7) 开启 WWDG 中断。

采用寄存器操作初始化 WWDG 如下：

```
uint8_t WWDG_CNT = 0x7F;
void WWDG_Init(uint8_t tr,uint8_t wr,uint32_t fprer)
{
RCC->APB1ENR| = 1<<11;                              //使能 WWDG 时钟
WWDG_CNT = tr &WWDG_CNT
WWDG->CFR| = fprer<<7;                              //配置预分频器值
WWDG->CFR& = 0xFF80;
WWDG->CFR| = wr;                                    //设定窗口值
WWDG->CR| = WWDG_CNT;                               //装入计数初值
WWDG->CR| = 1<<7;                                   //开启窗口看门狗
My_NVIC_Init(2,3,WWDG_IRQn,2);                      //中断分组
WWDG->SR = 0x00;                                    //清除提前唤醒中断
WWDG->CFR| = 1<<9;                                  //使能提前唤醒中断
}
```

初始化之后，在主函数中必须定时喂狗：

```
WWDG->CR = WWDG_CNT&0x7F;
```

采用固件库函数方式初始化如下：

```
void WWD G_Init(uint8_t tr,uint8_t wr,uint32_t fprer)
{ RCC_APB1PeriphClockCmd(RCC_APB1Periph_WWDG, ENABLE);  //WWDG 时钟使能
    WWDG_SetPrescaler(fprer);                           //设置 WWDG 预分频值
    WWDG_SetWindowValue(wr);                            //设置窗口值
    WWDG_Enable(tr);                                    //使能看门狗,设置 counter
    WWDG_ClearFlag();
    WWDG_NVIC_Init();                                   //初始化窗口看门狗 NVIC
    WWDG_EnableIT();                                    //开启窗口看门狗中断
}
```

在主函数中必须定时喂狗：

```
WWDG_SetCounter(0x7F);                                  //喂狗
```

6.4 实时钟定时器 RTC

实时钟(Real Time Clock,RTC)组件是一种能直接或间接提供日历/时钟、数据存储等功能的专用定时组件,现代嵌入式微控制器片内大都集成了 RTC 单元。

RTC 具有的主要功能包括 BCD 数据有秒、分、时、日、月、年、闰年产生器、告警功能(告警

中断或从断电模式唤醒）等。STM32F10x系列ARM芯片中的RTC提供秒中断信号，并不直接提供年月日时分秒这些时间数据，要通过32位的秒计数值来计算时间。

6.4.1 RTC的硬件组成

RTC是一个独立的定时器。RTC模块拥有一组连续计数的32位计数器，在相应软件配置下，可提供时钟日历的功能。修改计数器的值可以重新设置系统当前的时间和日期。RTC模块和时钟配置系统（RCC_BDCR寄存器）处于后备区域，即在系统复位或从待机模式唤醒后，RTC的设置和时间维持不变。系统复位后，对后备寄存器和RTC的访问被禁止，这是为了防止对后备区域（BKP）的意外写操作。执行以下操作将使能对后备寄存器和RTC的访问。

STM32F10x的RTC仅提供秒周期信号，并不直接提供日历和时钟，需要软件编程来完成时钟日历的任务。

RTC由两个主要部分组成，如图6.15所示。第一部分（APB1接口）用来和APB1总线相连。此单元还包含一组16位寄存器，可通过APB1总线对其进行读写操作。APB1接口由APB1总线时钟驱动，用来与APB1总线接口。

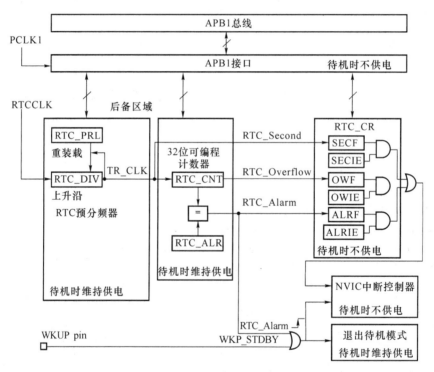

图6.15 STM32F10x系列RTC的内部组成

RTC时钟源有三种选择：（1）独立的32.768 kHz晶振（LSE）；（2）内部低频率（40 kHz）、低功耗RC电路（LSI）；（3）HSE经过128分频的时钟。

在一个嵌入式系统中，通常采用RTC来提供可靠的系统时间，包括时分秒和年月日等，而且要求在系统处于关机状态下也能够正常工作（通常采用后备电池供电），它的外围也不需要太多的辅助电路，典型的就是只需要一个高精度的32.768 kHz晶体和电阻电容等。

6.4.2　RTC 相关寄存器

RTC 包含了寄存器、预分频装载寄存器、预分频分频因子寄存器、计数寄存器以及闹钟寄存器。典型的 STM32F10x 微控制器 RTC 寄存器如表 6.2 所示。

表 6.2　RTC 寄存器映射

名称	描　述	复位值	地址
CRH	控制寄存器高 16 位	0	0x4000 2800
CRL	控制寄存器低 16 位	0	0x4000 2804
PRLH	预分频装载寄存器高 16 位	0	0x4000 2808
PRLL	预分频装载寄存器低 16 位	0x8000	0x4000 280C
DIVH	预分频分频因子寄存器高 16 位	0	0x4000 2810
DIVL	预分频分频因子寄存器低 16 位	0x8000	0x4000 2814
CNTH	计数器寄存器高 16 位	0	0x4000 2818
CNTL	计数器寄存器低 16 位	0	0x4000 281C
ALRH	闹钟寄存器高 16 位	0xFFFF	0x4000 2820
ALRL	闹钟寄存器低 16 位	0xFFFF	0x4000 2824

此外还有可供用户灵活使用的备份寄存器 BKP，容量小到 40 个字节（中小容量），大到 80 个字节（大容量和互联型芯片）。这些备份寄存器由于处于 RTC 组件内部，功耗极低，可由电池供电，可以为嵌入式系统存放重要参数提供支持。

（1）控制寄存器 CRH 和 CRL

控制寄存器 CRH 是一个只有 3 位有效位的 16 位寄存器，它决定秒中断、闹钟和溢出是否允许，各位含义如表 6.3 所示。

表 6.3　RTC 控制寄存器 CRH 位描述

位	符号	描　述
0	SECIE	秒中断允许位，1 允许，0 禁止
1	ALRIE	闹钟中断允许位，1 允许，0 禁止
2	OWIE	溢出中断允许，1 允许，0 禁止
15:3	—	保留

控制寄存器 CRL 是一个只有 6 位有效位的 16 寄存器，每位的功能详如表 6.4 所示。

表 6.4　时钟控制寄存器 CCR 位描述

位	符号	描　述
0	SECF	秒标志，1 表示秒标志条件成立，0 秒标志条件不成立
1	ALRF	闹钟标志，为 1 有闹钟，为 0 没有闹钟
2	OWF	溢出标志，为 1 有溢出，为 0 无溢出

位	符号	描　述
3	RSF	寄存器同步标志，为 1 寄存器已经被同步，为 0 没有同步
4	CNF	配置标志，为 1 表示进入配置模式，为 0 表示退出配置模式
5	RTOFF	RTC 操作关闭，1 表示上一次对 RTC 寄存器的写操作已经完成，0 为写操作仍在进行
15:6	—	保留，用户软件不要向保留位写入 1。从保留位读出的值未定义

（2）RTC 预分频装载寄存器和预分频余数寄存器

20 位预分频值分别存放在 RTC 预分频装载寄存器 PRLH 和 PRLL 中，其中 PRLL 为低 16 位，PRLH 中的低 4 位存放高 4 位预分频值。

20 位预分频余数值分别存放在 RTC 预分频余数寄存器 DIVH 和 DIVL 中，其中 DIVL 为低 16 位，DIVH 中的低 4 位存放高 4 位预分频余数值。

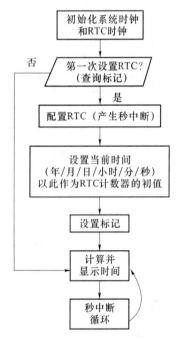

图 6.16　典型 STM32F10x 系列
RTC 操作流程

（3）RTC 计数寄存器和闹钟寄存器

RTC 计数寄存器 RTC_CNTH 和 RTC_CNTL 分别存放 32 位计数值的高 16 位和低 16 位；RTC 闹钟寄存器 RTC_ALRH 和 RTC_ALRL 分别存放 32 位闹钟值的高 16 位和低 16 位。

当 RTC 计数值与闹钟值相等时，将引发闹钟事件。

6.4.3　RTC 的应用

RTC 在嵌入式系统中应用广泛，只要涉及与时间相关的事件需要记录的，均要用到 RTC。使用 RTC，首先要对 RTC 初始化，然后配置 RTC，设置当前时间，设置标志计算并显示时间。RTC 操作步骤如图 6.16 所示。

初始化 RTC 的具体步骤如下：

（1）配置 PWR 和 BKP 时钟，并使能 BKP 备份区域。

（2）选择时钟源。

（3）RTC 时钟使能。

（4）使能 RTC 中断。

（5）设置时钟分频值。

（6）初始化时间。

（7）允许操作后备区域。

（8）使能秒中断。

按照上述步骤初始化 RTC 如下：

```
uint32_t  RTCInit (uint16_t  * pusRtcTime)
{
  NVIC_InitTypeDef NVIC_InitStructure;
  RTC_DateTimeTypeDef RTC_DateTimeStructure;
  NVIC_PriorityGroupConfig(NVIC_PriorityGroup_1);        //RTC 中断设置优先级分组
  NVIC_InitStructure.NVIC_IRQChannel = RTC_IRQn;
  NVIC_InitStructure.NVIC_IRQChannelPreemptionPriority = 1;
```

```
    NVIC_InitStructure.NVIC_IRQChannelSubPriority = 0;
    NVIC_InitStructure.NVIC_IRQChannelCmd = ENABLE;
    NVIC_Init(&NVIC_InitStructure);
    RTC_DateTimeStructure.Year = 16;                        //初始化年
    RTC_DateTimeStructure.Month = 8;                        //初始化月
    RTC_DateTimeStructure.Date = 28;                        //初始化日
    RTC_DateTimeStructure.Hour = 9;                         //初始化时
    RTC_DateTimeStructure.Minute = 10;                      //初始化分
    RTC_DateTimeStructure.Second = 0;                       //初始化秒
    PWR_BackupAccessCmd(ENABLE);                            //允许操作后备区域
    /* 判断是否首次操作 RTC */
    if(BKP_ReadBackupRegister(BKP_DR1) ! = 0xA5A5)
    {RCC_APB1PeriphClockCmd(RCC_APB1Periph_PWR | RCC_APB1Periph_BKP, ENABLE);        //使能时钟
        PWR_BackupAccessCmd(ENABLE);                        //允许访问 BKP 备份域
        RCC_LSEConfig(RCC_LSE_ON);                          //开启 LSE
        while (RCC_GetFlagStatus(RCC_FLAG_LSERDY) == RESET); //等待 LSE 起振
        RCC_RTCCLKConfig(RCC_RTCCLKSource_LSE);             //选择 LSE 为 RTC 时钟源
        RCC_RTCCLKCmd(ENABLE);                              //RTC 时钟使能
        RTC_WaitForSynchro();                               //等待 RTC 寄存器同步
        RTC_WaitForLastTask();                              //等待最后对 RTC 寄存器的写操作完成
        RTC_ITConfig(RTC_IT_SEC, ENABLE);                  //RTC 中断使能
        RTC_WaitForLastTask();                              //等待最后对 RTC 寄存器的写操作完成
        RTC_SetPrescaler(32767);        //设置 RTC 时钟分频值 32 767,则计数频率 = 1 Hz,周期 1 s
        RTC_WaitForLastTask();                              //等待最后对 RTC 寄存器的写操作完成
        RTC_SetDateTime(RTC_DateTimeStructure);     //Year、Month/Data/Hour/Minute/Second 写入
      BKP_WriteBackupRegister(BKP_DR1, 0xA5A5);
    }
    else    RTC_WaitForSynchro();                           //等待 RTC 与 RTC_APB 时钟同步
    RTC_ITConfig(RTC_IT_SEC, ENABLE);                      //使能秒中断
    RTC_WaitForLastTask();                                  //等待 TRC 最后一次操作完成
}
void RTC_SetDateTime(RTC_DateTimeTypeDef RTC_DateTimeStructure)
{
    uint32_t num_leapyear;                                  //闰年天数
    uint32_t conut_year;                                    //计秒(年)
    uint32_t conut_month_day;                               //月日的秒计数
//-------------------------计算天数  /------------------------
                                                           //闰年数
    num_leapyear = RTC_DateTimeStructure.Year/4 + 1;
                                                           //计秒(年)
    conut_year = RTC_DateTimeStructure.Year * SEC_YEAR + num_leapyear * SEC_DAY;
    switch(RTC_DateTimeStructure.Month)
    {
      case 1:/* 一月 */
        conut_month_day = (RTC_DateTimeStructure.Date - 1) * SEC_DAY;
        if(RTC_DateTimeStructure.Year % 4 = = 0)           //假如是闰年,需要减去一天的计数
          conut_month_day - = SEC_DAY;
        break;
      case 2:/* 二月 */
        conut_month_day = (31 + RTC_DateTimeStructure.Date - 1) * SEC_DAY;
        if(RTC_DateTimeStructure.Year % 4 = = 0)           //假如是闰年,需要减去一天的计数
          conut_month_day - = SEC_DAY;
        break;
```

```
      case 3:/* 三月 */
        conut_month_day = (59 + RTC_DateTimeStructure.Date - 1) * SEC_DAY;
        break;
      case 4:/* 四月 */
        conut_month_day = (90 + RTC_DateTimeStructure.Date - 1) * SEC_DAY;
        break;
      case 5:/* 五月 */
        conut_month_day = (120 + RTC_DateTimeStructure.Date - 1) * SEC_DAY;
        break;
      case 6:/* 六月 */
        conut_month_day = (151 + RTC_DateTimeStructure.Date - 1) * SEC_DAY;
        break;
      case 7:/* 七月 */
        conut_month_day = (181 + RTC_DateTimeStructure.Date - 1) * SEC_DAY;
        break;
      case 8:/* 八月 */
        conut_month_day = (212 + RTC_DateTimeStructure.Date - 1) * SEC_DAY;
        break;
      case 9:/* 九月 */
        conut_month_day = (243 + RTC_DateTimeStructure.Date - 1) * SEC_DAY;
        break;
      case 10:/* 十月 */
        conut_month_day = (273 + RTC_DateTimeStructure.Date - 1) * SEC_DAY;
        break;
      case 11:/* 十一月 */
        conut_month_day = (304 + RTC_DateTimeStructure.Date - 1) * SEC_DAY;
        break;
      case 12:/* 十二月 */
        conut_month_day = (334 + RTC_DateTimeStructure.Date - 1) * SEC_DAY;
        break;
    }
    RTC_WaitForLastTask();
                                                        //设置计数值(更新 RTC)
    RTC_SetCounter(conut_year + conut_month_day + RTC_DateTimeStructure.Hour * 3600 + RTC_Da-
teTimeStructure.Minute * 60 + RTC_DateTimeStructure.Second);
                                                        //等待 TRC 操作完成
    RTC_WaitForLastTask();
  }
```

这样初始化完成,RTC 每隔 1 秒进入中断服务函数,在那里要可置位标志,主函数看到该有效标志来计算年月日时分秒等。如果是闹钟中断,处理闹钟事务。

【例 6.5】 假设每天早上 7:35 准时打开电动门,晚上 6:45(18:45)准时关闭电动门,电动门通过 GPIO 的 PC4 和 PC15 按照如图 6.17 所示的接法控制。当 PC4＝0 且 PC15＝1 时,继电器 UJDQ1 闭合,UJDQ2 断开,Open 与 COM 短接而开门;当 PC4＝1 且 PC15＝0 时,继电器 UJDQ2 闭合,UJDQ1 断开,Close 与 COM 短接而关门。

要实现这一功能,首先要设置好时间计数器的值,等时间到指定值就可以开关门。也可以设置闹钟计数器的值,只是 STM32F10x 的时间和闹钟寄存器仅仅是 32 位的秒计数值,要换算成年月日时分秒。这里采用直接判断时间的方法进行开关门。假设按照 GPIO 的引脚定义方法已经定义 PC4 和 PC15 为推挽输出。假设 PD5 和 PD6 分别检测关或关门是否到位,到位为 0。实现这个功能的程序如下:

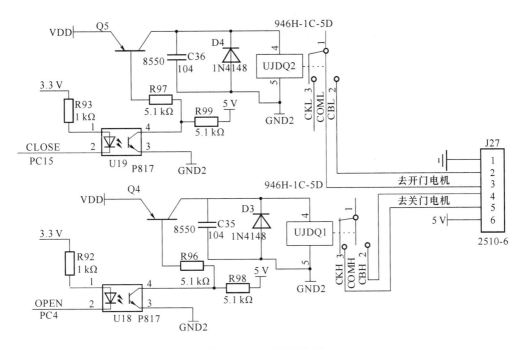

图 6.17　定时控制应用

```
#define HR1       6
#define HR2       18
#define MIN1      35
#define MIN2      45
volatile uint32_t    GulRTCFlag  = 0;                    //RTC 报警标志清除
volatile uint32_t    RTCALTimes  = 0;                    //记录 RTC 报警次数
int  main(void)
{
uint8_t  OpenClose = 0;                                  //1 开门,2 关门,0 停止
    SystemInit();                                        /*系统初始化   */
    RTCInit();                                           /*初始化 RTC*/
    GPIO_WriteBit(GPIOC, GPIO_Pin_4, Bit_SET);           //PC4 = 1   开门禁止
    GPIO_WriteBit(GPIOC, GPIO_Pin_15, Bit_SET);          //PC15 = 1   关门禁止
    while(1){
        if(TimeOneSecondOK)
        {
        RTC_GetDateTime(&RTC_DateTimeStructure);
if((RTC_DateTimeStructure.Hour == HR1)&&(RTC_DateTimeStructure.Minute == MIN1)) OpenClose = 1;
if((RTC_DateTimeStructure.Hour == HR2)&&(RTC_DateTimeStructure.Minute == MIN2)) OpenClose = 2;
        if((OpenClose == 1)&&(GPIO_ReadInputDataBit(GPIOD,GPIO_Pin_5)! = 0))
            {
            GPIO_WriteBit(GPIOC, GPIO_Pin_4, Bit_RESET);  //PC4 = 0   开门
            GPIO_WriteBit(GPIOC, GPIO_Pin_15, Bit_SET);   //PC15 = 1   关门禁止
            }
        else if((OpenClose == 2)&&( GPIO_ReadInputDataBit(GPIOD,GPIO_Pin_6)! = 0))
            {
            GPIO_WriteBit(GPIOC, GPIO_Pin_4, Bit_SET);    //PC4 = 1   开门禁止
            GPIO_WriteBit(GPIOC, GPIO_Pin_15, Bit_RESET); //PC15 = 0   关门
            }
        else
```

```
        {
            GPIO_WriteBit(GPIOC, GPIO_Pin_4, Bit_SET);      //PC4 = 1   开门禁止
            GPIO_WriteBit(GPIOC, GPIO_Pin_15, Bit_SET);     //PC15 = 1  关门禁止
        }
        TimeOnSecondOK = 0;
    }
    }
    }
```

中断服务程序如下：

```
void RTC_IRQHandler(void)                               //RTC 中断处理函数
{
  if(RTC_GetITStatus(RTC_IT_SEC) ! = RESET)             //判断秒中断
  {
    RTC_ClearITPendingBit(RTC_IT_SEC);                  //清除中断标志位
    RTC_WaitForLastTask();                              //等待操作完成
      TimeOneSecondOK = 1;                              //置秒时间到标志
  }
}
```

以上例子中可以在 main 函数的主循环体中不断查询秒中断是否有，通过计算时间来确定何时进行什么动作。

6.5   脉宽调制定时器

脉冲宽度调制（Pulse Width Modulation，PWM）是对模拟信号电平进行数字编码的一种处理方法。通过高分辨率计数器的使用，方波的占空比被调制用来对一个具体模拟信号的电平进行编码。其广泛应用于电子、机械、通信、功率控制等多个领域。

利用 PWM 可以控制脉冲的周期（频率）以及脉冲的宽度，达到有效控制输出的目的，如对电机的控制、灯光的控制、空调的控制等，还可实现模拟 DAC 的功能。

6.5.1   PWM 概述

电压或电流源是以一种通（有）或断（无）的重复脉冲序列被加到模拟负载上去的。通的时候即是直流供电被加到负载上，断的时候即是供电被断开。只要带宽足够，任何模拟值都可以使用 PWM 进行编码。

无论是电感性负载还是电容性负载，大多数需要的调制频率高于 10 Hz，通常调制频率为 1～200 kHz。

目前大多数嵌入式微控制器片内都包含有 PWM 控制器。有的有一个 PWM 控制器，也有多个 PWM 控制器可供选择。每一个 PWM 控制器均可以选择接通时间（脉冲宽度）和周期（或频率）。占空比是接通时间（比如定义高电平导通）与周期之比，调制频率为周期的倒数。

PWM 输出的一个优点是从微控制器到被控系统信号都是数字形式的，无须进行数模转换。让信号保持为数字形式可将噪声影响降到最小。噪声只有在强到足以将逻辑 1 改变为逻辑 0 或将逻辑 0 改变为逻辑 1 时，才能对数字信号产生影响。因此 PWM 输出抗干扰能力很强。

图 6.18(a)为简单 PWM 灯控电路原理图，图(b)为采用不同 PWM 占空比灯得电的波形图。

从 PWM 波形图可知,对于采用 10% 占空比的 PWM 波形,如果电源电压为 12 V,则平均加在灯上的电压只有 $12 \times 10\% = 1.2$ V,相当输出 1.2 V 模拟电压信号;对于采 50% 占空比的 PWM 波形,则平均加在灯上的电压为 $12 \times 50\% = 6$ V,相当于输出 6 V 的模拟信号;而对于采 70% 占空比的 PWM 波形,则平均加在灯上的电压为 $12 \times 70\% = 8.4$ V,相当于 8.4 V 的模拟信号。因此不同占空比其灯的亮度完全不同,占空比越大,灯越亮,占空比越小,灯越暗。因此可以利用 PWM 技术控制灯的调光。

对噪声抵抗能力的增强是 PWM 相对于模拟控制的另外一个优点,而且这也是在某些时候将 PWM 用于通信的主要原因。从模拟信号转向 PWM 可以极大地延长通信距离。在接收端,通过适当的 RC 或 LC 网络可以滤除调制高频方波并将信号还原为模拟形式。

总之,PWM 既经济又节约空间,抗噪性能强,是一种值得推广应用的有效控制技术。

单个 PWM 周期如图 6.19 所示。

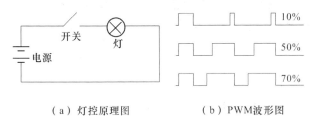 

（a）灯控原理图　　　　（b）PWM波形图

图 6.18　基于 PWM 的灯控原理及波形图　　　　图 6.19　单个 PWM 周期示意图

Tp 为 PWM 一个周期的高电平宽度,Tn 为 PWM 一个周期的低电平宽度,一个 PWM 周期 $T_{PWM} = Tp + Tn$,占空比为 Tp/T_{PWM}。正脉冲宽度越大,占空比越大,输出能量也越大。

嵌入式处理器内部 PWM 硬件一般构成如图 6.20 所示。通过不同的时钟源的选择及分频之后得到 PWM 计数时钟,频率为 f_{PWM},PWM 计数初值决定 PWM 周期和正脉冲宽度(或占空比),大部分有两类寄存器存放,一类是初始计数值决定 PWM 周期,另一类是匹配寄存器决定占空比。当 PWM 计数器计数满足正脉冲宽度所计输入脉冲个数时,产生匹配中断,输出发生翻转由高电平变低电平,继续计数到 PWM 周期所对应计数脉冲个数时,PWM 输出再回到高电平,完成一个 PWM 周期的操作。只要改变正脉冲的计数脉冲个数即占空比,即可输出不同宽度的 PWM 波形。

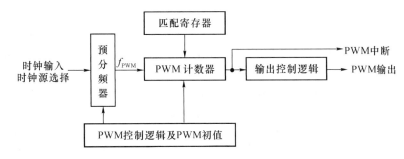

图 6.20　PWM 控制器的组成

决定 PWM 输出精度的是 PWM 分辨率,PWM 分辨率是由多少位数字量来逼近一个周期的模拟量决定的,通常用一个周期采用多少个二进制位数来描述正脉冲的宽度来表示。如 8 位 PWM 在一个 PWM 周期,其正脉冲宽度可以由 0~255 个 PWM 计数脉冲来表示;10 位

PWM其正脉冲宽度可以由0～1 023个PWM计数脉冲来表示；12位PWM其正脉冲宽度可以由0～4 095个PWM计数脉冲来表示；16位PWM其正脉冲宽度可以由0～65 535个PWM计数脉冲来表示等。32位PWM正脉冲个数为$0～2^{32}-1$个PWM计数脉冲。STM32F10x系列微控制器为16位PWM。

6.5.2 STM32F10x系列PWM模式

由6.1.5节表6.1可知，除了TIM6和TIM7基本定时器外，其他定时器全部具有PWM模式。在STM32F10x处理器中，PWM有两种模式。

（1）PWM模式1：在向上计数时，当TIMx_CNT＜TIM_CRR1时通道1为有效的电平，否则为无效电平；向下计数时，当TIMx_CNT＞CCR时通道1为无效电平，否则为有效电平。

（2）PWM模式2：在向上计数时，当TIMx_CNT＜TIM_CRR1时通道1为无效的电平，否则为有效电平；向下计数时，当TIMx_CNT＞CCR时通道1为有效电平，否则为无效电平。

显然，PWM模式1和模式2输出PWM波形的极性是相反的。

STM32F10x系列微控制器有边沿对齐和中心对齐模式，PWM模式1下的PWM波形如图6.21所示。

在边沿对齐模式下，起始计数时在OCx输出低电平，当加1计数到与捕获比较寄存器值相等时，输出高电平，继续加1计数到重装寄存器值时输出低电平，完成一个PWM周期的计数并输出，如此这般周期性地进行下去。

在中心对齐模式下，开始OCx输出低电平，当加1计数到捕获比较寄存器的值时OCx输出变为高电平，继续加1计数到重装寄存器值时，开始减1计数，输出保持高电平不变，直到减1计数到达捕获比较寄存器的值，OCx输出变低电平，完成一个PWM周期的计数并输出，如此这般周期性地进行下去。

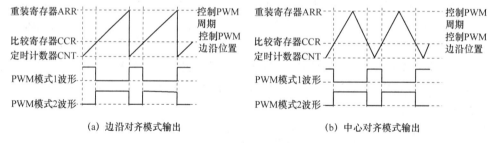

（a）边沿对齐模式输出　　　　　　　　（b）中心对齐模式输出

图6.21　PWM模式1下的PWM输出波形示意图

由此可见，STM32F10x的PWM周期由重装载寄存器TIMx_ARR的值决定，而占空比取决于捕获/比较寄存器TIMx_CRRx的值。

PWM相关引脚主要包括PWM输出引脚和捕获用的输入引脚，引脚关系如表6.5所示。

表6.5　PWM引脚关系

引脚	STM32F10x引脚	别名	类型	描述
TIM1_CH1	PA8/PE9	OC1	输出	TIM1的PWM通道1输出
TIM1_CH2	PA9/PE11	OC2	输出	TIM1的PWM通道2输出
TIM1_CH3	PA10/PE13	OC3	输出	TIM1的PWM通道3输出
TIM1_CH4	PA11/PE14	OC4	输出	TIM1的PWM通道4输出
TIM2_CH1	PA0/PA15	OC1	输出	TIM2的PWM通道1输出

引脚	STM32F10x 引脚	别名	类型	描　述
TIM2_CH2	PA1/PB3	OC2	输出	TIM2 的 PWM 通道 2 输出
TIM2_CH3	PA2/PB10	OC3	输出	TIM2 的 PWM 通道 3 输出
TIM2_CH4	PA3/PB11	OC4	输出	TIM2 的 PWM 通道 4 输出
TIM3_CH1	PA6/PB4/PC6	OC1	输出	TIM3 的 PWM 通道 1 输出
TIM3_CH2	PA7/PB5/PC7	OC2	输出	TIM3 的 PWM 通道 2 输出
TIM3_CH3	PB0/PC8	OC3	输出	TIM3 的 PWM 通道 3 输出
TIM3_CH4	PB1/PC9	OC4	输出	TIM3 的 PWM 通道 4 输出
TIM4_CH1	PB6/PD12	OC1	输出	TIM4 的 PWM 通道 1 输出
TIM4_CH2	PB7/PD13	OC2	输出	TIM4 的 PWM 通道 2 输出
TIM4_CH3	PB8/PD14	OC3	输出	TIM4 的 PWM 通道 3 输出
TIM4_CH4	PB9/PD15	OC4	输出	TIM4 的 PWM 通道 4 输出
TIM5_CH4	PA3	OC4	输出	TIM5 的 PWM 通道 1 输出

使用 PWM 输出必须事先配置好 PWM 引脚,参见后面的应用。

6.5.3　PWM 相关寄存器

1. 捕获/比较寄存器 TIMx_CCR1/2/3/4

PWM 捕获/比较寄存器 TIMx_CCR1～TIMx_CCR4 分别对应于第 TIMx 的第 1～4 个通道的捕获/比较寄存器,它们为 16 位寄存器,决定各自 PWM 通道输出 PWM 波形的占空比。

2. 重装载寄存器 TIMx_ARR1/2/3/4

TIMx_ARR1～TIMx_ARR4 为定时器 TIMx 第 1～4 通道的 16 位重装寄存器。

3. 捕获/比较使能寄存器 TIMx_CCER

TIMx_CCER 控制各通道开关,它是 16 位的寄存器,要让 PWM 从相应引脚输出,必须使相应位设置为 1。寄存器格式如图 6.22 所示。

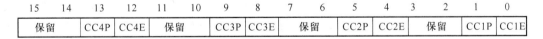

15	14	13	12	11	10	9	8	7	6	5	4	3	2	1	0
保留		CC4P	CC4E	保留		CC3P	CC3E	保留		CC2P	CC2E	保留		CC1P	CC1E

图 6.22　PWM 输出波形示意图

各个位的功能如下:

- CCiE(i=1,2,3,4):使能位,1 有效。输出时为 1 允许 OCi 输出,0 禁止输出;输入捕获时 1 允许捕获,0 禁止捕获。
- CCiP(i=1,2,3,4):输出极性选择位,0 输出高电平有效,1 输出低电平有效。

PWM1CTCR 寄存器决定是定时模式还是计数模式、计数模式下触发形式以及计数从哪个引脚输入。

4. 捕获/比较模式寄存器 TIMx_CCMR1/2

TIMx_CCMR1 和 TIMx_CCMR2 分别控制定时器 TIMx 的 PWM 通道 1、2 和 PWM 通

道 3、4 的工作模式。其寄存器格式如图 6.23 所示。

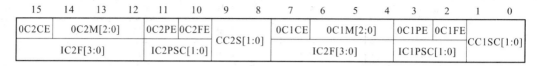

图 6.23 TIMx_CCMR1 寄存器格式

各位的含义如下：

- CCiS[1:0]：捕获/比较 i(i＝1,2,3,4) 模式选择。
- 00：CCi 通道被配置为输出。
- 01：CCi 通道被配置为输入，ICi 映射在 TI1 上。
- 10：CCi 通道被配置为输入，ICi 映射在 TI2 上。
- 11：CCi 通道被配置为输入，ICi 射在 TRC 上。
- OCiFE：输出比较 i 快速使能，0：根据计数器与 CCRi 的值，CCi 正常操作；1：输入到触发器的有效沿的作用就像发生了一次比较匹配。
- OCiPE：输出比较 i 预装载使能，0：禁止 TIMx_CCR1 寄存器的预装载功能，1：开启 TIMx_CCR1 寄存器的预装载功能。
- OCiM[2:0]：输出比较 i 模式，3 位定义了输出参考信号 OC1REF 的动作，而 OC1REF 决定了 OC1、OC1N 的值。OC1REF 是高电平有效，而 OCi、OCiN 的有效电平取决于 CCiP、CCiNP 位。
- 000：冻结。输出比较寄存器 TIMx_CCRi 与计数器 TIMx_CNT 间的比较对 OCiREF 不起作用。
- 001：匹配时设置通道 i 为有效电平。当计数器 TIMx_CNT 的值与捕获/比较寄存器 i (TIMx_CCRi)相同时，强制 OC1REF 为高。
- 010：匹配时设置通道 i 为无效电平。当计数器 TIMx_CNT 的值与捕获/比较寄存器 iTIMx_CCRi)相同时，强制 OC1REF 为低。
- 011：翻转。当 TIMx_CCRi＝TIMx_CNT 时，翻转 OCiREF 的电平。
- 100：强制为无效电平。强制 OCiREF 为低。
- 101：强制为有效电平。强制 OCiREF 为高。
- 110：PWM 模式 1，在向上计数时，一旦 TIMx_CNT＜TIMx_CCRi 时通道 i 为有效电平，否则为无效电平；在向下计数时，一旦 TIMx_CNT＞TIMx_CCRi 时通道 i 为无效电平 (OC1REF＝0)，否则为有效电平(OCiREF＝1)。
- 111：PWM 模式 2，在向上计数时，一旦 TIMx_CNT＜TIMx_CCRi 时通道 i 为无效电平，否则为有效电平；在向下计数时，一旦 TIMx_CNT＞TIMx_CCRi 时通道 i 为有效电平，否则为无效电平。

6.5.4 PWM 的应用

PWM 控制技术主要应用在电力电子技术行业，如风力发电、电机调速、电灯调光、直流供电等领域，应用非常广泛。

1. PWM 输出周期与占空比

STM32F10x 系列微控制器的 PWM 部件所接时钟为即 TIMx 时钟，与定时器计算周期

一样。因此 PWM 输出频率为

$$F_{\text{PWMOUT}} = F_{\text{PCLK}}/(1+\text{TIM\_Period})/(1+\text{TIM\_Prescaler}) \tag{6.7}$$

式中，F_{PCLK} 为 ABP1(TIM2/3/4/5)或 APB2(TIM1/8)时钟 PCLK 对应的频率，通常为系统时钟配置为 72 MHz。

因此要输出指定频率的 PWM 波形，定时器的重新寄存器的值为

$$\text{TIMx\_ARR} = F_{\text{PCLK}}/F_{\text{PWMOUT}}/(1+\text{TIM\_Prescaler})-1 \tag{6.8}$$

周期确定之后，PWM 输出占空比由捕获/比较寄存器 TIMx_CCR 的值决定。

通过分析 6.5.2 节边沿对齐方式可知，各通道的占空比为

$$\text{DutyRatio} = \text{TIMx\_CCR}i/(\text{TIMx\_ARR}i+1) \quad i=1,2,3,4。 \tag{6.9}$$

2. PWM 输出模式的应用

对于 PWM 输出模式的编程应用，需要做的主要工作如下。

(1) 开启 TIMx 时钟，配置相关引脚为复用 PWM 输出。

(2) 设置 TIMx_CHi 重映射到输出引脚上(见表 6.5 PWM 引脚关系)。

(3) 设置 TIMx 的 ARR 和 PSC 以确定 PWM 输出频率。

(4) 通过 TIMx_CCMR1/2 配置 TIMx_CHi 的 PWM 模式。

(5) 使能 TIMx_CHi 输出，使能 TIMx。

(6) 根据占空比要求设置 TIMx_CCRi。

值得说明的是，在利用 TIMx 模块进行 PWM 输出的时候，一般不需要使能 PWM 中断，除非特殊要求，比如在一个 PWM 输出周期完成后要处理一件事务，则可以在中断处理程序中完成。

【例 6.6】　利用 PB8 作为 TIM4_CH3(见表 6.5)的 PWM 输出，输出周期为 10 kHz，占空比(0～100%)可调节的 PWM 波形，初始化函数。

由式(6.6)可知，输出 PWM 频率为 100 kHz，在预分频器值为 0 时，重装寄存器的值为

$$\text{TIMx\_ARR} = 72 \text{ MHz}/10 \text{ kHz}-1 = 7\,200-1 = 7\,199$$

按照以上述步骤，PWM 初始化函数如下：

```
void PWM_GPIO_Init(void)
{GPIO_InitTypeDef GPIO_InitStructure;                //定义一个 GPIO 结构体变量
RCC_APB2PeriphClockCmd(RCC_APB2Periph_GPIOB | RCC_APB2Periph_AFIO,ENABLE);
    GPIO_InitStructure.GPIO_Pin = GPIO_Pin_8;        //PB8
    GPIO_InitStructure.GPIO_Mode = GPIO_Mode_AF_PP;  //复用输出推挽
    GPIO_InitStructure.GPIO_Speed = GPIO_Speed_50MHz;//配置端口速度为 50M
    GPIO_Init(GPIOB, &GPIO_InitStructure);           //将端口 GPIOD 进行初始化配置
}
    void Init_TIMER(void)                            //TIM4 定时
{TIM_TimeBaseInitTypeDef TIM_BaseInitStructure;      //定义一个定时器结构体变量
RCC_APB1PeriphClockCmd(RCC_APB1Periph_TIM4, ENABLE);//使能定时器 4
TIM_DeInit(TIM4);                                    //将 TIM4 定时器初始化位复位值
TIM_InternalClockConfig(TIM4);                       //配置 TIM4 内部时钟
TIM_BaseInitStructure.TIM_Period = 7199;             //设置自动重载寄存器值,频率 10 kHz
TIM_BaseInitStructure.TIM_Prescaler = 0;             //自定义预分频系数为 0
TIM_BaseInitStructure.TIM_ClockDivision = TIM_CKD_DIV1;//时钟分割为 0
TIM_BaseInitStructure.TIM_CounterMode = TIM_CounterMode_Up;         //向上计数
TIM_TimeBaseInit(TIM4, &TIM_BaseInitStructure);      //根据指定参数初始化 TIM 寄存器
```

```
    TIM_ARRPreloadConfig(TIM4, ENABLE);            //使能 TIMx 在 ARR 上的预装载寄存器
    TIM_Cmd(TIM4, ENABLE);                         //使能 TIM4
}
void Init_PWM(uint16_t Dutyfactor)
{TIM_OCInitTypeDef  TIM_OCInitStructure;           //定义一个通道输出结构
    TIM_OCStructInit(&TIM_OCInitStructure);        //设置缺省值
    TIM_OCInitStructure.TIM_OCMode = TIM_OCMode_PWM1;  //PWM 模式 1 输出
        //设置占空比,占空比 = (CCRx/ARR) * 100 % 或(TIM_Pulse/TIM_Period) * 100 %
    TIM_OCInitStructure.TIM_Pulse = Dutyfactor;
    TIM_OCInitStructure.TIM_OCPolarity = TIM_OCPolarity_High;        //TIM 输出比较极性高
    TIM_OCInitStructure.TIM_OutputState = TIM_OutputState_Enable;    //使能输出状态
    TIM_OC3Init(TIM4, &TIM_OCInitStructure);       //根据参数初始化 PWM 寄存器 OC3
    TIM_OC3PreloadConfig(TIM4,TIM_OCPreload_Enable);  //使能预装载寄存器
    TIM_CtrlPWMOutputs(TIM4,ENABLE);               //设置 TIM4 的 PWM 输出为使能
}
main()
{
SystemInit();
PWM_GPIO_Init();
Init_TIMER();
Init_PWM(7200 * 0.85);                             //占空比 85 %
while(1);
    {
    //处理其他事务可重新调用 Init_PWM(n)改变占空比
    }
}
```

PWM 除了比较输出还可以捕获输入,通过输入捕获可对外部信号进行计数,测量其频率或周期,限于篇幅本章不再赘述,有兴趣的读者可参考有关资料。

习 题 六

6-1　选择题

(1) 关于定时计数器通常使用的公式(6.1),以下说法错误的是(　　)。

　　A. 计数值 N 与定时长度 T 成正比,N 越大,T 越长

　　B. 最大的定时时间是 PR＝0 时的值

　　C. 定时器最小的定时时间为 PR＝0 且 N＝1 时的值,即此时定时时间就是一个 F_{PCLK} 周期

　　D. 当计满 N 个计数周期时,在定时器输出端通常有溢出标志或产生中断信号

(2) 以下关于定时计数器的功能说法错误的是(　　)。

　　A. 比较(匹配)功能主要用于外部信号的计数

　　B. 比较的条件定时器计数值与预设的比较寄存器的值相等时

　　C. 捕获功能可用于测量外部信号的周期或频率

　　D. 捕获的条件有上升沿触发、下降沿触发以及上下边沿触发

(3) 关于 STM32F10x 系列微控制器的定时计数器,以下说法错误的是(　　)。

　　A. 高级定时器只包括 TIM1 和 TIM8

　　B. 通用定时器包括 TIM2、TIM3、TIM4 和 TIM5,均具有 PWM 功能

　　C. 基本定时器仅具备更新功能

　　D. 所有定时器都是通过 APB2 总线连接的

(4) 关于 STM32F10x 系列微控制器定时计数器相关寄存器,以下说法错误的是(　　)。

　　A. 定时器控制寄存器 TIMx_CR1 可以决定计数器是否允许更新,是否使能,不能决定向上向下计数

　　B. 普通定时器中断使能寄存器 TIMx_DIER 用于是否允许更新和 DMA 中断

　　C. 定时器状态寄存器 TIMx_SR 记录哪个中断源有中断

　　D. 定时器重装载寄存器 TIMx_ARR 和预分频器 TIMx_PSC 决定定时器的定时周期或时间

(5) 关于 STM32F10x 系列微控制器看门狗,以下说法错误的是(　　)。

　　A. IWDG 为独立看门狗,WWDG 为窗口看门狗

　　B. IWDG 的时钟输入源固定 40 kHz,WWDG 输入频率可编程

　　C. 无论 IWDG 还是 WWDG 均要定期喂狗操作才能让系统正常有序工作

　　D. IWDG 和 WWDG 的喂狗方式一样,都是写入 0xAAAA 到键寄存器中

(6) 关于 STM32F10x 列微控制器实时钟 RTC,以下说法错误的是(　　)。

　　A. RTC 的直接提供了年月日和时分秒这些数据

　　B. RTC 组件是接到 APB1 总线上的

　　C. RTC 的时钟可以是外部 32.768 kHz,也可以选择内部 40 kHz 以及代功耗 RC(LSI)时钟

　　D. RTC 闹钟寄存器的值与计数寄存器的值相等时,将产生闹钟中断

(7) 关于 STM32F10x 系列微控制器定时器,每个定时器有 4 个 PWM 输出通道,以下说法错误的是(　　)。

　　A. 每个 PWM 输出通道周期不可以单独编程设置

　　B. 每个 PWM 输出通道的占空比可以单独编程设置

　　C. 每个 PWM 输出通道可以编程输出正脉冲或负脉冲

　　D. 每个 PWM 输出通道占空比取决于比较寄存器 CCR 和自动重装载寄存器 ARR 的值

(8) 关于 STM32F10x 系列通用定时器用作 PWM 功能以下说法错误的是(　　)。

　　A. GPIO 任何一个引脚均可以配置为 PWM 输出

　　B. PWM 输出具有边沿对齐和中心对齐方式

　　C. PWM 输出周期由自动重装载寄存器 TIMx_ARR 决定

　　D. PWM 输出占空比与捕获/比较寄存器 TIMx_CRRi 有关

(9) 为操作系统或其他系统管理软件提供固定 10 ms 或可软件编程定时时间的定时中断,该定时部件的名称是(　　)。

　　A. PWM 定时器　　　　　　　　　B. 看门狗定时器 WDT

　　C. 系统节拍定时器 SysTick　　　D. 通用定时器

6-2　填充题

(1) 当定时计数器运行时,在某引脚上出现有效的边沿触发动作,此时定时计数器的当前值被保持在指定寄存器中,这一定时计数器的功能称为_____;当定时计数器计数值与预设值相等时将产生一个标志或触发一个中断,这一定时计数器的功能称为_____。

(2) 已知定时计数器所接时钟为 $F_{TIMxLCK}=72$ MHz,预分频器的值 TIM_Prescaler=99,如果要定时 10 ms,则采用更新方法定时时,自动重装载寄存器的值应该为_____;如果预分频器的值为 0,则最大定时时间为_____ μs,此时重装寄存器的值为_____。

(3) 利用 STM32F10x 系列微控制器通用定时计数器要记录 PA0 脉冲的个数,采用定时计数器 TIM2 的_____,利用 PWM 功能在 PC6 引脚上输出 1 kHz 方波,则选择定时计数器 TIM3 通道 1(TIM3_CH1),如果 $F_{PCLK}=$ SystemFrequency Hz,预分频器的值 99,则自动重装载寄存器的值为_____。

(4) 最小的独立看门狗 IWDG 定时溢出时间为_____ ms,最大的溢出时间为_____ s。要使 IWDT 的溢出时间为 1.2 s,如果选择 IWDG_PR=0,则 IWDG_RLR 的值为_____(IWDG 使用内部固定时钟为 40 kHz)_____。

（5）对于窗口看门狗 WWDG，如果 WWDG 计数时钟为 36 MHz，则当 WDGTB＝2 时，设置 WWDG 溢出时间为 20 ms，则 WWDG_CR 低 7 位的值为＿＿＿＿＿＿。

6-3 应用题

一基于 STM32F10x 微控制器的嵌入式应用系统使用的 GPIO 情况如图 6.24 所示，PA0 接一按键，PC4 通过光耦驱动一个 VDD＝24 VDC 的继电器，继电器触点作为可控制的开关，连接到 220 VAC 工作的喇叭，当 PC4 输出 0 逻辑时，光耦发光而使继电器得电闭合，喇叭发声。PD2 连接 LED 发光二极管，PD2 输出逻辑 0 时发光管亮。PB1 产生 1 kHz 方波，假设已经按照第 5 章的有关内容初始化 PA0 为输入，PD2、PC4 和 PB1 为输出。

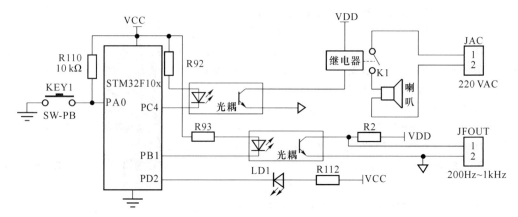

图 6.24 应用题图

（1）利用定时计数器 3(TIM3)定时 10 ms，每 10 ms 中断一次，在中断服务程序中判断按键，当按键按下超过 0.5 s 小于 1 s 时称为短按，按下超过 3 s 时为长按。试用 C 语言写出定时器 TIM3 定时 10 ms 的初始化函数；当短按奇数次按键时让 LED 发光，短按偶数次按键时让 LED 熄灭，长按偶数次按键时让喇叭发声报警，长按奇数次按键时停止发声，写入定时器 TIM3 的中断服务程序。

（2）利用 PWM 的捕获功能确定按键按下，通过 PWM1(PB1)输出 200 Hz～1 kHz 占空比为 50％的方波，由按键控制频率的改变，起始频率 200 Hz，频率增加 1 Hz。当达到 1 kHz 时让 LED 亮，再按一次按键则回到 200 Hz，当频率小于 950 Hz 时让 LED 灭。试编程实现。

第7章 模拟输入输出系统设计

随着嵌入式技术、物联网技术的广泛应用,感知技术显得越来越重要。而模拟通道正是感知技术的基础,通过传感器感知的信号,经过信号调理再进行变换,即可获取感知信息。本章重点介绍模拟通道各部分的原理及接口设计。

7.1 模拟输入输出系统概述

应用于工业测控技术中的典型模拟输入/输出系统如图7.1所示。

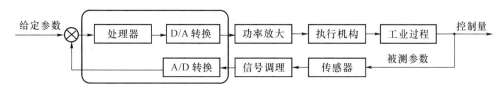

图 7.1 一般模拟输入/输出系统

由于工业过程中遇到实际的物理量不可能全部都是直接能符合 A/D 或 D/A 变换条件的电信号量,因此这些物理量往往不全是电量(如温度、湿度、压力、流量以及位移量等),必须通过传感器将这些非电量转换成电量,然后还应该将转换后的电量适当调整到一定程度,以便使 A/D 变换器能有效地将模拟量转换成数字量。

从传感器、信号调理到 A/D 变换是模拟输入通道的主要构成,这一过程称为数据采集。信号调理包括放大、滤波以及变换等处理。

处理器接收到数字量后,再经过某种控制策略,去控制工业过程,而工业过程大都有执行机构,多需要功率较大的模拟量,如电动执行机构、气动执行机构以及直流电机等,经过 D/A 转换将数字量转换成模拟量。由于转换后的模拟量功率小,不足以驱动执行机构,又要将模拟信号功率放大,以足够大的功率驱动执行机构,完成对工业过程的闭环控制。

本章主要介绍的模拟输入输出通道包括传感器接口、信号调整电路、ADC、DAC、比较器及其应用。

7.2 传感器及变送器

传感器是把被测的非电量转换为与之有确定关系的电量或其他形式量的装置。传感器是人类感官的延伸,是现代测控系统以及物联网的关键环节。变送器是在传感器的基础上,把感知的信号通过一定形式传送出去的一种装置。有时传感器和变送器也不过分区分。现代智能传感器均具有变送器的功能。

7.2.1 传感器

传感器(Transducer/Sensor)是一种检测装置,能感受到被测量的信息,并能将感受到的信息,按一定规律变换成为电信号或其他所需形式的信息输出,以满足信息的传输、处理、存储、显示、记录和控制等要求。它是实现自动检测和自动控制的首要环节。

选择传感器的时候主要按照其用途、原理、输出信号、结构和作用形式等进行选择。通常,在传感器的线性范围内,希望传感器的灵敏度越高越好,因为只有灵敏度高时,与被测量变化对应的输出信号的值才比较大,有利于信号处理。但要注意的是,传感器的灵敏度高,与被测量无关的外界噪声也容易混入,也会被放大系统放大,影响测量精度。因此,要求传感器本身应具有较高的信噪比,尽量减少从外界引入的干扰信号。传感器的灵敏度是有方向性的。当被测量是单向量,而且对其方向性要求较高时,则应选择其他方向灵敏度小的传感器;如果被测量是多维向量,则要求传感器的交叉灵敏度越小越好。

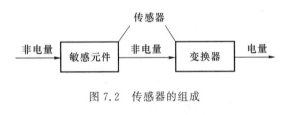

图 7.2 传感器的组成

传感器通常由敏感元件和转换元件组成,如图 7.2 所示。敏感元件是接收物理量的元件,而转换元件是将接收到的物理量转换成电量或其他形式量的元件。因此,可以理解传感器的功用为一感二传,即感受被测信息并传送出去。

传感器类别很多,在嵌入式应用系统中,广泛使用着各种电量式传感器,传感器将生产和生活中遇到的物理量变换成电量,再经过 A/D 变换即可由嵌入式系统进行处理,如温度、湿度、流量、压力等。

按输入量可将传感器分为位移传感器、速度传感器、温度传感器、压力传感器等;按照按工作原理分为应变式、电容式、电感式、压电式、热电式等;按物理现象分为结构型传感器、特性型传感器;按能量关系分为能量转换型传感器、能量控制传感器;按输出信号分为模拟式传感器和数字式传感器。

温度传感器是指能感受温度并转换成可用输出信号的传感器,应用最为广泛。有模拟温度传感器和数字温度传感器。

热电阻是把温度变化转换为电阻值变化的一次元件,热电阻温度传感器分为金属热电阻和半导体热敏电阻两大类。热电阻广泛用于测量 $-200 \sim +850\,°C$ 范围内的温度。

目前最常用的热电阻有铂热电阻和铜热电阻。

PT100 温度传感器是一种以铂(Pt)做成的电阻式温度传感器,属于正电阻系数。

查 PT100 的分度表可知,PT100 铂电阻温度传感器在 0 ℃ 时的阻值 R_0 为 100 Ω,在 100 ℃ 时电阻值 $R_{100} = 138.51\,Ω$,电阻变化率为 $0.385\,1\,Ω/°C$,Pt100 铂电阻的阻值随温度变化而变化满足下列公式:

$$R_t = R_0[1 + At + Bt^2 + C(t-100)t^3] \qquad -200 < t < 0\,°C \tag{7.1}$$

$$R_t = R_0(1 + At + B^2t) \qquad 0 < t < 850\,°C \tag{7.2}$$

式中,R_t 表示 t ℃时的电阻值;R_0 表示 0 ℃时的电阻值。公式(7.1)和式(7.2)中 A、B、C 的系数分别为:$A = 3.908\,02 \times 10^{-3}$;$B = -5.802 \times 10^{-7}$;$C = -4.273\,50 \times 10^{-12}$。

在正温度范围内由于 B 非常小,可忽略不计,用以下公式近似代替式(7.2):

$$R_t = R_0(1 + At) \tag{7.3}$$

集成温度传感器就是把温度感知器件及外加外围输出元件集成到一起的温度传感器。常用集成温度传感器型号、测量范围、输出形式、封装形式及生产厂商如表 7.1 所示。

表 7.1 常用集成温度传感器

型号	测温范围	输出形式	温度系数	封装	厂商
LM45	$-20\sim+100$ ℃	电压	10 mV/℃	SOT-23	NS
LM135	$-55\sim+150$ ℃	电压	10 mV/℃	TO-92,TO-46	NS
LM235	$-40\sim+125$ ℃	电压	10 mV/℃	TO-92,TO-46	NS
LM335	$-40\sim+100$ ℃	电压	10 mV/℃	TO-92,TO-46	NS
LM3911	$-25\sim+85$ ℃	电压	10 mV/℃	TO-5	NS
μPC616A	$-40\sim+125$ ℃	电压	10 mV/℃	TO-5	NEC
μPC616C	$-25\sim+85$ ℃	电压	10 mV/℃	DIP8	NEC
LX5600	$-55\sim+85$ ℃	电压	10 mV/℃	TO-5	NS
LX5700	$-55\sim+85$ ℃	电压	10 mV/℃	TO-46	NS
REF-02	$-55\sim+125$ ℃	电压	2.1 mV/℃	TO-5	PMI
AN6701	$-10\sim+80$ ℃	电压	110 mV/℃	4 端	Panasonic
AD22103	$0\sim+100$ ℃	电压	28 mV/℃	TO-92,SOP8	AD
AD590	$-55\sim+150$ ℃	电流	1 μA/℃	TO-52	AD
LM75A	$-55\sim+125$ ℃	总线:I^2C	0.125 ℃	SO-8	NS
DS18B20	$-55\sim+125$ ℃	总线:1wire	串行数字量输出	TO-92	DALLAS

集成温度传感器有模拟输出和数字输出两大类,其中模拟输出的又分为电压输出型和电流输出型,如表 7.1 所示,除了 DS18B20 为数字式输出外,其他均为模拟输出。在模拟输出传感器中 AD590 是电流输出型温度传感器,因此外部要加运放或电阻将电流转换为电压,方可进行 A/D 变换。模拟输出的集成温度传感器温度与电压或电流是成正比的,因此完全可以使用线性标度变换来校准温度与模拟电压或电流成比例的数字量之间的关系。

对于基于总线输出的温度传感器如 DS18B20 和 LM75A 等,无须经过 A/D 变换,可直接通过相应总线来读取温度编码。

7.2.2 变送器

变送器是将物理测量信号或普通电信号转换为标准电信号输出或能够以通信协议方式输出的设备。变送器的种类很多,用在工控仪表上面的变送器主要有:温度/湿度变送器、压力变送器、差压变送器、液位变送器、电流变送器、电量变送器、流量变送器、重量变送器等。

一般变送器具有:输入过载保护、输出过流限制保护、输出电流长时间短路保护、两线制端口瞬态感应雷与浪涌电流 TVS 抑制保护、工作电源过压极限保护≤35 V 以及工作电源反接保护等功能。不同变送器的外形如图 7.3 所示。

现在有的传感器与变送器都不太区分了,因为现代传感器都具有标准输出信号,都具备变送器的功能了。相比之下,传感器便宜,变送器贵很多。也就是说变送器附加值高,传感器比较专业,一般人做不了,而买了传感器后可以自己做变送器,这样可以节省许多成本。变送器就是在传感器的基础上,把小信号放大,处理成后面的二次仪表能直接接收的信号形式,也可以做出 4～20 mA、0～5 V 或 RS-485 总线形式。详见后面的相关内容。

图 7.3　不同变送器的外形

7.3　信号调整的电路设计

在嵌入式系统的输入通道中,传感器感知的信号通常需要通过调整电路进行放大、滤波、变换等相关处理,调整成 A/D 变换器所能接收的量程范围。因此调整电路的设计在前端处理中占有非常重要的作用,直接影响检测的效果。

7.3.1　信号调理电路的功能及任务

由 7.2 节可知,传感器可测量很多物理量,如温度、压力、光强等,但由于大部分传感器输出是相当小的电压(如 μV 或 mV)、电流或电阻变化,因此在变换为数字信号之前必须进行调理。

信号调理的功能就是放大、滤波、隔离以及激励与变换等,使其符合模/数转换器输入的要求。

根据信号调理的功能,简单地说,信号调理的任务就是将待测信号通过放大、滤波和变换等操作,将传感器输出的信号转换成采集设备能够识别的标准信号。所谓调理就是指利用放大器、滤波器以及转换器等来改变输入的信号类型并输出给 ADC。因为工业信号有些是高压、过流、浪涌等,不能被系统正确识别,必须调整理清之。

信号调理的主要功能和任务如下。

1. 放大与衰减

对于传感器输出的是小信号的场合,要借助于运算放大器对信号进行适当倍数的放大,以更好地匹配 ADC 的范围,从而提高测量精度和灵敏度。利用运放进行放大详见第 2 章 2.4.2 节。

衰减是与信号放大完全相反的过程,在变送器或传感器输出的电压超过 ADC 所能检测的量程时,需要对信号进行衰减操作,从而经调理的信号处于 ADC 范围之内。信号衰减对于测量高电压是十分必要的。信号衰减可以采用电阻分压,也可以用放大倍数小于 1 的放大器来实现。

2. 隔离

隔离的信号调理设备通过使用变压器、光或电容性的耦合技术,无须物理连接即可将信号从它的源传输至测量设备。除了切断接地回路之外,隔离也阻隔了高电压浪涌以及较高的共模电压,从而既保护了操作人员也保护了测量设备。

3. 多路复用

通过多路复用技术,一个测量系统可以不间断地将多路信号传输至一个单一的 ADC,从而提供了一种节省成本的方式来极大地扩大系统通道数量。多路复用对于任何高通道数的应用是十分必要的。常用的多路复用器就是多路模拟开关,详见第 2 章 2.4.3 节。

4. 滤波

滤波器在一定的频率范围内去除不希望的噪声。几乎所有的数据采集应用都会受到一定程度的 50 Hz 或 60 Hz 的噪声(来自于电线或机械设备的工频干扰)影响。大部分信号调理装置都包括了为最大程度上抑制 50 Hz 或 60 Hz 噪声而专门设计的低通滤波器,还有特定干扰的滤除。此外,在工业现场还有各种各样的干扰,均需要滤波来消除。

5. 激励与变换

激励对于一些转换器是必需的。例如应变计、电热调节器和电阻温度探测器等需要外部电压或电流激励信号。通常的电阻温度探测器和电热调节器测量都是使用一个恒定的电流源(恒流源如 1 mA)来完成,这个电流源将电阻的变化转换成一个可测量的电压。应变计,一个超低电阻的设备,通常利用一个电压激励源来用于惠斯登(Wheatstone)电桥配置。

对于非电压输出的传感器来说,必须将非电压的量变换成电压才能进入信号采集系统 ADC 入端。因此变换的目的就是把非电压信号变换成电压信号。常用非电压信号输出的有电流和电阻。对于电流信号可以通过运放来变换成电压,精度要求不高的情况下,也可以用简单取样电阻将电流变换成电压。对于电阻信号可用前面提到的激励手段如加恒流源来变换。

6. 冷端补偿

对于热电偶温度传感器来说,冷端补偿是一种用于精确热电偶测量的技术。任何时候,一个热电偶连接至一个数据采集系统时,必须知道在连接点的温度(因为这个连接点代表测量路径上另一个"热电偶"并且通常在测量中引入一个偏移)来计算热电偶正在测量的真实温度。

由于传感器或变送器给出的信号多种多样,因此输入通道中信号调整电路的组成各不相同,图 7.4 为不同信号形式或大小对应的不同调整电路各种形式的组合,要根据现场实际情况选择。图中隔离电路用虚框表明,如果要求不高,可以不用模拟隔离电路。如果要求比较高,现场干扰比较严重,则需要隔离电路。另外,需要说明的是,滤波电路和放大电路往往是用运放和分离元件等构成的,因此滤波和放大有时不能分离,是一个电路的整体。还有些变换和放大也是一体的,只是分开表示有几个组成部分。

由图 7.4 可以看出,所有模拟信号要经过调理电路后再进入嵌入式处理器,必需的是滤波电路,如果是电压信号,信号如果在适当的范围,可直接接入嵌入式处理器的 ADC。也可以转换成频率信号,送 PWM 捕获端,则嵌入式处理器通过捕获获得频率信号,再换算成相应的物理量的值。调理电路的前提是嵌入式处理器内部嵌入了 ADC,否则需要外接 ADC。

7.3.2　信号滤波

滤波是指滤除一定频率范围一定幅度的无用信号。任何一个电子系统都具有自己的频带宽度(对信号最高频率的限制),频率特性反映出了电子系统的这个基本特点。而滤波器则是根据电路参数对电路频带宽度的影响而设计出来的工程应用电路。

用模拟电子电路对模拟信号进行滤波,其基本原理就是利用电路的频率特性实现对信号中频率成分的选择。根据频率滤波时,是把信号看成是由不同频率信号叠加而成的模拟信号,通过选择不同的频率成分来实现信号滤波。

滤波器有高通滤波器、低通滤波器、带通滤波器和带阻滤波器等,这些滤波器的滤波效果如图 7.5 所示,$\omega = 2\pi f$,通带表示信号顺利通过的部分,阻带是被滤除的部分。当高通滤波器

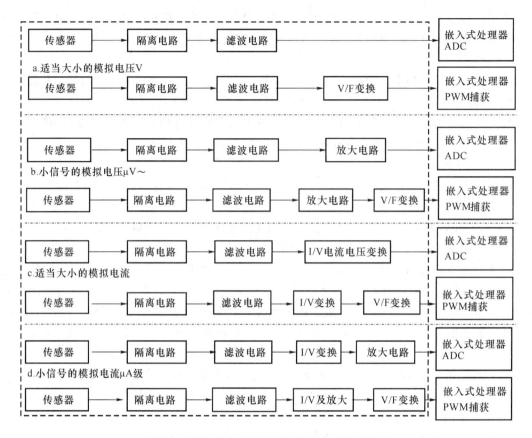

图 7.4　模拟输入通道信号调整电路的主要形式

和低通滤波器串联时，等效于带通滤波器；当高通滤波器和低通滤波器并联时，等效于带阻滤波器。

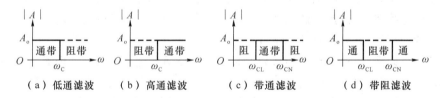

（a）低通滤波　　（b）高通滤波　　（c）带通滤波　　（d）带阻滤波

图 7.5　不同滤波器理想滤波幅频特性

滤波又可分为有源滤波和无源滤波。无源滤波是只使用电阻、电容以及电感这样的无源器件构成的滤波器，而有源滤波器是使用集成运放等有源器件构建的滤波器。

对于信号调理中的滤波电路设计可使用无源滤波，也可以用有源滤波，要视现场干扰源的具体情况来定。

1. 无源滤波器

（1）一阶 RC 低通滤波器

一阶低通滤波是模拟输入系统调整电路中最基本、最简单且最常用的滤波方法，如图 7.6 所示。

由 RC 组成的低通滤波器，截止频率为

$$f_0 = 1/(2\pi RC) \tag{7.4}$$

式中,R 的单位为 kΩ,C 的单位为 μF,则 f_0 的单位为 kHz。因此,确定好要滤除的最低截止频率 f_0 后,再选取 RC 的值。通常 R 选择 1～100 kΩ 不等,可以先确定电容值,电容 C 越小,f_0 越高,再看电阻是否在 1～100 kΩ,根据要求可选择 1 nF～10 μF。

【例 7.1】　现在要滤除 1 kHz 以上的干扰信号,试设计一个 RC 无源滤波器。

解:已知 $f_0 = 1$ kHz,由式(7.5)可知 $1/(2\pi RC) = 1$ kHz,先选择电容 C,不妨取 $C = 33$ nF $= 0.033$ μF,则求得 $R = 4.82$ kΩ,按照图 7.6 的接法连接 R 和 C 即可。如果取 $C = 0.01$ μF,则 $R = 15.92$ kΩ。因此电容电阻的选择不是唯一的,有多种组合均可。

(2) 一阶 RC 高通滤波器

一阶高通滤波电路及幅频特性如图 7.7 所示。

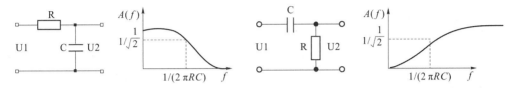

图 7.6　无源低通滤波器电路及其幅频特性　　图 7.7　无源高通滤波器电路及其幅频特性

高通滤波器的截止频率如式(7.4)所示。只是高于这个频率信号能通过,低于这个频率的信号被滤除。

(3) RC 带通滤波器

按照滤波器串并联特性可知,带通滤波电路就是高通滤波电路与低通滤波电路串联得到的,如图 7.8 所示。

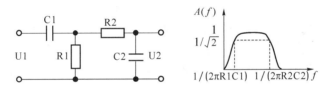

图 7.8　无源带通滤波器电路及其幅频特性

【例 7.2】　假设正常信号频率范围为 500 Hz～2 kHz,则希望在此范围的信号能够通过,其他频率均滤除,试设计相应无源滤波器。

解:根据 $f_1 = 1/(2\pi R1C1) = 500$ Hz,$f_2 = 1/(2\pi R2C2)$,不妨先取 C1 $= 0.01$ μF,求得 R1 $= 7.96$ kΩ;选择 C2 $= 0.033$ μF 即 33 nF 的电容,求得 R2 $= 9.65$ kΩ。电路连接如图 7.8 所示。

2. 有源滤波器

(1) 一阶有源滤波低通滤波器

一阶有源低通滤波器的电路如图 7.9 所示,有源滤波器与无源滤波器的截止频率是一样的算法。

(2) 二阶有源低通滤波

为了使输出电压在高频段以更快的速率下降,以改善滤波效果,再加一节 RC 低通滤波环节,称为二阶有源滤波电路。它比一阶低通滤波器的滤波效果更好。二阶有源滤波的电路图及幅频特性曲线如图 7.10 所示。

二阶有源滤波器的截止频率为

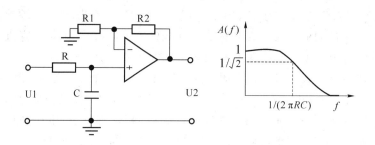

图 7.9 有源低通滤波器电路及幅频特性

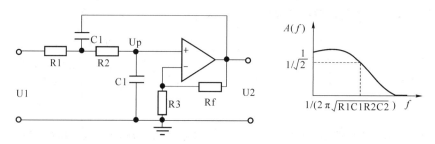

图 7.10 二阶有源低通滤波器电路及幅频特性

$$f_0 = 1/(2\pi \sqrt{R1C1R2C2}) \tag{7.5}$$

通常设计时让 R1＝R2＝R，C1＝C2＝C，因此 $f_0＝1/(2\pi RC)$。

【例 7.3】 假设采集的传感器是直流缓变信号（如温度信号），要求滤除干扰，假设截止频率为 20 Hz，试设计二阶有源滤波器。

解：缓变信号通常频率很低，比如环境温度每秒变化量非常小，可认为这种环境温度的测量近乎直流，如果频率 20 Hz 以上信号均认为是干扰信号，按照常规取 R1＝R2＝R，C1＝C2＝C，不妨先取 C1＝1 nF，求得 R1＝3.18 kΩ，电路连接如图 7.10 所示。

如果当取 $C＝1 \mu F$，$R＝10 k\Omega$ 时，截止频率 $f_0＝0.015\ 92\ kHz＝15.92\ Hz$。这对于慢变的直流信号的滤波非常有效。

7.3.3 信号放大

广义上的放大可以采用运算放大器，可以放大信号也可以减小信号，可以通过控制放大倍数来达到。若放大倍数大于 1，则是真正意义上的放大；如果放大倍数小于 1，则就是减小或衰减。

在前面的有源滤波电路中，就涉及放大的问题，如 1 阶有源低通滤波电路（图 7.9），由于是同相放大，因此它的放大倍数为（1＋R2/R1），也就是在滤波的同时把滤波后的有用信号给放大了（1＋R2/R1）倍。对于图 7.10 所示的二阶有源滤波，同样是同相放大，因此它的放大倍数为（1＋Rf/R3）。

【例 7.4】 假设有一传感器输出的信号是 0～10 mV，ADC 工作电压为 3.3 V，试设计一放大电路。

解：首先要确定放大倍数，由于传感器输出信号最大为 10 mV，因此要将其放大到 ADC 能接收的范围，最大 3.3 V，即当信号为最大 10 mV 时，要放大到 3.3 V，因此放大倍数 $A＝3.3\ V/10\ mV＝330$，即要设计的放大电路的放大倍数为 330。通常最好不要让最大值为 3.3 V，以小于但接近 3.3 V 为宜。

可以采用同相放大器，也可以采用差分放大器来实现。采用同相放大器的电路如图 7.11

所示,取 R1＝1.1 kΩ,Rf＝360 kΩ,因此放大倍数 $A＝(1＋360/1.1)＝328.27$。当传感器输出最大 10 mV 时,放大器放大后输出给 ADC 的最大值为 3.292 7 V。

根据图 7.12 所示的差分放大器可知,当 $a＝b$ 时,放大倍数＝$1＋2a＝330$,可得 $a＝164$(没有取 165,如果取 165 则放大倍数超过 330,则最大输出信号将超过 3.3 V),取 $c＝1$,$R＝R1＝1$ kΩ,$aR1＝bR1＝165$ kΩ。

应该说明的是,这里没有加滤波电路,通常要按照信号滤波的要求加滤波后再放大。

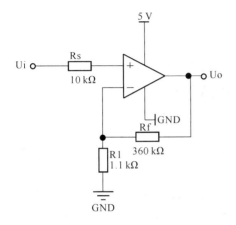

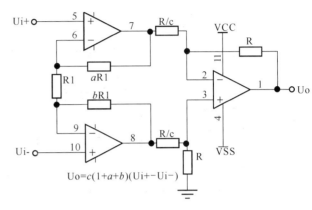

图 7.11　放大倍数为 329 的同相放大电路　　　图 7.12　差分放大电路

7.3.4　激励与变换

有些传感器输出的信号不是电压信号,这时就要把非电压信号变换为电压信号,即信号变换。通常信号变换是靠激励源完成的,因此有时信号变换也可以认为是信号激励。

1. 电源激励源的应用——电阻信号变换为电压

比如 PT100 等热电阻温度传感器输出的信号是电阻大小,必须通过一定的激励源,把它转换成电压信号,实现方法是设计一个恒流源,让电流流过 PT100 这样的传感器,在两端即可得到电压。这种激励源通常要求电流不大,都是 mA 级的。

恒流源可以用专门的恒流源芯片(价值贵)构成,也可以用廉价的运放构建而成。1 mA 的恒流源电路如图 7.13 所示。图中 R2 和 DW 构成简单的稳压电路,在 DW 两端稳压输出 2.5 V,进入运放＋端的电压为 VDD－2.5 V,按照运放的性质知 $V－＝V＋＝VDD－2.5$ V,因此流过 R1 的电流 $I_{R1}＝(VDD－V－)/R1＝(VDD－VDD＋2.5\ V)/R1＝2.5\ V/2.5\ kΩ＝1$ mA,显然 $I_{R1}＝1$ mA 与电源电压无关,是稳定的,由于流入运放的电流为 0,因此通过 Q1 的 ce 电流就是 I_{R1},为 1 mA。1 mA 的电流流过 PT100 等传感器,当温度变化时,Rt 随之改变,因此其两端的电压 Ut 也随之改变,这样电阻信号就变换为电压信号了,再通过前面的放大电路就可以直接接 ADC 进行 A/D 变换了。

2. 电流变换为电压

电流变换为电压可以直接使用取样电阻的方法来获得,更可以使用运放来转换。图 7.14 为电流转换为电压的电路,由运放与电阻构成。两个反接的二极管起到保护运放的作用。根据运放的性质可知:$V_{out}＝IR$,I 为输出电流,V_{out} 为输出电压,R 为反馈电阻,选择适当的电阻值,即可得到适当的电压与电流的关系。如果电流输入为 4～20 mA,要想得到 1～5 V 电压输出,则选择 R＝250 Ω;如果要输出最大 3.3 V 电压,则 R＝165 Ω。这样当输入为 4～20 mA

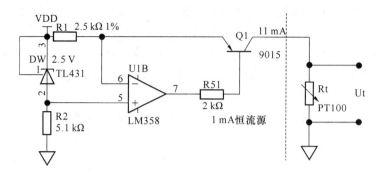

图 7.13　信号变换实例:由电阻变换为电压的电路构成

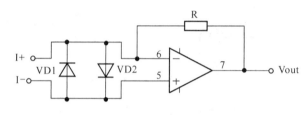

图 7.14　简单电流变换为电压的电路

时,输出电压为 0.66～3.3 V。

3. 电压变换为电流

电压变换为电流可采用运放完成,如图 7.15 所示。当输入电压 Vin 变化时,运放的 V＋随之变化,同样 V－与 V＋要保持基本一样,这样在 R4 两端的电压随之改变,流过 R4 的电流同步改变,最后输出电流随之改变。Z1、R2 和 BG1 保持在输入电压不变时输出电流稳定不变。

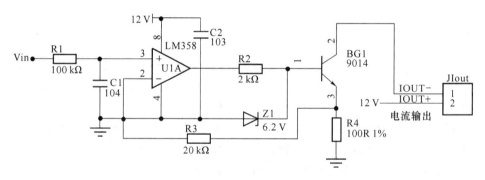

图 7.15　简单电压变换为电流的电路

4. 双极变换为单极

对于有正负这样的双极信号,通常 ADC 是不能直接变换负电压信号的,因此在进入 ADC 之前必须进行变换,将双极信号中的负电压部分变换为正电压,常用的方法是有源整流。如图 7.16 所示,Ui 的波形为全波,通过图示电路进行有源全波整流之后频率加倍,仅剩下 0 以上的波形,负半周被反转到正半周,这样有利于 ADC 采集,在进行 ADC 采样时要进行均方根运算得到有效值。

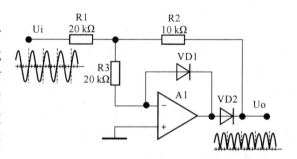

图 7.16　通过有源滤波变双极为单极电路

可以采用隔离运放进行模拟信号的隔离放大,常用的有 ISO100 系列、AD210 系列、ICPL_7800 系列等,有兴趣的读者可参见有关资料。

7.4　模/数转换器及其接口设计

现在大多数嵌入式处理器内部集成了片上 ADC 模块,而且大多采用逐次逼近型(SAR)ADC,不同厂家不同类别的微控制器,其分辨率不同,主要有 8 位、10 位、12 位、16 位以及 24 位不等。目前流行的嵌入式微控制器内部集成的 ADC 分辨率为 10 位和 12 位。如果片上的 ADC 分辨率不够,或没有 ADC 或 ADC 不能满足要求,则需要外部 ADC。

7.4.1　片上 ADC 及其应用

在嵌入式应用系统中,大部分在选型时已经选择了能满足要求的嵌入式处理器,包括片上 ADC。由于 ADC 是通过内部总线与嵌入式处理器连接的,因此外部接口简单,无须另外设计,可直接连接即可。

有的处理器的 ADC 的引脚是专用的,多数是复用的,可以通过引脚配置来确定和配置 ADC 引脚。不同嵌入式处理器,其 ADC 时钟最高频率不同,引脚不同,要参见芯片数据手册。

1. STM32F10x 片上 ADC 组件

STM32F10x 微控制器内部的 12 位 ADC 是一种逐次逼近型模拟数字转换器。共有 18 个模拟通道,可测量 16 个外部和两个内部信号源。各通道的 A/D 转换可以单次、连续、扫描或间断模式执行。ADC 的结果可以左对齐或右对齐方式存储在 16 位数据寄存器中。

ADC 供电要求:2.4～3.6 V,ADC 输入范围:VREF－≤Vin≤VREF＋。STM32F10x 片上 ADC 的结构如图 7.17 所示。

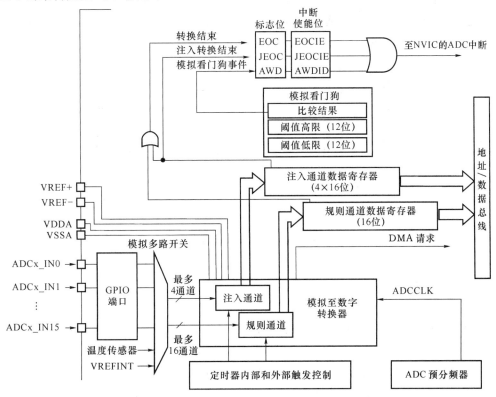

图 7.17　STM32F10x 片上 ADC 的结构

由时钟控制器提供的 ADCCLK 时钟和 PCLK2（APB2 时钟）同步。RCC 控制器为 ADC 时钟提供一个专用的可编程预分频器。

外部模拟通道有 16 个多路模拟通道，内部有两个模拟通道（内部温度传感器通道和内部参照电压通道）。温度传感器和通道 ADCx_IN16 相连接，内部参照电压 VREFINT 和 ADCx_IN17 相连接。这样有 ADCx_0～ADCx_17 共 18 个模拟通道。ADCx_0～ADCx_15 这 16 个外部通道可以测量外部模拟信号。

工作时序如图 7.18 所示。在时钟的作用下，上电后稳定时间 t_{STAB} 过后，启动 A/D 变换，则经过 14 个 ADC_CLK 脉冲，转换结束，同时提供转换结束状态 EOC，通过软件清除 EOC 再进行下一次 A/D 变换。

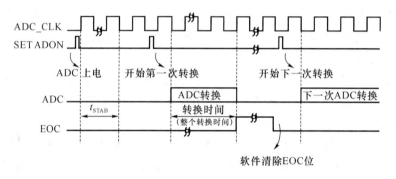

图 7.18　STM32F10x 片上 ADC 工作时序

（1）内部温度传感器及内部参考电压

温度传感器可以用来测量器件周围的温度（TA），温度传感器在内部和 ADC1_IN16 输入通道相连接，如图 7.19 所示，此通道把传感器输出的电压转换成数字值。温度传感器模拟输入推荐采样时间是 17.1 μs。

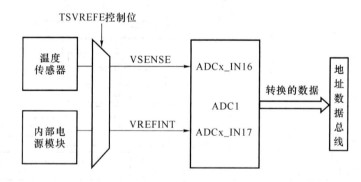

图 7.19　STM32F10x 片上温度传感器通道的组成

读温度传感器温度值的步骤如下：

① 选择 ADC1_IN16 输入通道。

② 选择采样时间为 17.1 μs。

③ 设置 ADC 控制寄存器 2（ADC_CR2）的 TSVREFE 位，以唤醒关电模式下的温度传感器。

④ 通过设置 ADON 位启动 A/D 转换（或用外部触发）。

⑤ 读 ADC 数据寄存器上的 VSENSE 数据结果（温度对应数字量）。

⑥ 计算温度值：

$$温度(℃)＝\{(V25－VSENSE)/Avg\_Slope\}＋25$$

这里 $V25＝VSENSE$ 在 25 ℃时的数值,典型值为 1.43,$Avg\_Slope＝$温度与 VSENSE 曲线的平均斜率(单位为 mV/℃或 μV/℃),典型值为 4.3 mV/℃＝0.004 3 V/℃。

因此,如果 ADC 采集得到的数字量为 temp,则实际温度计算式为

$$T＝[1.43－(3.3/4096)\times temp]/0.004\ 3＋25$$

除了内置温度传感器外,内部还有一个标准的参考电压 VREFINT,它连接的是通道 17(ADC1_IN17),典型值为 1.2 V(非常稳定的电压),可作为标准信号源来较准。

(2) 标准 ADC 通道

通道 0～15 即 ADC1_IN0～ADC1_IN15 共 16 个通道可接外部 16 路单端模拟量输入,或接 8 路差分信号输入。

2. STM32F10x 片上 ADC 的工作模式

STM32F10x 片上 ADC 的工作模式主要有单次转换模式、连续转换模式、自动扫描模式等。

(1) 单次转换模式

在该模式下,ADC 只执行一次转换。该模式既可通过设置 ADC_CR2 寄存器的 ADON 位启动也可通过外部触发启动,此时 CONT 位是 0(CONT 位决定单次还是连续模式)。一旦选择通道的转换完成,转换数据被储存在 16 位 ADC_DR 寄存器中,EOC(转换结束)标志被设置,如果设置了 EOCIE,则产生中断。

(2) 连续转换模式

在连续转换模式中,当前面 A/D 转换一结束马上就启动另一次转换。此模式可通过外部触发启动或通过设置 ADC_CR2 寄存器上的 ADON 位启动,此时 CONT 位是 1。每个转换后,转换数据被储存在 16 位的 ADC_DR 寄存器中,EOC(转换结束)标志被设置,如果设置了 EOCIE,则产生中断。

(3) 自动扫描模式

该模式用来扫描一组模拟通道。扫描模式可通过设置 ADC_CR1 寄存器的 SCAN 位来选择。一旦这个位被设置,ADC 扫描所有被 ADC_SQRX 寄存器选中的所有通道。在每个组的每个通道上执行单次转换。在每个转换结束时,同一组的下一个通道被自动转换。如果设置了 CONT 位,转换不会在选择组的最后一个通道上停止,而是再次从选择组的第一个通道继续转换。

如果设置了 DMA 位,在每次 EOC 后,DMA 控制器把转换数据传输到 SRAM 中。

3. STM32F10x 片上 ADC 主要可编程寄存器

STM32F10x 片上 ADC 主要寄存器有控制寄存器 ADC_CR1/ADC_CR2、状态寄存器 ADC_SR、采样时间寄存器 ADC_SMPR1/ADC_SMPR2 等。

(1) ACD 控制寄存器

两个 ADC 控制寄存器格式如图 7.20 和图 7.21 所示。

• AWDEN 和 JAWDEN 分别为在规则通道上和在注入通道上开启模拟看门狗,1 开启,0 禁止。

• DUALMOD[3:0]双模式选择:000 独立模式,其他编码为其他模式,通常使用独立模式。

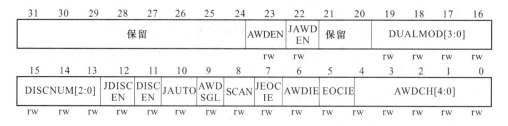

图 7.20　STM32F10x 片上 ADC 控制寄存器 ADC_CR1

图 7.21　STM32F10x 片上 ADC 控制寄存器 ADC_CR2

- DISCNUM[2:0]:间接模式通道计数,000 为 1 个通道,001 为 2 个通道……111 为 8 个通道。

- JDISCEN:在注入通道上的间接模式允许,1 允许,0 禁止。

- DISCEN:在规则通道上的间接模式允许,1 允许,0 禁止。

- JAUTO:自动的注入通道组转换允许,1 开启,0 禁止。

- AWDSGL:扫描模式中在一个单一通道上使用模拟看门狗,1 允许,0 禁止。

- SCAN:扫描模式允许,1 扫描允许,0 禁止扫描模式。

- JEOCIE:注入通道转换结束中断允许,1 允许中断,0 禁止中断。

- AWDIE:模拟看门狗中断允许,1 允许,0 禁止。

- EOCIE:规则通道结束中断允许,1 允许中断,0 禁止中断。

- AWDCH[4:0]:模拟看门狗通道选择位:00000～10001 分别选择的通道号为 0～17。

- TS VREFE:温度传感器和 VREFINT 使能:1 使能,0 禁止。

- SW START:开始转换规则通道,1 开始转换,0 复位状态。

- JSW START:开始转换注入通道,1 开始转换,0 复位状态。

- EXT TRIG:规则通道的外部触发转换模式,允许外部触发转换,0 禁止外部触发转换。

- EXTSEL[2:0]:外部触发选择。

ADC1 和 ADC2 的触发配置如下:

000:定时器 1 的 CC1 事件;100:定时器 3 的 TRGO 事件;001:定时器 1 的 CC2 事件; 101:定时器 4 的 CC4 事件;110:EXTI 线 11/ TIM8_TRGO 事件,仅大容量产品具有 TIM8_ TRGO 功能;010:定时器 1 的 CC3 事件;011:定时器 2 的 CC2 事件,111:SWSTART。

- ADC3 的触发配置如下:

000:定时器 3 的 CC1 事件;100:定时器 8 的 TRGO 事件;001:定时器 2 的 CC3 事件; 101:定时器 5 的 CC1 事件;010:定时器 1 的 CC3 事件;110:定时器 5 的 CC3 事件;011:定时 器 8 的 CC1 事件;111:SWSTART。

- JEXTTRIG:注入通道的外部触发转换模式,1 为允许外部触发,0 为禁止外部触发。

- JEXTSEL[2:0]:选择启动注入通道组转换的外部事件。

ADC1 和 ADC2 的触发配置如下:

000:定时器 1 的 TRGO 事件;100:定时器 3 的 CC4 事件;001:定时器 1 的 CC4 事件;101:定时器 4 的 TRGO 事件;110:EXTI 线 15/TIM8_CC4 事件(仅大容量产品具有 TIM8_CC4);010:定时器 2 的 TRGO 事件;011:定时器 2 的 CC1 事件;111:JSWSTART。

ADC3 的触发配置如下:

000:定时器 1 的 TRGO 事件;100:定时器 8 的 CC4 事件;001:定时器 1 的 CC4 事件;101:定时器 5 的 TRGO 事件;010:定时器 4 的 CC3 事件;110:定时器 5 的 CC4 事件;011:定时器 8 的 CC2 事件;111:JSWSTART。

- ALIGN:数据对齐(Data alignment),0 为右对齐,1 为左对齐。
- DMA:直接存储器访问模式允许,1 为允许 DMA 访问,0 为禁止 DMA。
- RSTCAL:复位校准,0 为校准寄存器已初始化,1 为初始化校准寄存器。
- CAL:A/D 校准,0 为校准完成,1 为开始校准。
- CONT:连续转换,0 为单次转换模式,1 为连续转换模式。
- ADON:开/关 A/D 转换器,1 为启动 ADC 转换,0 为关闭 ADC。

(2)ADC 状态寄存器 ADC_SR

ADC_SR 格式如图 7.22 所示。

31·······················5	4	3	2	1	0
保留	STRT	JSTRT	JEOC	EOC	AWD

图 7.22 STM32F10x 片上 ADC 状态寄存器 ADC_SR

各位的含义如下:

- STRT:规则通道开始位,0 未开始,1 转换已开始。
- JSTRT:注入通道开始位,0 未开始,1 转换已开始。
- JEOC:注入通道转换结束位,0 为转换未完成,1 为转换完成。
- EOC:转换结束位,0 为转换未完成,1 为转换完成。
- AWD:模拟看门狗标志位,0 为无模拟看门狗事件,1 为发生模拟看门狗事件。

(3)ADC 采样时间寄存器

ADC 采样寄存器决定采用周期,其格式如图 7.23 和图 7.24 所示。

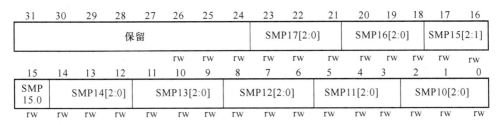

图 7.23 STM32F10x 片上 ADC 采用时间寄存器 ADC_SMPR1

SMPx 编码决定的采用周期为:

000:1.5 周期;100:41.5 周期;001:7.5 周期;101:55.5 周期;010:13.5 周期;110:71.5 周期;011:28.5 周期;111:239.5 周期。

31	30	29	28	27	26	25	24	23	22	21	20	19	18	17	16
保留		SMP9[2:0]			SMP8[2:0]			SMP7[2:0]			SMP6[2:0]			SMP5[2:1]	
		rw	rw	rw	rw	rw	rw	rw	rw	rw	rw	rw	rw	rw	rw

15	14	13	12	11	10	9	8	7	6	5	4	3	2	1	0
SMP 5.0	SMP4[2:0]			SMP3[2:0]			SMP2[2:0]			SMP1[2:0]			SMP0[2:0]		
rw	rw	rw	rw	rw	rw	rw	rw	rw	rw	rw	rw	rw	rw	rw	rw

图 7.24　STM32F10x 片上 ADC 采用时间寄存器 ADC_SMPR2

（4）转换数据寄存器

转换数据寄存器包括 ADC 规则数据寄存器 ADC_DR 和 ADC 注入数据寄存器 ADC_JDR。它们都是 32 位寄存器，只有低 16 位为真正的转换结果。

4．STM32F10x 片上 ADC 操作步骤

（1）配置 ADC 输入引脚

16 个外部通道 ADC_IN0～IN15 可编程为 PA/PB/PC 三个 16 位 GPIO 端口的低位引脚，首先要将 GPIO 相关引脚配置为模拟输入引脚，引脚与通道关系如下：PA0＝ADC_IN0～PA7＝ADC_IN7；PB0＝ADC_IN8，PB1＝ADC_IN9；PC0＝ADC_IN10～PC5＝ADC_IN15。

（2）初始化 ADC

初始化 ADC 包括通过 ADC 控制寄存器 ADC_CR1 设置独立模式、多通道扫描、连续转换、软件触发、ADC 数据右对齐等，还要设置要转换的通道，通过设置时间寄存器设置采样周期，通过 ADC 控制寄存器 ADC_CR2 使能 ADC1，使能 ADC1 复位校准寄存器，启动 ADC1 校准，最后启动软件转换。

（3）查询 ADC 状态寄存器 ADC_SR，判断 A/D 转换是否结束，如果 EOC＝1 表明转换结束，否则没有结束。

（4）转换结束时读取转换数据寄存器 ADC_DR 中的值，取低 16 位结果。

（5）读出的数字进行标度变换可以得到所求物理量。

5．模拟信号的连接

由于是片内 ADC，因此外部模拟信号进行调理电路之后可直接连接到模拟输入引脚，如果片上 ADC 支持差分方式连接，则有两种接法，如图 7.25 所示，（a）为单端接法，（b）为差分接法。所有 ADC 均支持单端接法，目前有许多嵌入式处理器片上 ADC 支持差分输入功能，通常用相邻的两个通道做一路信号的差分输入。比如，8 个模拟通道可以接 4 路差分信号。

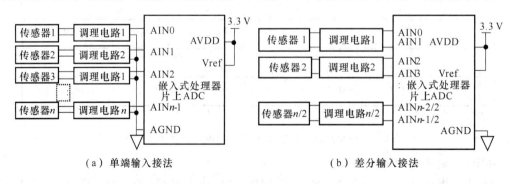

（a）单端输入接法　　　　　　　　（b）差分输入接法

图 7.25　基于片上 ADC 的模拟信号接法

图 7.25 中的单端接法中，一路模拟信号接一个模拟输入端，n 路模拟通道可以接 n 个模

拟信号,但要注意公共点要接模拟地,同时也要注意参考电压和模拟器件电压的接法,通常与数字电源隔离开。单端输入接法的调理电路可以是普通带滤波的放大电路。在差分接入方法中,n 路模拟通道可接 $n/2$ 个模拟信号,即一个模拟信号需要两路模拟通道与之对应,由于是差分连接,没有公共地的问题,这种接法使用的调理电路通常要使用差分放大器来放大。这种连接方法优点是抗干扰能力强,缺点是浪费模拟通道。

6. 标度变换

所谓标度变换是指将对应参数值的大小转换成能直接显示有量纲的被测工程量数值,也称为工程转换。对于嵌入式系统中的模块通道,标度变换是非常重要的一个环节,有了标度变换才可以把由 ADC 得到的数字量变换为传感器实际感知的物理量。

由传感器将物理量变换成模拟电信号,经过 A/D 转换后成为相应的数字量,该数字量仅仅对应被测工程量参数值的大小,并不是原来带有单位量纲的参数值。只有通过标度变换才能由数字量得到实际的物理量。生产过程中的各个参数都有着不同的单位,例如压力的单位是 Pa,流量的单位是 m^3/h,温度的单位是 ℃,电流单位为 A 或 mA,电压单位为 V,阀门开度单位 % 等。

标度变换有线性和非线性之分,应根据实际要求选用适当的标度变换方法。

(1) 线性标度变换

现代传感器中,物理量与感知的模拟电信号大小成线性关系的占大多数,调理电路通常采用线性放大,因此它的标度变换通过采用的线性变换。测量值(物理量参数值)Yx 与 A/D 转换结果 Nx(数字量)之间是线性关系,线性变换的基本依据是二元一次线性方程式:

$$Yx = kNx + b \qquad (7.6)$$

该方程源于 $y = kx + b$,这里 $y = Yx, x = Nx$。

假设 Y0 为被测量下限;Ym 为被测量上限;Yx 为标度变换后的测量值;N0 为测量值下限所对应的数字量;Nm 为测量值上限所对应的数字量;Nx 为测量值对应的数字量,则有

$$\begin{cases} Ym = kNm + b \\ Y0 = kN0 + b \end{cases}$$

经过变换解二元一次方程组得 $k = (Ym - Y0)/(Nm - N0), b = Y0 - N0(Ym - Y0)/(Nm - N0)$。代入 $Yx = kNx + b$,由此可以得到标度变换公式为

$$Yx = Y0 + (Ym - Y0)(Nx - N0)/(Nm - N0) \qquad (7.7)$$

其中,Y0、Ym、N0、Nm 对于某一具体的参数来说为常数,不同的参数有不同的值。

(2) 非线性标度变换

从模拟量输入通道得到的有关过程参数的数字信号与该信号所代表的物理量不一定成线性关系,则其标度变换公式应根据具体问题进行分析。有的可以分段线性描述,有的是开方运算,不同情况不同分析,没有固定公式。

例如,一差压变送器送来的差压信号 ΔP,流量计算公式为 $G = k\sqrt{\Delta P}$,因此它是非线性变换。标度变换公式为

$$Gx = ((\sqrt{Nx} - \sqrt{N0})/(\sqrt{Nm} - \sqrt{N0})) * (Gm - G0) + G0$$

G0 和 Gm 为流量下限和上限值,N0 和 Nm 为下限和上限对应的数字量。

非线性变换的表达式要根据传感器感知的物理量与实际输出电信号的关系来确定。

有了标度变换,对通道硬件的精确度就没有要求,只要稳定性好就行,即保障电参数不变,通过标度变换可以精确校准测量值,因此一般调理电路不需要电位器来调节准确度。标度变

换的常数,比如 Y0、Ym、N0 和 Nm 是通过初始调试时实际运行得到的,是不变的,因此将这些参数定义为常量,直接使用。如果在一批产品中,硬件存在差异,这些常数在不同硬件中是有一定差异,因此可以把这些有可能在不同硬件中有不同值的常数设置为变量,在实际运行中,可以通过设置的方式改变这些常数的存储以适用不同硬件差异性的要求。

7. 片上 ADC 的应用

如图 7.26 所示的电路检测电流型传感器送来的电流信号,通过 J14 接入,1 脚为传感器工作电源 12 V,2 和 3 脚为电流信号输入,假设接入 J14 的是压力传感器,传感器输出的信号为 4～20 mA,表示压力为 10～1 000 kPa,经过 R57 将电流转换为电压,由 U4A、U4B 以及 U5A 等构成的前置差分放大电路进行放大转换成电压信号,再经过由 U5B 构建的二阶有源低通滤波器,送 STM32F10x 微控制器片上 ADC_IN7 进行 A/D 变换(将 JP32 的 ADCIN7 短接到 PA7)。可以采用查询或中断方式获取传感器电流信号对应的数字量,通常 A/D 转换还可再进行相应数字滤波最后进行标度变换得到被测量。

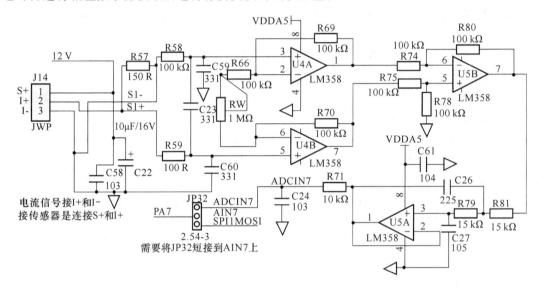

图 7.26　典型应用:电流输入变换

按照以上 A/D 变换的步骤,采用 STM32F10x 进行 A/D 变换在 ARM-MDK 环境下采用固件库函数的应用程序片段如下:

```
void ADC_Configuration(void)                              //配置和初始化 ADC
{GPIO_InitTypeDef GPIO_InitStructure;
ADC_InitTypeDef ADC_InitStructure;
RCC_APB2PeriphClockCmd(RCC_APB2Periph_GPIOA|RCC_APB2Periph_AFIO|
        RCC_APB2Periph_ADC1,ENABLE);                      //A 口及 A 口多功能时钟选择(PA7 为 ADCIN7)
/* 配置 GPIO 的 PA7 作为 ADCIN7 模拟通道输入端,频率 50 MHz */
GPIO_InitStructure.GPIO_Pin = GPIO_Pin_GPIO_Pin_7;        //ADC1 通道 PA7 = ADIN7 引脚
GPIO_InitStructure.GPIO_Speed = GPIO_Speed_50MHz;         //管脚频率 50 MHz
GPIO_InitStructure.GPIO_Mode = GPIO_Mode_AIN;             //模拟输入模式
GPIO_Init(GPIOA, &GPIO_InitStructure);                    //初始化 GPIO 端口
/* 初始化 ADC:独立模式、多通道扫描、连续转换、软件触发、ADC 数据右对齐 */
ADC_InitStructure.ADC_Mode = ADC_Mode_Independent;        //独立工作模式
ADC_InitStructure.ADC_ScanConvMode = ENABLE;              //开启多通道扫描
ADC_InitStructure.ADC_ContinuousConvMode = ENABLE;        //连续转换模式
ADC_InitStructure.ADC_ExternalTrigConv = ADC_ExternalTrigConv_None;
                                                          //软触发
```

```
ADC_InitStructure.ADC_DataAlign = ADC_DataAlign_Right;        //ADC 数据右对齐
ADC_InitStructure.ADC_NbrOfChannel = 1;                       //进行规则转换的 ADC 通道数为 1 个通道
ADC_Init(ADC1, &ADC_InitStructure);

    /* 设置 ADC1 使用 ADCIN7 转换通道,转换顺序 1,采样时间为 239.5 周期 */
ADC_RegularChannelConfig(ADC1, ADC_Channel_7,1, ADC_SampleTime_239Cycles5 );
ADC_Cmd(ADC1, ENABLE);                                        //使能 ADC1
ADC_ResetCalibration(ADC1);                                   //使能 ADC1 复位校准寄存器
while(ADC_GetResetCalibrationStatus(ADC1));                   //等待复位校准寄存器接收
ADC_StartCalibration(ADC1);                                   //启动 ADC1 校准
while(ADC_GetCalibrationStatus(ADC1));                        //等待 ADC1 校准结束
ADC_SoftwareStartConvCmd(ADC1, ENABLE);                       //启动软件转换
}
```

可采用查询方式获取 ADC 的值,参考程序如下:

```
uint16_t Temp;
float P_Value;                                               //压力值,单位 kPa
while(! ADC_GetFlagStatus(ADC1, ADC_FLAG_EOC ));             //等待转换结束
Temp = ADC_GetConversionValue(ADC1);                        //获取转换值,假设 Temp 已定义
```

假设在 10 kPa($Y0=10$)时,测算的数字量为 N0,1 000 kPa($Ym=1\,000$)时测算的数字量为 Nm,则通过标度变换公式(7.7)得到压力值:

$$Yx = 10 + (1\,000 - 10)(Nx - N0)/(Nm - N0) = 10 + 990(Nx - N0)/(Nm - N0),代码为$$

```
P_Value = 10 + 990 * (Temp - N0)/(Nm - N0);                 //压力换算值,单位 kPa
```

7.4.2 片外 ADC 及其应用

如果片内 ADC 某些性能满足不了要求,如速度、分辨率等,则需要通过片外来扩展 ADC。片外 ADC 与嵌入式处理器接口涉及并行输出方式的 ADC 和串行输出方式的 ADC,两种不同方法的接口完全不同,因此接口设计是不同的。

1. 并行输出接口的 ADC 及其扩展

并行输出接口的 ADC 可以用总线方式进行扩展 ADC 接口,也可以用 GPIO 扩展 ADC 接口。

典型的具有可选择并行和串行数据输出的 4 通道 16 位 ADC ADS7825 与 STM32F10x 的连接如图 7.27 所示。

对于并行方式输出的 ADS7825,PAR/SER 接 5 V,$\overline{CS}$、CONTC 以及 PWRD 均接地,表示芯片一直被选中,使用 R/C 控制 A/D 转换。

STM32F10x 与 ADC 之间采用逻辑电平转换芯片 U1:74LVC4245 把 A/D 转换得到的 5 V 轮回的数字量,通过该转换芯片变换成 3.3V 逻辑电平的数字量供嵌入式处理器读取。由于 16 位 ADC 是通过 8 位数据引脚 D7~D0 分两次读取的,因此用一片 8 位逻辑转换芯片 74LVC4245 进行电平转换,控制引脚如 R/C 等还需要 5 个引脚,因此再用一片 74LVC4245 U2 进行电平转换,注意两片的接法,均是 B 到 A 的方向,但对于 MCU 来说,联络控制引脚,只有 BUSY 是输入,其他均为输出,因此 U2 的方向要受到 MCU 的 GPIO6 的控制,当需要读 BUSY 状态时让 GPIO6=0,使 U2 的传输方向由 B 到 A,其他时候让 GPIO=1,使方向由 A 到 B。

在应用编程时,按照 ADC 的三个基本步骤进行。

(1)首先通过 PB1、PB2 控制 A0 和 A1 来选择模拟通道 AIN3~AIN0,利用 PB0 控制 R/

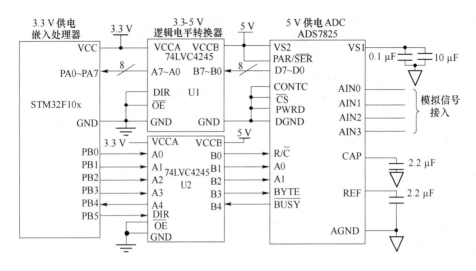

图 7.27 典型并行输出 16 位 ADC 应用实例

C 来启动 A/D 变换，即 PB0＝0。

（2）检测 PB4（BUSY）是逻辑 0 还是逻辑 1，确定 ADC 是否忙，如果为逻辑 0 则等待，直到为逻辑 1 结束等待。

（3）将 PB0 置为 1 让 ADC 转换结果输出到 D7～D0，可读取转换结果。读取时，先让 PB3 控制的 BYTE 为 0，通过 8 位 GPIO 读取 ADC 的高 8 位结果，再让 PB3＝1，通过 8 位 GPIO 再读取低 8 位转换结果即得到 16 位 ADC 结果。

2．串行输出接口的 ADC 及其扩展

对于串行输出接口的 ADC 可以用专用串行接口来扩展。例如，如果 ADC 的数据输出是 SPI 接口的，就用片上 SPI 接口连接；如果 ADC 是基于 I^2C 的，则就用片上 I^2C 总线与之连接。

典型的串行输出的快速 12 位 ADC AD7890 是一款 8 通道、12 位数据采集系统芯片，内置一个输入多路复用器、一个片内采样保持放大器、一个 12 位高速 ADC（转换时间为 5.9 μs）、一个 2.5 V 基准电压源和一个高速串行 SPI 接口，采用 5V 单电源供电，可接受的模拟输入范围为 ±10 V（AD7890-10）、0～4.096 V（AD7890-4）和 0～2.5 V（AD7890-2）。省电模式典型值 75 μW。

典型的 AD7890 与嵌入式处理器的连接如图 7.28 所示。SMODE 接＋5 V，因此 AD7890 工作在外部时钟控制方式，嵌入式处理器 SPI 选择信号 SPISS 直接连接收发同步信号，低电平正在开始同步 AD7890，SPICLK 连接 AD7890 的时钟输入端，MOSI 连接 AD7890 的数据输入引脚 DATAIN 以软件方式接收开始转换的命令，DATAOUT 通过电平转换连接 MISO 以通过 SPI 接口接收 AD7890 的转换结果。此处之所以只有 DATAOUT 通过逻辑电平转换再连接处理器，是考虑输出为 5V 逻辑，以免电平过高烧坏处理器，而其他引脚对于处理器是输出引脚，输出的最高电平不超过 3.3 V，但又符合 AD7890 逻辑电平的要求，因此这部分无须电平转换。

嵌入式处理器操作流程如图 7.29 所示。

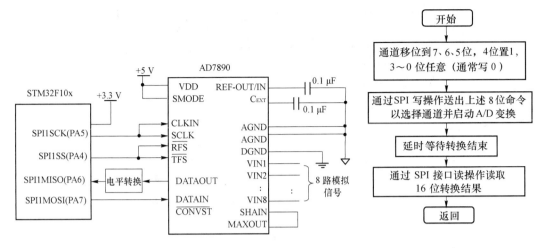

图 7.28　嵌入式处理器与 AD7890 接口　　　　图 7.29　操作 AD7890 流程

7.5　数/模转换器

数/模转换是将数字量转换为模拟量(电流或电压),使输出的模拟电量与输入的数字量成正比。实现这种转换功能的电路叫数/模转换器(DAC),可分为片内 DAC 和片外 DAC 两类。

7.5.1　片内 DAC 及其应用

DAC 操作非常简单,首先通过寄存器引脚来配置 DAC 引脚,然后直接把待转换的数字量写入 D/A 转换寄存器,有的可用软件或硬件触发 D/A 变换。

1. STM32F10x 片上 DAC 组件

STM32F10x 片上 DAC 模块是 12 位数字输入、电压输出的数字/模拟转换器。DAC 可以配置为 8 位或 12 位模式,也可以与 DMA 控制器配合使用。DAC 工作在 12 位模式时,数据可以设置成左对齐或右对齐。DAC 模块有两个输出通道,每个通道都有单独的转换器。在双 DAC 模式下,两个通道可以独立地进行转换,也可以同时进行转换并同步地更新两个通道的输出,通道 1 用 PA4 引脚,通道 2 使用 PA5 引脚。片上 DAC 模块组成如图 7.30 所示,由触发源、DAC 控制寄存器控制逻辑、数据输出寄存器 DOR 以及数字到模拟转换器组成。

数字输入经过 DAC 被线性地转换为模拟电压输出,电压范围为 0～VREF＋。任一 DAC 通道引脚上的输出电压满足以下关系:

$$DAC 输出 = VREF (DOR/4095) \tag{7.8}$$

2. STM32F10x 的 DAC 寄存器

(1) DAC 控制寄存器 DAC_CR

DAC 控制寄存器 DAC_CR 格式如图 7.31 所示。

各位的含义如下:

• DMAEN2/1:DAC 通道 2/1 DMA 使能,0 为关闭 DAC 通道 2/1 DMA 模式,1 为使能 DAC 通道 2/2 DMA 模式。

• MAMP2/1[3:0]:DAC 通道 2/1 屏蔽/幅值选择器,用来在噪声生成模式下选择屏蔽位,在三角波生成模式下选择波形的幅值。

• WAVE2/1[1:0]:DAC 通道 2/1 噪声/三角波生成使能,00 为关闭波形发生器,10 为

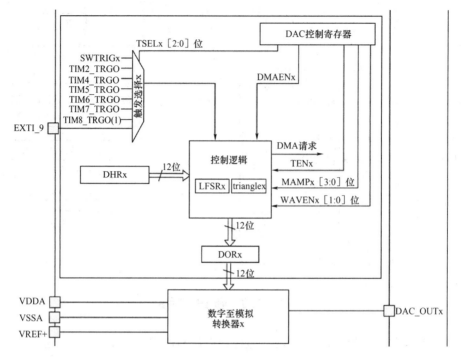

图 7.30　STM32F10x 片上 DAC 模块框图

31	30	29	28	27	26	25	24	23	22	21	20	19	18	17	16
保留			DMAEN2	MAMP2 [3:0]				WAVE2 [2:0]			TSEL2 [2:0]		TEN2	BOFF2	EN2
			rw	rw	rw	rw	rw	rw	rw	rw	rw	rw	rw	rw	rw

15	14	13	12	11	10	9	8	7	6	5	4	3	2	1	0
保留			DMAEN1	MAMP [3:0]				WAVE1 [2:0]			TSEL1 [2:0]		TEN1	BOFF1	EN1
			rw	rw	rw	rw	rw	rw	rw	rw	rw	rw	rw	rw	rw

图 7.31　STM32F10x 片上 DAC 控制寄存器 DAC_CR 格式

使能噪声波形发生器,1x 为使能三角波发生器。

• TSEL2/1[2:0]:DAC 通道 2/1 触发选择:

000:TIM6 TRGO 事件;001:对于互联型产品是 TIM3 TRGO 事件,对于大容量产品是 TIM8 TRGO 事件;010:TIM7 TRGO 事件;011:TIM5 TRGO 事件;100:TIM2 TRGO 事件;101:TIM4 TRGO 事件;110:外部中断线 9;111:软件触发。

• TEN2/1:DAC 通道 2/1 触发使能,用来使能/关闭 DAC 通道 2/1 的触发,1 为使能,0 为关闭。

• BOFF2/1:关闭 DAC 通道 2/1 输出缓存,0 为使能;1 为关闭。

• EN2/1:DAC 通道 2/1 使能,0 为关闭 DAC 通道 2/1,1 为使能 DAC 通道 2/1。

（2）软件触发寄存器 DAC_SWTRIG

软件触发寄存器 DAC_SWTRIG 格式如图 7.32 所示。

D31 ···············D2	D1	D0
保留	SWTRIG2:DAC 通道 2 软件触发 0:关闭 DAC 通道 2 软件触发 1:使能 DAC 通道 2 软件触发	SWTRIG1:DAC 通道 1 软件触发 0:关闭 DAC 通道 1 软件触发 1:使能 DAC 通道 1 软件触发

图 7.32　软件触发寄存器

（3）DAC 输出寄存器

DAC_DOR1 和 DAC_DOR2 分别为 DAC 通道 1 和通道 2 的输出数据寄存器，它们是 32 位寄存器，其中低 12 位为有效的 DAC 数据，高位保留。

3．STM32F10x 片上 DAC 的操作

① DAC 初始化。

DAC 初始化包括 GPIO 引脚初始化为 DAC 引脚和 DAC 相应配置。

GIO 初始化包括使能对应 DAC 通道的 GPIO 引脚时钟，使能 DAC 时钟，设置通道引脚为模拟输入。一旦使能 DACx 通道，相应的 GPIO 引脚（通道 1 的 PA4 或者通道 2 的 PA5）就会自动与 DAC 的模拟输出相连（DAC_OUT1 或 DAC_OUT2）。为了避免寄生的干扰和额外的功耗，引脚 PA4 或者 PA5 在之前应当设置成模拟输入（AIN）。

DAC 初始化包括选择触发方式、是否使用波形发生、关闭输出缓冲、使能 DAC、通道 1 或 2 由软件触发。设置通道 12 位右对齐模式。

② 输出数据到 DAC 相应通道。

4．片上 DAC 的应用

【例 7.5】 使用 ARM Cortex-M3 微控制器 STM32F10x 利用内部 DAC 通道 1（PA4 图中的 DACOUT1）通过 $V\text{-}I$ 变换得到 $4\sim20$ mA 电路输出的电路，如图 7.33 所示。假设 STM32F10x 参考电压为 3.3 V，要求通过 DAC 产生 $4\sim10$ mA 电流信号输出。

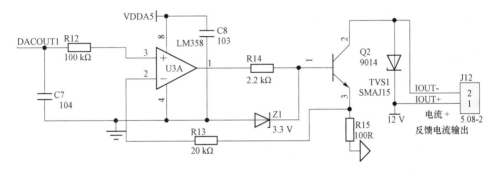

图 7.33 DAC 输出实例原理图

根据图示电路可知，电路是将 DAC 送出的模拟电压经过 U3A 运算放大器 R14、Q2、R15、R13 等构成的电压到电流的转换电路将电压转换成电流输出。当 VDACOUT1＝0 时输出电流为 0，输出 1 V 时，在 R2 两端电压也是 1 V，因此输出电流为 1 000 mV/100 Ω＝10 mA；如果 VDACOUT1＝2 V，则输出电流为 20 mA；如果 VDACOUT＝0.4 V，则输出电流为 4 mA。

由于 STM32F10x 内部 DAC 为 12 位，VDACOUT1＝Verf×D/4095，D＝VALUE 为输出给 DAC 的数字量，由于 Vref＝3.3 V，因此 VDACOUT1＝3.3×VALUE/4095，据此式可得典型输出电流对应的 VALUE 值如表 7.2 所示。

表 7.2 输出电流对应数字量的关系

输出电流	20 mA	10 mA	4 mA	0 mA
对应输出电压	2 V	1 V	0.4 V	0 V
对应 VALUE 值	4×620(0x24c)	4×310(0x136)	4×124(0x7c)	0

对于需要通过 DAC 输出周期性变化的波形，基本思路是将规划的周期性波形幅值进行

离散化，在一个周期内取若干个点的值，存入缓冲区，然后定时输出即可得到周期性变化的波形输出，而输出的周期取决于两点之间输出的时间差。

要输出指定电流，则只需要送出对应的数字量。

互联型 MCU STM32F107 的 DAC 初始化配置程序如下：

```
void DAC_Configuration(void)
{
    GPIO_InitTypeDef GPIO_InitStructure;
    DAC_InitTypeDef DAC_InitStructure;
    RCC_APB1PeriphClockCmd(RCC_APB1Periph_DAC ,ENABLE);
    RCC_APB2PeriphClockCmd(RCC_APB2Periph_GPIOA |
                           RCC_APB2Periph_AFIO,ENABLE);
    /* ----------DAC 端口配置 PA4/PA5 DAC1 通道 1 模拟输入---------- */
    GPIO_InitStructure.GPIO_Pin = GPIO_Pin_4;
    GPIO_InitStructure.GPIO_Mode = GPIO_Mode_AIN;
    GPIO_InitStructure.GPIO_Speed = GPIO_Speed_50MHz;
    GPIO_Init(GPIOA ,&GPIO_InitStructure);
    DAC_DeInit();                                          //还原到初始状态
    /* DAC 通道 1 配置 */
    DAC_InitStructure.DAC_Trigger = DAC_Trigger_T3_TRGO;   //T3 触发
    DAC_InitStructure.DAC_WaveGeneration = DAC_WaveGeneration_None;  //不用波形产生
    DAC_InitStructure.DAC_OutputBuffer = DAC_OutputBuffer_Disable;   //失能输出缓冲
    DAC_Init(DAC_Channel_1, &DAC_InitStructure);           //DAC 初始化
    DAC_Cmd(DAC_Channel_1,  ENABLE);                       //使能 DAC 通道 1 自动连接至 PA4
    DAC_SetChannel1Data(DAC_Align_12b_R,0);                //通道 1 右对齐输出
}
```

初始化 DAC 后，即可向 DAC 数据寄存器中写入等转换的数字量，可使用函数：

`DAC_SetChannel1Data(DAC_Align_12b_R,Value);`//以 12 位右对齐方式输出 Value 数字量

【例 7.6】 利用 DAC 输出正弦波，通过功率放大让扬声器发声，如图 7.34 所示。

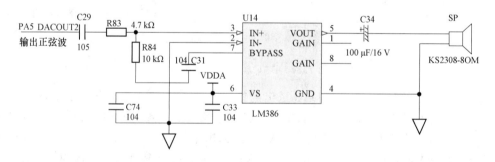

图 7.34　DAC 输出正弦波推动扬声器发声原理图

假设要输出 T 为周期的正弦波，一个周期采集 N 点，则可以先将采样的 N 点的正弦值存储在内存缓冲区中，两点之间输出时间间隔 $=T/(N-1)$。可以利用定时器定时中断，定时时间为 $T/(N-1)$，每中断一次输出一个点，同时修正缓冲区地址指针，不断继续下去并一直循环，就可以得到周期为 T 的正弦波输出。

首先采集正弦信号，假设一个周期用 32 个点，各点的采样值为：

```
const uint16_t Sine12bit[32] = {   /* 32 正弦波点 */
                2047, 2447, 2831, 3185, 3498, 3750, 3939, 4056, 4095, 4056,
                3939, 3750, 3495, 3185, 2831, 2447, 2047, 1647, 1263, 909,
                599, 344, 155, 38, 0, 38, 155, 344, 599, 909, 1263, 1647};
```

如果周期 $T=20$ ms(对应 50 Hz),则两点间的时间间隔 $=20/31=0.645\ 16$ ms $=645.16\ \mu s$。

假设采用定时器定时 $645.16\ \mu s$ 中断一次,每中断一次,在中断服务程序中取一个点输出,指针同时指向下一个,直到 32 点输出完毕,指针回零即可得到 50 Hz 为频率的正弦波。

定时器定时周期为:

`TIM_TimeBaseStructure.TIM_Period = SystemCoreClock/1/32/f-1;`

改变这个频率值 f(单位 Hz)就能改变正弦波的频率,反比例变化。

音调与频率的关系如表 7.3 所示,由表可以看出,高音频率是中音频率的 2 倍,而低音频率是低音频率的一半。利用这个规律,可以只列出中音部分的频率,高音和低音比例关系自动生成相应频率,即可利用配置的嵌入式系统实验开发板让喇叭产生特定曲子,详见配置实验开发板例程。

表 7.3 音调与频率的关系

低音	1(DO)	2(RE)	3(MI)	4(FA)	5(SO)	6(LA)	7(XI)
频率	261.5 Hz	293.5 Hz	329.5 Hz	349 Hz	392 Hz	440 Hz	494 Hz
中音	1(DO)	2(RE)	3(MI)	4(FA)	5(SO)	6(LA)	7(XI)
频率	523 Hz	587 Hz	659 Hz	698 Hz	784 Hz	880 Hz	988 Hz
高音	1(DO)	2(RE)	3(MI)	4(FA)	5(SO)	6(LA)	7(XI)
频率	1 046 Hz	1 175 Hz	1 318 Hz	1 397 Hz	1 568 Hz	1 760 Hz	1 967 Hz

7.5.2 片外 DAC 及其应用

在所选择的嵌入式处理器内部没有 DAC,或者内置 DAC 不能满足要求时,就需要选择片外 DAC 芯片。

按照分辨率也可以分为 8 位、10 位、12 位、16 位、24 位等。按照转换速率可分为高速、中速和低速。按照外部 DAC 与处理器连接的接口形式也可分为并行输入的 DAC 和串行输入的 DAC 两大类。随着电子技术的发展,外部 DAC 的发展趋势也趋向串行输入接口。串行输入接口的 DAC 引脚少,连接简单,应用最为广泛。3 V 供电的并行输入 12 位 DAC 如 AD7392、串行输入的双通道 12 位 DAC 如 AD7394 就是典型的 DAC 代表。本节主要以这两种接口 DAC 为例介绍其与嵌入式处理器的接口及应用。

1. 典型并行输入接口片外 DAC 芯片及应用

AD7392 为单一 3 V 供电(可工作在 2.7~5.5 V)、并行数字输入的 12 位 DAC 芯片,其功耗低,正常工作时为 $100\ \mu A$,掉电模式仅为 $0.1\ \mu A$。

嵌入式处理器通过 GPIO 端口与 AD7392 连接如图 7.35 所示,这里 GPIO1~15 仅为方便起见表示用了 15 个 GPIO 引脚,具体是什么标识跟选择的嵌入式处理器有关,有的标识为 PA、PB、GPA、GPB,有的标识为 Pi.j,如 P0.0~P0.14,不同厂家的标识不一样。

2. 典型串行输入接口片外 DAC 芯片及其应用

AD7394 为单一 3 V 供电(可工作在 2.7~5.5 V)、串行数字输入的双通道 12 位 DAC 芯片,其功耗低,正常工作时为 $100\ \mu A$,掉电模式仅为 $0.1\ \mu A$。

嵌入式处理器与 AD7394 的连接如图 7.36 所示,利用 GPIO1~GPIO4(不同嵌入式处理器引脚标识不同)控制 DAC 操作。MSB 接地,表示清除寄存器的值完全由 $\overline{RS}$ 决定,当 $\overline{RS}=0$,寄存器全清零。

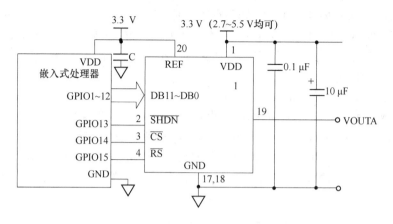

图 7.35　12 位并行输入 DAC 芯片 AD7393

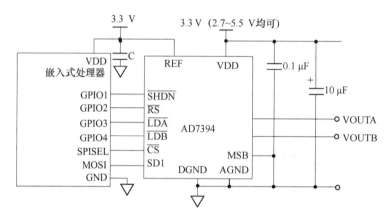

图 7.36　12 位串行输入 DAC 芯片 AD7394 与嵌入式处理器的连接

采用 SPI 或可以利用 GPIO 引脚参照 AD7394 操作时序图来模拟 SPI 操作 DAC。

7.6　典型模拟输入输出系统实例

本节利用本章其余章节的知识,引入一个典型实用的模拟输入输出系统——WPT100Z 温度变送器的设计。

7.6.1　温度变送器设计要求

要求温度变送器采用 PT100 铂电阻作为传感器,以 ARM Cortex-M3 嵌入式微控制器为核心,能够对管道介质温度、环境温度以及机电设备轴承温度进行连续检测。具有电流输出、频率输出和基于 MODUBUS RTU 通信协议的 RS-485 通信,可联网控制。具有检测灵敏度高、稳定性好、兼容性好、具有现场按键或红外校正、参数显示等特点。

主要技术指标如下。

(1) 测量范围:0~100 ℃,测量误差:±0.2 ℃。

(2) 工作电源:电压 24 VDC 输入,电流小于 100 mA。

(3) 报警范围:1~99 ℃,有低端和高端双重报警功能。

(4) 报警输出:

- 高限和低限报警输出常闭和常开可选择接点输出;
- 红色发光二极管 LED 指示报警;
- 蜂鸣器声响报警。

（5）输出信号:

① 脉冲频率方式:200～1 000 Hz。

② 模拟电流方式:4～20 mA。

（6）RS-485 通信接口:

- 符合标准 MODBUS RTU 通信协议;
- 字符格式 1 位停止位,无校验,8 位数据;
- 通信波特率默认 9 600 bit/s。

7.6.2　温度变送器硬件系统设计

智能型 PT100 变送器硬件由温度传感器、信号调理电路(前置放大与处理模块)、以内嵌 12 位 ADC 的 ARM Cortex-M3 微控制器为核心的最小系统模块、频率输出模块、电流输出模块、基于 RS-485 的 MODBUS RTU 通信模块、超限报警模块、红外模块、电源模块以及 LED 显示模块构成,总体构架如图 7.37 所示。

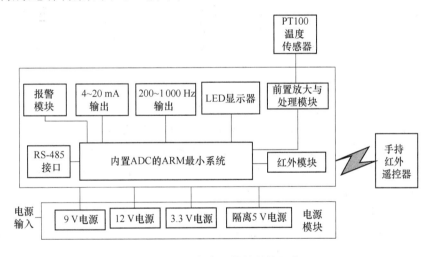

图 7.37　温度变送器的硬件组成

电源模块负责将 24 VDC 电源变换为稳定的 12 V、5 V 以及 3.3 V,并通过隔离 DCDC 变换成独立 5 V 电源供 RS-485 隔离型光耦使用。另外,还将产生 1 mA 的恒流源给前置电路使用。

传感器可以是温度传感器、压力传感器、水位传感器等,对于温度传感器采用 PT100 温度探头,将温度信号变换为电阻信号,接入前置放大与处理模块,将电阻信号变换成模拟电压信号,送 ARM 嵌入式最小系统的 ADC,经过 A/D 变换得到数字量,经过 ARM 处理器的运算处理,得到温度值,通过 LED 显示器显示出来。如果温度超过高限或低于低限,都可以设置成报警,可通过声光报警、继电器接点报警输出等方式来报警。

如果是压力或水位传感器,同样方式处理变换、计算、显示以及超限报警等。

红外模块与手持红外遥控器进行红外通信,来设置和调整参数。

在得到温度的同时,以三种方式与外部或上位机联系,一是产生与 0～100 ℃相对应的4～

20 mA 的电流输出信号；二是产生与 0～100 ℃相对应的 200～1 000 Hz 的频率输出信号；三是通过 RS-485 按照 MODBUS RTU 协议与上位机进行通信，将测得的温度及报警等信息传送给上位机。

1. 模拟输入通道设计

模拟输入通道由 PT100 热电阻传感器、放大电路、滤波电路以及恒流源电路组成，如图 7.38 所示。PT100 热电阻感知的信号为电阻信号，温度为 0 ℃时，其阻值为 100 Ω，因此需要用恒流源供给 PT100，将电阻信号变换为电压信号，详见 7.3.4 节有关内容。

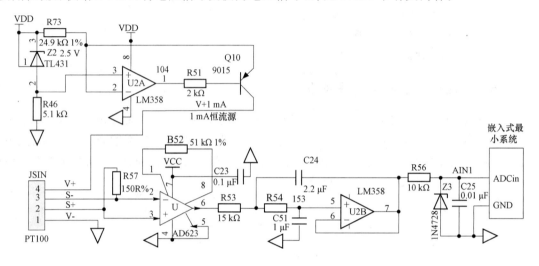

图 7.38　PT100 检测电路的组成

图示中，由 R46、R73、Z2、U2、R51 以及 Q10 构建了产生 1 mA 电流的恒流源，供 PT100 使用，将 PT100 产生的 0～100 ℃温度时的电阻 100～138.51 Ω 变换为 100～138.51 mV。

由 R52、R57 和 U 组成仪表放大器电路，其中接 PT100 时，R57 不断断开。其中 R52 决定放大倍数，限 R52＝512＝5.1 kΩ，因此放大量为（1＋100 k/5.1 k）≈20 倍，当 PT100 经恒流源得到 100～138.51 mV 时，经过放大电路得 2～2.77 V。

由 R53、C24、R54、C51、U2B 组成的二阶有源低通滤波器进行滤波处理。R56 和 Z3 构成稳压限幅电路，防止电压过高烧坏嵌入式处理器。最后送到嵌入式最小系统的处理器片上 ADC 进行模拟到数字的变换，通过 PT100 表的关系，通过软件处理变换可以得到与 PT100 变化相对应的温度值。

可用以下公式校准后计算得到温度值：

$$t = kD + b \tag{7.9}$$

用电阻箱调节电阻到 100 Ω，然后测量 A/D 变换得到数字量 D0，此时 $t = t_0 = 0$，有

$$kD0 + b = 0 \tag{7.10}$$

再调节电阻箱使电阻值为 138.51 Ω，此时 $t = t_{100} = 100$，此时得数字量 D100，有

$$kD100 + b = 100 \tag{7.11}$$

求解式（7.10）和式（7.11）可得 k 和 b 的值，因此可代入式（7.9）得任意电阻值通过恒流源流入 PT100 时产生的电压变换得到数字量时对应的温度值。式（7.6）即所谓的标度变换公式，将待测量数字量变换成有意义的物理量。

2. 模拟输出通道设计

系统要求将 PT100 感知的温度通过 4～20 mA 输出给外接仪表或设备。对于内部有片上

DAC 的嵌入式微控制器构建的 4～20 mA 电流输出的设计与实现,如图 7.39 所示,请详见 7.5.1 节中的例 7.5。

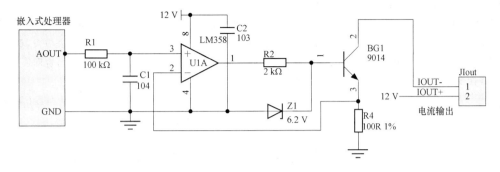

图 7.39 基于有片上 DAC 的电流输出 4～20 mA 电路

对于没有内置 DAC 的嵌入式处理器要输出电流可以外接 DAC,也可以使用 PWM 来模拟 DAC,接口如图 7.40 所示。由嵌入式处理器片上 PWM 产生固定频率、可变脉冲宽度的 PWM 信号,经过 R1、C1、R2 和 C2 二次滤波后,将脉冲信号变换为直流信号,代替了 DAC 输出,无须外部 DAC,以降低成本。只要控制 PWM 脉冲宽度即可输出不同高度的电压,变换后就可以输出不同大小的电流。校准 4 mA 输出时,调整脉冲宽度使 PWMOUT 经过滤波后在 U1-3 脚输出 0.4 V,在校准 20 mA 时,调整 PWM 脉冲宽度,使输出在 U1-3 的电压为 2 V,这样在输出端就可以输出 4～20 mA。

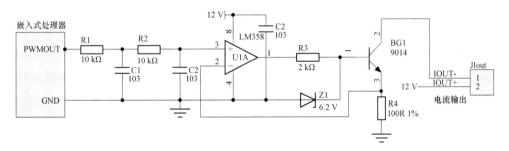

图 7.40 基于无片上 DAC 的采用 PWM 模拟 DAC 的输出 4～20 mA 电路

习 题 七

7-1 基于嵌入式处理器的模拟输入输出系统是怎么构成的?各部分的主要功能是什么?

7-2 传感器的作用是什么?有哪些常用传感器?

7-3 传感器与变送器有什么区别?常用变送器有哪些?

7-4 在模拟输入通道中,经常要使用信号调理电路,其主要功能和任务是什么?对于片上有 ADC 的嵌入式模拟输入通道,其调理电路的主要形式有哪些?

7-5 信号滤波有哪些基本类型?各种滤波电路有何特点?

7-6 对于需要滤除 100 kHz 以上的干扰,采用 RC 低通滤波时,RC 的参数如何选择?

7-7 对于二阶有源低通滤波器,如果有用信号频率为 100 Hz,则可把 100 Hz 以上的干扰信号滤除,当 R3＝10 kΩ,放大 10 倍时,试确定图中电阻电容的参数值。

7-8 试参照图 7.12 设计一个放大倍数为 101 倍的差分放大器。

7-9 简述将电阻信号变换为电压、电压变换为电流、电流变换为电压的方法。

7-10 对于模拟信号的隔离有哪几种方法？各有什么特点？

7-11 对于片上 ADC,常用单端接入法,如果片上 ADC 可以接收差分信号,可以采用差分接入法,这两种接入法对前置调理电路有什么要求？各自特点是什么？

7-12 对于 STM32F10x 微控制器,使用片上 ADC 通道 3(PA3 作为 ADCIN3)作为电位器位置检测的一个实例,如图 7.41 所示。当旋转电位器 VR1 时,ADCIN3 随之电压发生变化,如果电位代表位置,假设 0 V 表示位置 0 米,3.3 V 表示 100 米,当电位器从最低端向最高端旋转时,电位从 0～3.3 V 变化,也即位置从 0～100 米线性变化。试回答：

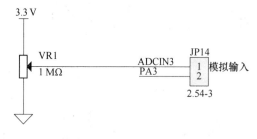

图 7.41 片上 DAC 应用

(1) 写出对片上 DAC 的初始化程序片段(含引脚配置及 DAC 初始化)。

(2) 写出采集电位并进行标度变换的程序。

7-13 对于片外 ADC,要选取 ADC 时,要考虑的 ADC 转换性能主要有哪些？对于采样速率的选择原则是什么？

7-14 简述利用片内 DAC 再通过外加运算放大电路产生指定幅度和周期的正弦波的方法和步骤。写出对 STM32F10x 的 DAC 进行配置和初始化的程序片段。

7-15 试设计一个模拟输入输出系统,采用 STM32F10x 微控制器,采用 3.3 V 供电,内置 12 位 ADC,某压力传感器输出 0～100 mV 对于 0～10 MPa,压力超过 8.5 MPa 时,输出报警信号,让蜂鸣器发声,低于 8 MPa 时解除报警,并将得到的压力用 4～20 mA 电流输出到外部。写出相关程序片段。

第8章 互连通信接口设计

嵌入应用系统的应用十分广泛,可以说几乎无处不在。当今在物联网,乃至工业 4.0 时代,嵌入式系统由于具有各种互连通信接口,而更加有用武之地。本章重点介绍片上各种互连通信组件的原理及外围接口的应用。

8.1 串行异步收发器

8.1.1 串行异步收发器 UART/USART

通用异步收发器(Universal Asynchronous Receiver/Transmitter,UART)具有全双工串行异步通信功能,为标准的串行通信接口,与 16C550 兼容。绝大多数嵌入式处理器内部均集成了 UART,有的微控制器如 STM32F10x 还集成了串行同步异步收发器(Universal Synchronous/Asynchronous Receiver/Transmitter,USART)。使用最为广泛的是 UART。

1. UART 的结构

UART 的一般结构如图 8.1 所示。

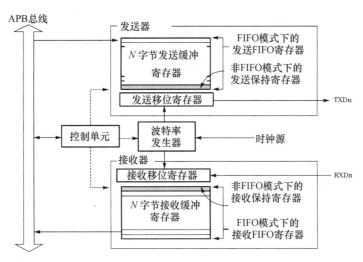

图 8.1 UART 的一般结构

UART 的主要功能就是发送时将存放在发送缓冲寄存器中并行格式的数据,在控制单位和波特率发生器的同步之下,通过发送移位寄存器以串行方式发送出去,接收时把串行格式的数据在控制单位和波特率发生器的脉冲同步之下,经过移位寄存器移位变换为并行数据保存到接收缓冲寄存器中。

UART 由发送器、接收器、控制单元以及波特率发生器等构成。

发送器负责字符的发送，可采用先进先出（FIFO）模式，也可采用普通模式发送。发送的字符先送到发送缓冲寄存器，然后通过移位寄存器，在控制单元的作用下，通过 TXDn 引脚一位一位顺序发送出去。在 FIFO 模式下，当 N 个字节全部到位后才进行发送。不同嵌入式处理芯片，内部设置的 N 值不同。查询发送方式时必须要等待发送缓冲器为空才能发送下一个数据。中断发送方式时当发送缓冲器已经空了才引发发送中断，因此可以直接在发送中断服务程序中继续发送下一个或下一组数据（FIFO 模式）。

接收器负责外部送来字符的接收，可以是 FIFO 模式接收，也可以是普通模式接收。外部送来的字符通过 RXDn 引脚，进入接收移位寄存器，在控制单元的控制下，一位一位移位到接收缓冲寄存器中。在 FIFO 模式下，只有缓冲器满，才引发接收中断并置位接收标志，在普通模式下，接收到一个字符就引发接收中断并置标志位。

接收和发送缓冲器的状态被记录在 UART 的状态寄存器如 UTRSTATn 中，通过读取其状态位即可了解当前接收或发送缓冲器的状态是否满足接收和发送条件。

一般接收和发送缓冲的 FIFO 字节数 N 可编程来可选择长度，如 1 字节、4 字节、8 字节、12 字节、14 字节、16 字节、32 字节和 64 字节等，不同嵌入式微控制器芯片，FIFO 缓冲器最大字节数 N 不同，如 ARM9 的 S3C2410 以及 ARM Cortex-M3 的 LPC1766 为 16 字节，STM32F10x 仅一个字节，而 ARM9 的 S3C2440 为 64 字节。接收和发送 FIFO 的长度由 UART FIFO 控制寄存器决定。

波特率发生器在外部时钟的作用下，通过编程可产生所需要的波特率，最高波特率为 115 200 bit/s。波特率的大小由波特率系数寄存器或波特比率寄存器决定。

2. UART 的字符格式

UART 的字符格式如图 8.2 所示，一帧完整的数据帧由起始位、数据位、校验和停止位构成。起始位占 1 位，数据位可编程为 5~8 位，校验位 1 位，可选择无校验则省去 1 位。有校验时可选择奇校验或偶校验，奇校验是指传输的数据位包括校验位在内传输 1 的个数为奇数；偶校验是指传输的数据位包括校验位 1 的个数为偶数。停止位可选择 1 位、1 位半和 2 位。起始位逻辑为 0，停止位逻辑为 1。

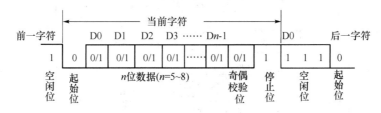

图 8.2　UART 的字符格式

3. STM32F10x 的 USART 相关寄存器

STM32F10x 的 USART/UART 寄存器很多，主要包括三个控制寄存器 USART_CR1~USARTCR3、状态寄存器 USART_SR、波特比率寄存器 USART_BRR、数据寄存器 USART_DR 以及保护时间与分频寄存器 USART_GTPR。

（1）USART 控制寄存器

USART 控制寄存器 1（USART_CR1）格式如图 8.3 所示，各位含义如下：

- UE：USART 使能，0 为 USART 分频器和输出被禁止；1 为 USART 模块使能。
- M：数据字长度，0 为 8 个数据位，n 个停止位；1 为 9 个数据位，n 个停止位。

图 8.3　STM32F10x 的 USART_CR1 格式

- WAKE:唤醒的方法,0 为被空闲总线唤醒,1 为被地址标记唤醒。
- PCE:检验控制使能,0 为禁止校验控制,1 为使能校验控制。
- PS:校验选择,0 为偶校验,1 为奇校验。
- PEIE:PE 中断使能,0 为禁止中断,1 为允许中断。
- TXEIE:发送缓冲区空中断使能,0 为禁止中断,1 为允许中断。
- TCIE:发送完成中断使能,0 为禁止中断;1 为允许中断。
- RXNEIE:接收缓冲区非空中断使能,0 为禁止中断,1 为接收有数据允许中断。
- IDLEIE:IDLE 中断使能,0 为禁止中断,1 为允许中断。
- TE:发送使能,0 为禁止发送,1 为使能发送。
- RE:接收使能,0 为禁止接收,1 为使能接收。
- RWU:接收唤醒,0 为正常工作模式,1 为接收器处于静默模式。
- SBK:发送断开帧,0 为没有发送断开字符,1 为将要发送断开字符。

USART 控制寄存器 2(USART_CR2)格式如图 8.4 所示,各位含义如下:

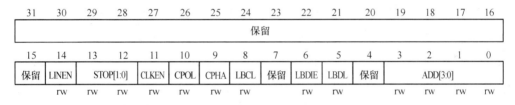

图 8.4　STM32F10x 的 USART_CR2 格式

- LINEN:LIN 模式使能,0 为禁止 LIN 模式,1 为使能 LIN 模式。
- STOP:停止位,00 为 1 个停止位,01 为 0.5 个停止位,10 为 2 个停止位,11 为 1.5 个停止位。其中 UART4 和 UART5 不能产生 0.5 和 1.5 停止位。

以下与同步时钟有关的位,仅用于 USART 同步方式,UART 异步不用。

- CLKEN:时钟使能,0 为禁止 CK 引脚,1 为使能 CK 引脚。
- CPOL:时钟极性,0 为总线空闲时 CK 脚上为低电平,1 为总线空闲时 CK 引脚上为高电平。
- CPHA:时钟相位,0 为在时钟第一个边沿捕获,1 为在时钟第二个边沿捕获。
- LBCL:最后一位时钟脉冲,0 为最后一位数据的时钟脉冲不从 CK 输出,1 为最后一位数据的时钟脉冲会从 CK 输出。
- LBDIE:LIN 断开符检测中断使能,0 为禁止中断,允许中断。
- LBDL:LIN 断开符检测长度,0 为 10 位的断开符检测,1 为 11 位的断开符检测。
- ADD[3:0]:本设备的 USART 节点地址,这是在多处理器通信下的静默模式中使用的。

USART 控制寄存器 3(USART_CR3)格式(UART4 和 UART5 不适用)如图 8.5 所示,各位含义如下:

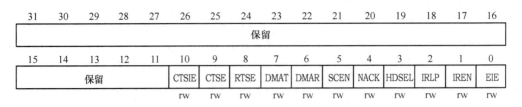

图 8.5　STM32F10x 的 USART_CR3 格式

- CTSIE：CTS 中断使能，0 为禁止中断，1 为允许中断。
- CTSE：CTS 使能，0 为禁止 CTS 硬件流控制，1 为允许 CTS 硬件流控制。
- RTSE：RTS 使能，0 为禁止 RTS 硬件流控制，1 为允许 RTS 硬件流控制。
- DMAT：DMA 使能发送，0 为禁止发送时的 DMA 模式，1 为使能发送时的 DMA 模式。
- DMAR：DMA 使能接收，0 为禁止接收时的 DMA 模式，1 为使能接收时的 DMA 模式。
- SCEN：智能卡模式使能，0 为禁止智能卡模式，1 为使能智能卡模式。
- NACK：智能卡 NACK 使能，0 为校验错误出现时不发送 NACK，1 为校验错误出现时发送 NACK。
- HDSEL：半双工选择，0 为不选择半双工模式，1 为选择半双工模式。
- IRLP：红外低功耗，0 为通常模式，1 为低功耗模式。
- IREN：红外模式使能，0 为不使能红外模式，1 为使能红外模式。
- EIE：错误中断使能，0 为禁止中断，1 为允许中断。

（2）USART 状态寄存器 USART_SR

USART 状态寄存器 USART_SR 的格式如图 8.6 所示，各位含义如下：

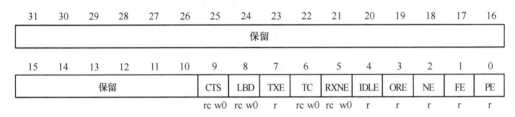

图 8.6　STM32F10x 的 USART_SR 格式

- CTS：CTS 标志，0 为 nCTS 状态无变化，1 为 nCTS 状态有变化。
- LBD：LIN 断开检测标志，0 为没有检测到 LIN 断开，1 为检测到 LIN 断开。
- TXE：发送数据寄存器空，0 为发送寄存器未空，1 为发送寄存器已空。
- TC：发送完成，0 为发送还未完成，1 为发送完成。
- RXNE：读数据寄存器非空，0 为数据没有收到，1 为收到数据，可以读出。
- IDLE：监测到总线空闲，0 为没有检测到空闲总线，1 为检测到空闲总线。
- ORE：过载错误，0 为没有过载错误，1 为检测到过载错误。
- NE：噪声错误标志，0 为没有检测到噪声，1 为检测到噪声。
- FE：帧错误，0 为没有检测到帧错误，1 为检测到帧错误或者 break 符。
- PE：校验错误，0 为没有奇偶校验错误，1 为奇偶校验错误。

（3）波特比率寄存器 USART_BRR

USART 状态寄存器 USART_BRR 的格式如图 8.7 所示，各位含义如下：

31	30	29	28	27	26	25	24	23	22	21	20	19	18	17	16
							保留								
rw	rw	rw	rw	rw	rw	rw	rw	rw	rw	rw	rw	rw	rw	rw	rw

15	14	13	12	11	10	9	8	7	6	5	4	3	2	1	0
				DIV_Mantissa[11:0]									DIV_Fraction[3:0]		
rw	rw	rw	rw	rw	rw	rw	rw	rw	rw	rw	rw	rw	rw	rw	rw

图 8.7　STM32F10x 的 USART_BRR 格式

- DIV_Mantissa[11:0]：USARTDIV 的整数部分(分频因子 12 位整数部分)。
- DIV_Fraction[3:0]：USARTDIV 的小数部分(分频因子 4 位小数部分)。

波特率与分频因子 USARTDIV 的关系如下：

$$Tx/Rx\ 波特 = fCK/(16 \times USARTDIV) \tag{8.1}$$

$$USARTDIV = DIV\_Mantissa + DIV\_Fraction/16 \tag{8.2}$$

假设 fCK 为 USART 时钟，对于 USART1 为 PCLK2，其他 USART 采用 PCLK1 时钟。

【例 8.1】 对于 USART1 fCK＝72 MHz，USART2 fCK＝36 MHz，如果要求 USART1 波特率为 19 200 bit/s，USART2 为 19 200 bit/s，求 USARTDIV 的值以及 USART_BRR 的值。

解：由式(8.1)知，USARTDIV＝fCK/(波特率×16)，USART1 的 USARTDIV1＝72/19 200/16＝72 000 000/19 200/16＝234.375，整数部分 DIV_Mantissa＝234＝0xEA，小数部分 ＝ 0.375，在 USART1 _ BRR 中的小数值 DIV _ Fraction ＝ 0.375 × 16 ＝ 6，USART1_BRR＝0xEA6。

同样，USART2 波特率为 19 200 时，USARTDIV2＝36 000 000/19 200/16＝117.187 5，整数部分 DIV_Mantissa＝117＝0x75，小数部分＝0.187 5，在 USART2_BRR 中的小数值 DIV_Fraction＝0.187 5×16＝3，因此 USART2_BRR＝0x753。

【例 8.2】 对于 USART1，USART1_BRR＝0x4E2，波特率是多少？

USART1_BRR ＝ 0x4E2，整数为部分为 0x4E ＝ 78，小数部分 ＝ 2/16 ＝ 0.125，因此 USARTDIV1＝78.125，由式(8.1)知，波特率＝72 000 000/16/78.125＝57 600 bit/s。

常用波特率与波特率分频因子的关系如表 8.1 所示。

表 8.1　常用波特率与波特率分因子的关系

序号	波特率	fCK＝36 MHz			fCK＝72 MHz		
		实际值	分频因子	误差	实际值	分频因子	误差
1	2 400 bit/s	2 400 bit/s	937.5	0%	2 400 bit/s	1 875	0%
2	9 600 bit/s	9 600 bit/s	234.375	0%	9 600 bit/s	468.75	0%
3	19 200 bit/s	19 200 bit/s	117.187 5	0%	19 200 bit/s	234.375	0%
4	57 600 bit/s	57 600 bit/s	39.062 5 bit/s	0%	57 600 bit/s	78.125	0%
5	115 200 bit/s	115 384 bit/s	19.5	0.15%	115 200 bit/s	39.062 5	0%

8.1.2　UART 的应用

典型的嵌入式处理器内部有一个或多个 UART 组件，可通过对相关寄存器编程来完成字符格式、波特率等相关设置。片上 UART 在不接外围接口如 RS-232 和 RS-422/RS-485 等的情况下，也可以在短距离的板间进行相互通信。

1. 基于 UART 的双机通信接口

在短距离范围内(通常是几十厘米的距离)，由于 UART 与 UART 之间电平完全一致，因此可以直接相连，无须进行转换。连接时，一方的 RXD 与另一方的 TXD 相连，也就是说，UART 之间的连接是一方的接收端连接到另一方的发送端，发送端连接到另一方的接收端，不能同名端相连接。最后再把公共地连接在一起即可，如图 8.8 所示。

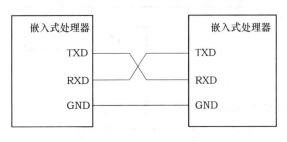

图 8.8　基于 UART 的双机通信接口

如果要延长通信距离，可采用光电耦合器隔离的方式，基于光耦隔离的 UART 双机通信接口如图 8.9 所示。这种双机通信接口选择合适的光耦(考虑速度)即可延长通信距离，且两个嵌入式处理器之间电气可以完全隔离，如果不需要隔离，则 VCC 和 VDD 可以用同一电源、一个公共地。

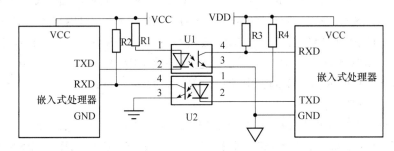

图 8.9　基于 UART 可延长距离且隔离的双机通信接口

2. 基于 UART 的多机通信的连接

在短距离范围内，可能有多个嵌入式处理器要交互数据，可进行多机通信，多机通信时的接口如图 8.10 所示。

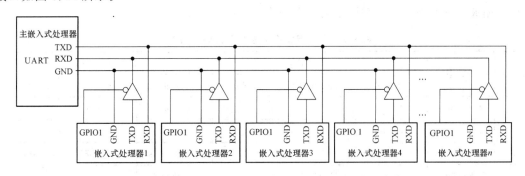

图 8.10　基于 UART 的多机通信接口

一个嵌入式处理器作为主机，其他 n 个为从机，这种结构仅限于一主多从的主从式多机系统。主机首先发送地址信息给从机，从机辨别地址是否与自己相符，不相符不回应，相符则正确应答，此时该从机与主机建立链接，开始按照通信协议通信。接口中，每个从机的发送端接一个正向三态门缓冲器，只有地址相符的分机才用 GPIO1＝0 打开三态门缓冲器，以防止其他从机发送时被本从机接收到。这样，当指定从机与主机通信时，不受其他从机发送信息的影响。

对 UART 应用主要包括以下步骤。

（1）初始化 UART

初始化包括对引脚的配置、波特率设置、字符格式设置以及使能相关中断等。

（2）接收数据

在有接收中断标志或查询到接收缓冲器有数据时，接收缓冲区中的数据。

（3）发送数据

将要发送的数据写入发送寄存器或缓冲寄存器中，并等待发送完毕。

由于接收是随机和被动的，而发送是主动的，因此应用系统中的 UART 编程通常接收采用中断方式，发送采用查询方式。

3. STM32F10x 基于 USART 的通信应用

（1）USART 初始化步骤

在配置 GPIO 作为 USART 引脚之后，首先将 USART_CR1 的 UE 置为 1 使能 USART，将 M 位选择数据长度，通常 M＝0 选择数字字长为 8 位，其次通过 USART_CR2 中的 STOP[1:0]选择停止位，通常 00 为 1 位停止位，再选择 USART_CR3 中 DMA 是否允许 DMA 操作，通过 USART_BRR 设置波特率，最后将 USART_CR1 中的 RE 和 TE 位置位为 1，允许接收和发送。

（2）收发数据步骤

查询接收数据时，首先要判断 USART_SR 中的 RXNE 是否为 1，为 0 等待，为 1 则读数据寄存器的数据 USART_DR 即可。

中断接收时，初始时使能接收中断后，一旦有接收的数据，即可以在中断服务函数中读取接收的数据（在 USART_DR）中。按照 CMSIS 标准，在启动文件中已经定义了 USART 的中断函数名为：

- USART1:USART1_IRQHandler；
- USART2:USART2_IRQHandler；
- USART3:USART3_IRQHandler；
- UART4:UART4_IRQHandler；
- UART5:UART5_IRQHandler。

只要写与其一致的中断服务函数名，在其中写服务函数来读接收数据即可。由于 US-ART 中断不只是接收会引起，因此中断处理函数要判断是否为接收中断，即判断 RXNE 位是否为 1，为 1 才接收。

发送数据时，首先要将待发送的数据写入数据寄存器 USART_DR 中，然后等待发送结束（判断 USART_SR 中的 TXE 是否为 1，为 0 等待，为 1 则表示已经发送，可以接着发送下一个字符）。

在串行通信中通常接收采用中断，发送采用查询方式。

（3）初始化 USART 示例

对于 STM32F10x 微控制器的 USART 的初始化操作主要包括相应 GPIO 口时钟使能、USART 时钟使能、USART 引脚配置、波特率设置、字符格式设置、使能 USART 以及配置 USART 接收中断等。以下为 USART1 和 USART2 的初始化程序：

```
void USART_Configuration(uint32_t UART1_Baud,uint32_t UART2_Baud)
{//UART1_Baud 和 UART2_Baud 分别为 USART1 和 USART2 波特率
```

```
    GPIO_InitTypeDef   GPIO_InitStructure;                    //GPIO 结构体
    USART_InitTypeDef USART_InitStructure;                   //USART 结构体
    //使能 A 口、USART1 以及多功能时钟(连接在 APB2 快速总线上)
    RCC_APB2PeriphClockCmd( RCC_APB2Periph_GPIOA| RCC_APB2Periph_USART1|
                        RCC_APB2Periph_AFIO, ENABLE);
    RCC_APB1PeriphClockCmd(RCC_APB1Periph_USART2, ENABLE);//使能 USART2 时钟(APB1)
    /* USART1端口配置 PA9 为 TX 复用推挽输出,PA10 为 RX 浮空输入模式 */
    GPIO_InitStructure.GPIO_Pin   = GPIO_Pin_9 ;            //PA9
    GPIO_InitStructure.GPIO_Mode  = GPIO_Mode_AF_PP;        //配置 PA9 为多功能
    GPIO_InitStructure.GPIO_Speed = GPIO_Speed_50MHz;
    GPIO_Init(GPIOA, &GPIO_InitStructure);
    GPIO_InitStructure.GPIO_Pin   = GPIO_Pin_10 ;
    GPIO_InitStructure.GPIO_Mode  = GPIO_Mode_IN_FLOATING;
    GPIO_Init(GPIOA, &GPIO_InitStructure);
    /* USART2 端口配置
    PD5 TX 复用推挽输出 PD6 RX 浮空输入模式 */
    GPIO_PinRemapConfig(GPIO_Remap_USART2, ENABLE);         //如果使用 PA2、PA3 不需要重新映射
    GPIO_InitStructure.GPIO_Pin   = GPIO_Pin_5 ;
    GPIO_InitStructure.GPIO_Mode  = GPIO_Mode_AF_PP;
    GPIO_InitStructure.GPIO_Speed = GPIO_Speed_50MHz;
    GPIO_Init(GPIOD, &GPIO_InitStructure);
    GPIO_InitStructure.GPIO_Pin   = GPIO_Pin_6 ;
    GPIO_InitStructure.GPIO_Mode  = GPIO_Mode_IN_FLOATING;
    GPIO_Init(GPIOD, &GPIO_InitStructure);
    /* -------------USART1 USART2 配置------------- */
    USART_InitStructure.USART_BaudRate = UART1_Baud;
    USART_InitStructure.USART_WordLength = USART_WordLength_8b;
    USART_InitStructure.USART_StopBits = USART_StopBits_1;
    USART_InitStructure.USART_Parity = USART_Parity_No;
    USART_InitStructure.USART_HardwareFlowControl = USART_HardwareFlowControl_None;
    USART_InitStructure.USART_Mode = USART_Mode_Rx | USART_Mode_Tx;
    USART_Init(USART1, &USART_InitStructure);
    USART_InitStructure.USART_BaudRate = UART2_Baud;
    USART_Init(USART2, &USART_InitStructure);
    USART_Cmd(USART1, ENABLE);
    USART_Cmd(USART2, ENABLE);
    USART_ITConfig(USART1, USART_IT_RXNE, ENABLE);
    USART_ITConfig(USART2, USART_IT_RXNE, ENABLE);          //中断配置
}
```

(4)收发数据示例

查询接收：

```
if(USART_GetITStatus(USART1, USART_IT_RXNE)! = RESET)     //查状态寄存器 SR 中的接收标志
    {
    USART_ClearFlag(USART1, USART_IT_RXNE);
      res = USART_ReceiveData(USART1);                      //读取接收到的数据 USART1 - >DR
    }
```

查询发送：

```
    USART_SendData(USART1, data);                          //发送数据 data
    while(! USART_GetFlagStatus(USART1, USART_FLAG_TXE));  //等待发送结束
```

(5) 使用 printf 来通过 USART 发送数据

如果希望用标准的 printf 函数来通过 USART 输出数据,可以作如下处理;将 USARTx

改为 USART1 就可以用 printf 通过 USART1 发送数据；如果改为 USART2 则通过 US-ART2 发送数据，波特率和字符格式由前面的初始化示例所决定。

```
#include <stdio.h>
#define PUTCHAR_PROTOTYPE int fputc(int ch, FILE * f)
PUTCHAR_PROTOTYPE
{
    USART_SendData(USARTx, (uint8_t) ch);        //调用固件库函数中的数据发送函数
    while (USART_GetFlagStatus(USARTx, USART_FLAG_TC) == RESET)
    {}
    return ch;
}
```

定义之后，可以使用：

```
printf("The is a example for USART!");
```

也可以带格式传输数据，详见 C 语言中的 printf() 函数。

8.2 RS-232 接口及其应用

RS-232 是由电子工业协会（Electronic Industries Association，EIA）所制定的异步传输标准接口。通常 RS-232 接口有 9 个引脚（DB-9）或是 25 个引脚（DB-25）。本节介绍 RS-232 接口及其应用。

8.2.1 RS-232 接口

RS-232 接口是由美国电子工业协会联合贝尔系统、调制解调器厂家及计算机终端生产厂家共同制定的用于串行通信的标准。它的全名是"数据终端设备（DTE）和数据通信设备（DCE）之间串行二进制数据交换接口技术标准"，该标准规定采用一个 25 个脚的 DB-25 连接器，对连接器的每个引脚的信号内容加以规定，还对各种信号的电平加以规定。后来 IBM 的PC 将 RS-232 简化成了 DB-9 连接器，从而成为事实标准。而工业控制的 RS-232 口一般只使用 RXD、TXD、GND 三条线。这是应用最广泛的串行通信标准。

RS-232C 全称是 EIA-RS-232-C 协议，RS（Recommended Standard）代表推荐标准；232 是标识号，由于在两个 RS-232 机器或设备连接时，DB9 连接器或 DB25 连接器的一方的 2 脚与对方的 3 脚连接，3 脚与对方的 2 脚连接，因此而得名；C 代表 RS-232 的最新一次修改。RS-232C 接口最大传输速率为 20 kbit/s，线缆最长为 15 m。

1. RS-232 引脚及其含义

RS-232 目前使用 DB25 的已经不多见，大部分使用 9 针的 DB-9 连接器，9 个引脚的定义如表 8.2 所示。

表 8.2 9 针 D 型插座 DB-9 引脚及含义

引脚号	名称	含 义
1	CD	载波检测（输入）
2	RXD	接收数据线（输入）
3	TXD	发送数据线（输出）
4	DTR	数据终端准备好（输出），计算机收到 RI 信号，作为回答，表示通信接口已准备就绪

引脚号	名称	含 义
5	GND	信号地
6	DSR	数据装置准备好（输入），即 Modem 或其他通信设备准备好，表示调制解调器可以使用
7	RTS	请求发送（输出），由计算机到 Modem（调制解调器）或其他通信设备，通知外设（Modem 或其他通信设备）可以发送数据
8	CTS	清除发送（输入），由外部（Modem 或其他通信设备）到计算机，Modem 或其他通信设备认为可以发送数据时，发送该信号作为回答，然后才能发送
9	RI	振铃指示（输入），Modem 若接到交换机（台）送来的振铃呼叫，就发出该信号来通知计算机或终端

2. RS-232 逻辑电平及其转换

以上是 RS-232C 对信号引脚定义的规定，除外，RS-232 标准对信号的逻辑电平也有相应的规定。RS-232C 定义的 EIA 电平采用负逻辑，即以 ±15 V 的标准脉冲实现信息传送。在 RS-232C 标准中，规定 −5～−15 V 为逻辑 1，而将 +5～+15 V 规定为逻辑 0。要求接收器必须能识别低到 +3 V 信号作为逻辑 0，高到 −3 V 信号作为逻辑 1，该标准的噪声容限为 2 V，以增强抗干扰能力。

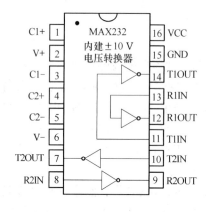

图 8.11　MAX232/3232 芯片引脚

由于 RS-232C 的逻辑电平与 UART 逻辑电平（CMOS 或 TTL）不兼容，因此在与 UART 相连时必须进行有效的电平转换。实现这一电平转换的传统芯片主要有 MC1488（SN75188）和 MC1489（SN75189）以及 MAX232 等，目前通常采用单电源供电的 RS-232 逻辑电平转换芯片 MAX232 等。

单一电源供电的 RS-232C 转换器又分 +5 V、+3.3 V 电源供电的转换芯片，分别可用于 +5 V 的 I/O 和 +3.3 V 的 I/O 系统的逻辑电平转换。MAX232、SP232 为 5 V 供电的转换芯片，MAX3232、SP3232 为 3.3 V 供电的转换芯片，可根据需要选择。RS-232 转换芯片如图 8.11 所示。

使用时注意图中的电容 C1～C5 的值对于不同型号有所不同。如 MAX220 用 4.7 μF，MAX232 用 1 μF，而 MAX232A 仅需 0.1 μF。MAX232 逻辑电平转换的关系为：

- TTL/CMOS 输出逻辑 0：当 TiIN 为 0～1.4 V 时，TiOUT 输出为 +10 V 左右；
- TTL/CMOS 输出逻辑 1：当 TiIN 为 2～VCC−0.2 V 时，TiOUT 输出为 −10 V 左右；
- RS-232C 输入逻辑 0：当 RiIN 为 +3～+15 V 时，RiOUT 输出为 0～0.4 V；
- RS-232C 输入逻辑 1：当 RiIN 为 −15～−3 V 时，RiOUT 输出为 3.5 V～VCC−0.2 V。

在嵌入式系统中的串行接口连接示意如图 8.12 所示。嵌入式处理器内置 UART 经过 RS-232 的电平转换，转换成 RS-232 的逻辑电平，连接到外部 DB-9 连接器上，最后用电缆连接到连接器上方可实现嵌入式系统之间或与 PC 之间或 RS-232 设备间的串行通信。

为降低成本，也可以使用分离元件构成简易 RS-232 逻辑电平转换电路，如图 8.13 所示，虚框左边为 CMOS/TTL 逻辑电平，右边为 RS-232 逻辑电平。

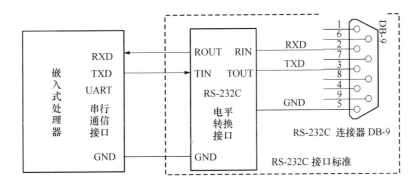

图 8.12 嵌入式微控制器构建 RS-232 接口

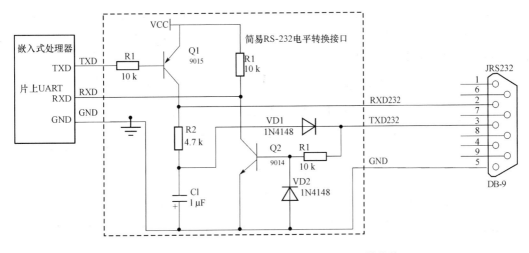

图 8.13 采用分离元件构成的简易 RS-232 电平转换接口

嵌入式处理器片上 UART 的发送端 TXD＝0 时，Q1 导通，使输出 RXD232 接近 VCC（＋5 V），符合 RS-232 逻辑 0 电平（负逻辑）；当发送端 TXD＝1 时，Q1 截止，而 TXD232 的电平是－3～－15 V，当 TXD232 的电平是－3 V 时二极管 VD1 导通，电容 C1 充电，上负下正，电容 C1 的上极板电位最终被钳在－3 V 时，由于电容的作用会保持一段时间，而 RXD232 的电位与电容 C1 的上极板电位是等同的，都是－3 V。同理可知，当 TXD232 的电平是－15 V 时 RXD232 的电位也是－15 V，也就是说当 TXD＝1 时 RXD232 输出电平在－15～－3 V，为 RS-232 逻辑 1 的电平。

当 RS-232 设备或它机发来 TXD232 为＋3～＋15 V 时，VD1 截止，Q2 导通，使 RXD＝0，正好是接收到外部的 RS-232 逻辑 0；当 TXD232 为－3～－15 V 时，Q2 截止，使 RXD＝1（被 R1 上拉到 VCC）。

由此可见，采用分离元件构建的简易 RS-232 电平转换接口可行可靠，并且成本低，在大批生产的产品中广泛被采用。

8.2.2　基于 RS-232 的双机通信

基于 RS-232 的两个嵌入式系统通信接口如图 8.14 所示，嵌入式处理器片上 UART 与 RS-232 逻辑电平转换芯片 MAX232 相连接，对于＋5 V 供电的嵌入式处理器选用 MAX232 或 SP232 电平转换芯片；对于 3.3 V 供电的嵌入式处理器，可选择 MAX3232 或 SP3232，以使转换接口与嵌入式处理器电平一致。

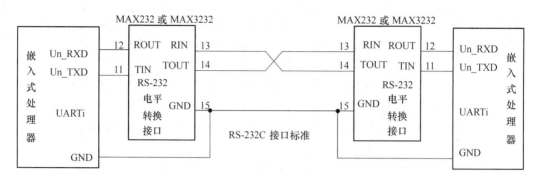

图 8.14　嵌入式系统之间基于 RS-232 的双机通信接口的连接

　　基于 RS-232 的嵌入式系统与具有 RS-232 接口的机器或设备的连接如图 8.15 所示,嵌入式处理器内置 UART 连接到一个专用 RS-232 逻辑电平转换接口芯片 MAX232,通过连接器及连接线连接到标准 RS-232 连接器上即可进行双机通信。

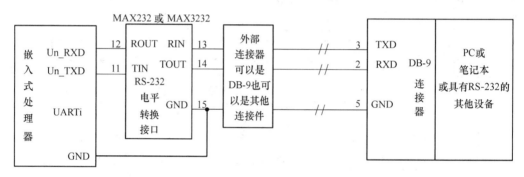

图 8.15　嵌入式系统与其他具有 RS-232 接口的双机通信接口的连接

8.2.3　STM32F10x 基于 RS-232 的接口

　　STM32F10x 构成的 RS-232 接口如图 8.16 所示,其中使用 GPIO 引脚 PA9 作为 USART1 的 TXD,PA10 作为 USART1 的 RXD,经过由 3.3 V 供电的 RS-232 电平转换芯片 SP3232 转换成 RS-232 逻辑电平连接到 DB9 的连接器,供专用 RS-232 连接线与 RS-232 设备或 PC 的 RS-232 连接进行基于 RS-232 的串行通信。

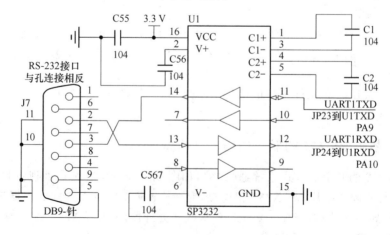

图 8.16　基于 RS-232 的嵌入式系统通信接口

8.3 RS-485 接口及其应用

RS-485 是由电子工业协会所制定的异步传输标准接口。RS-485 是工业控制等应用领域被广泛采用的远程多机串行通信的标准接口,本节介绍 RS-485 接口及其应用。

8.3.1 RS-485 接口

通常的嵌入式处理器都集成有 1 路或多路硬件 UART 组件,可以非常方便地实现串行通信。在工业控制、电力通信、智能仪表等领域中,也常常使用简便易用的串行通信方式作为数据交换的手段。

但是,在工业控制等环境中,常会有电气噪声干扰传输线路,使用 RS-232 通信时经常因外界的电气干扰而导致信号传输错误;另外,RS-232 通信的最大传输距离在不增加缓冲器的情况下只可以达到 15 m。为了解决上述问题,RS-485/422 通信方式应运而生。

本节将详细介绍 RS-485/422 的原理与区别、元件选择、参考电路、通信规约、程序设计等方面的应用要点,以及在产品实践中总结出的一些经验、窍门。

1. RS-232/RS-422/RS-485 标准

RS-232、RS-422 与 RS-485 最初都是由电子工业协会制定并发布的。RS-232 在 1962 年发布,命名为 EIA-232-E,作为工业标准,以保证不同厂家产品之间的兼容。RS-422 是由 RS-232 发展而来的,它是为弥补 RS-232 之不足而提出的。为改进 RS-232 通信距离短、速率低的缺点,RS-422 定义了一种平衡通信接口,将传输速率提高到 10 Mbit/s,传输距离延长到 1.2 km(速率低于 100 kbit/s 时),并允许在一条平衡总线上连接最多 10 个接收器。RS-422 是一种单机发送、多机接收的单向、平衡传输规范,被命名为 TIA/EIA-422-A 标准。为扩展应用范围,EIA 又于 1983 年在 RS-422 基础上制定了 RS-485 标准,增加了多点、双向通信能力,即允许多个发送器连接到同一条总线上,同时增加了发送器的驱动能力和冲突保护特性,扩展了总线共模范围,后命名为 TIA/EIA-485-A 标准。由于 EIA 提出的建议标准都是以"RS"作为前缀,所以在通信工业领域,仍然习惯将上述标准以 RS 作前缀,即 RS-485。

RS-232、RS-422 与 RS-485 标准只对接口的电气特性做出规定,而不涉及接插件、电缆或协议,在此基础上用户可以建立自己的高层通信协议。但由于 UART 通信协议也规定了串行数据单元的字符格式(8-N-1 格式):1 位逻辑 0 的起始位,5/6/7/8 位数据位,1 位可选择的奇(ODD)/偶(EVEN)校验位,1~2 位逻辑 1 的停止位。基于 UART 的 RS-232、RS-422 与 RS-485 标准均采用同样的通信协议。表 8.3 为 RS-232、RS-422、RS-485 的主要性能比较。

表 8.3 RS-232、RS-422、RS-485 主要性能比较

标准	RS-232	RS-422	RS-485
工作方式	单端	差分	差分
节点数	1 收,1 发	1 发,10 收	1 发,32 收
最大传输电缆长度	15 m	1 200 m	1 200 m
最大传输速率	20 kbit/s	10 Mbit/s	10 Mbit/s
输出逻辑电平	逻辑 1:-10~-5 V 逻辑 0:+5~+10 V	逻辑 1:+2~+6 V 逻辑 0:-6~-2 V	逻辑 1:+2~+6 V 逻辑 0:-6~-2 V

标准	RS-232	RS-422	RS-485
有效的逻辑电平	逻辑 1：−15～−3 V 逻辑 0：+3～+15 V	逻辑 1：+200 mV～+6 V 逻辑 0：−6 V～−200 mV	逻辑 1：+200 mV～+6 V 逻辑 0：−6 V～−200 mV
接收器输入门限	±3 V	±200 mV	±200 mV

RS-485 标准通常被作为一种相对经济、具有相当高噪声抑制、相对高的传输速率、传输距离远、宽共模范围的通信平台。同时，RS-485 电路具有控制方便、成本低廉等优点。

2. RS-485 接口及其连接

Maxium 公司和 Sipex 公司的 RS-485 芯片是目前市场上应用最多的，如 Maxium 的 RS-485 芯片 MAX485（5 V 供电）、MAX3485（3.3 V 供电），Sipex 的 RS-485 芯片 SP485（5 V 供电）、SP3485（3.3 V 供电）等。RS-485 应用大部为半双工方式，也有支持全双工的 485 接口芯片，如 8 个引脚不带收发使能端的 MAX490、SP490、SP3490、MAX3490，14 引脚带收发使能端的 MAX491、MAX3491、SP491 和 SP3491 等。典型 RS-485 芯片外形及引脚如图 8.17 所示。

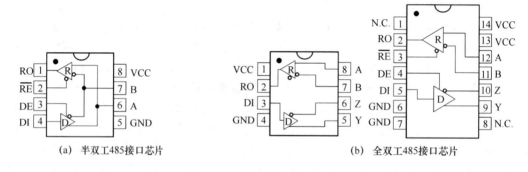

(a) 半双工485接口芯片　　　　　(b) 全双工485接口芯片

图 8.17　典型 RS-485 接口芯片

RS-485 标准采用差分信号传输方式，因此具有很强的抗共模干扰能力，其逻辑电平为当 A 的电位比 B 高 200 mV 以上时为逻辑 1，而当 B 的电位比 A 高 200 mV 以上时为逻辑 0，因此典型 RS-485 接口传输距离长可达 1.2 km。典型半双工 RS-485 接口芯片相互连接如图 8.18 所示，全双工 RS-485 接口芯片相互连接如图 8.19 所示。

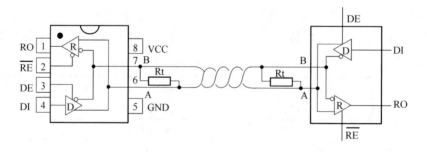

图 8.18　半双工双机通信 RS-485 接口连接

RO 和 DI 分别为数据接收端和数据发送端（TTL/CMOD 电平），$\overline{RE}$ 为接收使能，低电平有效，DE 为发送使能，高电平有效，MAX485、SP485 是半双工的 RS-485 接口芯片，A 端和 B

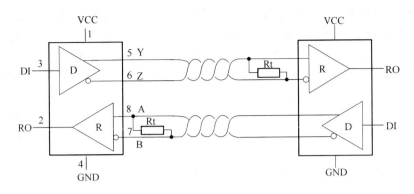

图 8.19　全双工双机通信 485 接口连接

端为 RS-485 差分输入/输出端，A 为信号正＋，B 为信号负－。

　　RS-485 接口采用同名端相连的方法，其中 Rt 为阻抗匹配电阻，取约 120 Ω，以消除传输过程中电波反射产生的干扰。在与系统连接时，RO 接串行通信接口的输入端，DI 接输出，$\overline{RE}$ 和 DE 通常用一控制引脚来控制接收和发送方向。

　　基于 RS-485 的多机通信半双工接口连接如图 8.20 所示，多双工多机系统连接如图 8.21 所示。

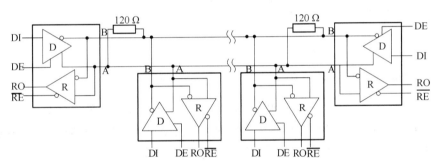

图 8.20　半双工多机通信 485 接口连接

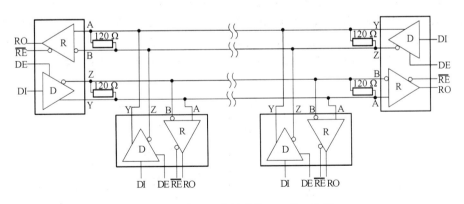

图 8.21　全双工多机通信 485 接口连接

　　半双工通信方式，每一时刻仅允许发送或接收，不能同时进行发送和接收，因此要适时控制收发使能，方能正常通信。对于 8 脚全双工 RS-485 接口芯片，由于无须收发使能的控制，连接线路简单，应用程序设计也方便；对于 14 脚有收发使能控制的全双工 RS-485 芯片，在不考虑功耗的前提下，可以直接让使能端有效，即将 $\overline{RE}$ 接地，DI 接高电平，这样可同时进行收发。

对于有功耗要求的场合,收发使能由 GPIO 引脚控制,在不进行通信时,让使能端无效,以节省能量。图 8.21 所示的多机通信接口中,如果选择的是 MAX490/MAX3490/SP490/SP3490,则为 8 引脚,无使能端,没有收发使能引脚;选用的是 MAX491/MAX3491/SP491/SP3491,则为 14 引脚,有使能端,可按照要求连接到 GPIO 引脚来控制或直接接有效电平,让其常有效。

许多嵌入式处理器内部的 UART 可以工作在 RS-485 模式,外部需要连接 RS485 收发器(物理层接口芯片如 MAX3485)如图 8.22 所示即可,使得连接和使用 RS-485 更加方便。图中 Rt 为匹配电阻,用于消除由于传输时线路阻抗不匹配造成的反射干扰。嵌入式处理器的 $\overline{\text{RTS}}$(有的使用 $\overline{\text{CTS}}$)为片上支持 RS-485 功能的请求发送引脚,用于自动切换外部连接的物理收发器,如果片上没有 RS-485 功能,则可以利用 GPIO 引脚单独控制收发方向。

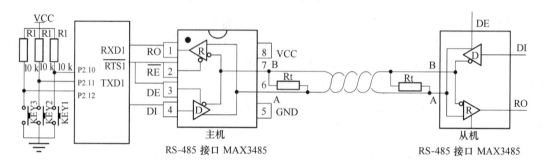

图 8.22　RS-485 接口连接

8.3.2　RS-485 的隔离应用

由于工业场合的环境复杂,干扰很大,为确保基于 RS-485 网络的可行运行,通常将嵌入式处理器与 RS-485 接口连接后进行隔离再送到差分线路上进行数据传输。有专用的隔离型 RS-485 芯片可供选择,也可以采用光耦进行 485 总线的隔离。

1. 专用隔离型 RS-485 接口

这种 RS-485 接口本身具有隔离功能,典型的隔离型 485 接口芯片有 ADM2483,如图 8.23 所示。ADM2483 需要两组相互隔离的电源供电,VDD1 和 GND1 为 CMOS/TTL 逻辑电平以连接 UART 收发引脚和收发控制端的嵌入式处理器一端的电源,而 VDD2 和 GND2 为连接外部 485 总线相关的电源。通常 VDD2 和 GND2 电源是由 VDD1 和 GND1 电源经隔离型 DC-DC 产生。

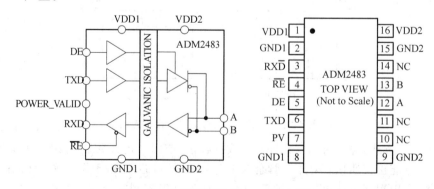

图 8.23　典型隔离型 RS-485 接口芯片

采用隔离型 485 接口的应用如图 8.24 所示,假设嵌入式处理器支持 RS-485 功能,其 UART 引脚 RXD、TXD 和 $\overline{\text{RTS}}$(若片上仅有 UART 并不支持 RS-485 功能,则 $\overline{\text{RTS}}$ 用一个 GPIO 引脚代替,但要从软件上控制接收和发送方向,而不是自动控制方向)分别与隔离型 485 芯片的相应引脚连接,VDD331 为嵌入式处理器工作电源,VDD1 为与嵌入式处理器电源共地 的+5 V 电源,经过隔离型 DC-DC 电源变换后得到与 VDD1 隔离的电源 VDD2 供 485 接口 使用,PW 为隔离电源指示灯,亮时表明隔离电源有效,D7 和 D8 是为了防止强脉冲干扰加入 TVS 管,可以吸收强脉冲,避免芯片损失或受到通信干扰。

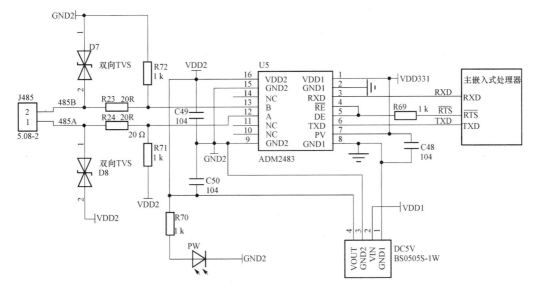

图 8.24 用专用隔离 485 芯片构建 485 隔离接口

2. 用光耦隔离器进行 RS-485 的隔离电路设计

专用隔离型 RS-485 芯片价格高,可以利用光耦来构成隔离型 RS-485 接口电路,如 图 8.25 所示。两个 6N137 高速光耦(视通信速度选择不同速度的光耦)用于嵌入式处理器与 RS-485 芯片之间进行电气隔离。嵌入式处理器 UART 的 TXD 连接光耦 U2 的 2 脚,发送 时,$\overline{\text{RTS}}$=1,SP3485 处于发送状态,当 TXD=0 时,光耦 U2 的 4 脚输出 0,使 SP3485 的 DI= 0,发送逻辑为 0;同样当 TXD=1 时,DI=1,发送逻辑为 1,逻辑关系一致。接收时,$\overline{\text{RTS}}$=0, SP3485 处于接收状态,485 总线上的数据经 SP3485 后,进入 RO,若送来的是数据 0,则 RO= 0,经光耦 U1 的 4 脚输出 0,即嵌入式处理器 UART 的 RXD=0,当总线数据为 1 时,RO=1, 经过光耦输出为 1,RXD=1。

8.3.3 RS-485 主从式多机通信的应用

RS-485 通常用于主从式多机通信系统,采用轮询方式,由主机逐一向从机寻址,当从机地 址与主机发送的地址一致时,才建立通信连接,进行有效数据通信。总线上某一时刻仅允许有 一个发送,其他全部处于接收状态。

嵌入式处理器基于 RS-485 主从式半双工多机通信接口如图 8.26 所示。RS-485 的互连 是同名端相连的方式,即 A 与 A 相连,B 与 B 相连,由于是差分传输,因此无须公共地,在 RS- 485 总线上仅需要连接两根线 A 和 B。图中 R1 和 R2 为 120 Ω 的匹配电阻,用于消除由于传

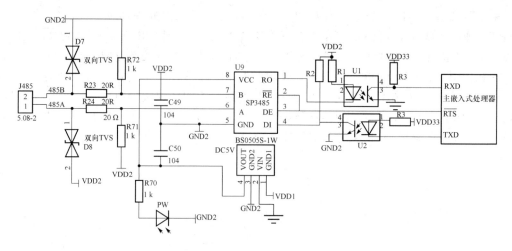

图 8.25　用光耦构成隔离型 485 隔离接口

输时线路阻抗不匹配造成的反射干扰。R3 和 R4 分别为 A 端的上拉电阻和 B 端的下拉电阻，目的是提高高低电位的抗干扰能力，距离近可以不接。

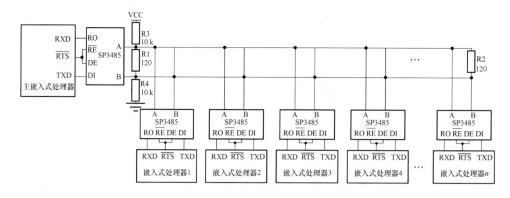

图 8.26　基于 RS-485 接口嵌入式主从半双工多机通信系统

　　假设嵌入式处理器为 3.3 V（VCC＝3.3 V）供电，则 RS-485 选择的是 SP3485 为 3.3 V 供电的接口芯片，利用嵌入式处理器片上 UART 的 RS-485 模式，RXD 为接收，TXD 为发送，$\overline{RTS}$ 控制 RS-485 芯片的收发控制，在 RS-485 模式下，$\overline{RTS}$ 会自动在发送时为高电平，接收时为低电平，正好满足 SP3485 收发控制要求。如果嵌入式处理器片上 UART 不具备 RS-485 模式，则可以把 $\overline{RTS}$ 换成一个 GPIO 引脚，如 GPIO1，通过利用 GPIO1 高低电平来控制 SP3485 的收发。当 GPIO1＝0 时，SP3485 处于接收状态，接收 485 总线上的数据；当 GPIO1＝1 时，SP3485 处于发送状态，可以发送数据到 485 总线了。

　　图 8.27 为采用 SP3490（无收发使能 3.3 供电）485 接口芯片的全双工多机通信接口，采用主从式轮询机制进行多机通信。在主机发送地址信息给所有从机时，所有从机均接收，只有地址符合的从机才响应，其他从机均不作响应。此后地址符合的本从机与主机可进行全双工数据传输。

　　在工业控制应用领域，RS-485 接口在长距离通信中应用非常广泛，它是目前为止价格低廉容易实现且又可行又相对可靠的一种通信接口。在物理层基础上，可以在应用层协议中增加可行性措施。

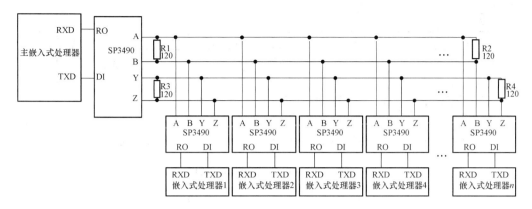

图 8.27　基于 RS-485 接口嵌入式主从全双工多机通信系统

8.4　I^2C 总线接口

8.4.1　I^2C 总线概述

I^2C(Inter-Integrated Circuit)是集成电路互连的一种总线标准,只有两根信号线,一根是时钟线 SCL,另一根是数据线 SDA(双向三态),即可完成数据的传输操作。具有特定的起始位和终止位,可完成同步半双工串行通信方式,用于连接嵌入式处理器及其外围器件,它是广泛采用的一种串行半双工传输的总线标准,可以方便地用来将微控制器和外围器件连接起来构成一个系统。许多处理器芯片和外围器件均支持 I^2C 总线,这些器件各有一个地址,该器件可以是单接收的器件(如 LCD 驱动器),也可以是既能接收也能发送数据的器件(如 Flash 存储器)。主动发起数据传输操作的 I^2C 器件是主控器件(主器件),否则它就是从器件。

I^2C 总线具有接口线少,控制方式简单,器件封装紧凑,通信速率较高(与版本有关:100 kbit/s,400 kbits,高速模式可达 3.4 Mbits)等优点。

1. I^2C 总线的操作时序

I^2C 总线只有两条信号线,一条是数据线 SDA,另一条是时钟线 SCL,所有操作都通过这两条信号线完成。数据线 SDA 上的数据必须在时钟的高电平周期保持稳定,它的高/低电平状态只有在 SCL 时钟信号线是低电平时才能改变。

(1) 启动和停止条件

图 8.28 为 I^2C 总线的启动/停止条件和数据传输操作时序。总线上的所有器件都不使用总线时(总线空闲),SCL 线和 SDA 线各自的上拉电阻把电平拉高,使它们均处于高电平。主控器件启动总线操作的条件是当 SCL 保持高电平时 SDA 线由高电平转为低电平,此时主控器件在 SCL 产生时钟信号,SDA 线开始数据传送,数据高位在前,低位在后。若 SCL 为高电平时 SDA 电平由低转为高,则总线工作停止,恢复为空闲状态。

(2) 寻址字节

数据传送时高位在前,低位在后,每个字节长度都是 8 位,每次传送的字节数目没有限制。传输操作启动后主控器件传输的第一个字节是地址,其中前面 7 位指出与哪一个从器件进行通信,第 8 位指出数据传输的方向(发送还是接收)。起始信号后的第一个字节格式如图 8.29 所示。对于存储器,固定部分二进制位为 1010,可编程部分二进制位为 000~111,为同器件 8 个不同地址编码,最低位为读写控制位,1 读,0 写。

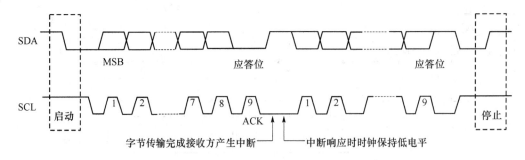

图 8.28　I²C 总线数据传输时序

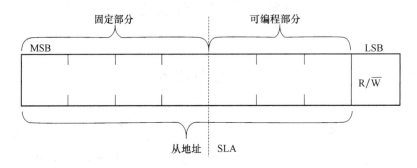

图 8.29　I²C 总线起始位后首字节格式

（3）应答（ACK）信号传送

为了完成一个字节的传送，接收方应该发送一个确认信号 ACK 给发送方。ACK 信号出现在 SCL 线的第 9 个时钟脉冲上，有效电平为 0。

主控器件在接收了来自从器件的字节后，如果不准备终止数据传输，它总会发 1 个 ACK 信号给从器件。从器件在其接收到来自主控器件的字节时，总是发送 1 个 ACK 信号给主控器件，如果从器件还没有准备好再次接收，它可以保持 SCL 为低电平（总线处于等待状态），直到它准备好为止。

（4）读写操作

在发送模式下，数据被发送出去后，I²C 接口将处于等待状态（SCL 线将保持低电平），直到有新的数据写入 I²C 数据发送寄存器之后，SCL 线才被释放，继续发送数据。

在接收模式下，I²C 接口接收到数据后，将处于等待状态，直到数据接收寄存器内容被读取后，SCL 线才被释放继续传输数据。

例如，微控制器芯片在上述情况下会发出中断请求信号，表示需要发送 1 个新数据（或需要接收 1 个新数据），CPU 处理该中断请求时，就会向发送寄存器传送数据，或从接收寄存器读取这个数据字节。

（5）总线仲裁

I²C 总线属于多主总线，即允许总线上有一个或多个主控器件和若干从器件同时进行操作。总线上连接的这些器件有时会同时竞争总线的控制权，这就需要进行仲裁。I²C 总线主控权的仲裁有一套规约。

总线被启动后多个主机在每发送一个数据位时都要对自己的输出电平进行检测，只要检测的电平与自己发出的电平相同，就会继续占用总线。假设主机 A 要发送的数据为"1"；主机 B 要发送的数据为"0"，如图 8.30 所示，由于"线与"的结果使 SDA 上的电平为"0"，主控器 A

检测到与自身不相符的"0"电平，只好放弃对总线的控制权。这样主机 B 就成为总线的唯一主宰者。仲裁发生的 SCL 为高电平时刻。

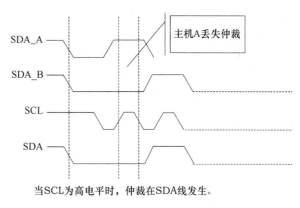

当SCL为高电平时，仲裁在SDA线发生。

图 8.30　I^2C 总线仲裁机制

由仲裁机制可以看出，总线控制遵循"低电平优先"的原则，即谁先发送低电平谁就会掌握对总线的控制权；主控器通过检测 SDA 上自身发送的电平来判断是否发生总线仲裁。因此，I^2C 总线的"总线仲裁"是靠器件自身接口的特殊结构得以实现的。

（6）异常中断条件

如果没有一个从器件对主控器件发出的地址进行确认，那么 SDA 线将保持为高电平。这种情况下，主控器件将发出停止信号并终止传送。

如果主控器件涉入异常中断，在从器件接收到最后一个数据字节后，主器件将通过取消一个 ACK 信号的产生来通知从器件传送操作结束。然后，从器件释放 SDA，允许主器件发出停止信号，释放总线。

2．I^2C 总线接口的连接

ARM 芯片内部集成了 I^2C 总线接口，因此可直接将基于 I^2C 总线的主控器件或被控器件挂接到 I^2C 总线上。每个器件的 I^2C 总线信号 SCL 和 SDA 与其他具有 I^2C 总线的处理器或设备同名端相连，在 SCL 和 SDA 线上要接上拉电阻，基于 I^2C 总线的系统构成如图 8.31 所示。假设图中所有处理器或设备均具有 I^2C 总线。

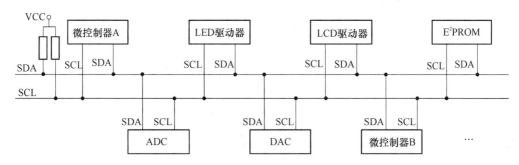

图 8.31　I^2C 总线的连接

在 ARM 芯片中内置了 I^2C 总线控制器，I^2C 总线在主器件和从器件之间进行数据传输之前，必须根据要求设置相应 I^2C 的有关功能寄存器，包括 I^2C 总线控制寄存器、I^2C 总线状态寄存器、I^2C 总线地址寄存器以及 I^2C 总线接收/发送数据移位寄存器等。

8.4.2　STM32F10x 的 I^2C 功能模块及寄存器结构

典型嵌入式处理器 STM32F10x 片上 I^2C 功能模块如图 8.32 所示，主要包括控制逻辑、控制寄存器、状态寄存器、时钟控制寄存器、时钟控制电路、自身地址寄存器、双地址寄存器、帧错误校验寄存器、比较器、数据移位寄存器、数据寄存器以及数据控制电路。时钟控制电路在控制逻辑电路的控制下产生 I^2C 总线时钟 SCL，数据控制电路在数据移位寄存器的操作下把数据 SDA 从外部移入或从内部移位移出。

1. I^2C 控制寄存器 I2C_CR1

I^2C 控制寄存器 I2C_CR1 的格式如图 8.33 所示,复位后为 0,各位含义如下:

• SWRST:软件复位,0 为 I^2C 模块不处于复位状态,1 为 I^2C 模块处于复位状态。

• ALERT:SMBus 提醒,0 为释放 SMBAlert 引脚使其变高,提醒响应地址头紧跟在 NACK 信号后面,1 为驱动 SMBAlert 引脚使其变低,提醒响应地址头紧跟在 ACK 信号后面。

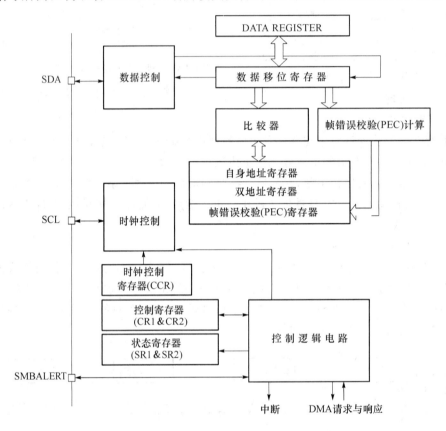

图 8.32 STM32F10x 的 I^2C 功能模块组成

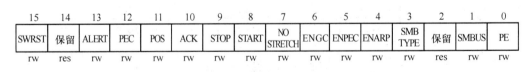

15	14	13	12	11	10	9	8	7	6	5	4	3	2	1	0
SWRST	保留	ALERT	PEC	POS	ACK	STOP	START	NO STRETCH	ENGC	ENPEC	ENARP	SMB TYPE	保留	SMBUS	PE
rw	res	rw	rw	rw	rw	rw	rw	rw	rw	rw	rw	rw	res	rw	rw

图 8.33 STM32F10x 的 I^2C 控制寄存器 I2C_CR1

• PEC:数据包出错检测,0 为无 PEC 传输,1 为 PEC 传输(在发送或接收模式)。

• POS:应答/PEC 位置,0 为 ACK 位控制当前移位寄存器内正在接收的字节的(N) ACK,PEC 位表明当前移位寄存器内的字节是 PEC,1 为 ACK 位控制在移位寄存器里接收的下一个字节的(N)ACK,PEC 位表明在移位寄存器里接收的下一个字节是 PEC。

• ACK:应答使能,0 为无应答返回,1 为在接收到一个字节后返回一个应答。

• STOP:停止条件产生,0 为无停止条件产生,1 为产生停止条件。

• START:起始条件产生,0 为无起始条件产生,1 为重复产生起始条件。

• NOSTRETCH:禁止时钟延长(从模式),0 为允许时钟延长,1 为禁止时钟延长。

- ENGC：广播呼叫使能，0 为禁止广播呼叫，1 为允许广播呼叫，以应答响应地址 00h。
- ENPEC：PEC 使能，0 为禁止 PEC 计算，1 为开启 PEC 计算。
- ENARP：ARP 使能，0 为禁止 ARP，1 为使能 ARP。
- SMBTYPE：SMBus 类型，0 为 SMBus 设备，1 为 SMBus 主机。
- SMBUS：SMBus 模式，0 为 I^2C 模式，1 为 SMBus 模式。
- PE：I^2C 模块使能，0 为禁用 I^2C 模块，1 为启用 I^2C 模块。

2. I^2C 控制寄存器 I2C_CR2

I^2C 控制寄存器 I2C_CR2 的格式如图 8.34 所示，复位后为 0，各位含义如下：

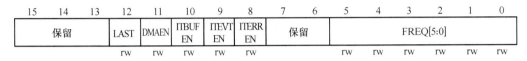

图 8.34 STM32F10x 的 I^2C 控制寄存器 I2C_CR2

- LAST：DMA 最后一次传输，0 为下一次 DMA 的 EOT 不是最后的传输，1 为下一次 DMA 的 EOT 是最后的传输。
- DMAEN：DMA 请求使能，0 为禁止 DMA 请求，1 为当 TxE＝1 或 RxNE ＝1 时，允许 DMA 请求。
- ITBUFEN：缓冲器中断使能，0 为当 TxE＝1 或 RxNE＝1 时，不产生任何中断，1 为当 TxE＝1 或 RxNE＝1 时，产生事件中断(不管 DMAEN 是何种状态)。
- ITEVTEN：事件中断使能，0 为禁止事件中断，1 为允许事件中断。
- ITERREN：出错中断使能，0 为禁止出错中断，1 为允许出错中断。
- FREQ[5:0]：I^2C 模块时钟频率，允许的范围在 2～36 MHz。
- 000000 和 000001 为禁用，000010 为 2 MHz，100100 为 36 MHz。

3. I^2C1 状态寄存器 I2C_SR1

I^2C1 状态寄存器 I2C_SR1 的格式如图 8.35 所示，复位后为 0，各位含义如下：

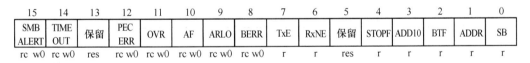

图 8.35 STM32F10x 的 I^2C1 状态寄存器 I2C_SR1

- SMBALERT：SMBus 提醒，0 为无 SMBus 提醒，1 为在引脚上产生 SMBAlert 提醒事件。
- TIMEOUT：超时错误，0 为无超时错误，1 为 SCL 处于低已达到 25 ms(超时)。
- PECERR：在接收时发生 PEC 错误，0 为无 PEC 错误，1 为有 PEC 错误。
- OVR：过载/欠载，0 为无过载/欠载，1 为出现过载/欠载。
- AF：应答失败，0 为没有应答失败，1 为应答失败。
- ARLO：仲裁丢失(主模式)，0 为没有检测到仲裁丢失，1 为检测到仲裁丢失。
- BERR：总线出错，0 为无起始或停止条件出错，1 为起始或停止条件出错。
- TxE：数据寄存器为空(发送时)，0 为数据寄存器非空，1 为数据寄存器空。
- RxNE：数据寄存器非空(接收时)，0 为数据寄存器为空，1 为数据寄存器非空。
- STOPF：停止条件检测位(从模式)，0 为没有检测到停止条件，1 为检测到停止条件。
- ADD10：10 位头序列已发送(主模式)，0 为没有发送，1 为已经发送出去。

- BTF:字节发送结束,0 为字节发送未完成,1 为字节发送结束。
- ADDR:地址已被发送(主模式),0 为地址不匹配或没有收到地址,1 为收到的地址匹配。
- SB:起始位(主模式),0 为未发送起始条件,1 为起始条件已发送。

4. I²C2 状态寄存器 I2C_SR2

I²C2 状态寄存器 I2C_SR2 的格式如图 8.36 所示,复位后为 0,各位含义如下:

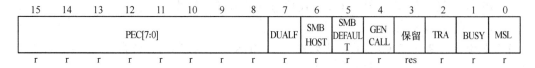

图 8.36　STM32F10x 的 I²C2 状态寄存器 I2C_SR2

- PEC[7:0]:数据包出错检测,当 ENPEC＝1 时,PEC[7:0]存放内部的 PEC 的值。
- DUALF:双标志(从模式),0 为接收到的地址与 OAR1 内的内容相匹配,1 为接收到的地址与 OAR2 内的内容相匹配。
- SMBHOST:SMBus 主机头系列(从模式),0 为未收到 SMBus 主机的地址,1 为当SMBTYPE＝1 且 ENARP＝1 时,收到 SMBus 主机地址。
- SMBDEFAULT:SMBus 设备默认地址(从模式),0 为未收到 SMBus 设备的默认地址,1 为当 ENARP＝1 时,收到 SMBus 设备的默认地址。
- GENCALL:广播呼叫地址(从模式),0 为未收到广播呼叫地址,1 为当 ENGC＝1 时,收到广播呼叫的地址。
- TRA:发送/接收,0 为接收到数据,1 为数据已发送。
- BUSY:总线忙,0 为在总线上无数据通信,1 为在总线上正在进行数据通信。
- MSL:主从模式,0 为从模式,1 为主模式。

5. I²C 数据寄存器 I2C_DR

I²C 数据寄存器 I2C_DR 的格式如图 8.37 所示,复位后为 0,DR[7:0]存放 8 位数据。接收和发送数据均在这个寄存器中。

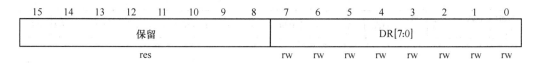

图 8.37　STM32F10x 的 I²C 数据寄存器 I2C_DR

利用相关寄存器的操作即可实现 I²C 总线下的主机与从机之间的数据交互。不同嵌入式处理器寄存器地址、各位的含义不尽相同。编程时需要参考用户手册及设计文档。

对内置 I²C 总线控制器的嵌入式微控制器来说,通常采用中断方式进行相关操作,当 I²C 总线状态发生变化时将引发中断,在中断服务程序中读取 I²C 总线的状态寄存器的值来决定程序执行的具体操作。

6. STM32F10x 的 I²C 操作步骤

(1) 配置 GPIO 相关引脚为 I²C 总线引脚。

用 GPIO_Init()函数配置 GPIO 引脚 PB6、PB7 分别为 I2C1_SCL、I2Cl_SDA 或 PB8、PB9为 I2C1_SCL、I2Cl_SDA 引脚,当将 PB8 和 PB9 作为 I²C 总线引脚时需要重新映射,默认的是 PB6 和 PB7 作为 I²C 引脚。

（2）I^2C 总线初始化。

I^2C 总线初始化包括用 I2C_Cmd() 函数使能 I^2C，用 I2C_Init() 函数选择 I^2C 模式，选择时钟占空比，设置本机地址，使能应答 ACK，设置应答 7 位地址，设置 I^2C 速度。

（3）读 I^2C 总线数据。

（4）写 I^2C 总线数据。

8.4.3 I^2C 总线接口的应用

基于 I^2C 总线串行接口的存储器很多，有 E^2PROM，也有 FRAM，目前 FRAM 由于性价比高而广泛应用在工业控制领域，它集 RAM 和 E^2PROM 优点于一身，即可随机读写，速度很快，读写次数 10 亿次以上甚至无数次。基于 I^2C 总线的 FRAM 与 E^2PROM 同容量引脚兼容，图 8.38 所示为某嵌入式处理器与基于 I^2C 总线接口的典型 E^2PROM 存储器 AT24C02。AT24C02 为 2 K 位（256×8）的串行 E^2PROM，常用于存储设置或配置信息而长期保存，价格低廉。

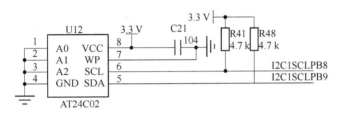

图 8.38 基于 I^2C 的串行铁电存储器接口应用

图示接口中使用的串行 E^2PROM 存储器其地址选择全接地，保护端 WP 接地，不保护，可随机读写，也可以用一个 I/O 引脚控制，只有在要读写时让 WP＝0，否则 WP＝1 起到写保护的功能。将对应 I^2C 数据线和时钟线连接到嵌入式处理器 I^2C 总线对应引脚。下面可以利用该接口电路完成对 AT24C02 进行读写操作。

初始化之后，可以根据时序要求完成对 AT24C02 的字节读或写操作，也可以对 N 个连续字节进行读或写的操作。

1. 初始化操作

对于 I^2C 的任何操作都需要先初始化 I^2C 接口，然后通过查询 I^2C 状态或利用中断服务程序得到状态的变化去相应操作（由中断服务程序完成），用户需要做的是取得中断服务程序操作的结果。

初始化 I^2C 函数工作用到初始化函数 I2C_Init，代码如下：

```
void I2C_Configuration(void)
{
GPIO_InitTypeDef   GPIO_InitStructure;
I2C_InitTypeDef   I2C_InitStructure;                     //定义 I²C 初始化结构体 I2C_InitStructure
RCC_APB2PeriphClockCmd( RCC_APB2Periph_GPIOB, ENABLE );  //使能 GPIOB 时钟
RCC_APB1PeriphClockCmd(RCC_APB1Periph_I2C1,ENABLE);      //使能 I²C1 时钟
GPIO_PinRemapConfig(GPIO_Remap_I2C1, ENABLE);            //I²C 重映射 PB8,PB9 作为 SCL 和 SDA
GPIO_InitStructure.GPIO_Pin =   GPIO_Pin_8｜GPIO_Pin_9;  //配置 I²C1 SDA SCL Pin
GPIO_InitStructure.GPIO_Speed = GPIO_Speed_50MHz;        //管脚频率为 50 MHz
GPIO_InitStructure.GPIO_Mode = GPIO_Mode_AF_OD;          //模式为复用开漏输出，引脚接上拉
GPIO_Init(GPIOB, &GPIO_InitStructure);
    I2C_InitStructure.I2C_Mode = I2C_Mode_I2C;           //I²C 模式
```

```
    I2C_InitStructure.I2C_DutyCycle = I2C_DutyCycle_2;        //占空比 50%
    I2C_InitStructure.I2C_OwnAddress1 = I2C1_SLAV E_ADDRESS7;              //器件地址(0xA0)
    I2C_InitStructure.I2C_Ack = I2C_Ack_Enable;              //使能 ACK 应答
    I2C_InitStructure.I2C_AcknowledgedAddress = I2C_AcknowledgedAddress_7bit;    //应答 7 位地址
    I2C_InitStructure.I2C_ClockSpeed = I2C_Speed;         //快速模式 400 k
    I2C_Init(I2C1, &I2C_InitStructure);                  //初始化 I²C
I2C_Cmd(I2C1, ENABLE);                           //使能 I²C1
}
```

2. 读写操作

对 I²C 初始化操作之后即可根据 AT24C02 手册中的读写时序编程进行读写操作。

字节写时序如图 8.39 所示，MCU 首先发送起始位，然后写一控制字节 0xA0，收到应答（器件 AT24C02 应答有效位为 0），再发写入数据的地址，再次收到应答后，再写入一个字节的数据，收到应答，最后发停止位即可。

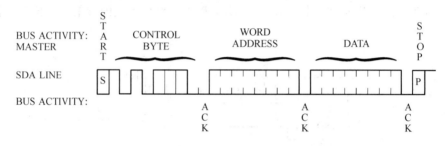

图 8.39　AT24C02 字节写时序

基于库函数的字节写操作函数如下：

```
uint8_t I2C_WriteOneByte(I2C_TypeDef * I2Cx,uint8_t I2C_Addr,uint8_t addr,uint8_t value)
{
I2C_GenerateSTART(I2Cx, ENABLE);                          //发起始位
while(! I2C_CheckEvent(I2Cx, I2C_EVENT_MASTER_MODE_SELECT));         //等待主模式事件完成
I2C_Send7bitAddress(I2Cx, I2C_Addr, I2C_Direction_Transmitter);    //写器件地址
while(! I2C_CheckEvent(I2Cx, I2C_EVENT_MASTER_TRANSMITTER_MODE_SELECTED));    //等待主发送
I2C_SendData(I2Cx, addr);                              //发送 EPROM 存储地址
while(! I2C_CheckEvent(I2Cx, I2C_EVENT_MASTER_BYTE_TRANSMITTED));   //等待完成
I2C_SendData(I2Cx, value);                             //写数据
while(! I2C_CheckEvent(I2Cx, I2C_EVENT_MASTER_BYTE_TRANSMITTED));   //等待完成
I2C_GenerateSTOP(I2Cx, ENABLE);                        //发停止位
}
```

对于图 8.40 所示的随时地址读时序，操作步骤是首先发起始位，然后定控制命令 0xA0，收到应答后写要读数据的地址，再收到应答后，重新写起始位，写读的控制命令 0xA1，收到应答后直接读 I²C 总线上的数据，收到非应答信号位后，最后发停止位结束操作。

```
void I2C_BufferRead(uint8_t pBuffer, uint8_t ReadAddr, uint16_t NumByteToRead)
{
I2C_GenerateSTART(I2C1, ENABLE);                            //起始信号
while(! I2C_CheckEvent(I2C1, I2C_EVENT_MASTER_MODE_SELECT));        //测试和清除 EV5
I2C_Send7bitAddress(I2C1, EEPROM_ADDRESS, I2C_Direction_Transmitter); //发送写 EEPROM 地址
while(! I2C_CheckEvent(I2C1, I2C_EVENT_MASTER_TRANSMITTER_MODE_SELECTED));   //等待完成
I2C_SendData(I2C1, ReadAddr);                           //发送读 EEPROM 地址
while(! I2C_CheckEvent(I2C1, I2C_EVENT_MASTER_BYTE_TRANSMITTED));   //等待完成
I2C_GenerateSTART(I2C1, ENABLE);                        //再发起始信号
while(! I2C_CheckEvent(I2C1, I2C_EVENT_MASTER_MODE_SELECT));        //测试和清除 EV5
```

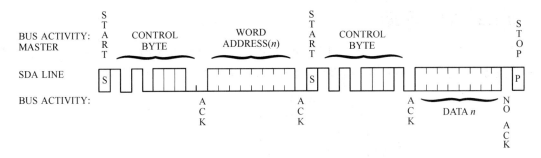

图 8.40　AT24C02 随时读时序

```
I2C_Send7bitAddress(I2C1, EEPROM_ADDRESS, I2C_Direction_Receiver);      //写接收地址控制字节
while(! I2C_CheckEvent(I2C1, I2C_EVENT_MASTER_RECEIVER_MODE_SELECTED));  //等待完成
pBuffer = I2C_ReceiveData(I2C1);                                        //从 EEPROM 读取一个字节
I2C_AcknowledgeConfig(I2C1, DISABLE);                                   //非应答位
I2C_GenerateSTOP(I2C1, ENABLE);                                        //发停止信号
}
```

8.5　SPI 串行外设接口

8.5.1　SPI 串行外设接口概述

SPI(Serial Peripheral Interface)是一种具有全双工的同步串行外设接口,允许嵌入式处理器与各种外围设备以串行方式进行通信、数据交换。基于 SPI 接口的外围设备主要包括 Flash、RAM、A/D 转换器、网络控制器、MCU 等。

SPI 系统可直接与各个厂家生产的多种标准外围器件直接相连,一般使用 4 条线:串行时钟线 SCK、主机输入/从机输出数据线 MISO、主机输出/从机输入数据线 MOSI 和从机选择线 SSEL,有的 SPI 接口芯片带有中断信号线 INT,有的 SPI 接口芯片只能作为从机(没有主机输出/从机输入数据线 MOSI)。

主从 SPI 设备连接如图 8.41 所示,主设备在 SCK 时钟作用下,通过 MOSI 将待发送的数据由高到低一位一位向从设备发送,经过 8 个时钟周期完成 1 个字节的发送。

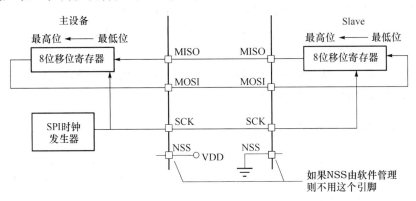

图 8.41　SPI 的连接及其操作过程

从设备发送也即主设备读数据时由从机的 8 位移位寄存器,在主时钟 SCK 的作用下,由 MISO 从最高位开始向主设备移位,8 个时钟完成一个字节的读取。

8.5.2　典型 SPI 结构

STM32F10x 上 SPI 硬件组织如图 8.42 所示，主要包括接收缓冲区、移位寄存器、发送缓冲区、波特率发生器、主控电路、通信电路及两个控制寄存器和一个状态寄存器等。

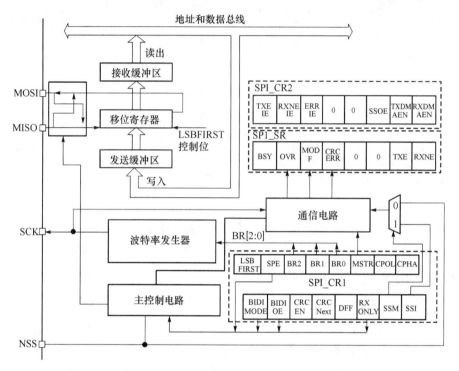

图 8.42　典型嵌入式处理器片上 SPI 结构

SPI 控制器的关键引脚为 MISO（主接收从发送）、MOSI（主发送从接收）、SCK（时钟）以及 NSS（从设备片选）。

STM32F10x 数据时钟时序如图 8.43 所示，图（a）和（b）分别为时钟相位 CPHA＝1 和 CPHA＝0 的时序图。图中 CPOL 为时钟极性。

在 CPHA＝1 且 CPOL＝1 以及 CPHA＝0 且 CPOL＝0 时在时钟的上升沿数据有效，在 CPHA＝1 且 CPOL＝0 以及 CPHA＝0 且 CPOL＝1 时在时钟的下降沿数据有效。数据传输时高位在前，低位在后，SPI_CR1 控制寄存器决定数据是 8 位还是 16 位。

SPI 数据帧的格式由控制寄存器 SPI_CR1 决定，包括传输数据是高位在前还是低位在前（大部分器件是高位在前），传输的数据是 8 位还是 16 位。

8.5.3　SPI 接口的应用

W25QXX（XX＝80/16/32/64/128）为基于 SPI 接口的串行 Flash 存储器，这个系列有 W25Q80（8 Mbit＝1 MB）、W25Q16（16 Mbit＝2 MB）、W25Q32（32 Mbit＝4 MB）、W25Q64（64 Mbit＝8 MB）以及 W25Q128（128 Mbit＝16 MB）。可被擦写 10 万次，数据可保存 20 年。W25Q16 为 2 MB，一页为 256 字节，4 KB 一个扇区，共 512 个扇区。可对一个扇区进行擦除，也可以对 32 KB 和 64 KB 的块进行擦除，也可对芯片擦除。在写数据之间必须擦除相关扇区。通常不建议擦除整个芯片。本节主要讲通过 SPI 总线对 W25Q16 进行读写操作的相关

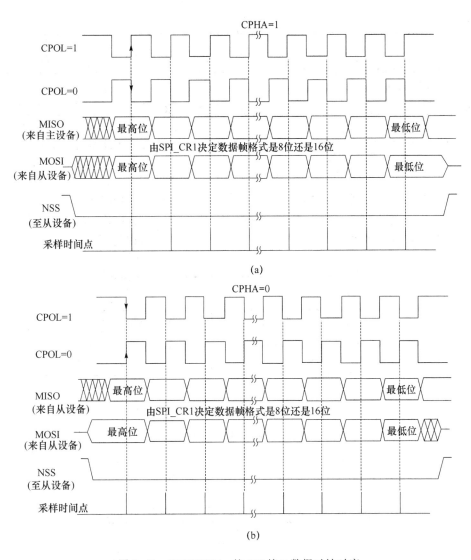

图 8.43 STM32F10x 的 SPI 接口数据时钟时序

时序,以便理解对其编程应用。

1. SPI 接口操作时序

写使能指令 0x06 时序如图 8.44 所示,读数据指令 0x03 时序如图 8.45 所示。

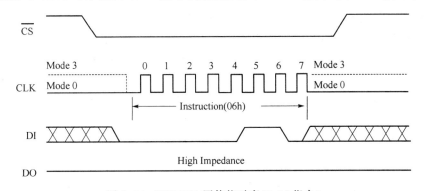

图 8.44 W25Q16 写使能时序(0x06 指令)

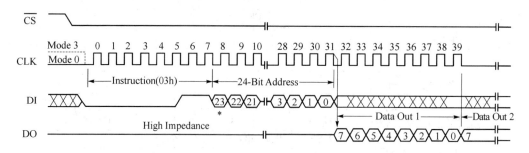

图 8.45　W25Q16 读数据指令时序(0x03 指令)

对 W25Q16 编程(写)数据的操作之前通常需要进行擦除操作,扇区擦除指令 0x20 的时序如图 8.46 所示,芯片擦除指令 0x70 或 0x60 的时序如图 8.47 所示。W25Q16 页写指令时序(0x02 指令)如图 8.48 所示。

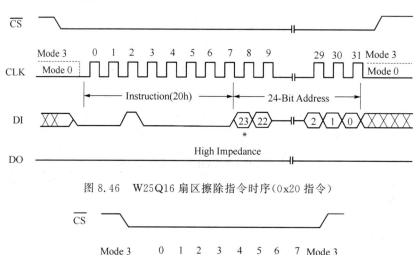

图 8.46　W25Q16 扇区擦除指令时序(0x20 指令)

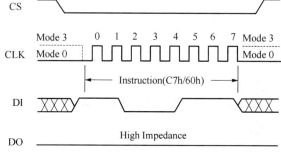

图 8.47　W25Q16 芯片擦除指令时序(0x70/0x60 指令)

2. 基于 SPI 总线的 W25Q16 与 STM32F10x 的连接

典型嵌入式处理器 STM32F10x 与 W25Q16 相关引脚连接如图 8.49 所示。STM32F10x 的 SPI1 接口采用 PA5 作为 SPI1SCK,PA6 作为 SPI1MISO,PA7 作为 SPI1MOSI,PB9 作为 SIQCS 为 W25Q16 片选信号。

根据图示原理图,按照上述操作时序即可编写 SPI 操作来读写 W25Q16 的相关程序。

3. 初始化程序

```
static void W25Q16_Configuration(void)
{
    GPIO_InitTypeDef GPIO_InitStructure;
    SPI_InitTypeDef  SPI_InitStructure;
    RCC_APB2PeriphClockCmd(RCC_APB2Periph_GPIOA | RCC_APB2Periph_GPIOB | RCC_APB2Periph_AFIO |
```

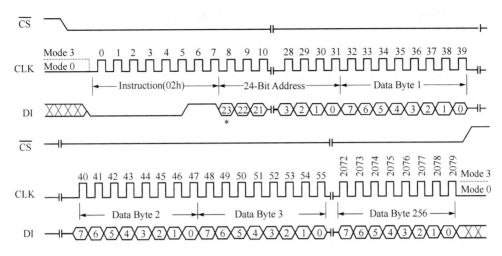

图 8.48 W25Q16 页写指令时序(0x02 指令)

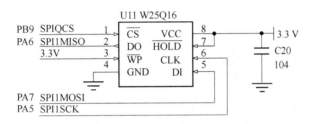

图 8.49 STM32F10x 与 W25Q16 的连接

```
RCC_APB2Periph_SPI1, ENABLE);
        /* 配置 SPI1_SCK SPI1_MISO SPI1_MOSI */
        GPIO_InitStructure.GPIO_Pin = GPIO_Pin_5| GPIO_Pin_6| GPIO_Pin_7;
        GPIO_InitStructure.GPIO_Speed = GPIO_Speed_50MHz;
        GPIO_InitStructure.GPIO_Mode = GPIO_Mode_AF_PP;
        GPIO_Init(GPIOA, &GPIO_InitStructure);
        GPIO_InitStructure.GPIO_Pin = GPIO_Pin_9;              //配置 PB9 作为 SPIQCS
        GPIO_InitStructure.GPIO_Mode = GPIO_Mode_Out_PP;
        GPIO_Init(GPIOB, &GPIO_InitStructure);
        GPIO_SetBits(GPIOB, GPIO_Pin_9);                       //片选 SPIQCS = 1(PB9 = 1)
        /* ----------------SPI 初始化配置---------------- */
        SPI_InitStructure.SPI_Direction = SPI_Direction_2Lines_FullDuplex;      //全双工
        SPI_InitStructure.SPI_Mode = SPI_Mode_Master;          //主模式
        SPI_InitStructure.SPI_DataSize = SPI_DataSize_8b;      //8 位数据
        SPI_InitStructure.SPI_CPOL = SPI_CPOL_High;            //串行时钟稳定状态是高电平
        SPI_InitStructure.SPI_CPHA = SPI_CPHA_2Edge;           //时钟第二个边沿开始
        SPI_InitStructure.SPI_NSS = SPI_NSS_Soft;              //片选软件控制
        SPI_InitStructure.SPI_BaudRatePrescaler = SPI_BaudRatePrescaler_256;   //SPI 波特率预分频
        SPI_InitStructure.SPI_FirstBit = SPI_FirstBit_MSB;     //高位在前
        SPI_InitStructure.SPI_CRCPolynomial = 7;               //CRC 计算
        SPI_Init(SPI1, &SPI_InitStructure);                    //初始化 SPI1
        SPI_Cmd(SPI1, ENABLE);                                 //SPI1 使能
}
```

4. 读 SPI 数据

读数据按照图 8.45 的读时序图的程序如下:

```
void SPI_Flash_Read(u8 * pBuffer,u32 ReadAddr,u16 NumByteToRead)
{    u16 i;
     GPIO_ResetBits(GPIOB, GPIO_Pin_9);                    //片选有效
     SPIx_ReadWriteByte(W25X_ReadData);                    //发送读取命令
     SPIx_ReadWriteByte((u8)((ReadAddr)>>16));             //发送 24 bit 地址
     SPIx_ReadWriteByte((u8)((ReadAddr)>>8));
     SPIx_ReadWriteByte((u8)ReadAddr);
     for(i= 0;i<NumByteToRead;i++ )
     {
         pBuffer[i] = SPIx_ReadWriteByte(0xFF);            //循环读数
     }
     GPIO_SetBits(GPIOB, GPIO_Pin_9);                      //片选无效
}
```

5. 写 SPI 数据

按照图 8.48 所示时序进行编程来实现基于 SPI 接口的 W25Q16 页写程序。

```
void SPI_Flash_Write_Page(u8 * pBuffer,u32 WriteAddr,u16 NumByteToWrite)
{
     u16 i;
     SPI_FLASH_Write_Enable();                   //SET WEL
     GPIO_ResetBits(GPIOB, GPIO_Pin_9);          //片选有效
     SPIx_ReadWriteByte(W25X_PageProgram);       //发送写页命令
     SPIx_ReadWriteByte((u8)((WriteAddr)>>16));  //发送 24 bit 地址
     SPIx_ReadWriteByte((u8)((WriteAddr)>>8));
     SPIx_ReadWriteByte((u8)WriteAddr);
     for(i= 0;i<NumByteToWrite;i++ ) SPIx_ReadWriteByte(pBuffer[i]);     //循环写数
     GPIO_SetBits(GPIOB, GPIO_Pin_9);            //片选无效
     SPI_Flash_Wait_Busy();                      //等待写入结束
}
```

8.6　CAN 总线接口

8.6.1　CAN 总线概述

CAN(Controller Area Network)是控制器局域网络,仅有 CANH 和 CANL 两个信号线,采用差分传输的方式,可以进行远距离多机通信。主要用于要求抗干扰能力强的工业控制领域,可组成多主多从系统。CAN-bus 现已广泛应用到各个领域,如工厂自动化、汽车电子、楼宇建筑、电力通信、工程机械、铁路交通等。

1. CAN 与 RS-485 特性比较

CAN 是目前为止唯一有国际标准(ISO11898)的现场总线。与传统的现场工业总线 RS-485 相比具有很大的优势。表 8.4 所示为 CAN 与 RS-485 的特性比较。

表 8.4　CAN 与 RS485 特性比较

特性	RS-485	CAN-bus	特性	RS-485	CAN-bus
网络特性	单主网络	多主网络	节点错误影响	大	无
总线利用率	低	高	容错机制	无	重错误处理和检错机制
通信速率	低	高	成本	低	较高
通信距离	<1.5 km	<10 km			

CAN 总线为多主方式工作,网络上任一节点均可在任意时刻主动地向网络上的其他节点发送信息。网络节点数主要取决于总线驱动电路,目前可达 110 个。

2. CAN 总线报文传输

CAN 总线上信息以几个不同固定格式的报文发送。四种类型的帧格式:数据帧、远程帧、错误帧、过载帧。所谓报文是指数据传输单元的一帧。

① 数据帧:可以将数据从发送器传送到接收器,如图 8.50 所示。

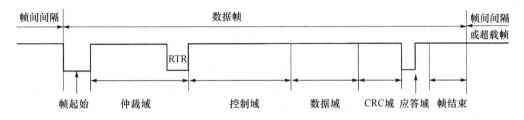

图 8.50　CAN 总线数据帧格式

CAN 的报文有两种格式:标准格式和扩展格式。

- 标准数据帧:仲裁域由 11 位标识符和 RTR 位组成。
- 扩展数据帧:仲裁域包括 29 位标识符、SRR 位、IDE 位、RTR 位。

② 远程帧(也称遥控帧):接收单元向具有同一标识符 ID 的发送单元请求数据的帧,如图 8.51 所示。

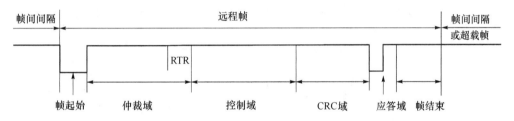

图 8.51　CAN 总线远程帧格式

③ 错误帧:任何单元检测到总线错误就发送错误帧。

④ 过载帧:在相邻数据帧或远程帧之间提供附加的延时。

⑤ 间隔帧:用于将数据帧、遥控帧与前面的帧分离开来的帧。

3. CAN 总线的特点

(1) 多主机控制。在总线空闲时,所有单元都可以发送消息,若两个以上同时开始发送消息,根据标识符来决定优先级。优先级高的先发送。

(2) 通信速度快,通信距离远。最高 1 Mbit/s(距离小于 40 m),最远可达 10 km(速率低于 5 kbit/s)。

(3) 具有错误检测、错误通知和错误恢复功能。所有单元都可以检测错误,检测出错误的单元会立即同时通知其他所有单元,正在发送消息的单元一旦检测出错误,会强制结束当前的发送。前置结束发送的单元会不断反复地重新发送该消息直到发送成功。

(4) 故障封闭功能。CAN 可以判断出错误的类型是总线上的数据错误还是持续的数据错误。由此功能,当总线上发生持续数据错误时,可以将引起此故障的单元从总线上隔离出去。

(5) 连接节点多。CAN 总线是可同时连接多个单元的总线。可连接的单元总数理论上是没有限制的,但实际上受到时间延迟和电气负载的限制。降低通信速度,可连接单元增加。

(6)差分信号对外部电磁干扰(EMI)具有高度免疫,同时具有稳定性。

(7)报文采用短帧结构,传输时间短,受干扰概率低,保证了极低的数据出错率。

(8)采用非破坏总线仲裁技术,确保最高优先级的节点数据传输不受影响。

4. CAN 总线仲裁

当两个或两个以上的单元同时开始传送报文时,那么总线就会出现访问冲突,通过使用标识符的逐位仲裁可以解决冲突。

8.6.2 典型片上 CAN 控制器的组成及相关寄存器

基于 ARM Cortex-M3 的许多不同厂家不同型号的嵌入式处理器片上集成了包含一路或多路 CAN 控制器,并提供了一个完整的 CAN 协议(遵循 CAN 规范 V2.0B)实现方案。STM32F107 片上双 CAN 控制器的组成如图 8.52 所示。

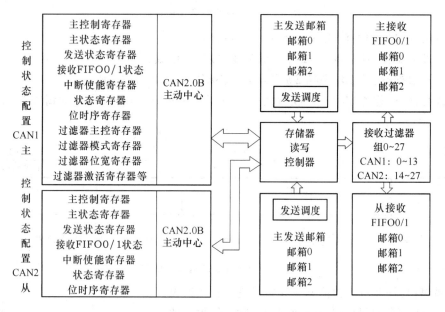

图 8.52　STM32F107 片上双 CAN 控制器的组成

1. CAN 控制器工作模式

STM32F10x 的 CAN 控制器称为 bxCAN 控制器,它工作模式主要有初始化模式、正常模式和睡眠模式三种。

在硬件复位后,bxCAN 工作在睡眠模式以节省电能,同时 CANTX 引脚的内部上拉电阻被激活。软件通过对 CAN_MCR 寄存器的 INRQ 或 SLEEP 置 1,可以请求 bxCAN 进入初始化或睡眠模式。一旦进入了初始化或睡眠模式,bxCAN 就对 CAN_MSR 寄存器的 INAK 或 SLAK 置 1 来进行确认,同时内部上拉电阻被禁用。当 INAK 和 SLAK 位都为 0 时,bxCAN 就处于正常模式。在进入正常模式前,bxCAN 必须跟 CAN 总线取得同步;为取得同步,bxCAN 要等待 CAN 总线达到空闲状态,即在 CANRX 引脚上监测到 11 个连续的隐性位。模式的切换如图 8.53 所示。

2. 发送流程

bxCAN 发送报文的流程为:

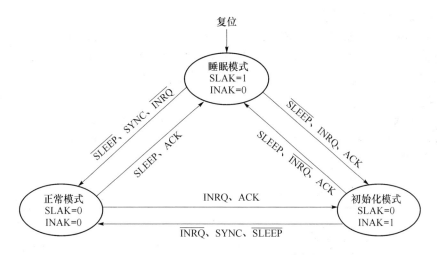

图 8.53　bxCAN 工作模式切换

（1）应用程序选择 1 个空置的发送邮箱；设置标识符、数据长度和待发送数据。

（2）CAN_TIxR 寄存器的 TXRQ 位置 1，来请求发送。TXRQ 位置 1 后，邮箱就不再是空邮箱。

（3）一旦邮箱不再为空置，软件对邮箱寄存器就不再有写的权限。TXRQ 位置 1 后，邮箱马上进入挂号状态，并等待成为最高优先级的邮箱。

（4）一旦邮箱成为最高优先级的邮箱，其状态就变为预定发送状态。

（5）一旦 CAN 总线进入空闲状态，预定发送邮箱中的报文就马上被发送（进入发送状态）。

（6）一旦邮箱中的报文被成功发送后，它马上变为空置邮箱；硬件相应地对 CAN_TSR 寄存器的 RQCP 和 TXOK 位置 1，来表明一次成功发送。

发送邮箱状态如图 8.54 所示。

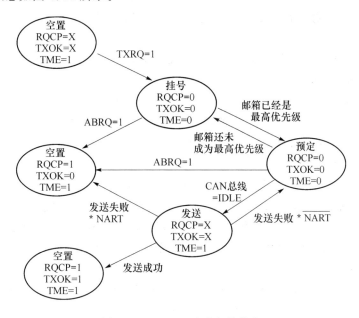

图 8.54　bxCAN 发送邮箱状态

3. 接收管理

接收到的报文被存储在 3 级邮箱深度的 FIFO 中。FIFO 完全由硬件来管理,从而节省了 CPU 的处理负荷,简化了软件并保证了数据的一致性。应用程序只能通过读取 FIFO 输出邮箱,来读取 FIFO 中最先收到的报文。接收 FIFO 的状态如图 8.55 所示。

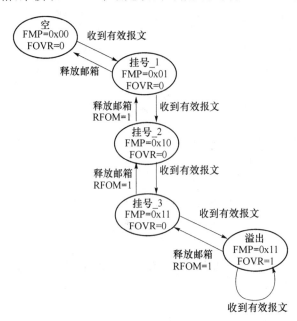

图 8.55　bxCAN 接收 FIFO 状态

软件复位模式是 CAN 控制器内部调整的重要模式,在切换工作模式,更改波特率等大的修改时都要进入复位模式下才能操作。

4. 标识符过滤

在 CAN 协议里,报文的标识符不代表节点的地址,而是跟报文的内容相关的。因此,发送者以广播的形式把报文发送给所有的接收者。节点在接收报文时,根据标识符的值来决定软件是否需要该报文,如果需要,就拷贝到 SRAM 里;如果不需要,报文就被丢弃且无须软件的干预。

为满足这一需求,在互联型产品中,bxCAN 控制器为应用程序提供了 28 个位宽可变的、可配置的过滤器组(27～0);在其他产品中,bxCAN 控制器为应用程序提供了 14 个位宽可变的、可配置的过滤器组(13～0),以便只接收那些软件需要的报文。硬件过滤的做法节省了 CPU 开销,否则就必须由软件过滤从而占用一定的 CPU 开销。每个过滤器组 x 由 2 个 32 位寄存器 CAN_FxR0 和 CAN_FxR1 组成。

5. 邮箱

邮箱是软件和硬件之间传递报文的接口。邮箱包含了所有跟报文有关的信息:标识符、数据、控制、状态和时间戳信息。

(1) 发送邮箱

软件需要在一个空的发送邮箱中,把待发送报文的各种信息设置好(然后再发出发送的请求)。发送的状态可通过查询 CAN_TSR 寄存器获知。

(2) 接收邮箱(FIFO)

在接收到一个报文后,软件就可以访问接收 FIFO 的输出邮箱来读取它。一旦软件处理了报文(如把它读出来),软件就应该对 CAN_RFxR 寄存器的 RFOM 位进行置 1,来释放该报文,以便为后面收到的报文留出存储空间。过滤器匹配序号存放在 CAN_RDTxR 寄存器的 FMI 域中。16 位的时间戳存放在 CAN_RDTxR 寄存器的 TIME[15:0] 域中。

6. CAN 总线波特率

根据 CAN 规范,位时间被分成 4 个时间段:同步段、传播时间段、相位缓冲段 1 和相位缓冲段 2。每个段由具体可编程数量的时间份额组成,如图 8.56 所示。

波特率计算公式:

$$\text{CAN 总线波特率} = 1/\text{正常位时间} = 1/(1 \times t_q + t_{BS1} + t_{BS2})。$$

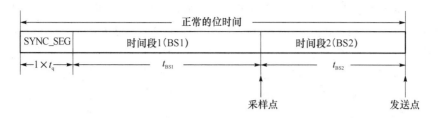

图 8.56 与波特率相关的位时间

STM32F10x 的 CAN 时间特性(有关波特率)：与 CAN2.0B 的协议内容相比,STM32 的 CAN 时间特性稍微有些区别。STM32 把传播时间段和相位缓冲段 1 合并了,因此 STM32 的 CAN 一个位只有 3 段:同步段(SYNC_SEG)、时间段 1(BS1)和时间段 2(BS2)。STM 的 BS1 段可以设置为 1~16 个时间单元,刚好等于传播时间段和相位缓冲段 1 之和。

7. CAN 相关寄存器

CAN 总线操作较复杂,涉及控制器相关寄存器比较多。下面将仅介绍最为重要的可编程寄存器。

(1) CAN 主控制寄存器 CAN_MCR

CAN 主控制寄存器(CAN_MCR)的格式如图 8.57 所示,各位的含义如下:

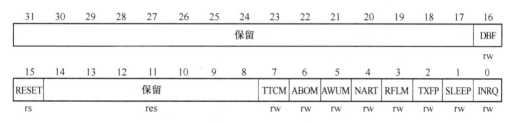

图 8.57 CAN 主控制寄存器 CAN_MCR

• DBF:调试冻结,0 为在调试时,CAN 照常工作;1 为在调试时,冻结 CAN 的接收/发送。仍然可以正常地读写和控制接收 FIFO。

• RESET：bxCAN 软件复位,0 为本外设正常工作,1 为对 bxCAN 进行强行复位。

• TTCM:时间触发通信模式,0 为禁止时间触发通信模式,1 为允许时间触发通信模式。

• ABOM:自动离线管理,0 为离线状态的退出过程时,软件对 CAN_MCR 寄存器的 IN-RQ 位进行置 1 随后清 0 后,一旦硬件检测到 128 次 11 位连续的隐性位,则退出离线状态;1 为一旦硬件检测到 128 次 11 位连续的隐性位,则自动退出离线状态。

• AWUM:自动唤醒模式,0 为睡眠模式通过清除 CAN_MCR 寄存器的 SLEEP 位,由软件唤醒;1 为睡眠模式通过检测 CAN 报文,由硬件自动唤醒。

• NART:禁止报文自动重传,0 为按照 CAN 标准,CAN 硬件在发送报文失败时会一直自动重传直到发送成功;1 为 CAN 报文只被发送 1 次,不管发送的结果如何(成功、出错或仲裁丢失)。

• RFLM:接收 FIFO 锁定模式,0 为在接收溢出时 FIFO 未被锁定,当接收 FIFO 的报文未被读出时,下一个收到的报文会覆盖原有的报文;1 为在接收溢出时 FIFO 被锁定,当接收 FIFO 的报文未被读出时,下一个收到的报文会被丢弃。

• TXFP:发送 FIFO 优先级,0 为优先级由报文的标识符来决定,1 为优先级由发送请求的顺序来决定。

- SLEEP：睡眠模式请求，软件对该位置 1 可以请求 CAN 进入睡眠模式，一旦当前的 CAN 活动（发送或接收报文）结束，CAN 就进入睡眠。软件对该位清 0 使 CAN 退出睡眠模式。

- INRQ：初始化请求，软件对该位清 0 可使 CAN 从初始化模式进入正常工作模式。当 CAN 在接收引脚检测到连续的 11 个隐性位后，CAN 就达到同步，并为接收和发送数据做好准备了。为此，硬件相应地对 CAN_MSR 寄存器的 INAK 位清 0。软件对该位置 1 可使 CAN 从正常工作模式进入初始化模式。一旦当前的 CAN 活动（发送或接收）结束，CAN 就进入初始化模式。相应地，硬件对 CAN_MSR 寄存器的 INAK 位置 1。

（2）CAN 主状态寄存器 CAN_MSR

CAN 主状态寄存器（CAN_MSR）的格式如图 8.58 所示，各位的含义如下：

图 8.58　CAN 主状态寄存器 CAN_MSR

- RX：CAN 接收电平，该位反映 CAN 接收引脚（CAN_RX）的实际电平。

- SAMP：上次采样值，CAN 接收引脚的上次采样值（对应于当前接收位的值）。

- RXM：接收模式，该位为 1 表示 CAN 当前为接收器。

- TXM：发送模式，该位为 1 表示 CAN 当前为发送器。

- SLAKI：睡眠确认中断，当 SLKIE＝1，一旦 CAN 进入睡眠模式硬件就对该位置 1，紧接着相应的中断被触发。当设置该位为 1 时，如果设置了 CAN_IER 寄存器中的 SLKIE 位，将产生一个状态改变中断。软件可对该位清 0，当 SLAK 位被清 0 时硬件也对该位清 0。

- WKUI：唤醒中断挂号，当 CAN 处于睡眠状态，一旦检测到帧起始位（SOF），硬件就置该位为 1；并且如果 CAN_IER 寄存器的 WKUIE 位为 1，则产生一个状态改变中断。

- ERRI：出错中断挂号，当检测到错误时，CAN_ESR 寄存器的某位被置 1，如果 CAN_IER 寄存器的相应中断使能位也被置 1 时，则硬件对该位置 1；如果 CAN_IER 寄存器的 ERRIE 位为 1，则产生状态改变中断。

- SLAK：睡眠模式确认，该位由硬件置 1，指示软件 CAN 模块正处于睡眠模式。当 CAN 退出睡眠模式时硬件对该位清 0（需要跟 CAN 总线同步）。

- INAK：初始化确认，该位由硬件置 1，指示软件 CAN 模块正处于初始化模式。

（3）CAN 位时序寄存器 CAN_BTR

CAN 位时序寄存器 CAN_BTR 决定与 CAN 总线通信的波特率相关的分频系统 BRP、TS1、TS2 以及 SJW 等时序参量，格式如图 8.59 所示。各位含义如下：

- SILM：静默模式，0 为正常状态，1 为静默模式（调试）。

- LBKM：环回模式，0 为禁止环回模式，1 为允许环回模式（调试）。

- SJW[1:0]：重新同步跳跃宽度，定义了 CAN 硬件在每位中可以延长或缩短多少个时间单元的上限：$tRJW = tCANx \times (SJW[1:0]+1)$，这时 $tCANx$ 表示 CAN 的一个时钟单元，也记为 t_q。

- TS2[2:0]：时间段 2，定义了时间段 2 占用了多少个时间单元：$t_{BS2} = tCANx \times (TS2[2:0]+1)$。

31	30	29	28	27	26	25	24	23	22	21	20	19	18	17	16
SILM	LBKM		保留			SJW[1:0]		保留	TS2[2:0]			TS1[3:0]			
rw	rw		res			rw	rw	res	rw	rw	rw	rw	rw	rw	rw
15	14	13	12	11	10	9	8	7	6	5	4	3	2	1	0
	保留					BRP[9:0]									
	res					rw	rw	rw	rw	rw	rw	rw	rw	rw	rw

图 8.59　CAN 位时序寄存器 CAN_BTR

- TS1[3:0]:时间段 1,定义了时间段 1 占用了多少个时间单元:$t_{BS1}=$ tCANx (TS1[3:0]+1)。

- BRP[9:0]:波特率分频器,定义了时间单元(t_q)的时间长度:$t_q=$ (BRP[9:0]+1)× tPCLK。

$$正常位时间 = 1×t_q+t_{BS1}+t_{BS2}$$

其中,$t_{BS1}=t_q×(TS1[3:0]+1)$,$t_{BS2}=t_q×(TS2[3:0]+1)$,$t_q=(BRP[9:0]+1)×tpclk$。

CANx 一个时钟单元由 tpclk 分频后得到。

$$正常位时间 = tpclk×(BRP[9:0]+1)×(TS1[3:0]+TS2[3:0]+3)$$

$$波特率 = 1/正常位时间 = fclk/((BRP[9:0]+1)×(TS1[3:0]+TS2[3:0]+3))$$

tpclk 是 APB 时钟的时间周期,其时钟频率 fpclk=72 MHz/2=36 MHz 的时钟。

因此,只需要知道 TS1 和 TS2 的设置,如设置 TS1=6,TS2=7 和 BRP=4,在 APB1 频率为 36 MHz 的条件下,即可得到 CAN 通信的波特率=1/正常位时间=36 000/[(7+8+1)×5]=450 kbit/s。

如果 BRP=8,即 BRP[9:0]=000001000,TS1=12 即 TS1[3:0]=1100,TS2=1 即 TS2[3:0]=0001,则得到波特率=36 000/((8+1)×(12+1+3))= 250 kbit/s。

常用波特率有 5 kbit/s、10 kbit/s、20kbit/s、50 kbit/s、100 kbit/s、125 kbit/s、250 kbit/s、450 kbit/s、500 kbit/s 以及 1 000 kbit/s 等。

8.6.3　CAN 总线接口的应用

1. 基于 CAN 的网络连接

基于 CAN 总线的网络拓扑结构如图 8.60 所示,对于片上 CAN 控制器,外部还需要连接物理收发器,如 TIA1050/1060/VP230 等。在整个 CAN 网络中采用同名端相连,为了避免差分传输过程中信号的反射,还要在环境比较恶劣的情况下,在首尾两端加装 120 Ω 的匹配电阻,这与 RS-485 西区匹配电阻作用一样。总线采用双绞线以使干扰平均分在差分的两根线上,这样可以抵制共模干扰。硬件连接后可以对 CAN 总线进行初始化操作,进而就可通过 CAN 总线接收和发送数据了。

STM32F107VCT6 内部 CAN 控制器与外部物理收发器之间的连接如图 8.61 所示,PD0 作为 CAN1 的接收引脚 CAN1RX,PD1 为 CAN1 的发送引脚 CAN1TX,而 PB5 作为 CAN2 的接收引脚 CAN2RX(需要短接 JP11),PB6 为 CAN2 的发送引脚 CAN2TX(需要短接 JP10),为了使 CAN1 与 CAN2 通信,可以用导线将 CAN1H 连接到 CAN2H,将 CAN1L 连接到 CAN2L。可以进行 CAN 与 CAN2 之间的相互通信,调试时无须外部其他 CAN 设备。

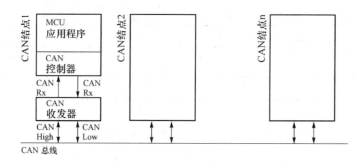

图 8.60　CAN 网络连接

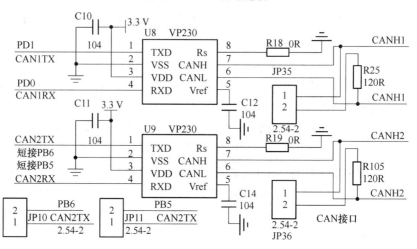

图 8.61　STM32F107 双 CAN 连接

2. CAN 总线初始化配置

CAN 的初始化步骤包括：

① 配置 GPIO 相关引脚为 CAN 总线引脚利用功能，使能 CAN 时钟。

② 设置 CAN 工作模式及波特率。

通过 CAN_MCR 主控制寄存器的 INRQ 位，让 CAN 进入初始化模式，并设置其他相关控制位。通过 CAN_BTR 设置波特率和工作模式（正常模式或环回模式），最后再将 INRQ 位清 0 退出初始化模式。

③ 设置过滤器。

对于 STM32F107 互联型 MCU，CAN1 可使用过滤器组 0～13，对于 CAN2 可以使用过滤器组 14～27，工作在 32 位标识符屏蔽位模式。

CAN 初始化程序如下：

```
void CAN_Configuration(void)
{
CAN_InitTypeDef        CAN_InitStructure;
CAN_FilterInitTypeDef  CAN_FilterInitStructure;
CAN_DeInit(CAN1);                                    //CAN1 恢复原始状态
CAN_DeInit(CAN2);                                    //CAN2 恢复原始状态
CAN_StructInit(&CAN_InitStructure);                  //CAN 结构初始化函数
CAN_InitStructure->CAN_SJW = 0;
CAN_InitStructure->CAN_BS1 = 12;
```

```
CAN_InitStructure - >CAN_BS2 = 1;
CAN_InitStructure - >CAN_Prescaler = 9;//波特率 = 36000/((0 + 1 + 12 + 1 + 1 + 1) * 9) = 250 kbit/s
CAN_Init(CAN1,&CAN_InitStructure);                              //初始化 CAN1
CAN_Init(CAN2,&CAN_InitStructure);                              //初始化 CAN2
//CAN1 滤波器设置
CAN_FilterInitStructure.CAN_FilterNumber = 0;                  //过滤器组 0
CAN_FilterInitStructure.CAN_FilterMode = CAN_FilterMode_IdMask; //屏蔽模式
CAN_FilterInitStructure.CAN_FilterScale = CAN_FilterScale_32bit; //32 位
CAN_FilterInitStructure.CAN_FilterIdHigh = 0;
CAN_FilterInitStructure.CAN_FilterIdLow = 0;
CAN_FilterInitStructure.CAN_FilterMaskIdHigh = 0;
CAN_FilterInitStructure.CAN_FilterMaskIdLow = 0;
CAN_FilterInitStructure.CAN_FilterFIFOAssignment = 0;
CAN_FilterInitStructure.CAN_FilterActivation = ENABLE;
CAN_FilterInit(&CAN_FilterInitStructure);                      //调用过滤器初始化固件库函数
CAN_FilterInitStructure.CAN_FilterNumber = 14;                 //过滤器组 14,其他与 CAN1 相同
CAN_FilterInit(&CAN_FilterInitStructure);
CAN_ITConfig(CAN1,CAN_IT_FMP0, ENABLE);                        //使能 CAN1 中断
CAN_ITConfig(CAN2,CAN_IT_FMP0, ENABLE);                        //使能 CAN2 中断
}
```

3. 收发数据

(1) 发送数据

发送数据是通过发送邮箱来完成的,发送程序如下:

```
void  CAN1_SEND(uint16_t ID)
{
int8_t i;
CanTxMsg TxMessage;
TxMessage.StdId = ID;                      //标准标识符
TxMessage.ExtId = 0x0000;                  //扩展标识符 0x0000
TxMessage.IDE = CAN_ID_STD;                //使用标准标识符,CAN_ID_EXT 为扩展标识符
TxMessage.RTR = CAN_RTR_DATA;              //设置为数据帧
TxMessage.DLC = 8;                         //数据长度 8 字节
for(i = 0;i < 8; i ++)
{
    TxMessage.Data[i] = CAN1_DATA[i];      //将待发送的数据写入发送邮箱中
}
CAN_Transmit(CAN1,&TxMessage);             //调用 CAN 发送库函数
}
void  CAN2_SEND(uint16_t ID)
{
int8_t     i;
CanTxMsg TxMessage;
TxMessage.StdId = ID;                      //标准标识符
TxMessage.ExtId = 0x0000;                  //扩展标识符 0x0000
TxMessage.IDE = CAN_ID_STD;                //使用标准标识符,CAN_ID_EXT 为扩展标识符
TxMessage.RTR = CAN_RTR_DATA;              //设置为数据帧
TxMessage.DLC = 8;                         //数据长度 8 字节
for(i = 0;i < 8; i ++)
{
    TxMessage.Data[i] = CAN1_DATA[i];      //将待发送的数据写入发送邮箱中
}
CAN_Transmit(CAN2,&TxMessage);             //调用 CAN 发送库函数
```

```
}
```

（2）接收数据

通常接收都采用中断方式，因此前面初始化时已经开接收中断，只需要在中断服务函数中读取 CAN 即可。根据 CMSIS 规范，启动文件中对应 CAN1 和 CAN2 的中断服务函数名为：CAN1_RX0_IRQHandler(void) 和 CAN2_RX0_IRQHandler(void)，只需要在其中编写接收数据的相关程序即可。

典型的中断处理器函数如下：

```
void CAN1_RX0_IRQHandler(void)
{
uint8_t i;
    CanRxMsg      RxMessage;
    CAN_Receive(CAN1,CAN_FIFO0, &RxMessage);           //使用库函数接收 CAN1 总线上的数据
    if(RxMessage.StdId = = CAN1ID)
    {
    for (i = 0;i<8;i + +)   CAN1_Rec[i] = RxMessage.Data[i];      //接收的数据在邮箱中
    CAN1_Rec_Flag = 1;                            //置接收标志
    }
    CAN_ClearITPendingBit(CAN1,CAN_IT_FMP0);           //清除挂起中断
}
void CAN2_RX0_IRQHandler(void)
{
uint8_t i;
    CanRxMsg      RxMessage;
    CAN_Receive(CAN2,CAN_FIFO0, &RxMessage);           //使用库函数接收 CAN 总线上的数据
    if(RxMessage.StdId = = CAN1ID)
    {
    for (i = 0;i<8;i + +)   CAN2_Rec[i] = RxMessage.Data[i];      //接收的数据在邮箱中
    CAN2_Rec_Flag = 1;                            //置接收标志
    }
    CAN_ClearITPendingBit(CAN2,CAN_IT_FMP0);           //清除挂起中断
}
```

8.7 Ethernet 以太网控制器接口的应用

8.7.1 Ethernet 控制器概述

以太网控制器是专门用于以太网连接的控制器，由以太网媒体接入控制器（MAC）和物理收发器（PHY）组成。MAC 与 PHY 通信采用 MII 接口（媒体独立接口）或者 RMII 接口（简化的 MII）。

许多 ARM Cortex-M3 微控制器包含一个功能齐全的 10/100 Mbit/s 以太网 MAC，可以通过 RMII 与 PHY 组成一个完整的以太网控制器。

ARM 微控制器片上以太网控制器通过使用 DMA 硬件加速功能来优化其性能。以太网模块具有大量的控制寄存器组，可以提供半双工/全双工操作、流控制、控制帧、重发硬件加速、接收包过滤以及 LAN 上的唤醒等。利用分散—集中式（Scatter-Gather）DMA 进行自动的帧发送和接收操作，减轻了 CPU 的工作量。

ARM 嵌入式微控制器片上以太网控制器支持：

（1）10 Mbit/s 或 100 Mbit/s PHY 器件，包括 10 Base-T、100 Base-TX、100 Base-FX 和 100 Base-T4；与 IEEE 标准 802.3 完全兼容；与 802.3x 全双工流控和半双工背压流控完全兼容；灵活的发送帧和接收帧选项；支持 VLAN 帧。

（2）存储器管理：独立的发送和接收缓冲区存储器，映射为共享的 SRAM；带有分散/集中式 DMA 的 DMA 管理器以及帧描述符数组；通过缓冲和预取来实现存储器通信的优化。

（3）以太网增强的功能：接收进行过滤；发送和接收均支持多播帧和广播帧；发送操作可选择自动插入 FCS（CRC）；可选择在发送操作时自动进行帧填充；发送和接收均支持超长帧传输，允许帧长度为任意值；多种接收模式；出现冲突时自动后退并重新传送帧信息等。

（4）物理接口：通过标准的简化 MII（RMII）接口来连接外部 PHY 芯片；通过媒体独立接口管理（MIIM）接口可对 PHY 寄存器进行访问。

典型嵌入式微控制器片上以太网控制器的结构如图 8.62 所示，包括总线矩阵、以太网 DMA、接收发送缓冲区 FIFO、AHB 从接口、DMA 控制及状态寄存器、操作模式寄存器、MAC 控制寄存器、RMII 接口等。

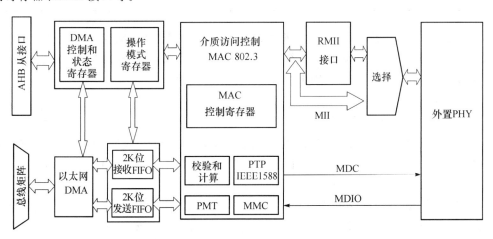

图 8.62　典型嵌入式处理器 STM32F107 片上以太网控制器的结构

STM32F107 以太网相关寄存器有 MAC 相关寄存器、MMC 相关控制寄存器、IEEE1588 时间戳相关寄存器、DMA 相关寄存器四类共几十个寄存器。限于篇幅，有关详细寄存器的内容可参见 ST32F10x 技术手册。

8.7.2　基于片上以太网控制器的以太网接口连接

有些 ARM 芯片如基于 ARM Cortex-M3 的嵌入式处理器芯片已经嵌入了以太网控制器（MAC 层），也有些芯片同时集成了物理层（PHY 层）的收发器电路，因此外部仅需要连接网络变压器及 RJ45 插座即可构成以太网实用接口。

STM32F107 以太网控制器 MAC 信号提供两种连接外部物理收发器的接口，一种是 MII（独立于介质的接口），另一种是 RMII（精简的独立于介质的接口），通过这两种接口的任何一种可以把以太网 MAC 与外部以太网物理收发器连接。以太网 RMII 相关引脚如表 8.5 所示。

表 8.5　STM32F107 以太网相关引脚

MAC 信号	RMII 默认	RMII 重映射	引脚	引脚配置
ETH_MDC	MDC	—	PC1	推挽复用输出,高速(50MHz)
ETH_RMII_REF_CLK	REF_CLK	—	PA1	浮空输入(复位状态)
ETH_MDIO	MDIO	—	PA2	推挽复用输出,高速(50 MHz)
MCO	MCO	—	PA8	推挽复用输出,高速(50 MHz)
ETH_RMII_TX_EN	TX_EN	—	PB11	推挽复用输出,高速(50 MHz)
ETH_RMII_TXD0	TXD0	—	PB12	推挽复用输出,高速(50 MHz)
ETH_RMII_TXD1	TXD1	—	PB13	推挽复用输出,高速(50 MHz)
ETH_PPS_OUT	PPS_OUT	—	PB5	推挽复用输出,高速(50 MHz)
ETH_RMII_CRS_DV	—	CRS_DV	PD8	浮空输入(复位状态)
ETH_RMII_RXD0	—	RXD0	PD9	浮空输入(复位状态)
ETH_RMII_RXD1	—	RXD1	PD10	浮空输入(复位状态)

STM32F107 采用 RMII 与外部物理收发器 DP83848CVV 和网络变压以及网络连接器的连接如图 8.63 所示。其中网络变压器与 RJ-45 连接器为一体的连接器名为 HR911105A。采用的引脚如表 8.5 所示,需要重新映射的有 PD8、PD9 和 PD10。

8.7.3　以太网接口的应用

STM32F107 构建的以太网接口只需按照上述连接即可构建以太网接口,通过编程进行联网通信。只不过要编程实现以太网通信,还需要许多知识,需要 TCP/IP 协议栈,目前 LWIP 是 TCP/IP 协议栈的一种嵌入式系统的具体实现手段。

LWIP 是瑞士计算机科学院的 Adam Dunkels 等开发的一套用于嵌入式系统的开放源代码 TCP/IP 协议栈。LWIP 既可以移植到操作系统上,又可以在无操作系统的情况下独立运行。LWIP 的特性如下:

(1) 支持多网络接口下的 IP 转发。

(2) 支持 ICMP。

(3) 包括实验性扩展的 UDP(用户数据报协议)。

(4) 包括阻塞控制、RTT 估算、快速恢复和快速转发的 TCP(传输控制协议)。

(5) 提供专门的内部回调接口(Raw API)用于提高应用程序性能。

(6) 可选择的 Berkeley 接口 API(多线程情况下)。

(7) 支持 PPP。

(8) IP fragment 的支持。

(9) 支持 DHCP,动态分配 IP 地址。

(10) 支持 IPv6。

1. 以太网相关引脚初始化

由前面的知识可知,STM32F107 以太网控制器支持 RMII 接口,因此按照表 8.5 中的 RMII 信号来配置 GPIO 相关引脚。

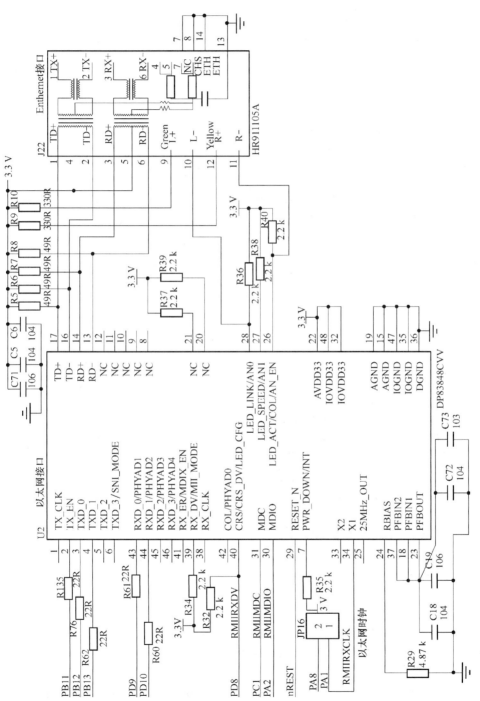

图 8.63 STM32F107 片上以太网控制器构成的完整以太网接口

具体初始化引脚的程序如下：

```
void GPIO_Configuration(void)
{
  GPIO_InitTypeDef GPIO_InitStructure;
  /* ETHERNET pins configuration */
  /* PA1:RMII_REF_CLK 浮空输入 */
  GPIO_InitStructure.GPIO_Pin = GPIO_Pin_1;
  GPIO_InitStructure.GPIO_Mode = GPIO_Mode_IN_FLOATING;
  GPIO_Init(GPIOA, &GPIO_InitStructure);
  /* PA2:RMII_MDIO 复用推挽输出 */
  GPIO_InitStructure.GPIO_Pin = GPIO_Pin_2;
  GPIO_InitStructure.GPIO_Speed = GPIO_Speed_50MHz;
  GPIO_InitStructure.GPIO_Mode = GPIO_Mode_AF_PP;
  GPIO_Init(GPIOA, &GPIO_InitStructure);
  /* PC1 复用推挽输出 */
  GPIO_InitStructure.GPIO_Pin = GPIO_Pin_1 ;
  GPIO_InitStructure.GPIO_Speed = GPIO_Speed_50MHz;
  GPIO_InitStructure.GPIO_Mode = GPIO_Mode_AF_PP;
  GPIO_Init(GPIOC, &GPIO_InitStructure);
  /* Configure PB5, PB11, PB12 and PB13 as alternate function push-pull */
  GPIO_InitStructure.GPIO_Pin = GPIO_Pin_5 | GPIO_Pin_11 | GPIO_Pin_12 | GPIO_Pin_13;
  GPIO_InitStructure.GPIO_Speed = GPIO_Speed_50MHz;
  GPIO_InitStructure.GPIO_Mode = GPIO_Mode_AF_PP;
  GPIO_Init(GPIOB, &GPIO_InitStructure);

  GPIO_PinRemapConfig(GPIO_Remap_ETH, ENABLE); //重映射引脚配置   PD8 PD9 PD10
  /* Configure PB10 as input */
  GPIO_InitStructure.GPIO_Pin = GPIO_Pin_10;
  GPIO_InitStructure.GPIO_Speed = GPIO_Speed_50MHz;
  GPIO_InitStructure.GPIO_Mode = GPIO_Mode_IN_FLOATING;
  GPIO_Init(GPIOB, &GPIO_InitStructure);
  /* Configure PD8, PD9, PD10, PD11 and PD12 as input */
  GPIO_InitStructure.GPIO_Pin = GPIO_Pin_8 | GPIO_Pin_9 | GPIO_Pin_10 |
    GPIO_Pin_11 | GPIO_Pin_12;
  GPIO_InitStructure.GPIO_Speed = GPIO_Speed_50MHz;
  GPIO_InitStructure.GPIO_Mode = GPIO_Mode_IN_FLOATING;
  GPIO_Init(GPIOD, &GPIO_InitStructure);
  GPIO_InitStructure.GPIO_Pin = GPIO_Pin_8; //PA8:MCO
  GPIO_InitStructure.GPIO_Speed = GPIO_Speed_50MHz;
  GPIO_InitStructure.GPIO_Mode = GPIO_Mode_AF_PP;
  GPIO_Init(GPIOA, &GPIO_InitStructure);
}
```

2. Ethernet 网络配置

引脚配置完毕之后就是通过 RMII 接口的网络配置，包括使能 50 MHz 以太网时钟、软件复位、MAC 初始化、DAM 初始化、使能接收中断等。

3. LWIP 初始化

LWIP 初始化保存存储器初始化、网络参数初始化（IP 地址、MAC 地址设置等）。

4. UDP 初始化

在嵌入式系统中，以太网通常采用 UDP 进行通信，如果是 UDP 服务器，则完成 UDP 服务器的初始化（包括申请 UDP 控制块、绑定本地 IP 及端口号），主要是使得 UDP 通信块进入监听状态;如果是 UDP 客户端则完成客户端初始化(包括远程 IP、申请 UDP 控制块、绑定本地 IP 以及连接远程主机等)。

5. UDP 发送数据与接收数据

有数据发送时向申请的 UDP 控制块中发送数据,有接收数据时在中断接收函数中读取接收的数据。

限于篇幅,具体程序参见配套实验例程。

8.8 USB 接口

USB(Universal Serial Bus)即通用串行总线,是连接计算机系统与外部设备的一种串口总线标准,也是一种输入输出接口的技术规范,被广泛地应用于个人计算机、嵌入式系统及移动设备等信息通信产品,并扩展至摄影器材、数字电视(机顶盒)、游戏机等其他相关领域。

嵌入式处理器片上完整的 USB 控制器包括 USB 主机控制器、USB 设备控制器以及 USB OTG 控制器,支持 USB 主机、USB 设备以及 USB OTG。USB OTG 是 USB On-The-Go 的缩写,是近年来发展起来的技术,主要应用于各种不同的设备或移动设备间的连接,进行数据交换。

8.8.1 USB 接口的组成

USB 设备控制器如图 8.64 所示。USB OTG 组成如图 8.65 所示。OTG_FS 是双重角色

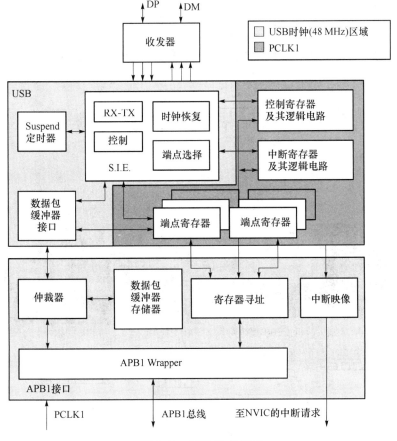

图 8.64 USB 设备框图

设备(DRD)控制器,支持主机端和设备端的功能,完全遵从 On-The-Go USB2.0 规范。同时,该控制器也可配置为仅支持主机端或仅支持设备端功能的控制器,遵从 USB2.0 规范。在主机模式下,OTG_FS 支持全速(FS,12 Mbit/s)和低速(LS,1.5 Mbit/s)通信,而在设备模式下,支持全速(FS,12 Mbit/s)通信。OTG_FS 控制器支持 HNP 和 SRP 协议。外围仅在主机模式下需要配置一个针对 VBUS 的电荷泵,即可完成设计。

USB 采用 NRZI(Non-Return to Zero,Inverted,翻转不归零制)编码方式对数据进行编码。NRZI 的编码中,电平保持时传送逻辑 1,电平翻转时传送逻辑 0。

USB 接口有 4 根信号线,采用半双工差分方式,用来传送信号并提供电源。其中,D+ 和 D- 为差分信号线,传送信号,它们是一对双绞线;另两根是电源线和地线,提供电源。标准 USB 及 USB 接口的常用连接器如图 8.66 所示。USB 接口的信号如表 8.6 所示。

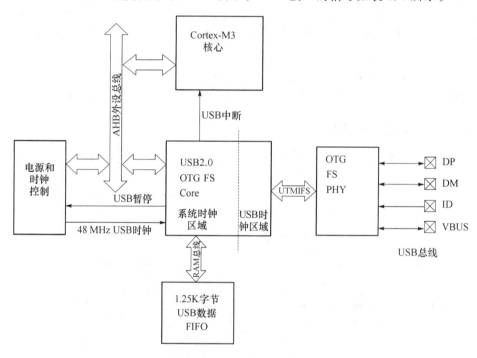

图 8.65 USB OTG 框图

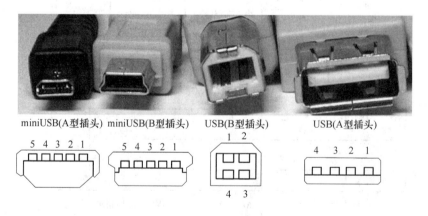

图 8.66 USB 接口示意

表 8.6　表 USB 接口引脚信号

标准 USB 引脚				MiniUSB 引脚				
1	2	3	4	1	2	3	4	5
VBUS	D−	D+	GND	VBUS	D−	D+	ID	GND

8.8.2　USB 接口连接

　　USB 定义了一个 8 字节的标准设备请求,主要用于设备枚举过程。枚举是主机从设备读取各种描述符信息,主机根据信息加载合适的驱动程序,从而实现 USB 设备的具体功能。

　　USB 总线上传输数据是以包为基本单位。一个包是由不同的域组成的。不同类型的包域也是不一样的。包的种类可分为:令牌类、数据类、握手类,如图 8.67 所示。

　　1. 连接 USB 端口到外部 OTG 收发器

　　对于 OTG 功能,必须将 OTG 收发器连接到嵌入式处理器设备:使用 USB 信号的内部 USB 收发器,并仅使用 OTG 功能的外部 OTG 收发器如图 8.68 所示,ISP1301 为 OTG 收发器芯片。借助于嵌入式处理器的专门用于与 OTG 收发器连接的 I²C 接口引脚 USB_SCL 和 USB_SDA 与 OTG 收发器 ISP1301 交互来操作 OTG 收发器,OTG 收发器产生的中断信号 INT_N 回送给嵌入式处理器中断输

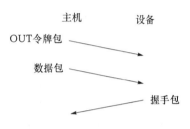

图 8.67　一次简单的数据输出

入引脚 EINTn,嵌入式处理器的 $\overline{\text{RSTOUT}}$ 为复位状态指示,USB_D+1 和 USB_D−1 为 USB 总线的数据+−端。

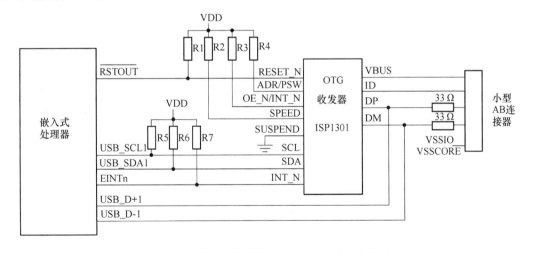

图 8.68　嵌入式处理器与外部 OTG 的连接接口

　　2. 将 USB 作为主机的连接

　　利用一个嵌入的 USB 收发器可将 USB 端口作为主机进行连接,该端口不具有 OTG 功能。连接图如图 8.69 所示,其中 LM3526 为双 USB 电源开关和过流保护器,当 USB 端口由于短路等原因引起过流时,切断 USB 电源以保护 USB 控制器。

　　图中 USB_UP_LED 为 USB 连接就绪指示灯,USB_D+ 和 USB_D− 为 USB 总线的数据+−,USB_PWRD 为提供给 USB 总线上的电源,$\overline{\text{USB\_OVERCR}}$ 为过流(负载电流过大简称

过流)状态输出,低电平表示过流,$\overline{USB\_PPWR}$ 为 USB 电源的使能信号,低电平表示 USB 电源被使能。

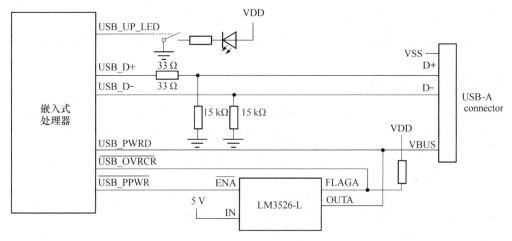

图 8.69　USB 主机端口的连接接口

3. 将 USB 作为设备的连接

USB 端口可作为设备进行连接时该端口不具有 OTG 功能,将嵌入式处理器片上 USB 作为设备的连接如图 8.70 所示。图中 USB_CONNECT 为软件控制的一个电子开关,用于决定是否连接外部的一个 1.5 kΩ 上拉电阻。如果是高速设备,则需要在 D+端接上拉电阻。

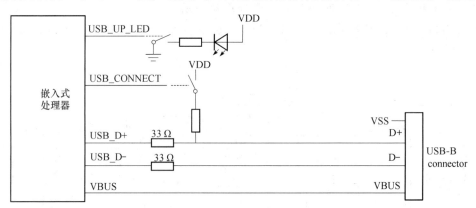

图 8.70　USB 设备端口的连接接口

8.8.3　USB 接口的应用

1. STM32F107 片上 USB 接口的应用

STM32F107 的 USB 接口如图 8.71 所示,其中 PB15 控制 USB 电源,PA11 和 PA12 为 USM 数据线,PA9 和 PA10 分别(对应配套实验板的短接器 JP23 和 JP24 要短接)与 USBV-BUS 和 USBID 连接。

STM32F107 内部的 USB 控制器有通用寄存器类、端点寄存器类,其中通用寄存器有 USB 控制寄存器、USB 状态寄存器、USB 帧编号寄存器、USB 设备地址寄存器、USB 分组缓冲区描述表地址寄存器等,有 8 个端点寄存器(端点 n 寄存器,$n=0\sim7$)。对于 OTG 相关寄存器又有 OTG_FS 控制与状态寄存器,包括 OTG_FS 全局寄存器、主机模式下的寄存器、设备模式下的寄存器以及 OTG_FS 时钟与电源控制寄存器等。以下以 OTG_FS 为例说明其应用。

（1）通道初始化

在主机与所连接的设备通信之前，应用程序需要初始化一个或多个通道。可通过如下步骤初始化并使能通道。

① 配置 GINTMSK 寄存器，使能以下中断：

• 对于 OUT 传输的非周期性发送 FIFO 空（适用于从模式，即配置运行在传输级的流水线上的包数超过 1）。

• 对于 OUT 传输的非周期性发送 FIFO 半空（适用于从模式，即配置运行在传输级的流水线上的包数超过 1）。

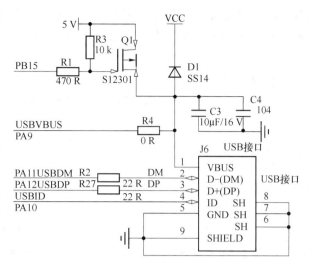

图 8.71 STM32F107USB 接口

② 配置 OTG_FS_HAINTMSK 寄存器，使能选中通道的中断。

③ 配置选中通道的 OTG_FS_HCINTMSK 寄存器，使能在主机通道中断寄存器中与传输相关的中断。

④ 配置选中通道的 OTG_FS_HCTSIZx 寄存器，以字节为单位设置总传输长度，和期望接收到的数据包数，包括短数据包。需要根据初始的数据 PID 号来设置寄存器的 PID 位（将用于首个传输的 OUT 包的数据 PID 号和期望首个接收的 IN 包的数据 PID 号）。

⑤ 配置选中通道的 OTG_FS_HCCHARx 寄存器，设置设备端点的特性，例如传输类型、速度、方向等（仅在应用程序准备好传输或接收数据包时，才需要设置通道使能位为 1，使能通道）。

（2）主模式下的接收

在主机模式下使用一个接收 FIFO 管理所有的周期性和非周期性的传输，此 FIFO 用于暂存从 USB 总线上收到但还未传输到系统存储区的数据（收到的数据包）。来自任一远程 IN 端点的数据包都将按次序暂存在 FIFO 中。收到数据包的状态，包括主机通道号、字节数、数据 PID 和收到数据的有效性也一同储存在 FIFO 中。应用程序可以通过接收 FIFO 长度寄存器（GRXFSIZ）来配置这个接收 FIFO 的长度。

使用单个接收 FIFO 的架构，使得 USB 主机能更有效地利用整个接收 RAM 空间。

• 所有配置好的 IN 通道共享整个 RAM 空间（共享的 FIFO）。

• OTG_FS 控制器可以最大限度地按照主机发送 IN 命令的序列来利用接收 FIFO。

只要接收 FIFO 还有至少一个数据包等待应用程序获取，应用程序就会收到接收 FIFO 非空中断。应用程序可以通过读接收状态和弹出寄存器获得数据包信息，并通过读相应端点的 POP 寄存器从接收 FIFO 中获取数据包。

（3）主模式下的发送

在主机模式下，控制器使用一个发送 FIFO 来管理所有的非周期性（控制和块传输）OUT 传输，使用另一个发送 FIFO 来管理所有的周期性（同步和中断）OUT 传输。这两个

FIFO用于暂存需要发送到USB总线的数据（发送的数据包）。可以通过主机周期性（非周期性）传输FIFO长度寄存器（HPTXFSIZ/GNPTXFSIZ）来配置周期性（非周期性）发送FIFO的长度。

使用两个发送FIFO是因为要保证一个USB帧里周期性传输的高优先级。在每个帧开始的时候，内置的主机调度器先处理周期性请求队列，再处理非周期性请求队列。

（4）读取U盘实例

利用STM32F107自带的USB控制器的OTG功能，实现对U盘的读写，电路连接如上述的图8.70所示。首先对USB进行初始化操作，初始化之后可以读出U盘中的数据、读取目录、创建文件等。详见课程对应实验平台及相关例程（USB_HOST相关示例）。

2. USB与UART及RS-232之间的相互转换接口

USB的操作非常复杂，而串口UART或基于UART的RS-232又非常简单方便，因此基于USB与UART的转换接口芯片应运而生，其他典型的芯片有CH340G和CH304T。

利用该转换芯片，可以方便地实现UART与USB之间的无缝连接，图8.72为USB转UART接口并与嵌入式处理器的连接。嵌入式处理器片上UART的发送数据引脚TXD与CH304T的TTL数据接收引脚RXD相连，UART的接收数据引脚RXD与CH304T的TTL数据发送引脚TXD相连。经过CH304T后变换成USB数据D＋和D－连接到USB主机接口，即可实现嵌入式系统与USB的通信。

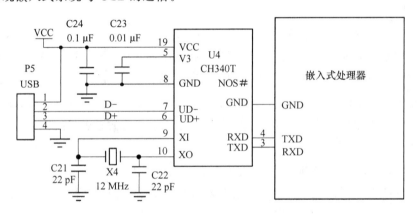

图8.72 USB转UART接口与嵌入式系统的连接

8.9 无线通信模块及其接口

除了以上有线互连通信接口外，嵌入式应用系统中也经常在不方便布线的情况下使用无线通信方式来传输数据。无线通信接口主要包括GPS、GSM、GPRS、北斗、Wi-Fi、蓝牙、ZigBee以及其他无线射频通信模块等。本节将介绍某些无线通信模块及其与嵌入式处理器的连接接口。

8.9.1 常用无线通信模块

1. GPS模块

GPS（Global Positioning System）即全球定位系统，是利用GPS定位卫星，在全球范围内实时进行定位、导航的系统,称为全球卫星定位系统。GPS可以提供车辆定位、防盗、反劫、行驶路线监控及呼叫指挥等功能。要实现以上所有功能必须具备GPS终端、传输网络和监控平台三个要素。

GPS导航系统的基本原理是测量出已知位置的卫星到用户接收机之间的距离,然后综合多颗卫星的数据就可知道接收机(GPS终端)的具体位置。

GPS定位的基本原理是将高速运动的卫星瞬间位置作为已知的起算数据,采用空间距离后方交会的方法,确定待测点的位置。

2. GSM模块

GSM(Global System for Mobile Communications)即全球移动通信系统。GSM模块是将GSM射频芯片、基带处理芯片、存储器、功放器件等集成在一块线路板上,具有独立的操作系统、GSM射频处理、基带处理并提供标准接口的功能模块。开发人员使用ARM或者其他嵌入式处理器通过RS-232串口与GSM模块通信,使用标准的AT命令来控制GSM模块实现各种无线通信功能,例如发送短信、拨打电话等。典型的GSM模块代表有西门子的TC35i、明基BENQ M22、傻瓜式GSM模块JB35GD等。在嵌入式系统应用中使用GSM模块主要目的是通过发送短信的方式来远程传输数据,因此有时称GSM模块为短信模块。

3. GPRS模块

GPRS是通用分组无线服务技术的简称,它是GSM移动电话用户可用的一种移动数据业务。GPRS可说是GSM的延续。GPRS与以往采用的连续传输方式不同,它以封包(Packet,也称为分组)方式来进行数据传输,因此使用者所负担的费用是以其传输数据的数量计算,并非使用其整个频道,理论上较为便宜。

4. 北斗模块

北斗星定位系统分为北斗星一代和北斗星二代。北斗一代又称为北斗导航试验系统(BNTS),北斗二代又称为北斗卫星导航系统,是继美国GPS和俄国GLONASS之后第三个成熟的卫星导航系统。北斗模块借助于北斗卫星可以实现GPS模块同样的功能。

5. Wi-Fi模块

凡使用802.11系列协议的无线局域网又称为Wi-Fi(即无线保真)。因此,Wi-Fi几乎成了无线局域网WLAN的同义词。

Wi-Fi模块又名串口Wi-Fi模块,属于物联网传输层,功能是将串口或TTL电平转为符合Wi-Fi无线网络通信标准的嵌入式模块,内置无线网络协议IEEE802.11b.g.n协议栈以及TCP/IP协议栈。传统的硬件设备嵌入Wi-Fi模块可以直接利用Wi-Fi连入互联网,是实现无线智能家居、M2M等物联网应用的重要组成部分。

6. 蓝牙模块

蓝牙(Bluetooth)是一种支持设备短距离通信(一般10 m内)的无线低速(一般1 Mbit/s)通信技术。利用"蓝牙"技术,能够有效地简化移动通信终端设备之间的通信,也能够成功地简化设备与因特网Internet之间的通信,从而数据传输变得更加迅速高效,为无线通信拓宽道路。蓝牙采用分散式网络结构以及快跳频和短包技术,支持点对点及点对多点通信。

蓝牙模块是一种集成蓝牙功能的PCBA板,用于短距离无线通信,按功能分为蓝牙数据模块和蓝牙语音模块。

7. ZigBee模块

ZigBee是一种用于控制和监视各种系统的低数据速率、低功耗联网无线标准。

ZigBee 主要适合用于自动控制和远程控制领域,可以嵌入各种设备。简而言之,ZigBee 就是一种便宜的、低功耗的近距离无线组网通信技术。ZigBee 是一种低速短距离传输的无线网络协议。ZigBee 协议从下到上分别为物理层(PHY)、媒体访问控制层(MAC)、传输层(TL)、网络层(NWK)、应用层(APL)等。其中物理层和媒体访问控制层遵循 IEEE 802.15.4 标准的规定。

围绕 ZigBee 芯片技术推出的外围电路称为 ZigBee 模块。

8. 其他无线模块

除上述标准无线模块外,还有不同厂家的射频无线收发模块,频率基本以 433 MHz 为多,典型代表就是 Si4432。近来也出现了基于无线通信的微控制器,内置了无线接收和发送模块,如 Si1000,内部有 51 内核,外围有 Si4432 无线收发器。

8.9.2 无线通信模块接口与 MCU 的连接

以上各自不同形式的无线通信模块与嵌入式处理器的连接接口主要通过 UART、SPI、I^2C 等形式。如图 8.73 所示为通过 UART 与无线模块的连接。通过 RS-232 接口与无线模块的连接如图 8.74 所示。通过 I^2C 与无线模块的连接如图 8.75 所示。

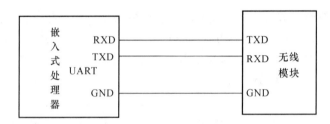

图 8.73　嵌入式处理器与无线模块连接

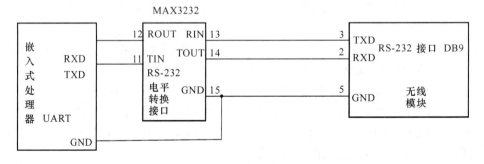

图 8.74　通过 RS-232 接口与无线模块的连接

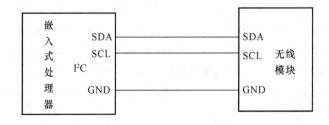

图 8.75　通过 I^2C 接口与无线模块的连接

通过 SPI 接口与无线模块的连接如图 8.76 所示。

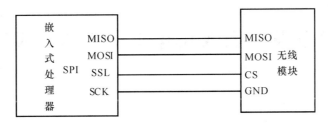

图 8.76　通过 SPI 接口与无线模块的连接

习　题　八

8-1　试简述 UART 的字符格式。

8-2　基于 UART 的双机通信最简单的连接方式是怎样的？基于短距离板间多机通信，无须外部接口变换，则基于 UART 最简单的多机通信如何连接？

8-3　UART 经过专用 RS-232 电平转换芯片进行电平转换之后即可按照 RS-232 的逻辑电平进行通信，在节约成本为主要目的的产品中，通常采用分享元件构建一个简单 RS-232 接口，试分析图 8.13 所示的简易 RS-232 电平转换电路的原理。

8-4　试简述基于 RS-232 嵌入式系统之间两机通信以及嵌入式系统与 PC 之间双机通信的连接。基于 RS-232 的主从机多机通信是怎么连接的？

8-5　试比较 RS-232 和 RS-485 的主要性能。

8-6　片上 UART 具有 RS-485 控制功能的嵌入式处理器以及仅有 UART 没有 RS-485 控制功能的嵌入式处理器如何连接 RS-485 接口芯片？它们之间的区别是什么？

8-7　基于 UART 的 4～20 mA 电流环通信的特点是什么？

8-8　简述 I^2C 总线的起停条件及总线仲裁的原则。

8-9　试分析基于 I^2C 总线的图 8.40 AT24C02 随时读时序。

8-10　什么是 SPI 接口？主从设备如何通过 SPI 接口连接？

8-11　试分析图 8.46 基于 SPI 接口的 Flash 芯片 W25Q16 扇区擦除的时序。

8-12　CAN 总线与 RS-485 总线的主要性能比较如何？如何计算 STM32F107 微控制器片上 CAN 总线的波特率？

8-13　片上以太网控制器以什么方式与物理层收发器连接？试说明有哪些信号。

8-14　对于片上没有 USB 控制器的嵌入式处理器如何通过 UART 转换来构成 USB 接口？

8-15　常用的无线通信模块有哪些？如何接入嵌入式应用系统进行无线通信？

第9章 嵌入式操作系统及其移植

9.1 嵌入式操作系统概述

嵌入式操作系统(Embedded Operating System,EOS)是一种支持嵌入式系统应用的操作系统软件,它是嵌入式系统的重要组成部分。嵌入式操作系统具有通用操作系统的基本特点,能够有效管理复杂的系统资源,并且把硬件虚拟化。

9.1.1 嵌入式操作系统的一般结构

嵌入式操作系统大部分都是实时操作系统(Real-Time Operating System,RTOS)。RTOS是一个可靠性和可信度很高的实时内核,将 CPU 时间、中断、I/O、定时器等资源都包装起来,留给用户一个标准的应用程序接口(Application Programming Interface,API),并根据各个任务的优先级,合理地在不同任务之间分配 CPU 时间。实时嵌入式操作系统可根据实际应用环境的要求对内核进行裁减和重新配置,以适应实际的不同应用领域。

嵌入式操作系统具有通用操作系统的基本特点,例如能够有效管理越来越复杂的系统资源;能够把硬件虚拟化,使得开发人员从繁忙的驱动程序移植和维护中解脱出来;能够提供库函数、标准设备驱动程序以及工具集等。与通用操作系统相比较,嵌入式操作系统在系统实时高效性、硬件的相关依赖性、软件固态化以及应用的专用性等方面具有较为突出的特点。

实时操作系统几个重要组成部分是不太变化的:实时内核、网络组建、文件系统和图形接口等。实时操作系统的体系结构如图 9.1 所示,可分为驱动层、OS 层和应用层。嵌入式系统相对于一般操作系统而言,仅指操作系统的内核,其他诸如窗口系统界面或通信协议等模块,可另外选择。目前大多数嵌入式操作系统必须提供以下功能:多任务管理、存储管理、周边资源管理和中断管理。

9.1.2 嵌入式操作系统的特点与分类

1. 嵌入式操作系统的特点

相对于通用操作系统来说,嵌入式操作系统除具有任务调度、同步机制、内存管理、中断处理、文件处理等基本功能外,还有以下特点。

(1)代码固化存储,执行效率高

EOS 通常无须配备硬盘等大容量的存储介质,因此 EOS 和应用程序的代码被固化在嵌入式系统的固态存储器如 Flash 中。EOS 必须结构紧凑,代码占用存储空间小,执行效率高。

(2)可裁剪性

支持开放性和可伸缩性的体系结构,满足嵌入式系统的特定要求。

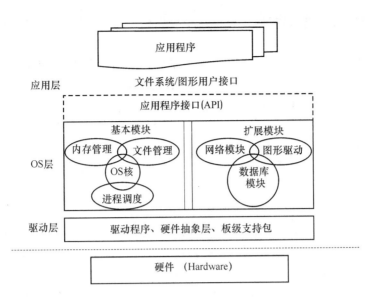

图 9.1 RTOS 的体系结构

（3）实时性

大多数嵌入式系统都是实时系统,因此要求 EOS 也具有实时性。

（4）强稳定性

由于多数嵌入式系统在无人值守的环境下长期运行,这就要求系统具有很强的稳定性,EOS 必须具有很强的稳定性。

（5）硬件适应性,可移植性

一种 EOS 通常可以运行在不同体系结构的多种硬件平台上,EOS 把与硬件相关的部分以抽象接口形式留给开发人员,由开发人员自行开发,确保 EOS 的可移植性。

2．嵌入式操作系统的分类

嵌入式操作系统的种类繁多,目前在嵌入式领域广泛使用的操作系统有:嵌入式实时操作系统 μC/OS-Ⅱ、嵌入式 Linux、Windows Embedded、VxWorks 等,以及应用在智能手机和平板电脑的 Android、iOS 等。

（1）按实时性分类

按实时性分类,可分为硬实时操作系统和软实时操作系统。

硬实时操作系统主要用于通信、军事、航天、控制等领域。人机交互要求相对较弱,可靠性和实时性要求高,运行环境复杂多变。典型硬实时 OS 主要有 VxWork、RTEMS、QNX、μC/OS-Ⅱ、Nucleus 等。

软实时操作系统或非实时操作系统主要用于类 PC、手持设备、家用电器、个人通信终端等消费电子产品。典型软实时 OS 主要有 WINCE 以及 Linux。

（2）按商业模式分类

按照商业模式,可以把 EOS 分为商用型 EOS 和免费型 EOS。

免费 EOS 允许开发者免费获得源代码。RTEMS、eCOS、FreeRTOS 等都是纯免费的 EOS,它们都完全开源的。

商用 EOS 是以盈利为目的而开发和销售的 EOS,这类 EOS 稳定性好,可靠性高,有完善的技术支持和售后服务。有些商用 EOS 只收取每种产品的一次性费用,如 μC/OS-Ⅱ,有的商用 EOS 按照开发版本的授权数量收取授权费用,也按照最终产品售出的实际数据收取每份运行软件的费用。

VxWorks 是 WindRiver Systems 公司推出的一个实时操作系统,支持多种处理器,是目前嵌入式系统领域中使用最广泛、市场占有率最高的系统。VxWorks 因其良好的可靠性和卓越的实时性,已广泛应用在通信、军事、航空、航天等高端技术领域中,但其价格较为昂贵,开发成本高。

WIN CE 是针对有限资源的平台而设计的多线程、完整优先权、多任务的操作系统,但它不是一个硬实时操作系统。它的最大特点是能提供与 PC 类似的图形界面和主要的应用程序。

嵌入式 Linux 已经有许多版本,包括强实时的嵌入式 Linux 和一般的嵌入式 Linux。较为常见的嵌入式 Linux 是 μCLinux,它是针对没有存储器管理单元的处理器而设计的。

TinyOS 是美国加州大学伯克利分校开发的开源嵌入式操作系统,专门为硬件资源极为有限的无线传感器网络应用而量身定制。TinyOS 操作系统基于组件架构,包括网络协议、分布式服务器和传感器驱动组件,以及一些可以在收集数据时使用的应用工具。

μC/OS-Ⅱ 是由 Jean J. Labrosse 于 1992 年编写的一个嵌入式多任务实时操作系统。最早这个系统叫作 μC/OS,后来经过近 10 年的应用和修改,在 1999 年 Jean J. Labrosse 推出了 μC/OS-Ⅱ,并在 2000 年得到了美国联邦航空管理局对用于商用飞机的、符合 RTCA DO178B 标准的认证,从而证明 μC/OS-Ⅱ 具有足够的稳定性和安全性。目前最新版本为 μC/OS-Ⅲ。

FreeRTOS 是一种轻量级的开源免费迷你型 RTOS,具有可移植、可裁剪、调度策略灵活等特点。由于其内核小巧,占用存储空间小,主要用于采用嵌入式微控制器构建的嵌入式系统中。

9.2 典型嵌入式操作系统 μC/OS-Ⅱ

9.2.1 μC/OS-Ⅱ 操作系统概述

1. μC/OS-Ⅱ 及其特点

μC/OS(Micro Controller Operation System)是由美国 Micrium 公司开发的可移植、可固化、可裁剪的公开源码抢占式多任务 RTOS 内核,适用于多种微处理器。μC/OS 从字面上看,其本义是专门针对微控制器的操作系统。

μC/OS 系列的第一个版本就以 μC/OS 命名,1992 年发布了 μC/OS 的源码,并发表文章解释 μC/OS 的内部工作原理。由于 μC/OS 可移植性好,且性能优良,特别是公开发布源码,因而得到广泛应用。1998 年,μC/OS 的升级版本 μC/OS-Ⅱ 发布,它以稳定性和可靠性高著称,并能通过航空、医疗和工业控制等领域的认证,也是目前知名度最高和应用最广泛的 μC/OS 产品。

2010 年,基于 μC/OS-Ⅱ 开发的第三代全新的 μC/OS-Ⅲ 内核推出。2011 年 10 月,Micrium 公司在其网站上公开了 μC/OS-Ⅲ 的源代码。

μC/OS-Ⅱ 是专门为嵌入式应用设计的实时多任务操作系统内核,具有执行效率高、占用空间小、实时性能优良和可扩展性强等特点。

μC/OS-Ⅱ 的目标是实现一个基于优先级调度的抢占式实时内核,并在内核之上提供最基本的系统服务,如信号量、邮箱、消息队列、内存管理、中断管理等。

严格地讲,μC/OS-II 只是实时操作系统内核,仅仅包含了任务调度、任务管理、时间管理、内存管理和任务间通信与同步等基本功能,并没有提供输入输出管理、文件系统、网络协议栈等额外的服务。由于 μC/OS-II 具有良好的可扩展性且公开源码,这些非核心功能可以由用户自主开发或集成。Micrium 公司也提供独立模块供用户选择,如 μC/FS 文件系统模块、μC/GUI 图形软件模块、μC/TCP-IP 协议栈模块、μC/USB 协议栈模块等。

μC/OS-II 的主要特点概括如下。

(1) 公开源码的高质量实时内核

源代码清晰易读、结构合理、注释详尽、组织有序,符合严格的编写规范。用户可以清楚地了解操作系统的设计细节,并通过修改源码构造出符合应用需求的操作系统环境。

(2) 可移植性

μC/OS-II 的绝大部分代码是用 ANSI C 语言编写的,只包含一小部分汇编代码用于支持特定的微处理器架构。只要微处理器支持堆栈指针,且有 CPU 内部寄存器入栈、出栈指令,μC/OS-II 即可被移植到该微处理器上。

(3) 可裁剪、可固化

为了降低 μC/OS-II 占用的 RAM 和 ROM 存储空间大小,可以根据应用程序的需要通过条件编译裁剪 μC/OS-II 的系统服务。借助相应的工具链,可以将内核嵌入到应用产品中。

(4) 时间确定性

绝大多数 μC/OS-II 的函数调用与服务的执行时间都是确定的,其服务的执行时间与系统中运行的任务个数无关。

(5) 多任务

μC/OS-II 可以管理 64 个任务(版本 2.82 以后扩充至 255 个任务),其中 8 个保留给系统,其余用于用户任务。分配给不同任务的优先级不能相同,因此 μC/OS-II 不支持时间片轮转调度机制。

(6) 抢占式内核

μC/OS-II 是抢占式实时内核,在任意时刻都可能发生任务调度,在任务调度时总是运行当前就绪态任务中优先级最高的任务。因此,μC/OS-II 可以支持强实时应用,其性能可以与许多高端商业 RTOS 产品媲美,某些性能指标甚至更高。

(7) 多种系统服务

μC/OS-II 提供很多实时内核所需的系统服务,例如任务管理、时间管理、信号量、事件标志组、互斥信号量、消息队列、内存分区管理等。

2. μC/OS-II 系统的组成及源代码结构

μC/OS-II 内核负责管理用户任务,并为任务提供资源共享等服务机制。μC/OS 内核大致可以划分为任务调度、任务管理、时间管理、任务间同步与通信以及内存管理、系统管理等模块。系统管理又包括系统初始化、系统启动、中断管理、时钟中断及事件处理等部分。μC/OS-II 系统的组成如图 9.2 所示。

μC/OS-II 的源代码主要由以下几部分组成。

(1) 系统核心(OSCore.c):μC/OS-II 内核的核心代码。

(2) 任务管理(OSTask.c):包含与任务管理相关的函数,如任务创建、任务删除、任务挂起及任务恢复等。

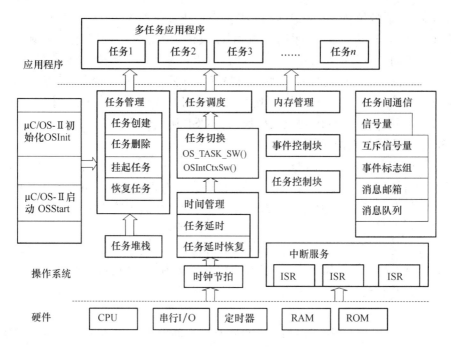

图 9.2 μC/OS-Ⅱ系统的组成

（3）时钟管理（OSTime.c）：包含时间延迟、时钟设置及时钟恢复等与时钟相关的函数。

（4）任务同步与任务间通信（OSMbox.c、OSQ.c、OSSem.c、OSMutex.c、OSFlag.c）：包含与信号量、事件标志、互斥信号量、消息队列等相关的函数。

（5）内存管理（OSMem.c）：用于内存分区管理，包含创建内存分区、申请或释放内存分区、获取分区信息等函数。

（6）处理器相关代码：μC/OS-Ⅱ移植时针对特定处理器体系结构的代码。

由于 C 语言的标准数据类型的长度与编译器及处理器类型有关，为了便于移植，μC/OS-Ⅱ没有使用 C 语言的标准数据类型，而是在 OS_CPU.H 中定义了一套专门的数据类型，如表 9.1 所示。

表 9.1 μC/OS-Ⅱ的数据类型定义

数据类型名称	数据类型	数据宽度
BOOLEAN	布尔型	8 位
INT8U	8 位无符号整数	8 位
INT8S	8 位带符号整数	8 位
INT16U	16 位无符号整数	16 位
INT16S	16 位带符号整数	16 位
INT32U	32 位无符号整数	32 位
INT32S	32 位带符号整数	32 位
FP32	单精度浮点数	32 位
FP64	双精度浮点数	64 位

9.2.2　μC/OS-Ⅱ的任务及其管理

1. μC/OS-Ⅱ的任务构成

在μC/OS-Ⅱ中,任务是操作系统的基本调度单位,由操作系统内核管理,任务之间使用系统服务进行同步与通信。基于μC/OS-Ⅱ的应用程序通常运行多个用户任务。

μC/OS-Ⅱ的任务由三部分构成:程序代码、任务堆栈和任务控制块。

(1)任务的程序代码

任务代码实际上是一个没有返回值的C函数。任务函数有一个入口参数,通常定义成一个void类型的指针,允许用户程序传递任何类型的参数给任务;任务的返回值必须是void类型,但任务永远不会返回。

(2)任务堆栈

每个任务都有自己独立的栈空间,用于保存任务的工作环境。用户在创建任务时必须知道处理器是采用向上生长的堆栈(栈顶在低地址)还是向下生长的堆栈(栈顶在高地址)。每个任务的栈空间大小不同。在文件OS_CPU.H中定义了一个数据类型OS_STK,在应用程序中定义任务堆栈的栈区只需声明一个OS_STK类型的数组即可:

```
OS_STK     TaskStk[TASK_STK];
```

(3)任务控制块

任务控制块(Task Control Block,TCB)用于保存任务状态和属性的数据结构,在任务创建时被初始化。多个任务的TCB构成双向循环链表。任务控制块的结构体定义如下:

```
typedef struct os_tcb {
    OS_STK         * OSTCBStkPtr;          /* 指向当前任务堆栈栈顶的指针 */
    struct os_tcb * OSTCBNext;             /* 指向OS_TCB链表中的下一个节点 */
    struct os_tcb * OSTCBPrev;             /* 指向OS_TCB链表中的前一个节点 */
    OS_EVENT       * OSTCBEventPtr;        /* 指向事件控制块的指针 */
    void           * OSTCBMsg;             /* 指向传给任务的消息的指针 */
    INT16U         OSTCBDly;               /* 任务延时或等待事件发生的最多节拍数 */
    INT8U          OSTCBStat;              /* 任务的状态字 */
    INT8U          OSTCBPrio;              /* 任务的优先级 */
    ……
} OS_TCB;
```

2. μC/OS-Ⅱ的任务状态

μC/OS-Ⅱ的任务处于五种状态之一,如图9.3所示。

(1)休眠(Dormant)态

任务代码驻留在内存中但还没有交给内核调度的状态。调用创建任务函数可以把任务提交给内核管理。

(2)就绪(Ready)态

任务已经具备运行条件但因优先级比正在运行的任务低而暂时不能运行的状态。

(3)运行(Running)态

任务已经获得处理器使用权而正在运行的状态。任何时刻系统中只有一个任务处于运行状态。

(4)等待(Waiting)态

也称挂起(Pending)态,正在运行的任务因等待某一事件发生而将处理器的使用权让给其他任务而将自身挂起的状态。等待的事件可以是外设的I/O操作、事件信号量、共享资源

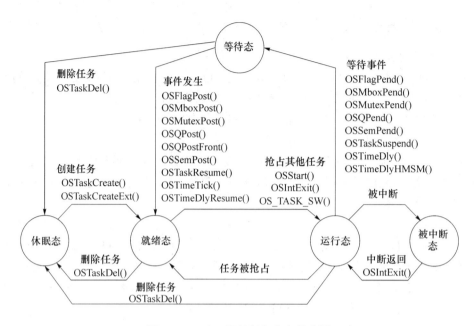

图 9.3 μC/OS-Ⅱ 的任务状态转移图

被释放、超时时间到达等。

（5）被中断（Interrupted）态

因处理器执行中断服务程序而被暂停运行的任务状态。

3. μC/OS-Ⅱ 的任务调度

μC/OS-Ⅱ 可以管理 64 个任务（版本 2.82 以后扩充至 255 个任务），每个任务都被赋予一个不同于其他任务的优先级，共 64 个优先级别。0 是最高优先级别，而最低优先级别则由头文件 OS_CFG.H 中设置的常量 OS_LOWEST_PRIO 定义。μC/OS-Ⅱ 的任务分为用户任务和系统任务。系统保留了 4 个最高优先级的任务（0～3）和 4 个最低优先级的任务（OS_LOW-EST_PRIO-3～OS_LOWEST_PRIO），故用户任务最多可以有 56 个。由于每个任务都具有唯一的优先级，故可用任务优先级作为任务的标识。

μC/OS-Ⅱ 预定义了两个系统任务为应用程序服务。

（1）空闲任务（idle task）

每个应用系统必须使用空闲任务，系统总是把最低优先级固定赋给空闲任务，该任务在没有其他任务进入就绪态时运行。用户可以在空闲任务的代码中加入用户代码，但不能调用有可能使该任务被挂起的函数，因为该任务在不运行时必须处于就绪态。空闲任务也不能被应用程序删除。空闲任务本身的代码始终连续运行，因此空闲任务与常规用户任务的结构不同。但只要有其他任务就绪，空闲任务的处理器时间就会被抢占。

（2）统计任务

可选的统计任务每秒钟运行一次，用于计算当前的处理器利用率，即应用程序使用处理器时间的百分比。统计任务的优先级为 OS_LOWEST_PRIO-1。

μC/OS-Ⅱ 采用基于优先级的调度算法，任务调度时，内核总是选择当前所有就绪任务中最高优先级的任务转入运行态。

μC/OS-Ⅱ 支持任务级的任务调度和中断级的任务调度两种方式。任务级的任务调度一般发生在当前运行态任务因等待某一事件而被阻塞或被挂起时,或是有更高优先级的任务处于就绪状态时。发生任务级的任务调度时,内核通过系统函数 OS_TASK_SW()进行任务级的任务切换,保存当前任务的上下文(程序计数器 PC、通用寄存器和处理器的状态寄存器),并恢复新任务的上下文。

对正常运行的主程序而言,中断是一种随机的程序切换手段。系统正常运行时,中断使能一般是打开的,当外部事件或系统异常发生时,系统响应中断,当前运行的任务将转入被中断态,处理器的使用权则被转交给中断服务程序。而中断有可能会触发一个或多个事件,从而使处于等待态的一个或多个任务转入就绪态。μC/OS-Ⅱ是可抢占的实时内核,在中断服务完成后允许进行中断级的任务调度,内核通过 OSIntExit()判断是否存在更高优先级的就绪任务。如果有,则进行中断级的任务切换,因在中断处理前已经保存了被中断任务的上下文,故只需恢复更高优先级的就绪任务的上下文即可;否则,原来被中断的任务将恢复运行。

在程序代码中,有些代码在处理时是不可分割的,也即一旦这部分代码开始执行就不允许被打断。这段代码被称为临界区代码,例如需要调用不可重入函数或修改全局变量的代码。在当前程序进入临界区时,并不希望系统进行任务调度,也不希望处理器转入中断服务程序。在 μC/OS-Ⅱ 中有两种解决方法:

① 一种是利用宏 OS_ENTER_CRITICAL()和 OS_EXIT_CRITICAL()实现关中断和开中断。

宏 OS_ENTER_CRITICAL()使系统进入临界状态,其主要操作是关闭所有可屏蔽中断,避免其他任务或中断服务程序打断临界区代码的执行;宏 OS_EXIT_CRITICAL()则实现退出临界状态的操作,恢复到上次进入临界状态前的中断使能状态。如果在关中断后调用 μC/OS-Ⅱ 的功能函数,则当函数返回后,中断将被打开。

② 另一种是利用函数 OSSchedLock()和 OSSchekUnlock()给调度器上锁和解锁。

当需要实现对不可分割数据的原子访问时,μC/OS-Ⅱ 可以用锁定任务调度器操作取代关中断,从而确保对数据的访问不被打断,且关中断的时间尽可能短,令系统能够尽快响应中断。调用 void OSSchedLock(void)可以锁定调度器,调用 void OSSchedUnlock(void)则可以解锁调度器。

4. μC/OS-Ⅱ 的中断处理

在 μC/OS-Ⅱ 系统中,中断服务程序的执行步骤大致如下:

① 保存全部 CPU 寄存器;

② 调用 OSIntEnter()或 OSIntNesting 直接加 1;

③ 执行用户中断服务代码(调用中断处理函数);

④ 调用 OSIntExit();

⑤ 恢复所有 CPU 寄存器;

⑥ 执行中断返回指令。

μC/OS-Ⅱ 通过全局变量 OSIntNesting 标识当前是否处于中断状态以及中断嵌套的层数,中断嵌套层数可多达 255 层。在用户中断服务程序中,可以直接将变量 OSIntNesting 加 1,但需保证加 1 操作是原子操作;或者直接调用函数 void OSIntEnter(void),该函数在关中断状态下对变量 OSIntNesting 加 1,并在返回前开中断。

完成寄存器保护和变量 OSIntNesting 加 1 操作后,即可执行用户中断服务代码了。代码的功能取决于中断源的处理要求,但在中断处理中不允许进行任务管理、事件管理及任务调度等操作。用户中断服务代码所做的工作应尽可能少，非紧急的工作尽量交给任务完成。中断服务程序可以借助邮箱、队列、信号量等机制激活某个任务完成相应的工作。如果用户允许中断嵌套，则可重新开中断，在此之前一般要先清除中断源。

在中断返回之前，必须调用退出中断函数 void OSIntExit(void)。OSIntExit() 将变量 OSIntNesting 记录的中断嵌套层数计数器减 1，当计数器减为零时，说明所有嵌套的中断服务都已经完成。此时 μC/OS-Ⅱ 将判断是否有优先级更高的任务被中断服务程序唤醒。如果有优先级更高的任务转入就绪态，则进行中断级的任务切换，恢复新任务上下文。OSIntExit() 函数返回后，将恢复已保存的 CPU 寄存器的值，并执行中断返回指令。

9.2.3　μC/OS-Ⅱ 的系统服务

1. μC/OS-Ⅱ 的任务管理服务

μC/OSⅡ通过一组系统函数进行任务管理，并以优先级（INT8U prio）作为任务的标识。

（1）任务创建

任务可以在调用 OSStart() 开始任务调度之前创建，也可以在其他任务的运行过程中被创建，但不能由中断服务程序创建。在开始任务调度前，用户必须至少创建一个用户任务。

函数 OSTaskCreate() 和 OSTaskCreateExt() 都可以创建任务。OSTaskCreateExt() 函数提供了一些附加的功能，但会增加额外的开销。创建任务函数 OSTaskCreate() 原型如下：

```
INT8U OSTaskCreate(
void ( * task)(void * pd),        /* 指向任务代码的的指针 */
void * pdata,                     /* 任务开始执行时传递给任务的参数的指针 */
OS_STK * ptos,                    /* 任务堆栈栈顶的指针 */
INT8U prio );                     /* 分配给任务的优先级 */
```

（2）任务删除

删除任务的操作将使任务转入休眠状态，不再被内核调度。

函数 OSTaskDel() 既可以删除任务自身，也可以删除其他任务，其原型如下：

```
INT8U OSTaskDel (INT8U prio)
```

调用此函数的任务可以通过指定参数 prio 为 OS_PRIO_SELF 来删除自身。

如果某任务 A 想删除任务 B，而任务 B 拥有系统资源（如内存缓冲区或信号量等），则删除任务 B 有可能导致资源由于没被释放而丢失。在这种情况下，任务 A 可以通过 OSTaskDelReq() 函数让任务 B 在使用完资源后先释放资源，再执行 OSTaskDel 删除自己。

（3）任务挂起和任务恢复

任务可以挂起自己或者挂起其他任务。调用 OSTaskSuspend() 函数可以挂起一个任务，而被挂起的任务只能等待其他任务调用 OSTaskResume() 函数才能实现任务恢复。如果任务在被挂起时正在等待延时，则挂起操作将被取消。任务挂起和任务恢复函数的原型如下：

```
INT8U OSTaskSuspend (INT8U prio);
INT8U OSTaskResume (INT8U prio);
```

2. μC/OS-Ⅱ 的时钟节拍与时间管理服务

操作系统内核需要周期性的信号源用于时间延时和超时，即时钟节拍。时钟节拍的频率越高，系统的额外负荷就越重，但应用程序的精度也越高。定时器硬件在每个时钟节拍产生一个硬件中断请求，内核在中断服务程序中更新 32 位的 tick 计数器，并调用系统服务函数 OSTimeTick() 检查等待超时或等待事件的任务是否超时。

用户必须在调用 OSStart() 启动多任务调度以后再开启时钟节拍器，且在调用 OSStart()

之后做的第一件事就是初始化定时器中断。用户任务可以调用 INT32U OSTimeGet（void）获得 tick 计数器的当前值，也可以调用 void OSTimeSet（INT32U ticks）改变 tick 计数器的当前值。

处于运行态的任务可以通过调用函数 OSTimeDly()或函数 OSTimeDlyHMSM()延迟一段时间。运行态任务将在调用函数之后转入等待状态，直到等待的时间到达（超时）后，OSTimeTick()将使该任务转入就绪态。

函数 OSTimeDly()的原型为：

```
void OSTimeDly (INT16U ticks);
```

参数 ticks 为要延时的时钟节拍数。

函数 OSTimeDlyHMSM()的原型为：

```
INT8U OSTimeDlyHMSM (INT8U hours, INT8U minutes, INT8U seconds, INT16U milli);
```

其中，参数 hours、minutes、seconds 和 milli 分别为延时时间的小时数（0～255）、分钟数（0～59）、秒数（0～59）和毫秒数（0～999）。实际的延时时间是时钟节拍的整数倍。

3. μC/OS-Ⅱ 的任务间通信与同步服务

在 μC/OS-Ⅱ 中，有多种在任务间共享数据和实现任务间通信的方法：早期版本内核可以使用信号量（Semaphore）、消息邮箱（Message Mailbox）和消息队列（Message Queue），1999 年以后的版本又增加了互斥信号量（Mutual Exclusion Semaphore，缩写为 mutex）和事件标志组（Event Flag）。任务和中断服务程序之间传递的这些不同类型的信号被统称为事件（Event），μC/OS-Ⅱ 利用事件控制块（Event Control Block，ECB）作为这些交互机制的载体。

任务或者中断服务程序可以通过 ECB 向其他任务发出信号。任务也可以在 ECB 上等待其他任务或中断服务程序向其发送信号，但中断服务程序不能等待信号。等待信号的任务可以指定一个最长的等待时间。当任务因等待信号而被挂起时，下一个优先级最高的任务将立即得到处理器的控制权。该事件发生后，被挂起的任务将转入就绪态。

多个任务可以同时等待同一事件的发生。当该事件发生后，所有等待该事件的任务中优先级最高的任务将获得该信号并转入就绪态。

（1）信号量

μC/OS-Ⅱ 中的信号量由两部分组成：一个 16 位无符号整数，表示信号量的计数值；一个等待该信号量的任务的列表。

• 创建信号量：OS_EVENT ＊ OSSemCreate(WORD value)；

• 删除信号量：OS_EVENT ＊ OSSemDel(OS_EVENT ＊ pevent, INT8U opt, INT8U ＊ err)；

• 释放信号量：INT8U OSSemPost(OS_EVENT ＊ pevent)；

• 等待信号量：Void OSSemPend(OS_EVNNT ＊ pevent, INT16U timeout, int8u ＊ err)；

• 无等待地请求信号量：INT16U OSSemAccept (OS_EVENT ＊ pevent)；

• 查询信号量状态：INT8U OSSemQuery (OS_EVENT ＊ pevent, OS_SEM_DATA ＊ pdata)；

（2）互斥信号量

互斥信号量 mutex 是二值信号量，只供任务使用，通常用于实现对共享资源的独占访问。

μC/OS-Ⅱ 的互斥信号量支持信号量的所有功能，使用方法也与信号量相似，但互斥信号量还可以解决优先级反转问题。故互斥信号量由三部分组成：一个标志位，表示互斥信号量的当前值,只能是0或1;一个等待该互斥信号量的任务的列表;一个保留的空闲优先级值。

有六个系统函数用于互斥信号量:

- 创建 mutex:OS_EVENT * OSMutexCreate(INT8U prio, INT8U * err);
- 删除 mutex:OS_EVENT * OSMutexDel(OS_EVENT * pevent, INT8U opt, INT8U * err);
- 释放 mutex:INT8U OSMutexPost(OS_EVENT * pevent);
- 等待 mutex:void OSMutexPend(OS_EVENT * pevent, INT16U timeout, INT8U * err);
- 无等待地请求 mutex:INT8U OSMutexAccept(OS_EVENT * pevent, INT8U * err);
- 查询 mutex 状态:INT8U OSMutexQuery(OS_EVENT * pevent, OS_MUTEX_DATA * pdata);

（3）消息邮箱

消息邮箱可以让一个任务或中断服务程序向另一个任务发送一个指针型的变量,该指针通常指向一个包含特定消息的数据结构。

用于消息邮箱的主要系统函数包括:

- 创建消息邮箱:OS_EVENT * OSMboxCreate(void * msg);
- 删除消息邮箱:OS_EVENT * OSMboxDel(OS_EVENT * pevent, INT8U opt, INT8U * err);
- 释放消息邮箱(消息邮箱发送):INT8U OSMboxPost(OS_EVENT * pevent, void * pmsg);
- 等待消息邮箱:void * OSMboxPend(OS_EVENT * pevent, INT32U timeout, INT8U * perr);
- 无等待地请求消息邮箱:void * OSMboxAccept(OS_EVENT * pevent);
- 查询消息邮箱状态:INT8U OSMboxQuery(OS_EVENT * pevent, OS_MBOX_DATA * pdata);

（4）消息队列

消息队列同样允许一个任务或中断服务程序向另一个任务发送一个指针型的变量。但一个邮箱只能传递一则消息,而消息队列则可以接收多条消息。故可以将消息队列看作多个邮箱组成的数组,这些邮箱共用一个等待任务列表。

用于消息队列的主要系统函数包括:

- 创建消息队列:OS_EVENT * OSQCreate(void * * start, INT16U size);
- 删除消息队列:OS_EVENT * OSQDel(OS_EVENT * pevent, INT8U opt, INT8U * err);
- 释放消息队列(消息队列发送):INT8U OSQPost(OS_EVENT * pevent, void * msg);
- 等待消息队列:void * OSQPend(OS_EVENT * pevent, INT32U timeout, INT8U * perr);
- 无等待地请求消息队列:void * OSQAccept(OS_EVENT * pevent, INT8U * perr);
- 查询消息队列状态:INT8U OSQQuery(OS_EVENT * pevent, OS_Q_DATA * p_q_data);

9.3　μC/OS-Ⅱ的移植

实时操作系统 μC/OS-Ⅱ 的移植是进行后续开发工作的基础。所谓移植，就是使一个实时内核能在某个微处理器或微控制器上运行。μC/OS-Ⅱ 的源代码中，除了与微处理器硬件相关的部分是使用汇编语言编写的，其他绝大部分是使用移植性很强的 ANSI C 编写的，所以 μC/OS-Ⅱ 的移植较为简单、方便。

9.3.1　μC/OS-Ⅱ 移植的一般方法

要使 μC/OS-Ⅱ 能正常运行，处理器必须满足以下要求：
- 处理器的 C 编译器能产生可重入代码；
- 处理器支持中断，并且能产生定时中断；
- C 语言可以开/关中断；
- 处理器支持一定数量的数据存储硬件堆栈；
- 处理器有将堆栈和其他 CPU 寄存器读出和存储到堆栈或内存的指令。

μC/OS-Ⅱ 的文件系统结构如图 9.4 所示。μC/OS-Ⅱ 的文件系统结构包括核心代码部分、设置代码部分、与处理器相关的移植代码部分。其中最上边的软件应用层是 μC/OS-Ⅱ 上的代码；核心代码部分包括 7 个源代码文件和 1 个头文件；功能分别是内核管理、事件管理、消息队列管理、存储管理、消息管理、信号量处理、任务调度和定时管理；设置代码部分包括两个头文件，用来配置事件控制块的数目以及是否包含消息管理相关代码；而与处理器相关的移植代码部分则是进行移植过程中需要更改的部分，包括 1 个头文件 OS_CPU. H、1 个汇编文件 OS_CPU_A. ASM 和 1 个 C 语言代码 OS_CPU_C. C。

移植 μC/OS-Ⅱ 只需修改 OS_CPU. H、OS_CPU_A. ASM、OS_CPU_C. C 这三个文件的相关函数。

1. OS_CPU. H 的移植

文件 OS_CPU. H 中包括了用 ♯ define 语句定义的与处理器相关的常数、宏以及类型，移植时主要修改的内容有：与编译器相关的数据类型的设定、用 ♯define 语句定义两个宏开关中断、根据堆栈的方向定义 OS_STK_GROWTH 等。

（1）重新定义数据类型

在将 μC/OS-Ⅱ 移植到 ARM 处理器上时，首先进行基本配置和数据类型定义。重新定义数据类型是为了增加代码的可移植性，因为不同的编译器所提供的同一数据类型的数据长度并不相同，例如 int 型，在有的编译器中是 16 位，而在另外一些编译器中则是 32 位。所以，为了便于移植，需要重新定义数据类型，如 INT32U 代表无符号 32 位整型。

为了保证可移植性，程序中没有直接使用 C 语言中的 short、int 和 long 等数据类型的定义，因为它们与处理器类型有关，隐含着不可移植性。程序中自己定义了一套数据类型，如 INT16U 表示 16 位无符号整型。对于 ARM 这样的 32 位内核，INT16U 是 unsigned short 型；如果是 16 位处理器，则是 unsinged int 型。

```
typedef unsigned char   BOOLEAN;              /* Boolean 布尔变量 */
typedef unsigned char   INT8U;                /* 无符号 8 位实体 */
typedef signed   char   INT8S;                /* 有符号 8 位实体 */
typedef unsigned short  INT16U;               /* 无符号 16 位实体 */
```

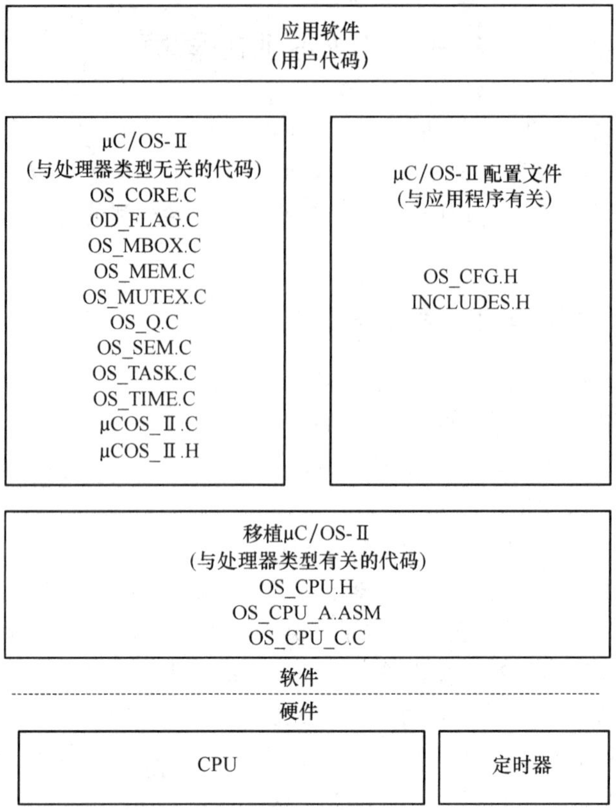

```
┌─────────────────────────────────────────────────────────────┐
│                        应用软件                              │
│                      （用户代码）                            │
└─────────────────────────────────────────────────────────────┘

┌──────────────────────────┐    ┌──────────────────────────┐
│        μC/OS-Ⅱ           │    │                          │
│  （与处理器类型无关的代码）│    │    μC/OS-Ⅱ配置文件       │
│       OS_CORE.C          │    │   （与应用程序有关）      │
│       OD_FLAG.C          │    │                          │
│       OS_MBOX.C          │    │                          │
│       OS_MEM.C           │    │       OS_CFG.H           │
│       OS_MUTEX.C         │    │       INCLUDES.H         │
│        OS_Q.C            │    │                          │
│       OS_SEM.C           │    │                          │
│       OS_TASK.C          │    │                          │
│       OS_TIME.C          │    │                          │
│       μCOS_Ⅱ.C          │    │                          │
│       μCOS_Ⅱ.H          │    │                          │
└──────────────────────────┘    └──────────────────────────┘

┌─────────────────────────────────────────────────────────────┐
│                      移植μC/OS-Ⅱ                            │
│                （与处理器类型有关的代码）                    │
│                      OS_CPU.H                               │
│                     OS_CPU_A.ASM                           │
│                      OS_CPU_C.C                            │
└─────────────────────────────────────────────────────────────┘
                           软件
─────────────────────────────────────────────────────────────
                           硬件
┌──────────────────────────────────┐    ┌──────────────────┐
│              CPU                 │    │     定时器       │
└──────────────────────────────────┘    └──────────────────┘
```

图 9.4　μC/OS-Ⅱ 的文件系统结构

```
typedef signed    short  INT16S;              /* 有符号 16 位实体    */
typedef unsigned  int    INT32U；             /* 无符号 32 位实体    */
typedef signed    int    INT32S；             /* 有符号 32 位实体    */
typedef float            FP32                 /* 单精度浮点数        */
typedef double           FP64；               /* 双精度浮点数        */
typedef unsigned int     OS_STK；             /* 堆栈是 32 位宽度 */
typedef unsigned int     OS_CPU_SR；          /* 申明状态寄存器是 32 位 */
```

typedef unsigned int INT8U，就是定义一个 8 位的无符号整型数据类型。

（2）定义中断禁止和允许的宏

其次就是对 ARM 处理器相关宏进行定义，如 ARM 处理器中退出临界区和进入临界区的宏定义，退出临界区宏定义：

```
#defineOS_ENTER_CRITICAL(){cpu_sr = OS_CPU_SR_Save();}  /* 定义关中断宏 */
#define OS_EXIT_CRITICAL(){OS_CPU_SR_Restore(cpu_sr);}  /* 定义开中断宏 */
```

OS_CPU_SR_Save()和 OS_CPU_SR_Restore()两个函数是在 OS_CPU_A.ASM 中的汇编语言子程序。

（3）定义堆栈增长方向

最后就是堆栈增长方向的设定，当进行函数调用时，入口参数和返回地址一般都会保存在当前任务的堆栈中，编译器的编译选项和由此生成的堆栈指令就会决定堆栈的增长方向。μC/OS-Ⅱ使用结构常量 OS_STK_GROWTH 来指定堆栈的增长方式：

- 置 OS_STK_GROWTH 为 0，表示堆栈从下往上增长；
- 置 OS_STK_GROWTH 为 1，表示堆栈从上往下增长。

Cortex-M3 支持从上往下增长的方式。因此,我们在移植时,需将 OS_STK_GROWTH＝1,
对于 STM32F10x 这样的 M3 微控制器,定义为

```
＃define OS_STK_GROWTH 1
```

(4) 定义 OS_TASK_SW()宏

任务级上下文切换(即任务切换)调用宏定义 OS_TASK_SW()。因为上下文切换跟处理
器有密切关系,OS_TASK_SW()实质上是调用汇编函数 OSCtxSW()(在 OS_CPU_A.ASM
文件中的子程序),宏定义如下:

```
＃define   OS_TASK_SW()            OSCtxSw()
```

OSCtxSw()是在 OS_CPU_A.ASM 中的汇编语言子程序。

(5) 去掉不用的函数引用

由于在启动文件中定义了 SysTick 滴答定时中断服务函数 SysTick_Handler(void),并在
stm32f10x_it.c 中有空的 SysTick_Handler(void)函数待编写(后面有说明要编写相关函数),
因此要把在 OS_CPU.H 中三个与 SysTick 滴答定时器相关的函数注释掉不用,它们是:OS_
CPU_SysTickHandler(void)、OS_CPU_SysTickInit(void)、OS_CPU_SysTickClkFreq()。

2. OS_CPU_C.C 的移植

OS_CPU_C.C 的移植包括任务堆栈初始化和相应函数的实现。在这里,共有 6 个函数:
OSTaskStkInit()、OSTaskCreateHook()、OSTaskDelHook()、OS2TaskSwHook()、OSTask-
StatHook()、OSTimeTickHook()。其中后面的 5 个 HOOK 函数又称为钩子函数,主要是用
来对 µC/OS-Ⅱ 进行功能扩展。这些函数为用户定义函数,由操作系统调用相应的 HOOK 函
数去执行,在一般情况下,它们都没有代码,所以实现为空函数即可。

唯一要移植的函数 OSTaskStkInit()就是对堆栈进行初始化,在 ARM 系统中,任务堆栈
空间由高到低依次为 PC,LR,R12,R11,…,R1,R0,CPSR,SPSR。在进行堆栈初始化以后,
OSTaskStkInit()返回新的堆栈栈顶指针。

在 OSTaskStkInit()函数中 ptos 为堆栈栈顶指针,具体函数及说明如下:

```
OS_STK * OSTaskStkInit (void ( * task)(void * p_arg), void * p_arg, OS_STK * ptos, INT16U opt)
{
    OS_STK * stk;
    (void)opt; / * 'opt' is not used, prevent warning                    * /
    stk = ptos; / * Load stack pointer                                   * /
/ * Registers stacked as if auto-saved on exception     * /
    * (stk) = (INT32U)0x01000000L;                        / * xPSR * /
    * ( -- stk) = (INT32U)task;                           / * Entry Point * /
    * ( -- stk)   = (INT32U)0xFFFFFFFEL; / * R14 (LR) (init value will cause fault * /
    * ( -- stk) = (INT32U)0x12121212L;/ * R12 * /
    * ( -- stk) = (INT32U)0x03030303L;/ * R3   * /
    * ( -- stk) = (INT32U)0x02020202L;/ * R2   * /
    * ( -- stk) = (INT32U)0x01010101L;/ * R1   * /
    * ( -- stk) = (INT32U)p_arg; / * R0 : argument * /
/ * Remaining registers saved on process stack * /
    * ( -- stk) = (INT32U)0x11111111L;/ * R11 * /
    * ( -- stk) = (INT32U)0x10101010L;/ * R10 * /
    * ( -- stk) = (INT32U)0x09090909L;/ * R9 * /
    * ( -- stk) = (INT32U)0x08080808L;/ * R8 * /
    * ( -- stk) = (INT32U)0x07070707L;/ * R7 * /
    * ( -- stk) = (INT32U)0x06060606L;/ * R6 * /
    * ( -- stk) = (INT32U)0x05050505L;/ * R5 * /
```

```
    * ( -- stk) = (INT32U)0x04040404L; / * R4 * /
    return (stk);
}
```

把前面由 OS_CPU. H 声明的在 OS_CPU_C. C 文件中的三个函数 OS_CPU_SysTick-Handler(void)、OS_CPU_SysTickInit(void) 和 OS_CPU_SysTickClkFreq() 注释掉不用。同时把几个函数中用到的宏定义一同注释掉不用。

3. OS_CPU_A. ASM 的移植

OS_CPU_A. ASM 文件的移植需要对处理器的寄存器进行操作，所以必须用汇编语言来编写。

在 OS_CPU_A. ASM 文件中全部使用汇编语言编写，首先用伪指令 EXTERN 引用一个外部文件中定义的、本文件要使用的几个函数；然后再用 EXPORT 声明一个本文件定义的、外部文件要引用的几个函数，如下所示。

```
    EXTERN    OSRunning; External references
    EXTERN    OSPrioCur
    EXTERN    OSPrioHighRdy
    EXTERN    OSTCBCur
    EXTERN    OSTCBHighRdy
    EXTERN    OSIntNesting
    EXTERN    OSIntExit
    EXTERN    OSTaskSwHook
    EXPORT    OS_CPU_SR_Save      ; Functions declared in this file
    EXPORT    OS_CPU_SR_Restore
    EXPORT    OSStartHighRdy
    EXPORT    OSCtxSw
    EXPORT    OSIntCtxSw
    EXPORT    OS_CPU_PendSVHandler;此句必须修改
```

由于启动文件中给出的挂起中断服务程序名为 PendSV_Handler，因此将此处的 OS_CPU_PendSVHandler 改为 PendSV_Handler。除了声明处要改，实际上 OS_CPU_A. ASM 中所有 OS_CPU_PendSVHandler 均要改为 PendSV_Handler。

这个文件的实现集中体现了所要移植到处理器的体系结构和 μC/OS-II 的移植原理，它包括 6 个子函数：OS_CPU_SR_Save()、OS_CPU_SR_Restore()、OSStartHighRdy()、OSCtxSw()、OSIntCtxSw()、OS_CPU_PendSVHandler()。

前面已经介绍了定义的两个与中断相关的宏，就是调用 OS_CPU_SR_Save() 和 OS_CPU_SR_Restore() 两个函数以实现中断禁止和中断允许，这两个函数用汇编语言在 OS_CPU_A. ASM 中的汇编语言子程序如下：

```
OS_CPU_SR_Save;禁止中断
    MRS    R0, PRIMASK ;保存全局中断标志到 R0
    CPSID  I           ;对于 ARM Cortex-M 处理器,禁止所有可屏蔽中断
    BX     LR          ;通过 R0 传递参数
OS_CPU_SR_Restore;允许中断
    MSR    PRIMASK, R0 ;恢复全局中断标志即开中断
    BX     LR
```

OSStartHighRdy() 函数是使用调度器运行第一个任务，设置优先级、切换任务到最高优先，开中断，具体代码如下：

```
OSStartHighRdy
        LDR    R4,  = NVIC_SYSPRI4      ;设置挂起中断例外优先级 2
```

```
        LDR     R5，= NVIC_PENDSV_PRI
        STR     R5，[R4]
        MOV     R4，#0                    ;将 PSP 设置为 0
        MSR     PSP，R4
        LDR     R4，= OSRunning           ;OSRunning = TRUE
        MOV     R5，#1
        STRB    R5，[R4]
        LDR     R4，= NVIC_INT_CTRL       ;中断控制状态寄存器 ICSR 地址 0xE000ED04,为切换到最
高优先级的任务,ICSR 格式如图 9.5 所示
        LDR     R5，= NVIC_PENDSVSET      ;触发中断值 0x10000000 使 PendSV = 1
        STR     R5，[R4]
        CPSIE   I                        ;开中断
OSStartHang
        B       OSStartHang              ;进入死循环
```

31	30	29	28	27	26	25	24	23	22	21	20	19	18	17	16
NMIPE NDSET	Reserved		PEND SVSET	PEND SVCLR	PEND STSET	PENDS TCLR	Reserved		ISRPE NDING	VECTPENDING[9:4]					
rw			rw	w	rw	w			r	r	r	r	r	r	r	r
15	14	13	12	11	10	9	8	7	6	5	4	3	2	1	0
VECTPENDING[3:0]				RETOB ASE	Reserved		VECTACTIVE[8:0]								
r	r	r	r	r			rw	rw	rw	rw	rw	rw	rw	rw	rw

图 9.5　中断控制状态寄存器 ICSR 结构

前面已经介绍了定义的宏 OS_TASK_SW() 就是调用汇编语言编写的子程序 OSCtxSw：

```
NVIC_INT_CTRL   EQU     0xE000ED04       ;中断控制状态寄存器 ICSR 的地址
NVIC_PENDSVSET  EQU     0x10000000       ;触发 PendSV(可挂起)中断的值(Bit28 = 1)
OSCtxSw                                  ;触发 PendSV 中断
        LDR     R0，= NVIC_INT_CTRL       ;装入中断控制状态寄存器地址到 R0
        LDR     R1，= NVIC_PENDSVSET      ;装入触发软件中断的值
        STR     R1，[R0]                  ;写入中断控制状态寄存器中,允许可挂起中断
        BX      LR
```

调用这一汇编语言程序,即允许中断挂起,有中断就可以响应中断。

OSIntCtxSw 为中断级任务切换,代码与 OSCtxSw 相同,如下：

```
OSIntCtxSw
        LDR     R0，= NVIC_INT_CTRL       ;触发 PendSV 异常
        LDR     R1，= NVIC_PENDSVSET
        STR     R1，[R0]
        BX      LR
```

PendSV_Handler 为中断服务程序。

实际应用时,可以借助于板子支持包中商家已经移植好的应用程序,无须这样修改,都有现成的移植范例可使用,在移植完 RTOS 之后,下面详细介绍如何在 RTOS 下编写应用程序。

9.3.2　μC/OS-Ⅱ 移植到 STM32F10x 微控制器

1. 准备工作

(1)从官方网站下载 STM32F10x 标准外设库

stm32 标准外设库是 stm32 全系列芯片的外设驱动,有了它可大大加速开发 stm32,同时使代码标准更统一,更易移植。比如使用版本是 V3.5.0。其文件目录结构如图 9.6 所示。

其中 Libraries 包括所有固件库的源代码,Projet 包含有 STM32F10x 各个外设的使用范例,

图 9.6 ST 官方标准外设
库目标结构

并提供一个工程模板，Utilites 是使用 ST 公司的评估板的例子，stm32f10x_stdperiph_lib_um.chm 文件为帮助文件，告诉我们怎么使用固件库函数。

后面在建立自己的工程时，要使用 Libraries 和 Projet 中的相关文件，是我们重点要关注的。

（2）建立工程文件夹

建立一名为 MySTM32App 的文件夹，在其下再建一个名为 User 的文件夹，以存放用户程序，建立 Doc 文件夹存放说明文档，建立 Libraries 存放库文件，建立 Project 文件夹存储项目文件，建立 uCOSII 文件夹准备存放 μC/OS-II 相关文件。在 Libraries 建立一个 CMSIS 文件夹，再在 User 下建立 Main 文件夹，存放主要用户函数。在 Projet 下再建立 obj 和 list 两个文件夹分别存放目标文件和列表文件，uCOSII 文件夹下再建立两个文件夹为 core 和 port。

（3）整理库代码

原固件库的 Libraries 下的 CMSIS 文件夹中许多代码与编译器及芯片有关，导致文件夹很深，不便于维护，需要进行一定的整理。

将原来库文件 Libraries\CMSIS\CM3 下的两个文件夹及其内容全部复制到自己建立的 Libraries\CMSIS 下，把固件库 Libraries 下的 STM32F10x_StdPeriph_Driver 及其内容复制到自己建立的 Libraries 文件夹下。

再对自己建立的工程 Libraries\CMSIS\DeviceSupport 下的文件夹和文件进行整理，把 DeviceSupport\ST\STM32F10x 下的所有文件复制到 DeviceSupport，然后删除 DeviceSupport 下的 ST 文件夹，将 stm32f10x.h、system_stm32f10x.c 以及 system_stm32f10x.h 的属性修改为存档（去掉只读，后面要修改，否则在 KEIL 工程中无法修改）。再将 DeviceSupport\Startup\ARM 下的所有文件复制到 DeviceSupport\Startup 下，然后删除 Startup 下的所有其他文件夹，仅保留刚复制的各种芯片的 7 个启动文件。也可以只保留一个与开发板名自行设计的板子 MCU 一致的启动文件，如使用互联型 MCU STM32F107，则保留 startup_stm32f10x_cl.s，可以把其他删除。

将原固件库中的 STM32F10x_StdPeriph_Template 下的 stm32f10x_conf.h、stm32f10x_it.c 和 stm32f10x_it.h 复制到自己的文件夹 User\Main 下。

至此准备工作已经就完毕。

2. 建立 KEIL 工程

使用 ARM-MDK(KEIL MDK)新建一个名为 MyuCOSApp 的工程，并保存在已经建立的 MySTM32App\Project 下。在回答是否要加载启动文件时，回答否，因为我们已经在上一步的相应文件夹中复制了库提供的启动文件。通过项目管理将顶端的 Tartget 1 改名为 MyuCOSApp（可以不跟项目名一样，随便起名均可）。同时通过项目管理添加组，形成工程目录结构如图 9.7 所示。

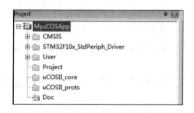

图 9.7 KEIL 工程项目管理
文件夹目录结构

将自行建立的文件夹 User\main 下的所有.C 文件添加到 User 组中，将 CMSIS 下的包括子目录下的所有源文件.C、.S 及.h 全部添加到工程文件的 CMSIS 组中，将 Libraries\

STM32F10x_StdPeriph_Driver\src 下将要使用的硬件组件(片上外设).c 源文件添加到工程文件组 STM32F10x_StdPeriph_Driver 中(只要用到的片上外设均要添加),本例添加的文件如图 9.8 所示。

3. 初始配置 STM32F10x 初始外设

在前面已经加载了启动文件,这时可配置芯片类型,这里使用的是 STM32F107,在打开 STM32F10x.h(前面已经设置为存档,非只读,否则不能修改)后,选择 STM32F10x_CL (STM32F10x_CL.S 为 STM32F107 的启动文件),把该行注释去掉,保留该行定义如图 9.9 所示。继续在该文件中选择启用标准外设库,将 105 行的 /* ♯define USE_STDPERIPH_DRIVER */ 注释去掉,保留该行,即选择使用外设标准库,如图 9.10 所示。

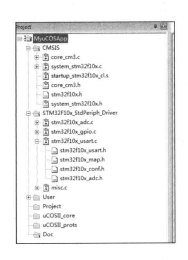

图 9.8 KEIL 工程项目添加
文件后的结构图

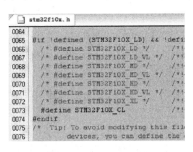

图 9.9 修改芯片配置

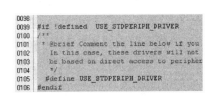

图 9.10 启用标准外设库

此外在 system_stm32f10x.c 中配置主频为合适的频率,如这里配置为 72 MHz,把 115 行中的注释去掉变为 ♯define SYSCLK_FREQ_72MHz 72000000,即选择了 72 MHz 主频。

在 stm32f10x_conf.h 中选择使用的片外外设,把不需要的注释掉,如这里使用 GPIO、TIM、ADC、USART。把不用的去掉以节约空间。

4. 完善工程

在工程中的 USER\Main 下建立三个空文件 main.c、hw_config.c 和 hw_config.h。

5. 移植 μC/OS-Ⅱ

所谓移植,就是使一个实时操作系统能够在某个微处理器平台上或微控制器平台上运行。由 μC/OS-Ⅱ 的文件系统可知,在移植过程中,用户需要关注的就是与处理器相关的代码。这部分包括一个头文件 OS_CPU.H、一个汇编文件 OS_CPU_A.ASM 和一个 C 代码文件 OS_CPU_C.C。

下载官方 μC/OS-Ⅱ 操作系统源代码,目录结构如图 9.11 所示。

将 Software 下的所有文件包括文件夹全部复制到自己建立的 uCOSII\core 下,将 Software\Ports\ARM-Cortex-M3\Generic\RealView 下文件的全部复制到自建的 port 下。将 Software\EvalBoards\ST\STM3210B-EVAL\RVMDK\OS-Probe\os_cfg.h 复制到自建的 User\Main 下。

图 9.11　μC/OS-Ⅱ 文件结构

按照移植方法,先在 KEIL 工程中将 uCOSII\Core 下的所有 C 文件添加到 uCOSII_core 中,uCOSII\Port 下的所有文件添加到 uCOSII_ports 中。

OS_CPU_C.C 文件中的 void OS_CPU_SysTickHandler（void）的内容代码复制到 stm32f10x_it.c 的 SysTick_Handler（void）函数中,在 stm32f10x_it.c 文件头部加入♯include ucos_ii.h。

6. 构建 main.c 文件及 main() 函数

按照工程需求,在 main.c 加入相应的头文件,如 hw_config.h、ucos_ii.h 等,首先为 RTOS 建立 SysTick 时钟 SysTick_Configuration（）,然后是对使用的硬件初始化 hw_config（）,接着对 μC/OSⅡ 操作系统初始化OSInit（）,创新 RTOS 任务,启动任务调度等。

详细的应用程序设计见 9.4 节。

9.4　基于 μC/OS-Ⅱ 下的应用程序设计

9.4.1　μC/OS-Ⅱ 的初始化与 main( )函数结构

在基于 μC/OS-Ⅱ 的多任务 RTOC 系统中,引导加载程序(在基于 STM32F10x 的启动文件中已经有引导程序了,因此 main 函数无须再引导加载)执行完毕则调用主函数 main()。主函数 main()实现的功能主要包括:硬件初始化,调用 OSInit()初始化 μC/OS-Ⅱ 内核,创建任务,创建任务间通信或同步的内核对象,应用程序相关的初始化操作,调用 OSStart()启动多任务调度等。主函数 main()的一般结构如下:

```
void main()
{
    HW_config();                        /* 硬件配置与初始化,包括时钟和使用的外设 */
    OSInit();                           /* 初始化 μC/OS-Ⅱ 内核 */
    OSTaskCreate(Task1,……);            /* 创建用户任务 1 */
    OSTaskCreate(Task2,……);            /* 创建用户任务 2 */
    ……
    OSTaskCreate(Taski, ……);           /* 创建用户任务 i */
    OSStart();                          /* 启动多任务调度 */
}
```

在使用内核提供的任何功能之前,必须先调用 OSInit()函数进行内核初始化。OSInit() 对内核使用的所有变量和数据结构进行初始化,创建空闲任务 OS_TaskIdle()并使之处于就绪态。函数 OSStart()将启动多任务调度并从就绪态任务中选择最高优先级的任务转入运行态,故在主函数 main()调用 OSStart()之前必须至少创建一个用户任务。

OSTaskCreate()是 μC/OS-Ⅱ 建立任务的函数,有四个参数,第一个参数 task 是指向任务代码的指针,第二个参数 pdata 是任务开始执行时传送给任务的参数指针,第三个参数 ptos 是分配给任务的堆栈栈顶指针,第四个参数 prio 是分配给任务的优先级。格式如下:

```
OSTaskCreate (void      (*task)(void * p_arg),     //任务代码指针
              void       * p_arg,                   //传递给任务的参数指针
              OS_STK     * ptos,                    //任务的堆栈指针
              INT8U      prio)                      //任务优先级
```

此外,还可以使用带扩展功能的任务创建函数来创建新的任务,通过要使用堆栈检查操作必须用 OSTaskCreateExt() 建立任务,当用户不知道应该给任务分配多少堆栈空间时,堆栈检查功能是很有用的。OSTaskCreateExt 除了 OSTaskCreate 需要的四个参数外,还需要 5 个参数,共需要 9 个参数。另外的 5 个参数为:第五个参数是任务的 ID,第六个参数是一个指向任务堆栈栈底的指针,第七个参数是堆栈的大小(以堆栈单元为单位),第 8 个参数是一个指向用户定义的 TCB 扩展数据结构的指针,第 9 个参数是一个用于指定对任务操作的变量。格式如下:

```
OSTaskCreateExt (void    ( * task)(void * p_arg),     //任务代码指针
                    void      * p_arg,                //传递给任务的参数指针
                    OS_STK    * ptos,                 //任务的堆栈指针
                    INT8U     prio,                   //任务优先级
                    INT16U    id,                     //任务 ID
                    OS_STK    * pbos,                 //栈底指针
                    INT32U    stk_size,               //堆栈大小
                    void      * pext,                 //扩展数据结构的指针
                    INT16U    opt)                    //指定任务操作的变量
```

假设要创建两个任务,任务代码指针为 APPTask1 和 APPTask2,传递任务的参数指针为 0,堆栈大小均为 64,优先级分别为 6 和 7。使用普通任务创建函数如下:

```
//设置任务优先级
# define Task1_TASK_PRIO        6
# define Task2_TASK_PRIO        7
//设置任务堆栈大小
# define  Task1_STK_SIZE        64
# define  Task2_STK_SIZE        64
//任务堆栈
OS_STK   TAsk1_STK[Task1_STK_SIZE];
OS_STK   TAsk2_STK[Task1_STK_SIZE];
OSTaskCreate(APPTask1,(void * )0,(OS_STK * )& Task1_STK[Task1_STK_SIZE - 1],TASK1_TASK_PRIO);
    //创建 APPTask1 任务
OSTaskCreateAPPTask2,(void * )0,(OS_STK * )&Task2_STK[Task2_STK_SIZE - 1],Task2_TASK_PRIO);
    //创建 APPTask2 任务
```

9.4.2　μC/OS-Ⅱ 用户任务的三种结构

任务可以是一个无限的循环,也可以在任务完成后自我删除。因此,任务通常采用下面三种结构之一。

1. 单次执行的任务

这类任务在创建后处于就绪状态并可以被执行,执行完相应的功能后则自我删除。单次执行的任务通常是孤立的任务,不与其他任务进行通信,只使用共享资源来获取信息和输出信息,但可以被中断服务程序中断。

单次执行的任务通常执行三步操作:任务准备工作;任务实体;自我删除函数调用。

```
void   Task (void * pdata)
{
    任务初始化的准备工作;          /* 定义变量并初始化硬件设备 */
    任务实体;                      /* 完成该任务的具体功能 */
    OSTaskDel(OS_PRIO_SELF);       /* 任务完成后调用任务删除函数自我删除 */
}
```

2. 周期执行的任务

周期执行的任务一般采用循环结构,并在每次完成具体功能后调用系统延时函数 OS-

TimeDly()或 OSTimeDlyHMSM()等待下一个执行周期,将处理器时间让给其他任务。但延时函数可能存在一个时钟节拍的延时误差,如果需要精确定时,应采用硬件定时器并在定时器中断服务程序中完成周期性任务。

```
void   Task (void * pdata)
{
    任务初始化准备工作；              /* 定义和初始化变量及硬件设备 */
    for ( ; ; )                       /* 无限的循环或 while(1) */
    {
        任务实体；                    /* 完成该任务的具体功能 */
        OSTimeDly(n)；                /* 调用系统延时函数等待下一个周期 */
    }
}
```

一个数据采集和显示任务即可采用此种结构。在硬件接口初始化之后,任务转入无限循环。在循环体中,任务读取传感器采集的数据并显示在 LED 或 LCD 显示屏上,然后延时一段时间等待下一次更新显示采集的数据。

这种结构应用最为广泛,下面的实例均对应于此结构。

3. 事件触发执行的任务

这类任务的实体代码只有在某种事件发生后才执行。在相关事件发生之前,任务被挂起。事件触发执行的任务一般也采用循环结构,相关事件发生一次,任务实体代码执行一次。

```
void   Task (void * pdata)
{
    任务初始化的准备工作；            /* 定义和初始化变量及硬件设备 */
    for ( ; ; )                       /* 无限的循环或 while(1) */
    {
        调用获取事件的函数；          /* 等待信量量或消息等 */
        任务实体；                    /* 完成该任务的具体功能 */
    }
}
```

9.4.3　μC/OS-Ⅱ 应用程序设计实例

基于 μC/OS-Ⅱ 操作系统内核开发应用程序,首先要进行合理的任务划分,也即按照任务的实时性要求及任务的触发条件等因素安排任务的个数和各个任务的优先级,同时将所需完成的各类操作分配到各个任务和中断服务程序中,并安排任务与中断服务程序之间的通信机制。

1. 任务创建与删除

【例 9.1】　创建两个任务,任务一:每隔 2 s 通过串口 USART1 输出字符串"AppTask1";任务二:每隔 1 s 输出"AppTask2",输出 6 次后打印"删除任务 2"并删除任务。

在基于 μC/OS-Ⅱ 下的程序设计中,在开始多任务调度即调用 OSStart()之前,用户必须建立至少一个任务。前面已经介绍了用 μC/OS-Ⅱ 提供的两个函数来创建任务:一个是普通任务创建 OSTaskCreate(),另一个是扩展任务创建 OSTaskCreateExt(),使用其中任意一个即可。其函数原型如下:

```
INT8U OSTaskCreate (void ( * task)(void * pd), void * pdata, OS_STK * ptos, INT8U prio)
INT8U OSTaskCreateExt (void( * task)(void * pd),void * pdata,SD_STK * ptos,INT8U prio,INT16U
id,OS_STK * pbos,INT32U stk_size,void * pext,INT16U opt)
```

• task:任务代码指针。

- pdata:任务的参数指针。
- ptos:任务的堆栈的栈顶指针。
- prio:任务优先级。
- id:任务特殊的标识符(μC/OS-Ⅱ中还未使用)。
- pbos:任务的堆栈栈底的指针(用于堆栈检验)。
- stk_size:堆栈成员数目的容量(宽度为 4 字节)。
- pext:指向用户附加的数据域的指针。
- opt:是否允许堆栈检验,是否将堆栈清零,任务是否要进行浮点操作等。删除任务就是任务将返回并处于休眠状态,任务的代码不再被 μC/OS-Ⅱ调用,而不是删除任务代码。删除任务主要是把任务控制块从 OSTCBList 链表中移到 OSTCBFreeList。μC/OS-Ⅱ提供了两个函数来删除任务:OSTaskDel()或 OSTaskDelReq()。

```
INT8U OSTaskDel (INT8U prio)              //删除任务
INT8U RequestorTask (INT8U prio)          //请求删除其他任务
```

- prio:需要删除任务的优先级。

以下为创建任务需要的参数定义:

```
#define   APP_TASK2_PRIO                  4
#define   APP_TASK1_PRIO                  5
#define   OS_PROBE_TASK_PRIO              8
#define   OS_PROBE_TASK_ID               8
#define   OS_TASK_TMR_PRIO               (OS_LOWEST_PRIO - 2)
#define   APP_TASK1_STK_SIZE             256
#define   APP_TASK2_STK_SIZE             256
#define   APP_TASK_PROBE_STR_STK_SIZE    64
#define   OS_PROBE_TASK_STK_SIZE         64
static OS_STK AppTask1Stk[APP_TASK1_STK_SIZE];   //任务 1 堆栈
static OS_STK AppTask2Stk[APP_TASK2_STK_SIZE];   //任务 2 堆栈
```

主程序如下:

```
int main (void)
{
SysTick_Configuration();                  //系统定时器初始化
USART_Configuration();                    //串口初始化
LED_Configuration();
OSInit();                                 //usos ii 初始化
OSTaskCreateExt(AppTask1,(void * )0,(OS_STK )&AppTask1Stk[APP_TASK1_STK_SIZE - 1],APP_TASK1_
PRIO,APP_TASK1_PRIO,(OS_STK )&AppTask1Stk[0],APP_TASK1_STK_SIZE,(void )0,OS_TASK_OPT_STK_CHK|OS_
TASK_OPT_STK_CLR);                        //创建任务 1
OSTaskCreateExt(AppTask2,(void * )0,(OS_STK )&AppTask2Stk[APP_TASK2_STK_SIZE - 1],APP_TASK2_
PRIO,APP_TASK2_PRIO,(OS_STK )&AppTask2Stk[0],APP_TASK2_STK_SIZE,(void * )0,OS_TASK_OPT_STK_CHK|OS_
TASK_OPT_STK_CLR);                        //创建任务 2
OSStart();                                //开始任务调度
}
```

任务 1 的代码如下:

```
static   void   AppTask1 (void * p_arg)
{
    while(1)
    {
        printf("\n\rAppTask1\r\n");        //通过串行输出字符串 AppTask1
        LED1(0);                           //LED1 指示灯亮
```

```
                OSTimeDlyHMSM(0,0,0,500);              //延时 0.5 s
                LED1(1);                               //LED1 指示灯灭
                OSTimeDlyHMSM(0,0,0,500);              //延时 0.5 s
        }
}
static   void   AppTask2 (void * p_arg)
{
        INT8U i;
        for(i = 0;i<6;i++)
        {
                printf("\n\rAppTask2 \r\n");           //从串口输出字符串 AppTask2
                OSTimeDlyHMSM(0,0,0,200);              //延时 200 ms
        }
        printf("\n\r 删除任务 2\r\n");                  //从串口输出字符串删除任务 2
        OSTaskDel(APP_TASK2_PRIO);                     //删除任务 2
}
```

2. 任务调度

在 μC/OS-Ⅱ创建的任务中,每个任务通常都是一个无限循环的函数,实现任务的切换需要操作系统完成。用户任务创建后,调用 OSStart()开始进行任务调度。任务调度始终会运行就绪列表中优先级最高的任务。

如 9.1.1 节中的图 9.3 所示的任务状态转换图,正在运行的任务通过调用 OS..Pend(可能为 OSSemPend/OSMutexPend/OSFlagPend/OSMboxPend/OSQPend)和延时函数进入等待状态,同时将其从就绪列表中删除,并加入到等待列表中,此时在就绪列表中查找优先级最高的任务设置为当前任务并运行。正在运行的任务通过调用 OS..Post(可能为 OSSemPost/OSMutexPost/OSFlagPost/OSMboxPost/OSQPost)函数使得正在等待挂起的任务进入就绪态,若有任务处于延时等待中,在 SysTick 时钟延时值减 1,当减为零时延时等待状态切换到就绪态,同时将其从等待列表中删除,并加入到就绪列表中。如果此任务优先级高于正在运行的任务优先级,则进行任务切换。

【例 9.2】 创建两个任务,任务 1:循环从串口打印"AppTask1"后,2 s LED1 闪烁 1 次;任务 2:循环从串口打印"AppTask2"后,1 s LED2 闪烁 1 次。

下面是系统定时器中断源代码:

```
void SysTick_Handler(void)
{
OS_CPU_SR cpu_sr;
OS_ENTER_CRITICAL();       //保存全局中断标志,关总中断
OSIntNesting++;
OS_EXIT_CRITICAL();        //恢复全局中断标志,开总中断
OSTimeTick();              //延时计数值减1,判断计数时间到后进行任务切换
OSIntExit();               //在 os_core.c 定义,若有更高优先级任务就绪,则执行一次任务切换
}
```

主程序源代码如下:

```
int main (void)
{
SysTick_Configuration();  //系统定时器初始化
USART_Configuration();    //串口初始化
LED_Configuration();      //LED 初始化
OSInit();                 //usos ii 初始化
OSTaskCreateExt(AppTask1,(void * )0,(OS_STK * )&AppTask1Stk[APP_TASK1_STK_SIZE-1],APP_TASK1_
```

```
PRIO,APP_TASK1_PRIO,(OS_STK)&AppTask1Stk[0],APP_TASK1_STK_SIZE,(void *)0,OS_TASK_OPT_STK_CHK|OS
_TASK_OPT_STK_CLR);                //创建任务1
    OSTaskCreateExt(AppTask2,(void *)0,(OS_STK)&AppTask2Stk[APP_TASK2_STK_SIZE - 1],APP_TASK2_
PRIO,APP_TASK2_PRIO,(OS_STK *)&AppTask2Stk[0],APP_TASK2_STK_SIZE,(void *)0, OS_TASK_OPT_STK_CHK|
OS_TASK_OPT_STK_CLR);             //创建任务2
    OSStart();                    //开始任务调度
    }
    static  void  AppTask1 (void * p_arg)       //任务1
    {
        while(1)
        {
            printf("\n\rAppTask1\r\n");
            LED1(0);
            OSTimeDlyHMSM(0,0,1,0);
            LED1(1);
            OSTimeDlyHMSM(0,0,1,0);
        }
    }
    static  void  AppTask2 (void * p_arg)
    {
        while(1)
        {
            printf("\n\rAppTask2 \r\n");
            LED2(0);
            OSTimeDlyHMSM(0,0,0,500);
            LED2(1);
            OSTimeDlyHMSM(0,0,0,500);
        }
    }
```

3. 消息队列

为了使用 μC/OS II 的消息队列,需要将 OS_CFG. H 中的 OS_Q_EN 及其下面的函数使能宏置位,并设置 OS_MAX_QS 为应用程序中最多可以设置的消息队列个数。消息队列使用的是先入先出的方式进行异步通信,即对先来的事件先处理,μC/OS-II 也可以使用 OSQ-PostFront 将消息加入到队列头来实现后入先出。

任务、中断服务子程序和消息队列之间的关系如图 9.12 所示。

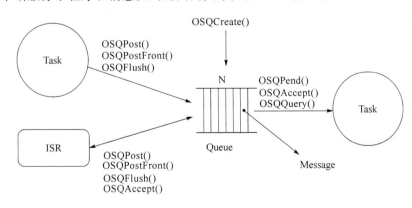

图 9.12 μC/OS-II 任务、中断程序与消息队列的关系

μC/OS-II 提供了一系列函数对队列进行创建、接收和发送等。

（1）创建队列 OSQCreate()

```
OSQCreate(void * * start, INT16U size)
```

start 为二级指针，类型为 void 数组的起始地址，size 为队列长度。

返回值 NULL 表示没有空闲的事件控制块。

（2）将数据发送到队列尾 OSQPost()与头 OSQPostFront()

```
INT8U OSQPost (OS_EVENT * pevent, void * msg)
INT8U OSQPostFront (OS_EVENT * pevent, void * msg)
```

pevent 为创建队列时返回的指针，msg 为发送数据的指针。

返回值有三个可能的值：

- OS_NO_ERR 数据被成功发送到队列中。
- OS_ERR_EVENT_TYPE 事件类型错误。
- OS_Q_FULL 队列满。

（3）从消息队列中获取一个消息 OSQPend()等待和 OSQAccept()立即返回

```
void * OSQPend (OS_EVENT * pevent, INT16U timeout, INT8U * err)
void * OSQAccept (OS_EVENT * pevent)
```

pevent 为创建队列时返回的指针，timeout 为阻塞超时时间，err 为错误类型指针。

返回值有两个可能的值：

- NULL 没有获取到数据。
- 数据指针。

（4）清空消息队列 OSQFlush()

```
INT8U OSQFlush (OS_EVENT * pevent)
```

pevent 为创建队列时返回的指针。

返回值有两个可能的值：

- OS_NO_ERR 清空成功。
- OS_ERR_EVENT_TYPE 事件类型错误。

（5）查询队列的当前状态 OSQQuery()

```
INT8U OSQQuery (OS_EVENT * pevent, OS_Q_DATA * pdata)
```

pevent 为创建队列时返回的指针，pdata 为消息队列的信息。

返回值有两个可能的值：

- OS_NO_ERR 清空成功。
- OS_ERR_EVENT_TYPE 事件类型错误。

【例 9.3】 创建两个任务，并创建一个长度为 10 的队列，一个任务用于每 500 ms 向队列发送字符串，另一个任务用于每隔 1 s 等待接收字符串。接收到字符串"NUAA_CS_CM3 Kit WEEEDK"将其通过 USART1(RS-232)输出打印。

由于发送间隔时间比接收间隔时间短，因此到后来会出现队列满的现象。

```
OS_EVENT * CommQ;
void * CommMsg[OS_MAX_QS];                //OS_MAX_QS(在 os_cfg.h 里定义)个指针的数组
int  main (void)
{
    INT8U   err;
    SysTick_Configuration();              //系统定时器初始化
    USART_Configuration();                //串口初始化
    LED_Configuration();
    OSInit();                             //usos ii 初始化
```

```
    CommQ = OSQCreate(&CommMsg[0], 10);            //建立消息队列 长度为 10
    OSQFlush(CommQ);                               //清空消息队列
    OSTaskCreateExt(AppTask1,(void *)0,(OS_STK *)&AppTask1Stk[APP_TASK1_STK_SIZE-1],APP_TASK1_
PRIO,APP_TASK1_PRIO,(OS_STK)&AppTask1Stk[0],APP_TASK1_STK_SIZE, (void *)0,OS_TASK_OPT_STK_CHK|OS
_TASK_OPT_STK_CLR);                               //创建任务 1
    OSTaskCreateExt(AppTask2,(void *)0,(OS_STK *)&AppTask2Stk[APP_TASK2_STK_SIZE-1],APP_TASK2_
PRIO,APP_TASK2_PRIO,(OS_STK *)&AppTask2Stk[0],APP_TASK2_STK_SIZE,(void *)0, OS_TASK_OPT_STK_CHK|
OS_TASK_OPT_STK_CLR);                             //创建任务 2
    OSStart();                                     //开始任务调度
}
static  void  AppTask1 (void * p_arg)             //任务 1
{
    INT8U err;
    void * msg;
    while(1)
    {
        msg = OSQPend(CommQ, 100, &err);          //获取消息
        if (err == OS_NO_ERR){
            printf("\n\r 读取队列成功:% s\r\n",(INT8U *)msg);        //读取成功,打印消息
        } else{
            printf("\n\r 读取失败\r\n");          //读取失败
        }
        OSTimeDlyHMSM(0,0,0,500);                 //1 秒 LED1 闪烁一次
        LED1(0);
        OSTimeDlyHMSM(0,0,0,500);
        LED1(1);
    }
}
INT8U * CommRxBuf = "NUAA_CS_CM3 Kit WEEEDK";

static  void  AppTask2 (void * p_arg)
{
    INT8U err;
    while(1)
    {
        err = OSQPost(CommQ, (void *)&CommRxBuf[0]);
        if (err == OS_NO_ERR){
            printf("\n\r 消息加入队列中 \r\n");                      //将消息放入消息队列
        } else{
            printf("\n\r 队列已满 \r\n");          //消息队列已满
        }
        OSTimeDlyHMSM(0,0,0,500);                 //延时 500 ms
    }
}
```

4. 其他操作

除了以上操作外,基于 μC/OS-II RTOS 的还有通过信号量、消息邮箱等进行编程应用
的,限于篇幅,此处不再赘述,有兴趣的读者可以参照 μC/OS-II 用户手册。

习 题 九

9-1 简述 RTOS 的一般结构。

9-2　简述嵌入式操作系统的特点。

9-3　嵌入式操作系统是怎么分类的？

9-4　μC/OS-Ⅱ 有哪些技术特点？

9-5　μC/OS-Ⅱ 源代码结构是怎样的？有哪些源代码？

9-6　μC/OS-Ⅱ 有几种任务状态？作用是什么？

9-7　在 μC/OS-Ⅱ 系统中，中断服务程序的执行步骤是怎样的？

9-8　要使 μC/OS-Ⅱ 能正常运行在 μC/OS-Ⅱ 系统中，处理器具备哪些条件？

9-9　移植 μC/OS-Ⅱ 有哪几个关键文件？各自的作用是什么？

9-10　在 μC/OS-Ⅱ 下，应用程序中用户任务的结构如何？

9-11　如果创建任务，有哪两个创建任务的函数？参数如何？

9-12　怎样通过任务调度进行程序设计？

第10章　嵌入式应用系统设计实例

嵌入式系统应用涉及面广,不同应用领域对系统的要求各不相同,各有侧重。在现代工业自动化过程控制系统中,包括调节阀在内的各种电动阀门是最主要的执行器件之一,在石油、化工、电力、水利和煤炭等行业发挥着重要的作用。随着嵌入式技术的发展,电动执行机构的控制系统越来越受到重视。为了较全面地反映嵌入式系统的应用,本章以典型电动阀门控制系统为例,详细介绍嵌入式应用系统设计的方法和步骤。

10.1　系统设计要求

本节以阀门控制系统具体要求为设计目标,提出阀门控制系统总体设计要求、功能及技术指标。

10.1.1　系统总体要求

设计一个三相多功能阀门控制系统,电源电压为 380 VAC。该阀门控制系统可以接收来自 PLC 或 DCS(数字控制系统)等系统或上位机的控制信号,控制电动执行器对阀门打开、关闭或停止操作,可实施对全行程任意点的控制。控制接点输出供外部接触器使用。控制方式集远方开关、现场开关、电流输入(4～20 mA)控制开关、基于 RS-485 总线 MODBUS RTU 协议的总线命令方式、可扩展 CAN/Ethernet 远程控制开关于一体,集相序自动调整、阀位变送、隔离放大、功率驱动等诸多功能于一体,具有缺相保护、欠压保护、过力矩保护、禁动延时保护等保护功能。自带现场按钮现场开关控制,实施现场操作并提供多种报警输出;阀位及状态 LCD 显示,精确直观地显示阀位开度及阀门状态;加配蓝牙模块功能,实现手机控制阀门设置和相关操作。

电动阀门控制系统工作过程为:上电后,LCD 屏显示阀门的当前状态,当没有任何故障时,如果有现场、远方、输入电流控制或通过 RS-485 总线发命令要求开阀或关阀时,则立即进行开关阀操作,并及时显示阀门开度,遇到到位信号停止,遇到故障也立即停止。

(1)现场或远方操作时,如果相序正确,则开阀时让电机正转,从而完成开阀操作;如果相序相反,则开阀时让电机反转,完成开阀操作,当遇到开到位时停止开阀,让电机停止运转。关阀时如果相序正确,让电机反转,从而完成关阀操作;如果相序相反,则关阀时让电机正转,完成关阀操作,当遇到关到位时停止开阀,让电机停止运转。

(2)电流控制输入时,如果相序正确,则当输入电流对应的开度值大于实际阀门开度时,让电机正转,从而完成开阀操作;如果相序相反,则开阀时让电机反转,完成开阀操作,当遇到开到位时停止开阀,让电机停止运转。当输入电流对应开度小于实际阀门开度时,如果相序正确,让电机反转,从而完成关阀操作;如果相序相反,则关阀时让电机正转,完成关阀操作,当遇到关到位时停止开阀,让电机停止运转。如果输入的电流对应开度接近或等于实际阀门开度时,不管是否到位,都自动停止开关阀操作。

（3）通过基于 RS-485 总线的 MODBUS RTU 协议,控制阀门操作,有开阀命令、关阀命令的停止命令,还有获取阀门状态的命令等,按照命令与上位机交互。

无论何种方式操作阀门,只要遇到阀门故障（异常）就立即停止开关阀操作,并在 LCD 上显示相应故障,让 LED 故障指示灯点亮。

10.1.2　主要功能与技术指标

（1）电动阀门的工作电源:额定电压为 AC380(1±10％) V,50(1±5％) Hz,支持额定工作电流为 5～50 A 不等的各种电机,电源接线方式为三相三线制。

（2）具有缺相检测和相序识别并能自动调整功能。可识别三相电相序,判断是否缺相,在不改变接线的前提下自动调整电动阀门三相电源的相序,正确执行对阀门的开、关控制。

（3）具有故障检测并报警功能。电动阀门的主要故障有欠压、缺相、开过力矩、关过力矩等。遇到故障之一,将在 LCD 上显示相关故障信息,同时点亮 LED 故障灯,并输出报警信号给外部。当所有故障排除后,报警消除。

（4）具有阀门状态检测及显示功能。能实时检测阀门开度、欠压、缺相、相序错误、开过力矩、关过力矩、开到位、关到位等阀门状态以及电机温度,并在 LCD 屏上显示。

（5）远程输入控制信号的类型。远程输入控制信号主要包括远方开、远方保持、远方关三种信号,外部通断机械触点接入。

（6）具有多种操作阀门的方式。可能通过现场操作、远方操作、电流输入控制操作以及总线操作多种控制方式来操作电动阀门。电流输入 4～20 mA 能精确到 0.01 mA,基于 RS-485 总线操作,采用 MODBUS RTU 通信协议对阀门进行操作。起始波特率 9 600 bit/s,波特率可设置,字符格式为 8,N,1(8 位数据,无校验,一位停止位)。与上位通信。另外,预留 CAN 总线接口和以太网接口,便于今后扩展。

（7）能输出与阀门开度对应的 4～20 mA 反馈电流。

（8）工作温度:－30～＋70℃,环境湿度:≤95％(25 ℃)。

（9）能在干扰环境下可靠工作。

10.2　需求分析与体系结构设计

作为嵌入式应用系统设计的第一步,系统需求分析是设计和开发嵌入式应用系统的关键一步,如果分析不到位,就很难把握问题的关键,也就很难满足用户需求。要根据系统设计要求,逐一分析硬件和软件的具体需求。

10.2.1　需求分析

对照以上功能与技术指标要求,按照嵌入式系统组成部分进行需求分析如下。

1. 工作电源

由于系统直接由交流三相电源 380 VAC/50 Hz 供电,因此嵌入式系统的电源应该由 380 VAC 变换得到,采用线性稳压直流电源的一般设计方法,即通过变压、整流、滤波和稳压来设计用于阀门控制的嵌入式系统工作电源。380 VAC 作为电源模块的输入。

输出直流电源有嵌入式处理器工作电源 3.3 V、外围接口工作电源 5 V、运算放大器工作电源 12 V 以及继电器和远程操作工作电源(选择 24 VDC)。还有为了可靠通信进行隔离的 5 V 电源。

2. 系统对模拟通道的要求

(1) 对模拟输入的要求

根据设计要求,需要检测欠压、阀门开度、输入 4～20 mA 电流、阀门电机温度等,因此需要至少 4 个 ADC 通道。由于要求输入能分辨出 0.01 mA 电流,对于满度 20 mA 分辨率为 0.01/20＝0.000 5,即万分之五,因此可选择 ADC 的分辨率不能低于 11 位。

由此可知,系统对模拟输入的要求需要分辨率为 12 位的 ADC 至少 4 个输入通道。

(2) 对模拟输出的要求

系统要求有 4～20 mA 电流输出,可以选择内置有 DAC 的 MCU,分辨率选择 12 位可以满足要求。需要一路 12 位 DAC 输出通道。

3. 系统对数字通道的要求

(1) 对数字输入通道的要求

系统要求具有缺相检测和相序识别,采用数字技术,要将三相的每一相隔离变成三路方波,相序检测整合三相波形,接入嵌入式系统数字输入端口,因此需要 GPIO 输入引脚 4 个。

阀门状态检测中,需要检测的数字输入或开关输入状态有开过力矩、关过力矩、开到位、关到位,需要 GPIO 输入引脚 4 个。

远程操作输入引脚有远方开、远方关和远方保持,需要 GPIO 输入引脚 3 个。

现场操作需要按键有开阀、关阀、停止和现场远方切换,因此需要 GPIO 输入引脚 4 个。

(2) 对数字输出通道的要求

报警输出用 GPIO 输出引脚 1 个;故障指示用引脚 1 个;正常运行指示用引脚 1 个;控制阀门电机正反转用引脚 2 个;选择具有 128×64 点阵图形汉字接口的 LCD 模块,采用 I^{2}C(2线)和 SPI(4 线)接口,加上读写、选择、复位,需要 GPIO 引脚 9 个。

因此系统对数字 I/O 通道需要 GPIO 引脚 29 个。

4. 系统对总线的要求

根据需求,采用 RS-485 总线通信,需要 UART 引脚 2 只(TXD 和 RXD)。另外,还需要一个引脚控制方向,RS-485 总线需要 3 个 GPIO 引脚。

此外,还要扩展蓝牙模块,需要另外一个 UART,占用 GPIO 引脚 2 个。

还要预留 CAN 总线和以太网接口,因此至少有一个 CAN 总线控制器,外部占用 GPIO 引脚 2 个;扩展以太网接口,采用 RMII 接口,参见表 8.13 可知,需要 GPIO 引脚 11 个。

由此可知,总线的要求,除了需要两个 UART 或 USART、一路 CAN、一路 Ethernet 外,占用 GPIO 引脚共 28 个。

5. 系统对数据存储器的要求

(1) 对 Flash 程序存储器的要求

根据设计要求,由于涉及的面广,程序量大,要选用至少 128 KB 容量的程序存储器。另外,系统需要校正参数,如 4～20 mA 电流,需要校正的系数、设置的系统其他参数、工作方式等均需要长期保存,掉电不丢失。因此需要 MCU 内部具有存放参数可写 Flash 扇区。

(2) 对 SRAM 的要求

在系统运行中,需要定义许多内存变量,给堆栈留有一定空间,还要定义一些表格可供查询使用。因此需要内置 64 KB 的 SRAM 数据存储器。

6. 系统对外部引脚中断的要求

对于外部信号输入引脚的状态检测,多是采用中断方式为最佳,因此要求嵌入式处理器内部支持 GPIO 输入中断。

7. 系统对定时器的要求

系统需要多种定时,至少提供 2 个通用定时器,用于定时检测、定时显示、循环控制,1 个 SysTick 定时器用于嵌入式操作系统定时,还需要 RTC 以满足显示/设置日期和时间,为了提高可靠性,还需要内置看门狗定时器等。

10.2.2 系统体系结构设计

嵌入式系统体系结构设计的任务是描述系统如何实现所述功能和非功能需求,包括对硬件、软件和执行装置的功能划分以及系统软件、硬件选型等。

阀门控制系统可以视为第 7 章 7.1 节中图 7.2 所示典型的模拟输入输出系统的具体应用,这里工业过程就是由阀门控制的水、气流动控制过程,执行机构就是电动机构,基于阀门控制的嵌入式系统体系结构如图 10.1 所示,由硬件和软件组成。

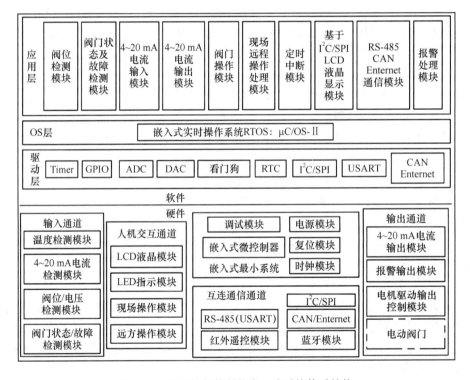

图 10.1　用于阀门控制的嵌入式系统体系结构

硬件包括嵌入式最小系统、人机交互通道、输入通道、输出通道以及互连通信模块。

软件包括驱动层软件、OS 层和应用层软件三部分。驱动层软件由 ST 公司提供基于 CM-SIS 标准的各片上外设组件的固件库函数,OS 使用 μC/OS-Ⅱ,应用层包括阀位检测、阀门状态及故障检测、4~20 mA 电流输入/输出、阀门操作、现场远程操作处理、定时中断、LCD 显示、RS-485 通信测验报警处理等模块。

阀门控制系统与电动阀门的连接原理如图 10.2 所示,三相电接入电源模块,把 380 VAC 的交流电变换成供给阀门控制系统的直流电源。通过隔离调理,得到可以检测缺相和相序识别的信号,各种状态信号和开度及温度信号接入阀门控制系统输入端,电动阀门的开度及状态送 LCD 屏显示,有故障时输出报警信号。通过现场、远程、电流输入以及通过 RS-485 总线等方式,控制电动阀门电机的正反转。

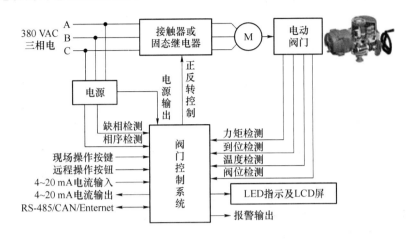

图 10.2　阀门控制系统与电动阀门的连接原理

　　阀门控制系统的硬件组成如图 10.3 所示,它由电源、嵌入式最小系统、现场按键/远程操作按钮、电流输入、电流输出、RS-485 通信接口、LED 故障指示、LCD 显示屏以及输出控制及驱动电路等构成。

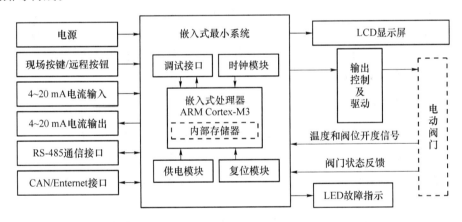

图 10.3　阀门控制系统的组成

10.3　最小系统设计

　　最小系统是嵌入式应用系统的核心,由嵌入式处理器(内置存储器)、供电模块、调试接口、时钟模块以及复位模块等构成。因此,最小系统设计就是选择合适的嵌入式处理器,设计供电模块、复位模块、时钟模块及调试接口。

10.3.1　嵌入式处理器的选型

　　按照 10.2.1 节中的系统分析可知,系统对硬件需求如表 10.1 所示。

表 10.1　硬件需求表

电源	程序存储器	数据存储器	定时器 TIMx	GPIO	USART	WDT	CAN	Ethernet	ADC	DAC	温度
输入 380 VAC 输出直流 5 V、12 V 和 24 V，隔离 5 V	>128 KB	SRAM>32 KB	2	62 个引脚	1 个 485 1 个蓝牙	1	1	1	12 位 4 通道	12 位 1 个	－30～ ＋70℃ 工业级

　　按照第 4 章 4.2 节嵌入式处理器选型的原则,选择性价比高的嵌入式处理器为主要原则,但这还比较笼统,可以这么说,以性价比原则来选择用于工业控制、仪器仪表、物联网感知节点等中低端嵌入式应用的处理器内核,一定是选择 ARM Cortex-M 系列为最优,然后再根据功能参数和性能参数选择原则,来选择一款基于 ARM Cortex-M0、ARM Cortex-M3 还是 ARM Cortex-M4 为内核的嵌入式微控制器。

　　从表 10.1 所述的硬件要求,根据引脚限制,要选择超过 64 个引脚,故选择 100 个引脚的 MCU,同时由于系统要求有 CAN 总线和 Ethernet 接口的限定条件,一般会考虑选择 M3 或 M4 内核的 MCU,但 M4 成本高,因此在不同厂商中选择具有 CAN 和 Ethernet 接口的 100 引脚的 MCU。这里查阅不同厂家的 MCU 得知,有 ST 的 STM32F105 和 107 系列、NXP 的 LPC1700 系列、TI 的 LM3S8000 系列等。衡量价格、技术支持、使用量等诸多因素,选择 LQFP100 封装的 STM32F107VCT6,它片内集成了 256 KB Flash、64 KB SRAM,具有多个定时器、两个多通道 12 位 ADC 和两个 12 位 DAC,具有 5 个 UART、2 路 CAN 和 1 个 Ethernet MAC 等,完全能够满足系统要求。

10.3.2　电源设计

　　根据表 10.1 所示需求可知,系统需要三路直流电源输出,其中 5 V、3.3 V 和 12 V 为共用一个地,3.3 V 给最小系统供电,12 V 给单电源供电的运算放大器供电,24 V 电源与前面两组电源隔离,用于继电器线包工作电源以及外部开关量信号隔离电源。另外,通信时还需要隔离 5 V 电源。

　　如图 10.4 所示,采用线路电源设计,变压器选择初级输入交流 380 V/50 Hz,次级一路 15 V/500 mA,另一路 25 V/200 mA,通过全波整流,经过滤波后通过稳压电路。24 V 电源与其他电源用变压器隔离,12 V、5 V 和 3.3 V 共用一个地,用于 MCU 及其外部电路供电。

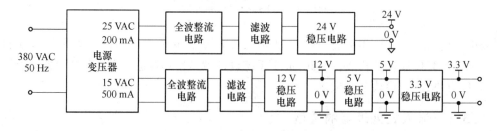

图 10.4　供电模块原理图

　　380 VAC 输入到初级,次级一路输出 25 VAC,经过二极管全波整流滤波,再经过 7824 稳压芯片,得到 24 V 稳定电压;另一路次级输出 15 VAC,经过二极管全波整流滤波,再经过 7812 稳压芯片,得到 12 V 稳定电压,经过 7805 稳压芯片再得到 5 V 稳定电压,最后经过低压差电源变换芯片 1117-3.3 将 5 V 变换为 3.3 V 供 MCU 使用。整流后的滤波和稳压电路如图 10.5 所示,采用大容量的电解电容 C1 进行滤波,78XX 稳压芯片来稳压(XX=24,12,05 等对应于 24 V、12 V 和 5 V 的稳压值)。78XX 系列要求输入电压必须大于输出稳定电压,且不小于输出电压加 3 V,C2 和 C3 为去耦电容,起到滤除高频尖脉冲干扰的作用。

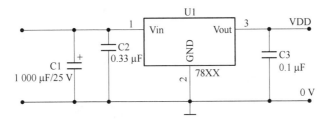

图 10.5　78XX 的稳压电路图

采用低差压(LDO)的电源变换芯片得到的电源如图 10.6 所示,如 Vin 为 5 V,Vout 为 3.3 V,可用 LDO 芯片 1117-3.3 将 5 V 变换为 3.3 V。

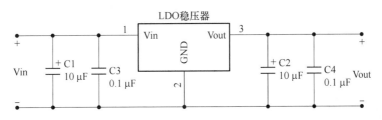

图 10.6　LDO 稳压器典型应用

由于 MCU 内部有数字电路和模拟电路两部分,因此通常需要将所有数字地连接在一起,模拟地单独连接在一起,最后一点或多点共同连接两个地。图 10.7 为通过电感电容进行简单分离的电路,这样在布线时模拟地与数字地分开,最后在本系统中,一点就近连接两个地,模拟地用 AVSS。

对于需要隔离的 RS-485 通信电路,采用 BS0505 隔离型 DC-DC 芯片构建如图 10.8 所示隔离电源电路。

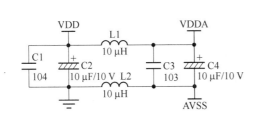

图 10.7　数字与模拟电源的简单分离

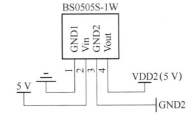

图 10.8　5 V 隔离电源

10.3.3　最小系统构成

以 STM32F107VCT6 为 MCU 的最小系统主要包括供电模块、时钟模块、复位模块、调试模块等,如图 10.9 所示。

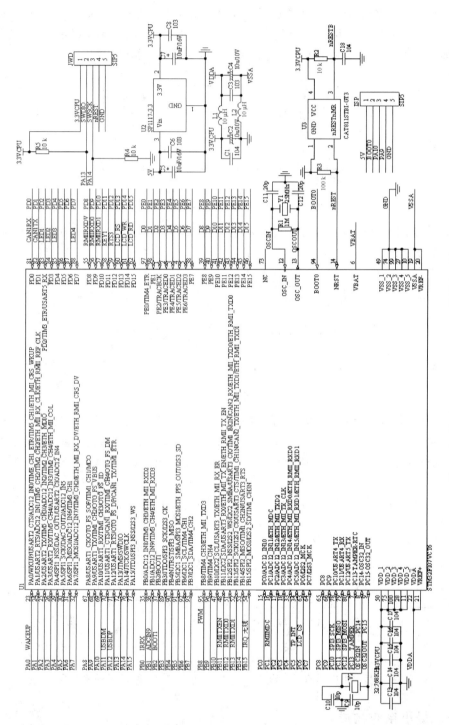

图 10.9　基于 STM32F107VCT6 的最小系统

其中 U2 及几个电容构成的稳压电路将接入的 5 VDC 电源变换成 3.3 V 电源供 MCU 使用,与前面电源设计中的 3.3 V 变换电路原理一样,只是单独分开,这里的 3.3 V 标识为 3.3 VMCU,专门给 MCU 使用。

可以采用最简单的复位电路即 RC 复位电路,但这里考虑到阀门控制领域的强大干扰,为保证更加可靠,参照第 4 章 4.4.3 节介绍的专用外部复位芯片 CAT811 产生复位信号。

时钟模块有两部分,一部分由 Y1、R1、C11 和 C12 构建的 25 MHz 晶振电路供 MCU 主时钟使用(内部倍数得到 72 MHz),另一部分由 Y2 和 C9、C10 两只电容组成的 32.768 kHz 的晶振电路供内部 RTC 时钟使用。

调试接口支持两种方式,一种是 20 引脚的 JTAG,另一种是 SW 串行调试接口 JWD,这里采用简单的 SWD(串行线调试接口)方式,共 5 个有效的引脚,此外还提供了 ISP(在系统编程)接口,方便使用 UART 下载程序。

10.3.4 MCU 资源分配

除了 Flash 程序存储器和 SRAM 数据存储器用来存放代码和数据需要若干定时器资源外,还需要按照需求分析的结果,根据 MCU 引脚定义去合理分配给片外设组件。STM32F107VCT6 有 PA、PB、PC、PD、PE 共 5 个 16 位 GPIO 端口,大多是多功能引脚,在本系统中引脚资源分配如表 10.2 所示,没有列出的 GPIO 引脚暂时没有使用。

表 10.2 STM32F108VCT6 引脚分配情况一览表

引脚名称	标识	所属模块	用途
PA1	MCO 以太网时钟	Ethernet	以太网接口
PA2	RMIIMDIO	Ethernet	以太网接口
PA3	ADCIN3	ADC	PT100 温度测量
PA4	DACOUT1	DAC	4～20 mA 电流输出
PA5	ADCIN5	ADC	4～20 mA 电流输入
PA6	ADCIN6	ADC	系统欠压检测
PA7	ADCIN7	ADC	阀门开度检测
PA8	以太网时钟	Enthernet	以太网接口
PA9	TXD1	USART1	串口下载/蓝牙接口
PA10	RXD1	USART1	串口下载/蓝牙接口
PA13	SWDIO	SWD	调试接口
PA14	SWDSCK	SWD	调试接口
PB1	LSClose	关限位	阀门状态
PB2	TSClose	关过力矩	阀门状态
PB3	LSOpen	开限位	阀门状态
PB4	TSOpen	开过力矩	阀门状态
PB6	I2C1_SCL	LCD I^{2}C 接口	LCD 屏
PB7	I2C1_SDA	LCD I^{2}C 接口	LCD 屏

引脚名称	标识	所属模块	用途
PB8	yOpen	远方开	远方操作
PB9	yHold	远方保持	远方操作
PB10	yClose	远方关	远方操作
PB11	RMIITXEN	Ethernet	以太网接口
PB12	RMIITXD0	Ethernet	以太网接口
PB13	RMIITXD1	Ethernet	以太网接口
PC1	RMIIMDC	Ethernet	以太网接口
PC2	FAOUT	故障输出	故障报警
PC3	GZLED	故障指示	故障报警
PC4	OPEN	开阀控制输出	开关阀操作
PC5	CLOSE	关阀控制输出	开关阀操作
PC6	CSB	LCD 选择	LCD 屏
PC7	RS	LCD 数据指令选择	LCD 屏
PC8	nCS	LCD 字库芯片	LCD 屏
PC9	RSTB	LCD 复位	LCD 屏
PC10	SPI3_SCK	LCD 字库芯片	LCD 屏
PC11	SPI3_MISO	LCD 字库芯片	LCD 屏
PC12	SPI3_MOSI	LCD 字库芯片	LCD 屏
PC14	OSC32IN	RTC 时钟	RTC 时钟
PC15	OSC32OUT	RTC 时钟	RTC 时钟
PD0	CAN1RX	CAN	CAN 通信接口
PD1	CAN1TX	CAN	CAN 通信接口
PD2	LED1	缺相指示灯	LED 指示
PD3	LED2	欠压指示灯	LED 指示
PD4	LED3	运行指示灯	LED 指示
PD5	TXD2	USART2（映射）	RS-485 接口
PD6	RXD2	USART2（映射）	RS-485 接口
PD7	485DIR	485DIR	RS-485 接口
PD8	RMIIRXDV	Ethernet	以太网接口
PD9	RMIIRXD0	Ethernet	以太网接口
PD10	RMIIRXD1	Ethernet	以太网接口
PD14	LCD_WR	LCD	LCD 屏
PD15	LCD_RST	LCD	LCD 屏
PE0	PhaseA	A 相波形	相序检测

引脚名称	标识	所属模块	用途
PE1	PhaseB	B 相波形	相序检测
PE2	PhaseC	C 相波形	相序检测
PE3	PP	缺相波形	缺相检测
PE11	xcOpen	现场开	现场操作
PE12	xcClose	现场关	现场操作
PE13	xcStop	现场停止	现场操作
PE14	OperWay1	功能选择 1	功能选择
PE15	OperWay2	功能选择 2	功能选择

10.4 通道设计

通道设计包括除最小系统以外的其他设计,包括输入通道(包括数字和模拟输入通道)、输出通道(包括数字和模拟输出通道)、人机交互通道、相互互连通信通道等。

10.4.1 通道模块元器件选型

通道模块元器件选型应该遵守以下原则。

1．普遍性原则

所选的元器件是被广泛使用且验证过的,尽量少使用冷门、偏门芯片,减少开发风险。

2．高性价比原则

在功能、性能、使用率都相近的情况下,尽量选择价格比高的元器件,以降低成本。

3．采购方便原则

尽量选择容易买到、供货周期短的元器件。

4．持续发展原则

尽量选择在可预见的时间内不会停产,能长期供货的器件。

5．可替代原则

尽量选择引脚兼容的芯片品牌比较多的元器件,如用同类的运放、光耦、三极管、TTL/CMOS 器件等。

6．向上兼容原则

尽量选择以前老产品用过的元器件。这些器件经受过多年的考验,稳定性和可靠性都比较高。

7．资源节约原则

尽量用上元器件的全部功能和管脚。比如运放有单运放、双运放、四运放等,光耦也有单光耦、双光耦和四光耦等,要尽量合理使用这些器件。

10.4.2 模拟通道设计

模拟通道包括模拟输入通道和模拟输出通道,根据需求分析可知,模拟输入通道的任务是检测温度、阀门开度、输入电流大小以及工作电源是否欠压。模拟输出通道就是设法产生与开度对应的 4～20 mA 电流输出。

1. 温度检测

检测温度包括内部温度和电机温度两部分。内部温度可采用 MCU 内部温度传感器来检测,由第 7 章 7.4.1 节可知,STM32F107VCT6 内部有一个 ADC1_IN16 通道,专门用于温度测量的,温度值 $T=[1.43-(3.3/4\,096)*temp]/0.004\,3+25$,temp 为 ADC1_IN16 所测得的数字量,由此可以方便地检测芯片内部温度,可作为板子温度的一个参考。

对于电机的温度测量是通过 PT100 温度传感器插入电机机壳内部来探测的。当电机温度变化时,PT100 的阻值随之变化,电机温度测量的电路如图 10.10 所示,详细的原理说明参见第 7 章 7.6.2 节。PT100 传感器将温度的变化转换为电阻的变化,经过该电路变换为模拟电压信号,接入 STM32F107VCT6 的 ADC1_IN3 通道。由于电机的温度范围在 0～100 ℃,因此可以采用线性标度变换得到温度值。

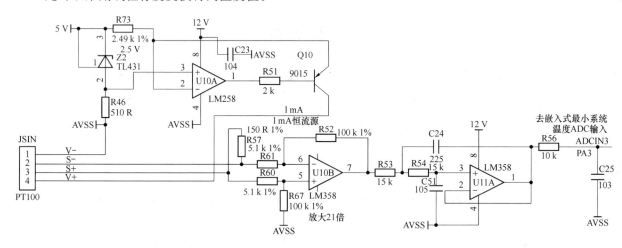

图 10.10　利用 PT100 进行电机温度测量接口

2. 4～20 mA 电流输入检测

按照系统要求,要检测输入的 4～20 mA 电流来控制阀门开度,电流检测接口电路如图 10.11 所示。被检测的 4～20 mA 电流流经 R5 后得到 $-0.6～-3$ V 的电压,经过 RC 低通滤波后送入 U13A 运算放大器负端,经过反向 1:1 放大输出 $0.6～3$ V,经过 R4 和 C22/C23 送嵌入式最小系统,由 MCU 的 ADC(IN5)进行 A/D 变换得到数字量。由于 MCU 采用 3.3 V 供电,ADC 为 12 位,因此得到的数字量为 $4\times0.15/3.3\times4\,096=744$,对应 4 mA,$20\times0.15/3.3\times4\,096=3\,723$ 对应 20 mA。如果为 1 mA,则对应的数字量为 $D=I\times0.15/3.3\times4\,096\approx I\times186$。因此如果得到数字量是 D,则输入的电流 $I\approx D/186$。如果得到数字量为 2 232,则输入的电流为 12 mA。

3. 欠压输入检测

由电源电路经过降压后得到 15 VAC,经过全波整流后再得到脉动直流 VQYin 进入图 10.12 所示的欠压检测接口电路,经过 R36 和 R40 分压电路分压后送入 U21B 运放,经过放大后,得到 MCU 能够接受的电压范围,送嵌入式最小系统给 MCU ADC(ADCIN6-PA6)进行 A/D 变换,得到与输入电压对应的数字量关系,经过运算,即可得到输入电压值,由软件判定,当对应电压低于额定电压的 80% 时,视为欠压,当恢复到 90% 以上时,取消欠压状态,视为

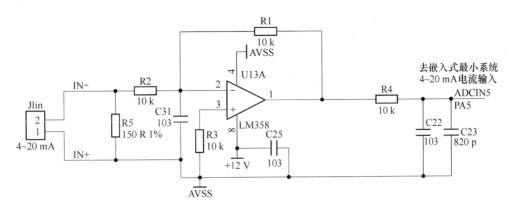

图 10.11　4～20 mA 电流检测接口

恢复。80%～90%之间为软件要处理的回差。不能小于 80%时判断欠压,而大于 80%视为正常,否则由于电源电压的波动在 80%附近波动时,会出现一会欠压,一会正常,不断出现故障而使电机停止转动的不正常情况。

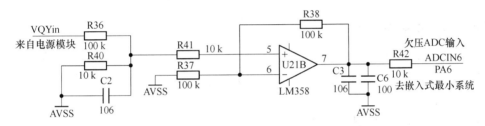

图 10.12　欠压检测接口

4．开度输入检测

开度输入检测接口电路原理如图 10.13 所示,阀门开度是由 1K 电位器连接到阀门电机减速机构轴上的,轴转动,电位器跟着旋转,从而电位器中间抽头对另一端的电阻值跟着变化,加上电源后,电位发生同步变化,通过检测电位变化就可测得阀门开度值(阀门开的具体位置)。将阀门阀位电位器一端连接一个 200 Ω 电阻,电阻另一端接模拟 3.3 V 电源,电位器中间抽头连到运放输入＋端,电位器另一端接地。U20A 接成跟随器,U20B 接成二阶有源低通滤波器,最后经过 R21/C7 将调理后的开度信号送往嵌入式最小系统,给 MCU 的 ADC 引脚ADCIN7-PA7,经过 A/D 变换得到数字量,再通过线性变换得到开度的百分分。1 M 电阻防止电位器断开时开度异常,断开时由于有 1 M 电阻使测量的电位为 0,开度为 0。

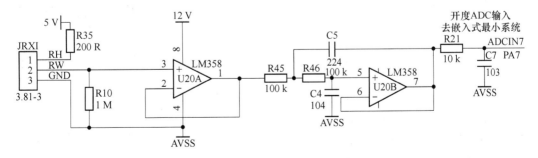

图 10.13　开度检测接口

5. 4～20 mA 电流输出

4～20 mA 电流输出接口如图 10.14 所示，利用 STM32F107VCT6 的 DACOUT1(PA4) 作为 DAC 输出，根据电压/电流转换原理可知，当输出 0.6 V 时，输出电流为 4 mA，输出电压为 3 V 时，输出电流为 20 mA，电流通过 IOUT＋和 IOUT－输出到外部。因此只要 DAC 输出电压控制在 0.6～3 V，就可以输出 4～20 mA 电流。

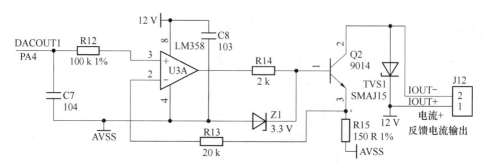

图 10.14　4～20 mA 电流输出接口

10.4.3　数字通道设计

数字通道包括输入数字通道和输出数字通道。输入数字通道包括阀门各种状态输入的检测、现场和远方操作按键输入检测、通过拨码开关进行的功能设置输入检测等。

1. 数字输入通道

（1）阀门状态的检测电路设计

图 10.15 为阀门的开关状态检测接口电路，主要有开过力矩 TSC、关过力矩 TSO、开限位 LSO 和关限位 LSC。由 GPIO 检测，引脚 PB1 对应关限位，PB2 对应关过力矩，PB3 对应开限位，PB4 对应开过力矩。

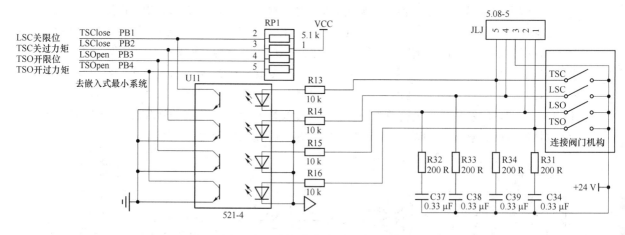

图 10.15　阀门状态检测电路原理图

由于这些状态是机械触点，在运行环境情况下，有强烈的脉冲干扰，并且在触动瞬间也会产生电火花干扰。因此在电路设计时，在触点两端用 RC 吸收抖动产生的电火花，采用光电耦合器进行光电隔离。当状态有效时，机构中的触点闭合，对应光耦输出逻辑为 0，断开时输出逻辑 1。

（2）远程操作回路设计

远程（或远方）就是离本地有一定距离（通常有几十米的距离），在远方控制阀门操作，通常是电动阀门所在现场（阀门控制器通常安装在电动阀门体内或在附近）离控制室较远情况下使用的一种操作模式。可以使用 PLC 或人工操作，送到阀门控制器的远程操作有三个信号，分别为远方开阀 YCO、远方保持 YCB 和远方关阀 YCC，为按键、按钮或其他机械触点。与阀门状态检测的电路一样，远程操作电路的原理如图 10.16 所示。当某一操作有效时，触点闭合，通过光耦隔离，使光耦输出为低电平，无效时，输出为高电平。因此只要软件检测 GPIO 引脚的 yOpen(PB8)、yHold(PB9) 和 yClose(PB10) 的高低电平，即可进行相应操作，这些引脚信号低电平有效。

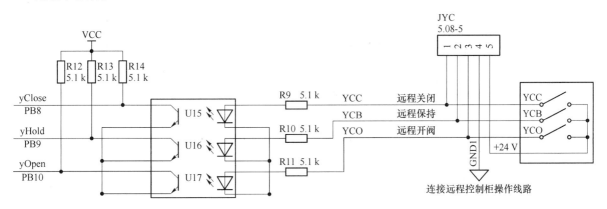

图 10.16　远程操作回路电路原理

（3）现场按键操作及拨码开关设置电路设计

现场操作按键或按钮靠近阀门控制系统，通常几十厘米，因此可以直接将按键或按钮连接到最小系统。对于按键或按钮的抖动，可以使用软件延时来消除抖动，因此电路设计中可不考虑消除抖动问题。现场按键操作电路及功能选择电路比较简单，其原理如图 10.17 所示。无按键时，对应操作引脚为高电平，有按键按下时为低电平；拨码开关拨到 ON 时，对应选择引脚为低电平，否则为高电平，根据功能选择引脚电平高低来选择不同的功能。根据 PE11、PE12、PE13 引脚的逻辑即可进行现场开阀、现场关阀和现场停止操作，根据 PE14 和 PE15 的逻辑可以选择不同功能。

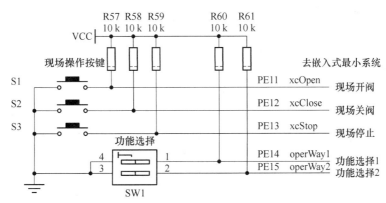

图 10.17　现场按键和选择输入电路原理

（4）相序和缺相检测

相序和缺相检测接口电路如图 10.18 所示。

三相电源插入电机三相电接线端子，经过光耦 U4、U5 和 U6 隔离变换后，得到与三相电相对应的三路方波 AB、BC、CA，再经过由与非门构成的触发器和反相器之后，变换成嵌入式处理器可以方便接收的四路方波 PP、PA、PB 和 PC，其中 PP 可判断相序是否正确，如果 PP 超过 10 ms 没有变化，则为相序错误，PA、PB、PC 有一路超过 20 ms 没有变化，即可断定该路缺相。这样可以方便地根据波形来判断是否缺相，并且可以根据波形来判断三相电的相序。通常检测相序和缺相的 GPIO 引脚 PE0、PE1、PE2 和 PE3 配置为可中断输入的引脚。再通过定时器计时来判断是否有波形的变化。

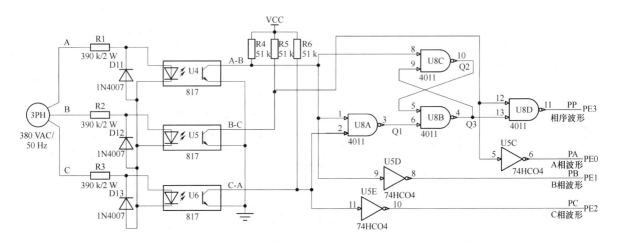

图 10.18　相序及缺相检测接口电路原理

三相 380 VAC/50 Hz 电源通过光电隔离器 817 隔离后，输出与三相脉冲对应的 50 Hz 为周期的方波 AB、BC 和 CA，经过反相器 74HC04 或 CC40106 得到 50 Hz 的方波，当缺相时，该相波形为 0，没有方波，启动定时器，通过软件判定是否缺相，当超过 20 ms（50 Hz 的一个周期）一直为 0 时，可以判定为缺相，为可靠起见，通常用超时 2 个周期即 40 ms 还没有变化即判定为缺相。

相序检测是根据三相波形的每相相位差 120°，经过由与非门构建的触发器整形处理之后，当正常连接时，相序 PP 的波形为 20 ms 为周期的脉冲序列，占空比不是 50%，为 20/3 ms 的负脉冲，但在一个 50 Hz 的周期时，一定有高低电平的变化。当相序接反后，PP 的波形即为一直线，一直输出高电平。因此，通过判定在若干周期时都没有电平变化，即可判定相序接反了。

2. 数字输出通道设计

输出控制包括故障触点输出、故障指示、正反转控制等。

（1）故障触点输出电路

图 10.19 为故障输出原理图，当检测到有故障时，通过 MCU 的 PC2 输出 FAOUT=0，经过光耦输出，再经过三极管驱动，让继电器动作，有常闭点和常开点输出。

（2）指示输出电路

如果有故障，除了让故障继电器动作输出外，还要让故障指示灯 LED1（GZLED）点亮，点灯故障指示电路如图 10.20 示。有故障时，让 MCU GPIO 引脚 PC3（LED1）输出 0，Q4 导通，GZLED 发光二极管指示灯点灯；无故障时，让 MCU GPIO 引脚 PC3（LED1）输出 1，Q4 截止，

GZLED 发光二极管指示灯熄灭。对于缺相、欠压以及运行三个由 PD2、PD3 和 PD4 控制的指示灯 LED1、LED2 和 LED3 电路与故障指示灯接法一样。

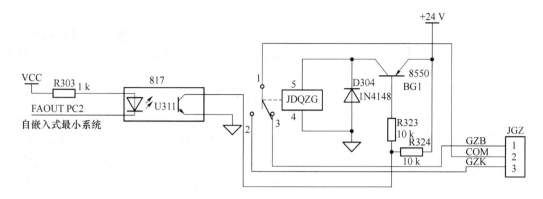

图 10.19　故障输出电路原理

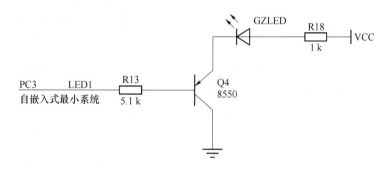

图 10.20　故障指示灯驱动电路原理

（3）正反转控制输出电路设计

图 10.21 为正反转控制输出电路原理图，MCU 的 GPIO 引脚 PC4（OpenC）和 PC5（CloseC）是用来控制阀门电机正反转的，当 OpenC＝0 时，光耦 U15 的 OPEN 输出对 24 V 的地为接近 0 V，此时三极管 BG2 的 c-e 导通，使 OPJ 接通＋24 V，继电器 JDQZZ 线包得电，继

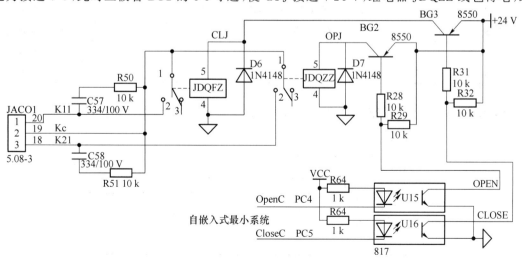

图 10.21　正反转控制电路原理

电器触点动作,其触点 1 和 2 接通,使接到外部接触器的 Kc 与 K11 导通,OpenC＝1,Kc 与 K11 断开;同样,CloseC＝0 时,JDQFZ 线包得电,继电器动作,使触点 Kc 与 K21 导通,CloseC＝1,Kc 与 K21 断开。

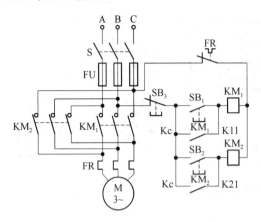

图 10.22　正反转驱动电路原理

控制电路在 MCU 控制下,实现触点 Kc 与 K11 以及 Kc 与 K21 的导通与断开,再将触点接入阀门电机的驱动回路,如图 10.22 示,即可实现电机的正转和反转。当 OpenC＝0 且 CloseC＝1 时,Kc 与 K11 导通,正转接触器 KM1 得电动作,使三相电机正转;OpenC＝1 且 CloseC＝0 时,Kc 与 K21 导通,反转接触器 KM2 得电动作,使电机反转;OpenC＝1 且 CloseC＝1 时,电机停止不动。

（4）LCD 显示输出接口设计

本阀门控制系统采用的 LCD 显示模块为 HJ12864-COG-1,可显示点阵图形和字符,也可以显示汉字,是性价比极高的 LCD 模块,采用四线制的 SPI 串行接口与 MCU 连接。

HJ12864-COG-1 具体引脚及与 MCU 连接如表 10.3 示。

表 10.3　HJ12864-COG-1 引脚说明

引脚	名称	连接 MCU	说明	引脚	名称	连接 MCU 方向	说明
1	—	—	空	11	SO	PC11	字库数据出
2	—	—	空	12	SI	PC12	字库数据入
3	VSS	GND	电源负	13	SCLK	PC10	字库时钟入
4	VDD	3.3 V	电源正	14	nCS	PC8	字库芯片选择
5	LEDA	3.3 V	背光电源,通常接 VDD	15	—	—	空脚
6	CSB	PC6	片选使能,低电平有效	16	—	—	空脚
7	A0(RS)	PC7	数据指令寄存器选择,高数据,低指令	17	—	—	空脚
8	RSTB	PC9	复位信号,低有效	18	—	—	空脚
9	SDA	PB7	串行数据	19	—	—	空脚
10	SCL	PB6	串行时钟	20	—	—	空脚

HJ12864-COG-1 的操作时序如图 10.23 所示。

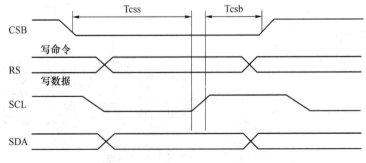

图 10.23　HJ12864-COG-1 操作时序

CSB 为 LCD 片选信号,低电平选中 LCD 模块,RS 为指令/数据写操作选择,RS＝0 写指令,RS＝1 写数据,SCL 为时钟,SDA 为数据。

HJ12864-COG-1 显示结构如图 10.24 所示。

Y=	0~127列										行号
	0	1	...	62	63	64	65	...	126	127	
X=0	DB0↓DB7	DB0↓DB7	DB0↓DB7	DB0↓DB7	DB0↓DB7	DB0↓DB7	DB0↓DB7	DB0↓DB7	DB0↓DB7	DB0↓DB7	0 / 7
↓	DB0↓DB7	DB0↓DB7	DB0↓DB7	DB0↓DB7	DB0↓DB7	DB0↓DB7	DB0↓DB7	DB0↓DB7	DB0↓DB7	DB0↓DB7	8 / 55
X=7	DB0↓DB7	DB0↓DB7	DB0↓DB7	DB0↓DB7	DB0↓DB7	DB0↓DB7	DB0↓DB7	DB0↓DB7	DB0↓DB7	DB0↓DB7	56 / 63

图 10.24 HJ12864-COG-1 显示结构

对 LCD 模块写数据的流程如图 10.25 所示,软件依照这个流程编程。

通过图示接口写一个字节数据的流程如图 10.26 所示。

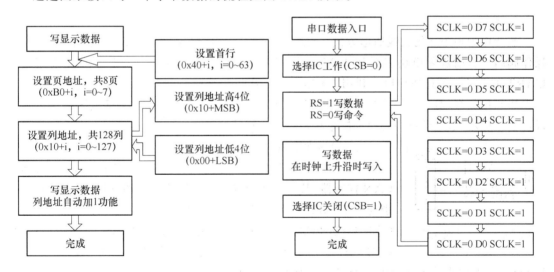

图 10.25 HJ12864-COG-1 写数据流程   图 10.26 写 LCD 模块 HJ12864-COG-1 字节流程

10.4.4 互连通信接口

按照需求,阀门控制系统互连通信接口为一个基于 RS-485 的远程通信接口,并预留 CAN 总线和以太网接口便于以后升级。关于互连通信接口原理请参见第 8 章。

1. RS-485 通信接口

由于阀门控制领域都有强大的干扰,因此使用带光电隔离的高可靠 RS-485 接口,如图 10.27 所示。STM32F107VC6 的 USART2 收发端(软件上需要映射)RXD2(PD6)和 TXD2(PD5)分别连接隔离 485 收发器的收发端,485 的收发方向由 PD7 控制(485DIR)。采用隔离 485 方式,使嵌入式最小系统与外部 RS-485 通信的上位机等处于完全电气隔离状态,进而不受外界干扰。通过连接器 J485 将 485A 和 485B 分别连接到 RS-485 总线的相应 A 端和 B 端。如果连接的 485 接点较大或距离较远,则在最远的两端 485 连接器 J485 两端连接一个 120 Ω 的匹配电阻。

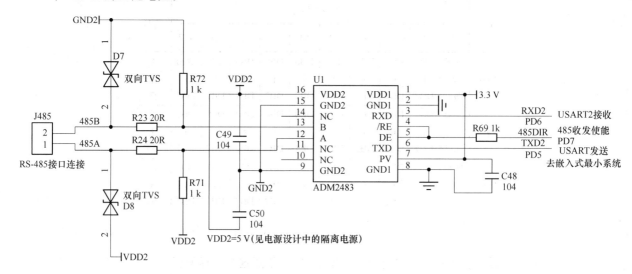

图 10.27　RS-485 隔离型通信接口

2. 蓝牙接口

蓝牙作为短距离的无线通信方式,方便用手机对阀门控制系统进行相关信息的设置,也可操作阀门。目前蓝牙模块多采用 UART 与嵌入式系统连接,图 10.28 为本系统采用基于 UART 的蓝牙通信模块接口。利用 USART1 的 RXD1(PA10) 和 TXD(PA9) 连接蓝牙模块的发送和接收端,对蓝牙模块的操作如同对 UART 串口操作一样,通过手机蓝牙助手或自行设计蓝牙应用 APP 即可与阀门控制系统进行交互操作。

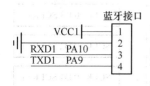

图 10.28　蓝牙模块接口

3. CAN 通信接口

CAN 通信接口如图 10.29 所示。STM32F107VCT6 内部有 CAN 控制器,其 PD0 作为 CAN 总线的接收端,PD1 作为发送端分别与 CAN 物理收发器 VP230 的收发端连接,经过 VP230 变换成 CAN 总线的 CANH 和 CANL,通过连接器 JCAN 与外部 CAN 总线的 CANH 和 CANL 同名端连接。当距离远时可以短接 JP35 将 120 Ω 的匹配电阻接入网络中以抵抗反射干扰,提高可靠性。

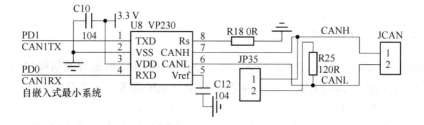

图 10.29　CAN 通信接口

4. 以太网接口

按照需求,除了 CAN 外还要预留以太网接口供以后升级使用,由于 STM32F107VCT6 内部有 Ethernet MAC,因此仅需要物理收发器的网络变压器及 RJ45 连接器即可构建完全的以太网接口,详见第 8 章 8.7 节。

10.5　嵌入式硬件综合

前面根据系统总体要求进行了需求分析,并给出系统硬件组成不同单元模块的设计,本节将这些单元模块整合成一个完整的嵌入式硬件系统,即所谓的硬件综合。

10.5.1　硬件原理图综合

通常一个完整的嵌入式应用系统涉及的部分很多,如前面的最小系统、模拟通道、数字通道、相互通信通道等各种通道。每个部分都可以用一个独立的原理图单独设计,这些独立设计的原理图又有相互的联系,希望能把各种原理图整合成一个完整的系统。这就需要进行硬件综合。

前面几节分别设计了系统的不同组成单元,在确保各单元电路原理完全正确的前提下,可以进行系统硬件原理图的综合,在前面各部分设计时,每个部分都设计了输入或输出信号的连接器或设置了网络标号,把这些组成部分合起来构成一个完整的硬件系统,是原理图综合的主要目标。

用电子线路辅助软件绘制设计的原理图时应该按照一定的格式标准进行。

1. 原理图格式标准

原理图设计格式基本要求是:清晰、准确、规范、易读。具体要求如下。

(1) 功能模块化,布局合理化

尽量将各功能部分模块化,以便于同类机型资源共享,各功能模块界线需清晰;各功能块布局要合理,整份原理图需布局均衡;接插件尽量分布在图纸的四周,示意出实际接口外形及每一接脚的功能;滤波器件(如高/低频滤波电容、电感)需置于作用部位的就近处。

(2) 特殊器件特别处理,标识标注要清楚明了

可调元件(如电位器)、切换开关等对应的功能需标识清楚;每一部件尤其是 IC 电源的去耦电容需置于对应脚的就近处,便于对照 PCB 检查;重要的控制或信号线需标明流向及用文字标明功能;MCU 为整机的控制中心,接口线最多,故 MCU 周边需多留一些空间进行布线及相关标注,而不至于显得过分拥挤。

(3) 关键器件适当说明,文字标识统一

MCU 的设置需在旁边做一表格进行对应设置的说明;重要器件(如接插座、IC 等)外框用粗体线(统一 0.5 mm),以明示清楚;用于标识的文字类型需统一,文字高度可分为不同层次以分出层次关系;元件标号可按功能块进行标识;元件参数/数值务求准确标识,功率电阻需标明功率值,高耐压的滤波电容除了标出容量,还需标明耐压值,如 $100\ \mu F/100\ V$ 等。

(4) 每张原理图设置标准图框并标注相关信息

每张原理图都需有标准图框,并标明对应图纸的功能、文件名、制图人名/确认人名、日期以及版本号等。

（5）原理图的自我检测与审核规范化

设计初始阶段，完成原理图设计后可利用工具进行电气检测，并通过各种手段自我审查，合格后，需提交给项目主管进行再审核，直到合格后才能开始进行 PCB 设计。

2．原理图设计参考

原理图设计前的方案确认基本原则：

（1）详细了解设计需求，从需求中整理出电路功能模块和性能指标要求。

（2）根据功能和性能需求制定总体设计方案。

（3）针对已经选定的 MCU 芯片，选择一个与需求比较接近的成功参考设计。

（4）对选定 MCU 厂家提供的参考设计原理图外围电路进行修改。

（5）对于每个功能模块要尽量找到更多的成功参考设计，越难的应该越多，以确保设计的正确性。

（6）数字电源和模拟电源分割，数字地和模拟地分割，单点接地，数字地可以直接接机壳地（大地），机壳必须接地，以保护人身安全。

（7）保证系统各模块资源不能冲突。

（8）元器件的正确封装。在绘制原理图中，每个元件要有合适的封装。电阻电容通常有直插、贴片两种，贴片封装又分为 0402、0603、0805 等。特殊器件，即设计软件中没有的元件封装，必须自行建立封装，以便在 PCB 设计时能正确找到对应的封装。

（9）阅读系统中所有芯片的手册（一般是设计参考手册），看它们未用的输入管脚是否需要做外部处理，是要上拉、下拉，还是悬空。

（10）在不增加硬件设计难度的情况下尽量保证软件开发方便，或者以较小的硬件设计难度来换取更多方便、可靠、高效的软件设计。

（11）注意设计时尽量降低功耗。

3．原理图综合

借助于电子线路辅助设计软件如 PROTEL 或其后续版本的 Altium Designer，分别将最小系统、输入通道（包括数字和模拟输入通道）、输出通道（包括数字和模拟输出通道）、人机交互通道、相互互连通信通道等各部分的原理图绘制好。

以 PROTEL 为例，建立一个项目，名为 MyProject. DDB，按照前面介绍的原理图设计格式标准及设计参考的要求，分别绘制各部分原理图。假设前面电源部分原理图命名为 POWER. SCH，最小系统的原理图名为 MINISYSTEM. SCH，模拟通道的原理图名为 ANALOG. . SCH，数字通道（含人机交互通道）原理图名为 DIGITAL. SCH，通信通道原理图名为 COMM. SCH。

在 PROTEL 中如何实现多张原理图的统一编号，即多张原理图表示一个完全的电路原理，其实是一个电路板对应的电路原理图，只为了模块化设计按照模块划分原理图。将多个模块原理图综合为一个完整的原理图方法如下：

（1）在 PROTEL 中先建立项目 MyProject. DDB。

（2）分别绘制各部分原理图并逐一绘制完成各自的原理图。

（3）创建空原理图名为 Total. SCH，用这个原理图综合所有以前绘制的各部分原理图。

（4）从 Designed 设计菜单中选择 Create Symbol From Sheet 选项，在弹出的选项图中，选择加入的已经设计好的原理图 POWER. SCH。同样的方法，把 MINISYSTEM. SCH、ANALOG. . SCH、DIGITAL. SCH、COMM. SCH 一一加入 ToTal. SCH 中，如图 10.30 所示。

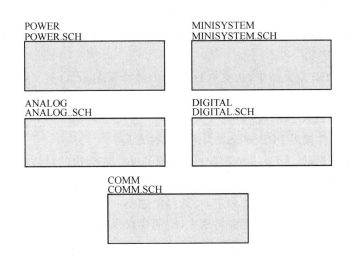

图 10.30　ToTal. SCH 综合图示

（5）从 Tools 菜单中选择 Annotate…选项。取消勾选 Options 标签下的 Current Sheet Only 项。然后再勾选 Advanced Options 标签下需要编号的图纸文件名,并在 From 下双击默认的起始标识修改起始标识,再双击 To 下面的默认结束标识,这里将列表中上述原理图名全部选中,并全部选择好结束标识,单击 OK 按钮即可,原理图中的每个元件将具有唯一的统一标识。

（6）从 Design 菜单中,选择 Creat Netlist…选项,创建网络表时,要注意在 Sheets To Nitlist 下选择 Active Project,不能选择 Active Sheet。最后,单击 OK 按钮即可产生网络表。

至此,一个由多个原理图综合到一个原理图并生成一个完整网络表的步骤全部完成,下面即可设计 PCB 板。

4. 生成元件清单表

对于任何电子产品,在生产之前要采购元器件,因此需要通过原理图产生元件清单列表,具体方法如下。

（1）在打开的 ToTal. SCH 窗口中,从 Report 菜单中选择 Bill of Material 选项,在生成清单向导中选择"Project",单击 Next 按钮。

（2）勾选 Footprint 和 Descriptior 复选框,单击 Next 按钮。

（3）在弹出的选项中,默认选项不变,单击 Next 按钮。

（4）在弹出的选项框中,勾选 Protel Format 和 Client Spreadsheet 复选项,前一项列出的元件清单中统计了同类型的总数,便于采购使用;后一项为每个元件一行,便于焊接对照。单击 Next 按钮。

（5）最后单击 Finish 按钮完成元件清单生成。

可以将该表格复制到 Excel 中进行分类排序、统计、统一格式等各项操作。

10.5.2　硬件 PCB 板设计

按照印刷线路板抗干扰设计的要求,从原理图中导入网络表,进行 PCB 板设计,设计方法如下。

（1）打开前面已经建立的工程 MyProject. DDB,并建立一个新 PCB 文档,命名为

ToTal. PCB。

（2）按照系统尺寸的要求，在 KeepOutLayer 层绘制一个矩形框，作为 PCB 的最大尺寸限定。

（3）在 ToTal. PCB 空文档中，从菜单 Design 中选择 Netlist…（英文版为 Load Net..），在弹出的网络表列表中选择原理转接头综合过程中产生的 ToTal. net，然后单击 Excute 按钮，将原理中的所有元件调入 PCB 文档中。

（4）将调入的元件按照 PCB 规范要求进行元件布局。

（5）选择布线规划，如从 Design 菜单中选择 Rules…，在弹出的对话框中选择 Routing，在其中选择最顶端的 Clearance Constraint，进行间隙约束设计。如果板子空间足够大，可以选择间隙大一些；如果空间有限受尺寸限定，可选择间隙小一些，通常默认为 12 mil，特殊需求可特殊选择。如果是高压区域，那要间隙特别大，空间要求也要大。

在弹出的对话框中选择 Routing，在其中选择最底端的 Width Constraint，进行线粗约束设计，可针对网络表中的标识选择不同线粗，如地线、电源线尽量选择粗一些，至少 50 mil，如果电流更大，要选择更粗的走线宽度。

布线规则很多，这两项是最为重要的部分，此外还有过孔风格及大小的限定、布线优先权、走线弯曲度（45°还是圆弧等）等。

（6）从 Auto Route 中选择 All，在弹出的对话框中选择 Route All，即可对整体进行自动布线。

（7）自动布线对于有些特殊电路要进行人工修改。对于模拟电路、功率电路等有要求的特殊电路，在自动布线后，需要人工修改和调整。方法是从 Place 菜单中选择 Track 线（汉化版），Interactive Routing（英文版），对准原来自动布线的线进行直接重新走线即可自动修改原来的走线，这就是半自动走线。

（8）分层显示、检查走线的正确性。布线完毕，可以只显示走线的一层，这样可以方便观察走线是否有交叉。有时自动布线会让两条不该走到一块的线连接在一起，而显示布线 100%完成没有冲突，这时通过分层观察走线，能发现问题所在，在做板子之前及时调整。

（9）焊盘泪滴设定。在完成上述处理后，可通过菜单 Tools，选择 Teardrops 处理，在弹出的对话框内，单击 OK 按钮即可。这种处理使焊盘更加丰满，抗干扰性能更好。

（10）对需要部分重点区域敷铜接地，以增强抗干扰能力。从 Place 菜单选择 Polygon Plane 选项，在弹出的对话框的 Net Options 中选择 GND（地）网络标号，勾选 Remove Dead 选项，在 Plane Seting 中选择网格尺寸和线宽度，最后单击 OK 按钮即可。对于高压大电流的区域，建议少用这种方式，在小信号小电流需要接地屏蔽时可以用这种方法敷铜接地。

（11）调整元件标识位置。在布线完成之后，分层查看元件标识是否被过孔或焊盘盖住，可以适当调整标识的字符大小和位置。最后标注本 PCB 板的名称、设计者及版本日期等信息，以便于今后对照查找。

至此，一块完整的嵌入式应用系统电路板完成了 PCB 的设计，交由线路板厂家制作即可。

10.6　嵌入式软件设计

按照图 10.1 所示的体系结构，在进行硬件设计时充分考虑软件的实现，有些能用软件实现的，就尽量不用硬件实现。比如可以采用数字滤波算法代替硬件相应滤波器，以降低成本。

在本系统的软件设计中采用两种设计方法,一种是没有 RTOS 下的软件设计(详见第 3 章 3.10.3 节相关内容),应用程序直接通过芯片厂商或集成厂商提供的驱动层(比如借助于 STM32F10x 的固件函数库)完成,另一种是基于 RTOS 如 μC/OS-Ⅱ 下的软件设计(详见第 9 章 9.4 节)。

10.6.1 无操作系统下的软件设计

在无操作系统支持的情况下,嵌入式系统程序采用轮询与中断相结合的方式,如图 10.31 所示。

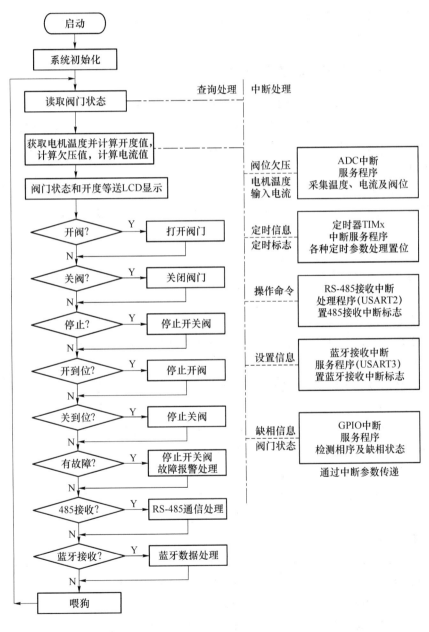

图 10.31 无操作系统下轮询与中断结合的系统程序流程图

在系统初始化（包括芯片初始化、初始化看门狗定时器、普通定时器初始化、GPIO 初始化、USART1 初始化、USART2 初始化、ADC 初始化等）后，在主循环体内，不断查询和计算由中断处理程序得到的相关参数，如阀位（阀门开度值）KD、电机温度值 T、输入电流值 I，以及阀门状态，如开到位、关到位、开过力矩、关过力矩、是否欠压等。如果阀门工作正常，则有开阀命令时执行开阀操作，有关阀操作时执行关阀操作，有停止命令时执行停止开关阀操作。在开关阀过程中突然出现阀门状态故障或异常，如过力矩、欠压、缺相、电机温度过高等，则立即停止开关阀，任何时候阀门的状态和开度均通过 LCD 显示屏显示。为了可靠运行，在循环体不断喂狗。

软件要做的主要工作就是设计中断处理函数以及查询参数状态，不同状态和参数去执行不同操作。

10.6.2 有操作系统下的软件设计

在 μC/OS-II 下，软件设计不同于无操作系统下的软件设计，所有任务均在操作系统的调度下执行。详见第 9 章有关内容。首先要划分并创建好要完成的任务，启动完操作系统，就让操作系统自动运行任务，程序结构简单明了。把本阀门控制系统体系结构中应用层程序 10 个模块划分为如下 7 个主要任务。

（1）ADC 信息检测任务

这个任务主要负责通过 A/D 变换得到内部温度、欠压检测、输入电流检测、外部 PT100 电机温度检测、阀门开度（阀位）检测等。

（2）阀门开关状态检测任务

利用 GPIO 引脚的状态变化检测阀门是否正在开关阀、检测开阀是否到位、关阀时是否关闭到位、有没有开或关过力矩等。

（3）阀门操作任务

主要用于现场和远方以及通过蓝牙、RS-485 等方式进行的阀门操作。

（4）LCD 显示任务

主要显示阀门当前工作状态、电机温度、内部温度以及阀门开度等。

（5）4～20 mA 电流输出任务

系统需要输出与开度对应的 4～20 mA 的电流，本任务借助于 4～20 mA 输出硬件电路，利用 DAC 输出来要完成将开度值 0～100% 变换为 4～20 mA 电流输出。

（6）通信任务

在 RS-485 总线上，按照 ModBus RTU 协议完成的通信任务，具体协议参见第 8 章 8.3.4 节。同时完成由蓝牙模块组织的蓝牙通信任务。

（7）报警输出任务

当遇到阀门状态发生异常（故障）时，除了立即停止开关阀操作外，还要让故障指示灯闪烁，并接通报警继电器输出接点供外接报警装置使用，以提醒工作人员。

基于 μC/OS-II 的程序流程如图 10.32 所示。

利用 RTOS 的消息队列、信号量或消息邮箱等进行编程应用。

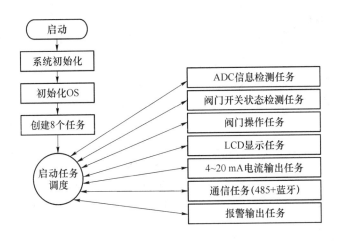

图 10.32　基于 μC/OS-Ⅱ 的系统程序流程图

10.7　系统调试

PCB 设计完毕,检测无误后可送交厂家制板,拿到线路板后即可进行硬件的焊接、测试和调试。

10.7.1　硬件调试概述

1. 调试的主要内容

硬件调试包括静态和动态调试。

（1）静态检查

静态检查是在不通电情况下的检测,包括线路板裸板(没有焊接元器件时的线路板)检查和有元器件的线路板检查。

① 裸板静态检查

拿到线路板之后,先不焊接,用万用表电阻挡测量一下 PCB 上电源与地之间是否为无穷大,以看线路板电源是否对地有短路情况。如果电源对地没有短路,可以按照模块分别焊接元器件。

② 焊接后的静态检查

在形成定型产品之前,难免硬件上会有些问题。对于初次设计的硬件调试,务必不要急于把所有器件焊接完,要边焊接边测试,以检测电源对地是否有短路现象。如果把所有器件全部焊接上去,即使检测出电源对地短路也很难找到短路的具体部位,因为所有电源都是连接在一起的,所有地也是连接在一起的。只有分模块焊接,焊接一个模块测试一个模块,才能事半功倍。

（2）动态检测

· 对于已焊接的模块,通电后,用万用表电压挡检测各电源是否按照设计要求输出额定电压,如果不正常则排除。

· 用万用表或示波器根据原理图检测相关逻辑状态是否正常。

· 一个模块一个模块检查功能的正确性,如果功能都不对,考虑 MCU 是否复位正常,振荡信号有没有。

- 使用简单测试软件测试模块功能，直到所有功能正常。
- 对于总线或多通道信号的分析和观察可以借助于逻辑分析仪进行分析。

2. 常用调试工具

用于硬件调试的工具包括发光二极管、RS-232 串口、仿真器、万用表、4～20 mA 电流校准仪、信号发生器、直流稳压电源、示波器、逻辑分析仪以及标准电阻箱等，这些调试工具如图 10.33 所示。

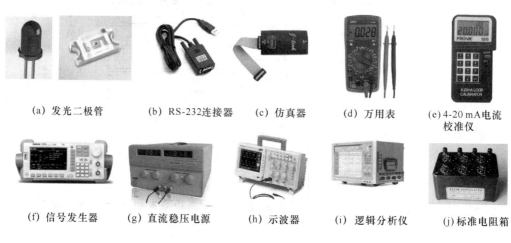

(a) 发光二极管　　(b) RS-232连接器　　(c) 仿真器　　(d) 万用表　　(e) 4-20 mA电流校准仪

(f) 信号发生器　　(g) 直流稳压电源　　(h) 示波器　　(i) 逻辑分析仪　　(j) 标准电阻箱

图 10.33　常用硬件调试工具

发光二极管是最简单的调试工具，只需要 MCU 一根引脚，通过驱动即可让发光二极管发光，借助于发光二极管，可以通过软件让发光二极管常亮、常灭、短闪亮、长闪亮等不同方式显示，以指示不同的工作状态，进而通过发光二极管的发光形式来确定系统的运行状态。利用发光二极管发光是成本最低、最简单的调试方法。

在调试过程往往可以使用 MCU 的串行口向外部调试主机或其他具有串行口的设备发送有关调试信息，以便于观察当前程序运行位置的执行情况，这是在不用专用仿真器的情况下，最常用、最直观且较为经济的调试手段。

ARM 芯片内部均有基于 JTAG 或 SWD 的仿真调试接口，通过外置仿真器（协议转换器）连接目标机和调试主机。

万用表可以检测电阻、电压、电流、电容、三极管、二极管，还可以测量频率、温度等，是硬件调试的必备工具。

4～20 mA 电流校准仪主要用于校正 4～20 mA 电流，对于具有 4～20 mA 输入和输出的模拟系统，它是一个必备的调试工具。

信号发生器是用来产生不同类别的激励信号的，可用于嵌入式硬件系统的逻辑输入，如要测量外部频率，可以让信号发生器产生指定频率的方波，送到嵌入式系统，看嵌入式系统测量的频率是否正确。信号发生器也可以发出模拟信号，如正弦波信号等，便于调试时模拟现场不同类别的信号，并加以校准。

直流稳压电源是输出可调节电压的仪器，可以作为直流电压信号输出，供系统输入测试使用。

示波器是显示被测点工作波形的仪器，对于周期性变化的信号，能连续显示在示波器上。使用示波器要注意被测点的频率和幅度，否则显示的效果会受到很大影响。

标准电阻箱用于任何可以用电阻来调节的调试环节,由于它的精度很高,可以满足调试需求。本系统用电阻箱的目的是校准 PT00 检测电路,代替 PT100 在不同温度时输出的电阻值。

3. 调试连接

嵌入式应用系统开发与调试是借助于集成开发软件环境和硬件调试工具进行的。连接方式见第 1 章。

10.7.2　电源模块的调试

电源模块是整个硬件系统的供电源,如果电源有问题,嵌入式系统将无法正常工作。因此调试硬件模块之前,首先要把电源调通。电源调试同样也要先静态调试,再动态调试。

电源的静态调试就是检测电源模块中的有极性器件是否连接正确,尤其是二极管、有极性的电解电容和钽电容,以及芯片 1 脚的位置是否焊接正确。如果焊接正确,再用万用表二极管挡测量各电源+对地的导通状态,如果显示的电阻过小(小于 200 R),则电源可能有问题。

对于本系统的供电模块,由于其输入电压为 380 VAC,因此要注意别碰到高压处。用万用表测量输入端时,电压挡要打到 750 V 交流电压挡,手握表笔千万别碰到金属,以防触电,最好输入端通过空气开关接入本电源,这样方便调试。

静态检查没有短路现象,可用万用表分别测量各路输出电源电压是否正常。

必要时用示波器观察各路电源的纹波是否能够满足设计要求,如果纹波过大,会影响电源质量,可以在滤波电容这方面考虑关联大的电容,进一步滤波处理。

除了用万用表和示波器之外,还要注意仔细观察电路板的变化,有没有烧焦的味道,有没有大的声响等,这些都是判断是否有故障的直观方法。如果有烧焦的味道说明电流过大,或有短路情况发生;电解电容耐压不够、压敏电阻耐压不够或器件电压过高,均会瞬间发生爆炸。

出现电源问题时,可以从变压、整流、滤波和稳压四个部分分别查找原因。可逐级检测,如果判断位置不准确,可先从最前级开始检查,割去后续电路的通路,通电看本级输出是否满足要求,没有问题再逐步扩展到后级,直到找到问题的位置为止。若电源正常,即可进行下面的调试。

10.7.3　最小系统调试

最小系统模块是嵌入式应用系统的核心模块,是确保正常运行的关键模块,因此电源调通之后首先要调试的是嵌入式最小系统。

首先要检测原理图与 PCB 的一致性,检查电源对地有无短路,通电用万用表检查各电源电压是否正常以及检查程序下载能否正常进行。

检验最小系统是否能工作最直观的方法是看能否通过调试接口 JTAG 或 SWD 下载程序。无论是通过集成开发环境 KEIL MDK-ARM 还是通过 ISP 程序下载程序,如果能正常下载,说明最小系统基本工作是正常的,否则说明最小系统有问题。

除了下载程序时选择的 MCU 型号不对的原因外,其他问题可以通过最小系统的组成逐一来查找原因。前面已经把电源调试成功了,剩下的最小系统主要包括调试接口、时钟电路以及复位电路,因此可以从这几个方面查找问题所在。如果能够正常下载程序,说明最小系统正常,否则要进行下面的检查,查出原因并解决。

1. 检查复位电路

如果复位电路不可靠,任何最小系统均无法正常工作,包括下载程序也不能正常。如何才能知道复位是否正常呢?可以在上电时用示波器观察复位引脚的信号波形来判断系统的复位是否正常。将示波器探头接 MCU 的复位引脚,另一端接 MCU 的地,查看上电瞬间复位引脚是否有跳变。对于低电平复位的 MCU,如本阀门控制系统选择的 ARM Cortex-M3 的 STM32F107VCT6,上电时复位引脚的波形为从上电开始到稳定先为低电平,然后很快有一个上升沿,这就是正常的复位信号。复位引脚的上电波形如图 10.34 所示。有的复位信号没有那么陡峭的边沿,但至少要有电平的变化。如果没有图示的相关波形,就应该仔细检查一下复位电路。

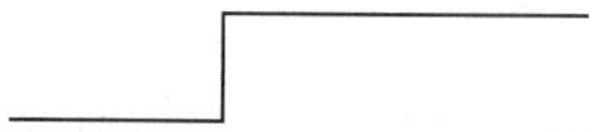

图 10.34 复位引脚波形

2. 检查时钟电路

检查时钟电路方法非常简单,只要用示波器测量 MCU 时钟端对地,如果有晶体标称频率的周期性高频信号,如本系统采用 25 MHz 时钟,即说明时钟电路没有问题。如果 MCU 时钟端两个引脚对地没有振荡波形,说明系统没有起振,时钟电路有问题。不起振的原因可能是没有接好电源、晶体没有焊接好、晶体坏了或电容坏了。

3. 检查调试接口

目前流行的调试接口有 JTAG 和 SWD 两种,本系统使用串行调试接口 SWD。SWD 接口非常简单,除了几个上拉电阻就是一个 SWD 插座,只需要用万用表对照原理图仔细检查 PCB 板连接是否正确即可。

把所有问题全部解决,最小系统即可正常工作,下面就可以调试外围通道和其他模块了。

10.7.4 通道调试

1. 模拟通道的调试

静态检查无误后,系统加电,让信号发生器输出模拟信号加到模拟通道输入端,用示波器或万用表测量调理电路输出是否正常,是否在预期的设计范围之内,查看调理电路是否输出正确的模拟量,如果过大或过小,则可以通过调整反馈电阻的值来改变运放的放大倍数,直到达到要求为止。这个数值不要求很精确,只要基本达到要求的范围即可,因为可以从软件上来精确校准测量值。

(1) 4～20 mA 电流输出模块调试

对于 10.4.2 节中图 10.14 所示 4～20 mA 电流输出电路,用万用表电流 mA 挡,红笔接 IOUT＋,黑笔接 IOUT－。在 KEIL MDK-ARM 环境中,编写 DAC 输出程序,让 MCU 的 DAC1OUT(PA4)输出一定数字量 DOR,试着调整该数字量,用电流表观察输出电流的大小,直到输出为 4.0 mA(Y0),记下 DAC 值 KILow(N0),再调整 DAC 输出值使电流输出为 20.0 mA(Ym),记下此时的 DAC 值 KIHigh(Nm)。因此要输出 Yx mA 的电流,由于线性关系,使用前面线性标度变换公式可得:

$$Yx=4.0+(20.0-4.0)\times(Nx-KILOW)/(KIHigh-KILow)$$

因此 DAC 寄存器 DOR 的值 Nx 为:

$$Nx=(Yx-4.0)\times(KIHigh-KILow)/(20.0-4.0)+KILow$$

即
$$DOR=(Yx-4)\times(KIHigh-KILow)/16+KILow$$

由此公式可知,电路参数有误差没有关系,只要器件稳定不变,精确调整 DOR 中的值 Nx

就可以很好地精确控制电流输出。

（2）4～20 mA 电流输入检测模块的调试

对于4～20 mA 电流输入检测电路的调试，可以利用4～20 mA 电流校准。先将标准电流源调整到4 mA（Y0），参照图10.11电路，针对 ADCIN5（PA5）编写 ADC 程序，获取 A/D 变换后的数字量 DIL（N0），再调整电流源到20 mA（Ym），得数字量 DIH（Nm），由线性标度变换公式可知，任意电流 Yx mA 为：

$$Yx=4+(20-4)\times(Dx-DIL)/(DIH-DIL)=4+16\times(Dx-DIL)/(DIH-DIL)$$

（3）温度检测模块调试

将图10.10所示温度输入检测电路 PT00 接线端子中的 V+和 S+短接，S-与 V-短接，用标准电阻箱把电阻值调整到100 Ω（对应 PT00 为0℃），电阻箱电阻输出一端接 V+，另一端接 V-，由电路原理可知，电阻通过电流产生电压，通过调理电路，最后输出与温度（电阻）相关的模块电压信号 TemIn，送 MCU 的 ADC 通道 IN3（PA3），编写 A/D 变换测试程序，得到数字量 Dt0，再将电阻箱电阻调整到138.51 Ω（对应 PT00 为100℃），得到数字量 Dt100。由于电机温度通常在0～100℃，因此根据 PT100 的原理可知，在0～100℃这样的范围内，温度与电阻近似为线性关系 Rt=Ro(1+At)，而电阻与输出电压又成正比关系，因此电机温度检测可以使用线性标度变换公式。已知 Y0=0，Ym=100，N0=Dt0，Nm=Dt100，因此：

$$Yx=100\times(Nx-Dt0)/Dt100$$

通过 A/D 变换得到一个数字量 Nx，即可得到温度 Yx。

对于温度范围比较宽的温度测量，需要查 PT100 分度表确定具有温度值与电阻的关系，可参见 PT100 相关资料。

（4）欠压模块的调试

欠压是指电压低于额定电压的80%以下，因此用三相调压器把380 V 电压调整到304 V，由于本电路没有额外的电位器可调节，因此这里的所谓调试就是软件调试。图10.12中当来自电源模块的欠压信号 YQYin 经过本电路调理后，变为一定电平的脉动直流电压信号 LVin，送 MCU ADC 通道 IN6（PA6），编写 A/D 转换程序得到数字量 DLv（通过均方根运算得到有效值 DLv），再调整380 V 电源电压为342 V（380 V×90%），得转换的数字量 DV。当数字量低于 DLv 时即判定为欠压，实行欠压保护；当电压升到数字量超过 DV 时，取消欠压报警。

（5）开度检测模块的调试

对于开度检测模块，静态检查无误后，把1 K 阀位电位器（与阀门机构相联动）接入图10.13中 JRX1 连接器，中心抽头接 RW。通电后，把阀门关到位，通过 ADC 软件选择开度通道 IN7（PA7），启动 A/D 后得到数字量 DL，再把阀门开到位，经 ADC 得到数字量 DH。关到位对应开度为0%，开到位对应开度100%。由于电阻的变化经调理电路后，输出与之成正比的电压，经过 A/D 变换之后，得到的数字量也与电压成线性关系，因此当开关对应数字量为 Dx 时，已知 Y0=0，Ym=100，N0=DL，Nm=DH，代入线性标度公式可得开度 KD 值为：

$$KD=Yx=100\times(Dx-DL)/(DH-DL)$$

2.数字输入通道的调试

本系统的数字输入通道包括：阀门状态的检测电路、远程操作回路、现场按键操作及拨码开关设置电路以及相序和缺相检测输入电路。

（1）阀门状态检测电路调试

在静态检查后，通电检测，连接到图10.15所示阀门机构的连接器 JLJ，用导线将公共端3

脚连接到 1 脚,用万用表直流电压挡测量 TSOpen(PB4)对地的电压,看是否接近 0,导线取下断开,再看电压是否接近＋24 V,如果是,本回路测量正常。然后再依次以同样的方法测试 LSOpen(PB3)、LSClose(PB1)以及 TSClose(PB2)的逻辑关系是否正常。如果有一路不正常,可检测连接是否可靠,有没有短路现象,光耦是否完好,直到各路状态均正常为止。

（2）远程操作回路的调试

与上述调试阀门状态的方法一样,通电后用一导线将图 10.16 中连接器 JYC 的 5 脚（＋24 V）与 1 脚短接,用万用表直流电压挡测量 yClose(PB10)对地逻辑是否为 0,导线断开看逻辑是否为 1,是则正常,不是则异常,查看线路有无接错,光耦有无损坏,直到逻辑正常。同样的方法,测试 yHold(PB9)及 yOpen(PB8)对地的逻辑关系,直到测试正常。

（3）现场按键操作及拨码开关设置电路的调试

通电后,按下相应的按键,用万用表直流电压挡测量相应引脚对地是否逻辑为 0,抬起来是否为 1。功能选择的测试也一样,拨码开关打到 ON 时,功能选择输出应该为逻辑 0,否则为逻辑 1。

（4）相序和缺相检测输入电路的测试

对于缺相的调试,三相电接通后用示波器观察图 10.18 中对应相的波形,如 PA（PB0）、PB（PB1）、PC（PB2）,如果全为 50 Hz 的方波,则为正常。取下一相,方波变为一直线（0 电位）,说明该相缺相。

对于相序检测电路的调试,只需要查看 PP（PB3）点的波形。正常相序波形为脉冲信号,将相序接反,再观察 PP 波形,为高电平直线,即检测正确。

3. 数字输出通道的调试

（1）故障输出电路调试

故障输出电路的调试就是利用 GPIO 引脚输出高低电平,检测输出结果是否正确。对于图 10.19 所示的故障输出电路,使 MCU 的 FAOUT(PC2)输出 0,用万用表蜂鸣器挡连接故障输出接线端子的 2 脚和 3 脚,如果有声响,且当 PC2 输出 1 时没有声响,则故障输出电路正常。否则,检测三极管、继电器以及光耦是否工作正常。另外,检查续流二极管 D304 有没有接反,如果接反了,继电器永远不会动作。排除故障直到满足上述要求。

（2）故障指示灯电路调试

对于图 10.20 所示故障指示灯电路,只需要让 MCU 的 LED1(PC3)输出 0,用肉眼观察指示灯 FZLED 是否被点亮,如果亮,再让 PC3 输出 1,故障指示灯则灭。如果有问题,则看一下发光二极管是否接反,三极管是否正确,直到排除问题。

（3）阀门电机正反转控制电路调试

对于图 10.21 和图 10.22 所示电路,静态检测无误后通电,让 MCU 的 OpenC(PC4)＝0 且 CloseC(PC5)＝1,看正转接触器 KM1 是否动作,电机能否正转。如果正常,再让 OpenC(PC4)＝1 且 CloseC(PC5)＝0,看反转接触器 KM2 是否动作,电机能否反转。如果正常,再让 OpenC(PC4)＝1 且 CloseC(PC5)＝1,看正转接触器和反转接触器是否都断开,电机停止。动作如果正常,则调试结束,否则重点检查光耦 U15 和 U16、三极管 BG2 和 BG3、继电器 JDQZZ 和 JDQFZ 以及续流二极管 D6 和 D7 连接是否正确,直到排除故障。

（4）LCD 输出接口调试

对于 LCD 模块,静态检测连接没有问题后,通电时背光应该亮,如果不亮说明有问题,排除连接问题,直到背光被点亮。再按照 LCD 的时序要求和操作步骤编写显示程序,测试

LCD模块是否正常。通常的做法是采用厂家提供的 C 语言示例程序进行移植后测试。因为大部分 LCD 提供的是 51 单片机的 C 程序,要移植到 ARM MCU 中,需要做的工作是对引脚的定义。这里可以采用专用 I^2C,也可用 I/O 模拟 I^2C 对 LCD 进行显示操作,利用 SPI接口或模拟 SPI 操作对字库进行操作。

软件可以按照 LCD 模块时序的要求,编程实现信息的显示。LCD 显示更新的策略可以以时间为触发条件显示,也可以按照阀门状态的变化来更新显示。通常情况是,在没有特定事件触发条件发生时,按照每隔一段时间更新一次显示;在慢变系统时,可以每一秒更新一次显示;在快变系统时,每当有状态变化或采集的数据变化就更新显示。LCD 显示程序流程如图 10.35 所示,正常情况下显示阀门状态、阀门开度、电机温度等;当有时钟更新时显示时钟,有数据更新的更新数据,有上位机命令时显示使命令,若没有任何触发显示的条件、时间超过一定长度(如 1 s 或 10 s),则自动关闭显示,当有闪烁命令时让指定信息闪烁显示。

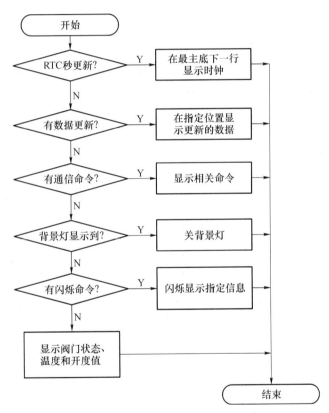

图 10.35 LCD 显示程序流程

4. 互连通信接口调试

静态检查无误后上电,编写通信测试程序,发送和接收单独调试。

本系统使用图 10.27 所示 RS-485 通信接口电路,J485 的 A 和 B 分别连接到图 10.36(a)所示的 RS-485 转 RS-232 转换器的 485 总线的 A 和 B,然后把转换器的 232 端连接到 PC 的RS-232 接口,或采用图(b)USB 转 RS-485 转接口直接连接到 PC 或笔记本的 USB 接口。借助于第三方 ModBus-RTU 调试工具,编写简单的嵌入式通信程序调试接口发送与接收是否正常,注意波特率、字符格式要一致。最后再通过 ModBus 专用测试软件来测试完整的 485 程序是否正常。

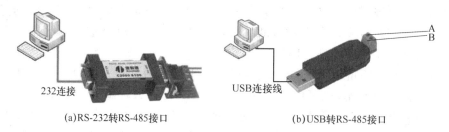

(a)RS-232转RS-485接口   (b)USB转RS-485接口

图 10.36　RS-48 接口调试工具

以上通信基本功能测试完毕,还要进行距离测试,RS-485 总线通信距离可达 1.2 km,在测试时,很少真正使用 1.2 km 的通信电缆(双绞线),而是用一个 1 km 的仿真线代替实际传输线来测试通信效果。仿真线由电阻、电感等电路组成以模拟 1 km 的线路。

10.7.5　系统综合调试

以上各节对系统各单元模块进行单独测试和调试,每个单元单独调试完毕,要进行综合系统测试和调试,即联调(联合调试)。把设计的完整系统,包括执行机构,进行通电调试。调试时不使用模拟的信号,使用现场实际传感器得到的信号,使系统调试真实可信。

在系统联机统调之前,首先要制定好统调方案,按照预定的方案检查系统运行是否正常、系统及各种参数指标是否满足设计要求,系统间的通信是否畅通,与系统联动的设备控制是否灵活,有时要反复调整多次,才能使系统工作在最佳状态。

为了验证系统的可靠程度,还要进行系统的运行试验,确认系统在功能方面的完备性、可靠性,并做好系统试运行记录。这些记录均是工程验收和日后维护、维修所不可缺少的技术文件资料。

按照设计要求将设计好的阀门控制系统硬件与电动阀门连接好,三相 380 V 交流电用一个三相刀掷开关连接到系统中,如图 10.37 所示。

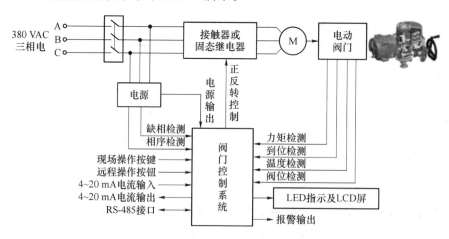

图 10.37　系统综合调试连接图

综合调试的目标是达到系统总体设计要求,满足需求分析中的所有功能要求,并能长时间可靠工作。

连接完好后,通电,查看 LED 及 LCD 显示是否正常,在没有开关阀时,仅显示当前阀门的状态,如有无开关到位、有无开关过力柜,是否缺相,是否欠压等。如果没有任何故障,故障指示灯应该灭。

将某一相断开,查看 LCD 屏上有无缺相显示,然后再将相序接反,查看 LCD 屏有无相序错误显示,如果都正常,可进行下面的开关阀操作。

将操作方式打到现场操作,查看 LCD 屏是否显示现场,然后按现场开阀操作按键,LCD屏显示开,阀门电动正转,LCD 上显示不断变大的开度值,直到开到位达到 100%,同时到位信号有效,显示开到位,电机停止运行。按现场关阀按键,LCD 显示关,阀门电机反转,开度不断减小,直到 0%,关到位,LCD 显示关到位和 0%,电机停止。当不到位时,按停止键立即停止。

将操作方式打到远方操作方式,LCD 显示远方,按远方开或关,电机的操作方式同现场。

在开关过程中,如果遇到过力矩,则立即停止开或关的操作,并显示开过力矩或关过力矩。

将操作方式设置为电流输入控制的调节方式,把 4～20 mA 标准电流源加入电流输入端,改变电流大小即可控制阀门运行到指定位置。当电流为 4 mA 时,相当于将阀门关闭到位,当电流为 20 mA 时,相当于将阀门开到位,当电流为 12 mA 时,即把阀门开或关到 50% 的阀位。因此可在 4～20 mA 指定一个电流值,让阀门运行到指定位置。如果出现来回振荡,可把灵敏度调低一些,如果精确不够,可把灵敏度调高,找到一个恰当的灵敏度,既满足精确要求,又不振荡。

将操作方式设置为总线方式,连接 RS-485 转换接口,连接到 PC 端,在 PC 端运行 ModSacn32 软件进行测试。

手机蓝牙下载蓝牙助手,连接蓝牙模块,通过手机蓝牙控制阀门操作看是否正常。

无论何种方式,都可以把电流表连接到 4～20 mA 输出端子 JI2,查看阀门运行时的输出电流是否满足要求。

所有测试完毕,即可完成产品的设计定型。至此,一个能进行电动阀门闭环控制的嵌入式应用系统设计完成。

习　题　十

10-1 根据系统主要功能和性能指标要求,一个典型的嵌入式应用系统的需求从哪些方面去分析和考虑?

10-2 嵌入式系统体系结构设计应该包括哪些内容?

10-3 在进行最小系统设计时,如何选择嵌入式处理器?

10-4 在通道设计时,选择器件应该注意什么原则?

10-5 通过本章学习,简述嵌入式系统设计的步骤。各个步骤的关键点在哪里?

10-6 自拟一个嵌入式应用系统,要求要有模拟输入、模拟输出、数字输入和数字输出,有简单的人机交互接口,按照本章的要求进行详细的系统设计,给出设计过程。

参 考 文 献

[1] Wayne Wolf. 嵌入式计算系统设计原理[M]. 孙玉芳,等,译. 北京:机械工业出版
     社,2002

[2] Jonathan W Valvano. 嵌入式微计算机系统实时接口技术[M]. 李曦,等,译. 北京:机械
     工业出版社,2003

[3] 马维华. 嵌入式系统原理及应用[M]. 2版. 北京:北京邮电大学出版社,2010

[4] 张福炎. 嵌入式系统开发技术(2015年版)[M]. 北京:高等教育出版社,2014

[5] 马维华. 微控制器技术及应用[M]. 北京:北京航空航天大学出版社,2015

[6] 马维华. 微机原理与接口技术[M]. 3版. 北京:科学出版社,2016

[7] Jean J Larosse. 嵌入式实时操作系统 μC/OS-Ⅱ[M]. 邵贝贝,等,译. 北京:北京航空航天
     大学出版社,2003

[8] http://www.arm.com/

[9] http://www.ti.com/

[10] http://www.stmcu.com.cn/

[11] http://www.zlgmcu.com/

[12] http://www.waveshare.net/left_column/STM32_MCU_Device.htm11

[13] http://www.openedv.com/thread-13912-1-1.html